科学出版社"十三五"普通高等教育本科规划教材

水生动物医学专业教材

# 水产动物检疫学

吕利群　主编

徐鸿绪　王　浩　副主编

U0197683

科　学　出　版　社

北　京

# 内 容 简 介

水产动物检疫学研究的对象是感染的水生动物或存在于水环境中的病原,水产动物检疫学为水产养殖和水产品安全提供重要的技术保障,具有重要的理论与实践意义。全书共9章,主要讲述我国水产动物检疫的法规条例、政府机构人员配置和装备技术现状,以及不同病原的检疫标准方法等内容。为方便学生学习,本书第九章专门设计了8个实验。

本书可供水生动物医学专业和水产大类专业及其相关专业的学生和研究者参考,也可供从事水产动物病害、水产品安全和水产环境科学等相关学科教学与研究的高等院校及科研单位的图书馆收藏。

**图书在版编目(CIP)数据**

水产动物检疫学/吕利群主编. —北京:科学出版社,2018.9
科学出版社"十三五"普通高等教育本科规划教材　水生动物医学专业教材
ISBN 978-7-03-058683-4

Ⅰ.①水… Ⅱ.①吕… Ⅲ.①水产动物−动物检疫−高等学校−教材 Ⅳ.①S851.34

中国版本图书馆CIP数据核字(2018)第202270号

责任编辑:朱　灵
责任印制:黄晓鸣 / 封面设计:殷　靓

**科学出版社** 出版

北京东黄城根北街16号
邮政编码:100717
http:// www.sciencep.com
南京展望文化发展有限公司排版
广东虎彩云印刷有限公司印刷
科学出版社发行　各地新华书店经销

\*

2018年9月第 一 版　开本:787×1092　1/16
2023年7月第二次印刷　印张:13 3/4
字数:350 000
**定价:60.00元**
(如有印装质量问题,我社负责调换)

# 前　言

　　水产品具有丰富的不饱和氨基酸,是人类重要的蛋白质来源,具有重要的营养价值。水产养殖业和渔业依然是世界各地亿万民众重要的收入和生计来源。中国政府提出了新的渔业和水产养殖业发展方向,以提质增效、减量增收、绿色发展、富裕渔民为目标,以健康养殖、适度捕捞、保护资源、做强产业为方向,提高中国渔业发展的质量和竞争力。然而,最近几年,随着水产养殖产量的大幅提升,水产养殖品种病害也随之攀升,水产品质量面临巨大的考验。中国"一带一路"倡议的实施将推动与周边国家水产品贸易的往来,因此,无论是国际贸易还是国内发展,都需要一批训练有素、专业技术能力强的高层次人才从事水产病害防控、水产动植物检疫、水产环境监管和渔业技术研究。

　　编者参与创建的上海海洋大学水生动物医学专业作为中国首个水生动物疾病防控领域的本科专业,适应国家加强水生动物疫病防控体系建设的需要,培养水生动物医学专业人才,对于优化水产高等教育学科专业结构和人才培养结构将产生积极的影响。教育部、财政部、国家发展和改革委员会印发《关于公布世界一流大学和一流学科建设高校及建设学科名单的通知》,公布世界一流大学和一流学科(简称"双一流")建设高校及建设学科名单,上海海洋大学入选一流学科建设高校,建设学科为水产学科。没有领先的科研基础,高品质的教育就很难得到保证,在农业部国家大宗淡水鱼产业技术体系、国家自然科学基金和国家水生动物病原库建设等项目的支持下,在科研和教学过程中,我们不断上下求索,将水产动物检疫学科研理论融入养殖一线,将水产动物检疫学科学实践带进课堂,教学相长。

　　水产动物检疫学是检疫学科和水产学科背景下的一门新兴交叉学科,同时水产品的检验检疫也是食品安全学科的研究对象,因此这门课程在社会实践中具有广泛的研究和教学基础。水产动物与其他陆生动物相比具有鲜明的生活环境特色,疫病传播和发生规律都具有其特殊之处,相关科研基础与人类医学和兽医学等学科相比还比较薄弱。在教材的编撰过程中,编者尽最大努力博采众长、突出特色、接近实践,本着科研服务教学,教学服务生产一线的态度精益求精,力求所涉及的知识和理论能够为学生所学,为养殖和防疫一线所用。本书共分9章。其中第一章和第九章由王浩编写,第二章由徐鸿绪编写,第三至第八章由吕利群编写。书稿经编者及同行互审后,由吕利群和王浩统稿。在本书编撰之际,尚未有关于水产动物检疫学的专门教材出版。任何一门学科的兴盛都要经历从无到有,在本书的编撰过程中借鉴了大量同行学者的科研成果,国内外同行学者也向本书的编写提供了大量的内容和原始数据,在此一并致以我们衷心的谢意!科学出版社和上海海洋大学共同启动了水生动物医学专业教材的出版计划,感谢科学出版社和上海海洋大学吴建农教授、谭洪新教授、黄旭雄教授在本书出版过程中给予的大力支持。

"东海之滨,吴淞江畔,浩渺烟波,水共天。港湾罗列,海岸延绵,无穷宝藏,利重渔盐。嘉陵夜雨,瀛岛晴烟,万里长江,此波迁。探究海洋,责任,应同肩,切磋互勉,学术勤研……"历时两年多的编写过程,虽对本书编写全力以赴,却因编者团队才疏学浅,本书内容可能还存在不足之处。作为第一本《水产动物检疫学》教材,本书部分例证可能尚有不足,恳请同行学者批评指正!

编　者

2018年3月于上海临港

# 目　录

# 第一章　绪　　论

## 第一节　水产动物检疫学概述

随着水产养殖规模的不断扩大和集约化程度的逐年提高，我国水产养殖业的病害发生率也在全国各地呈上升趋势。据不完全统计，我国每年约30%的水产养殖面积受到病害侵扰，约70种主要养殖品种中会发生近200种病害，水产养殖生产因病害造成的直接经济损失超过140亿元。病害危害的品种多、疾病种类多、发病面积大、发病时间长、流行广、控制难度大已成为我国水产养殖病害的突出特点。水产养殖病害使养殖产量和效益受到很大影响的案例有很多。例如，1993年中国对虾遭病毒病侵袭，造成大量死亡，产量急剧下降。中国对虾最高年产量曾达到20万吨，1993年后一蹶不振，到2005年后才恢复到5万吨左右，产业发展受到重大打击。又如，自2011年起，鲤疱疹病毒Ⅱ型在我国鲫鱼主养区江苏盐城地区逐步流行，目前已扩散至全国。该病给当地养殖户造成了巨额损失，且有愈演愈烈之势；部分养殖户为避免损失甚至有改养其他鱼种的计划。此病对我国鲫鱼产量的负面影响已经逐步显现，并引起了主管部门和科学界的广泛重视。在水产养殖历史上，不仅在我国，在国际上因一种疾病毁掉一个养殖品种的事情也并不是危言耸听。疾病已经成为除优良品种外制约我国水产养殖业健康发展的另一主要制约瓶颈。

中国水产动物疫病按照《中华人民共和国动物防疫法》分为三类。一类疫病，指对人与动物危害严重，需要采取紧急、严厉的强制预防、控制、扑灭等措施的疫病；二类疫病，指可能造成重大经济损失，需要采取严格控制、扑灭等措施防止扩散的疫病；三类疫病，指常见多发、可能造成重大经济损失，需要控制和净化的疫病。根据《2012年中国水生动物卫生状况报告》，近年中国水生动物疫情状况总体较为平稳，未发生大规模疫情，保障了水产养殖业健康、可持续发展。但在局部地区发生突发性水生动物疫情，造成了一定的经济损失。2012年，我国共监测水产养殖种类65种（其中鱼类44种、甲壳类10种、两栖/爬行类3种、贝类6种、其他动物2种），监测到疫病70种（其中病毒病14种、细菌病32种、真菌病2种、寄生虫病20种、藻类病2种）。农业部组织开展了鲤春病毒血症、白斑综合征、传染性造血器官坏死病、刺激隐核虫病和链球菌病5种重大水生动物疫病的专项检测。2012年，中国水产养殖产值为6 459.36亿元，因病害造成的直接经济损失为141.33亿元，约占水产养殖产值的2.19%。由于支撑科技发展的力度不同，我国不同水产养殖品种的病害防控能力相差悬殊。南美白对虾、罗非鱼、草鱼等少数品种的病害防控能力已达世界一流水平，但绝大多数养殖品种的病害由于缺乏专项研究而处于落后或空白状态。在水生动物的近200种病害中包括一类水生动物疫病2种，二类水生动物疫病17种，三类水生动物疫病17种。在这36种重要病害中国家有能力做全国监测的不过区区数种，近年来国家立项研究过的病害也不超过10种。因此，我国针对水产养殖动物病害的应用基础总体偏弱，与我国养殖大国的地位不配套。

水产动物检疫是指国家法定的检疫、检验监督机构和人员，采取法定的检验方法，依照法定的检验项目、检疫对象和检疫检验标准,对水产动物及其产品进行检查、定性和处理,以达到防止动物疫病的发生和传播、保护渔业生产和人民身体健康的一项带有强制性的技术行政措施。水产动物检疫的目的简单说就是运用各种诊断方法和技术对水产动物及其产品进行各类规定病原的检查,并根据检查结果进行相应处置,以防止水产动物疫病传播扩散。水产动物检疫的发展离不开鱼病学科的发展,其自身也不可避免地成为鱼病学科发展的重要组成部分。我国鱼病学的发展始于20世纪50年代对"四大家鱼"寄生虫的种类鉴定和生活史研究,以及同期开展的寄生虫病的药物防治和生态防控研究,中国科学院水生生物研究所汪建国研究员在总结我国鱼病学60年发展历程时有一个基本结论:我国鱼病研究的方法有别于国外,对每一种鱼病的研究,首先是着重解决其防治问题,在这个基础上再进行应用基础和其他基础方面的研究。因此,我国鱼病研究"理论联系实际"的研究特色非常鲜明。水产动物检疫在我国水生生物防疫体系的建设中处于先行的地位,其技术体系率先在进出口检验检疫实践中得以建立起来。面向国内的水产动物检疫体系建设目前虽然还不够完善,但是基本力量已经初步形成,防疫事业的组织框架已经成型,并在实践中不断完善和发挥作用。

水产动物检疫学是阐明水产动物检疫实践中相应检疫标准建立与执行的科学规律的学科,其内容主要包括水产动物检疫的技术原理、主要疫病检疫标准的设立原则、检疫标准的发展与改进、检疫结果的判定标准等。水产动物检疫学这个学科的重要性主要体现在:① 开展水生动物防疫可以加强水生动物病害的管理与控制,建立水生动物防疫有效的监管机制,控制国内水生动物疫病的传播和流行,达到控制、减少、预防以致消灭重大疫病的目的。② 目前,我国的水产养殖业正处于一个极为重要的战略转型期,即由传统养殖向集约化高密度养殖、产量增长型向质量效益型转变。我国是世界水产品主要生产国和消费国,同时也是出口大国,水产品质量安全问题至关重要,水产动物检疫的有序开展可以提高我国水产品在国际市场的信誉和产品竞争力。③ 加强疫病防控,加快开展各类疾病的传播途径、感染及致病机制的研究,建立健全水生动物疫情和养殖病害预警及预报体系与机制对国际化水产养殖业的发展具有尤其重要的支撑作用。

如前所述,水产动物检疫具有技术性与行政性两方面的特点,其基本性质如下。

1. 水产动物检疫是一种以技术为依托的政府监督管理职能

水产动物检疫首先是一种官方的行为,其建立的初衷是各国政府为了防止水产动物传染病在国内蔓延和在国际间传播所采取的带有强制性的行政措施。我国水生动物防疫工作由农业农村部下属渔业行政主管部门组织实施,进出口检疫则由国家质量监督检验检疫总局负责。水生动物防疫检疫机构的职责为:依法实施水生动物防疫、水生动物及其产品检疫、产品安全和渔药监督等行政执法工作;承担水生动物疫病的监测、检测、诊断、流行病学调查、疫情报告及其他预防和控制等技术工作。动物检疫员按照国家标准和农业农村部颁布的检疫标准、检疫对象有关规定实施动物检疫。对检疫合格的动物、动物产品出具检疫合格证明,加盖验讫印章或加封规定的检疫标志。对检疫不合格的动物、动物产品,包括染疫或者疑似染疫的动物、动物产品,病死或者死因不明的动物、动物产品,必须按照国家有关规定,在动物防疫监督机构监督下由货主进行无害化处理;无法作无害化处理的,予以销毁。

2. 水产动物检疫是由法律、行政法规规定的具有强制性的技术行政措施

我国水产动物卫生监督机构依照《中华人民共和国动物防疫法》和国务院兽医主管部门的规定对水产动物、水产动物产品实施检疫。我国开展水生动物防疫检疫的法律法规有:《中华人民共和国动物防疫法》《水生动物卫生法典》(OIE)《中华人民共和国渔业法》《中华人民

共和国进出境动植物检疫法》《中华人民共和国食品安全法》《中华人民共和国农产品质量安全法》《水产种苗管理办法》《出境水生动物检验检疫监督管理办法》《进境动物和动物产品风险分析管理规定》《国务院关于推进兽医管理体制改革的若干意见》《重大动物疫情应急条例》等。其中世界动物卫生组织（法语：Office International des Épizooties，OIE，也称"国际兽疫局"）以法律文件规定的检疫方法或标准被世界各国广泛采用，与我国的相应标准具有普遍的一致性。

3. 水产动物检疫具有技术方法标准和处理方式的规范性与法律效力的时效性

水产动物防疫标准化建设是防疫工作的重要组成部分。2000年，农业部渔业局印发《水生动物防疫工作实施意见》，决定在全国水产标准化技术委员会下成立水生动物防疫标准化技术工作组，该工作组根据中国水生动物防疫事业发展中对标准的需求，以及中国水生动物疫病现状与研究水平，制定水生动物防疫类标准体系表，开展防疫类国家标准和行业标准的制定，在全国范围内开展标准宣传与贯彻，逐步提升水生动物防疫工作的标准化水平。截至2012年底，已组织制定水生动物防疫类国家和行业标准85项。自2007年起，中国全面参与世界动物卫生组织（OIE）水生动物卫生领域相关活动，在国际水生动物领域的地位和影响力进一步提高。在第79届OIE代表大会上中国水产科学研究院黄海水产研究所黄倢研究员当选为OIE水生动物卫生标准委员会副主席。我国水生动物防疫技术层面与发达国家相比，并没有显著差距。总体而言，我国水生动物疾病的诊断已经由病鱼临床症状和病原形态的诊断进入分子诊断；随着分子生物学技术与免疫学技术的不断进步，新技术越来越多地应用到水生动物检疫中，新方法的出现也必然促使旧的标准不断得到修订和改进。

水产动物检疫学是一门与国际贸易实践密切结合的学科。我国农产品外贸出口中水产品的出口总值多年来一直占据首位，发展水产品出口贸易，有利于拓展我国渔业发展空间、增加就业机会、促进渔民增收；有利于促进产业结构优化，加快渔业现代化进程；有利于学习国内外先进经验和先进技术，提高产品质量安全水平。在进出口水产品优势区，国家重点支持建设的配套工程包括：良种生产保障、水生动物防疫、水产品质量安全保障和水产健康养殖示范。因此，发展水产动物检疫学也有助于为国内水生动物检疫机构培养相关人才，逐步实现产地检疫及消费市场检疫与国际、国内进出境检疫工作接轨，保障消费者的健康，推动我国水产养殖业健康可持续发展。

## 第二节　我国水产动物检疫机构和组织

农业农村部是我国水生动物防疫行政主管部门，负责组织、监督国内水生动物防疫检疫工作，发布疫情并组织扑灭。国家质量监督检验检疫总局负责出入境水生动物及产品的检疫工作。农业农村部设立渔业局，负责以下工作：参与起草、制定水生动物防疫相关的法律、法规、技术规范、标准及规划、计划等；根据国内水生动物疫病发生情况，提出、修改水生动物疫病名录，经动物防疫主管部门批准后执行；指导各省（自治区、直辖市）水生动物防疫工作的开展；负责编制全国水生动物防疫体系规划，并组织实施；指导"全国水产标准化技术委员会水生动物防疫标准化技术工作组"的工作；组织全国水生动物疫情监测，建立疫情报告制度，划定疫区，制定全国性的水生动物防疫应急预案和控制计划，组织扑灭重大水生动物疫情；制定水生动物疫病区域化管理制度，指导各地开展水生动物无疫区建设；组织、指导各地依法开展水产苗种产地检疫。

县级以上渔业行政主管部门负责以下工作：依照水生动物防疫法律、法规和规章，制定本辖区水生动物防疫规划，并负责组织实施；起草、制定地方水生动物防疫法规、技术规范、管理办法等有关规定；组织水生动物疫病监测，制定水生动物疫情应急方案，并组织实施；建立疫情报告体系，负责本辖区疫情的调查、收集和通报；组织对水生动物疫病预防的宣传教育、技术咨询、培训和指导，开展相关科研和技术推广工作；依法受委托开展本辖区水产苗种产地检疫；开展本辖区渔业乡村兽医登记管理。

地方水生动物防疫技术支撑机构，主要有省级水生动物疫病预防控制中心、县级水生动物防疫站。省级水生动物疫病预防控制中心是负责辖区内水生动物疫病监测、检测、诊断、流行病学调查、疫情报告及其他预防、控制等一系列技术工作的支撑机构，为省级渔业主管部门水生动物疫病管理决策提供技术支持。截至2012年年底，中国已在河北、辽宁、江苏、浙江、安徽、福建、江西、山东、湖北、湖南、广西、海南、四川等地建设了13个省级水生动物疫病预防控制中心。县级水生动物防疫站是协助省级水生动物预防控制中心，具体做好县（市）境内水生动物疫病监测、检测、诊断、流行病学调查，组织采样、处理、保存、运送样品等工作；协助县级渔业主管部门或水生动物卫生监督所开展水产苗种产地检疫；承担疫情收集、分析和汇总上报及其他预防、控制等一系列的技术工作。截至2012年年底，中国已建设了628个县级水生动物防疫站。

自2000年起，农业部渔业局委托全国水产技术推广总站组织各省（自治区、直辖市）开展水产养殖病害测报，形成了"国家、省、市、县、点"5级监测体系，建立了"定点监测、逐级上报、分级汇总、统一发布"的疫情信息收集、分析和发布工作机制。2010年，全国水产技术推广总站开始在全国组织开展了水产养殖病害预测预报工作，对主要生产季节（4～10月）重点养殖区域的主要养殖种类的易发疫病进行分析预测。此外，各省级水生动物疫病预防控制机构也及时发布本辖区内病害预测预报信息，为进一步做好疫病防控提供技术支撑。农业部于2005年出台《水生动物疫病应急预案》，加强了对突发性、爆发性和涉及公共安全的水生动物疫病预防和控制工作，提高快速反应和应急能力。在此基础上，我国建立了完善的水生动物疫病应急指挥体系和管理机制，各省、市、县相继出台《水生动物疫病应急预案》，科学开展防控工作，及时有效地处置突发事件。发生水生动物疫情后，各级渔业主管部门及时启动应急预案，组织科研机构专家和各地水产技术推广部门、水生动物疫病预防控制部门技术人员到现场采样、检测、确诊病原、制定防控措施、指导规范用药，避免疫情蔓延，减少养殖户损失。国家水生动物防疫体系及监测网络这几年的数据表明，中国水生动物疫情状况总体较为平稳，未发生过大规模疫情，保障了水产养殖业的健康、可持续发展。但局部地区发生突发性水生动物疫情，造成了一定的经济损失。

《进出境水产品检验检疫管理办法》自2002年12月10日起施行。进出口检验检疫机构依据国家法律、行政法规和国家质量监督检验检疫总局规定，以及我国与输出国家或地区签订的双边检验检疫协议、议定书、备忘录等规定的检验检疫要求，对进境水产品实施检验检疫，必要时组织实施卫生除害处理。对大多数一般商品交易来说，"出口国检验，进口国复验"的做法最为方便而且合理，因为这种做法一方面肯定了卖方的检验证书是有效的交接货物和结算凭证，同时又确认买方在收到货物后有复验权，这符合各国法律和国际公约的规定。我国对外贸易中大多采用这一做法。但规定检验的时间和地点可以有以下5种做法。

1）在出口国产地检验。实务中具体操作：发货前，由卖方检验人员会同买方检验人员对货物进行检验，卖方只对商品离开产地前的品质负责。离开产地后运输途中的风险，由买方负责。

2）在装运港（地）检验。实务中具体操作：货物在装运前或装运时由双方约定的商检机构检验，并出具检验证明，作为确认交货品质和数量的依据，这种规定称为以"离岸品质和离岸数量"为准。

3）目的港（地）检验。实务中具体操作：货物在目的港（地）卸货后，由双方约定的商检机构检验，并出具检验证明，作为确认交货品质和数量的依据，这种规定称为以"到岸品质和到岸数量"为准。

4）买方营业处所或用户所在地检验。实务中具体操作：对于那些密封包装、精密复杂的商品。不宜在使用前拆包检验，或需要安装调试后才能检验的产品，可将检验推迟至用户所在地，由双方认可的检验机构检验并出具证明。

5）出口国检验，进口国复检。实务中具体操作：装运前的检验证书作为卖方收取货款的出口单据之一，但货到目的地后，买方有复验权。如经双方认可的商检机构复验后，发现货物不符合合同规定，且系卖方责任，买方可在规定时间内向卖方提出异议和索赔，直至拒收货物。

国家质量监督检验检疫总局（简称质检总局）动植物检疫监管司统一管理出入境动植物、动植物产品及其他应检物的风险预警工作。为保护农林牧渔业生产和人体健康，促进我国经济和对外贸易的发展，根据《中华人民共和国进出境动植物检疫法》《中华人民共和国进出境动植物检疫法实施条例》和《出入境检验检疫风险预警及快速反应管理规定》的规定，国家质检总局设在各地的检验检疫机构应指定相应的部门负责所管辖地区的动植物、动植物产品及其他应检物的风险预警工作。风险预警信息收集包括与动物传染病、寄生虫病，植物病、虫、杂草和其他有害生物，化学物质残留、重金属、放射性物质、生物毒素等有毒有害物质有关的信息，以及检验检疫管理中发现的可能引起危害的相关信息。

风险预警信息可从以下渠道获得。

1）各出入境检验检疫机构。

2）世界贸易组织（WTO）、联合国粮食及农业组织（FAO）、世界动物卫生组织（OIE）、国际植物保护组织（IPPC）、世界卫生组织（WHO）、国际食品法典委员会（CAC）等国际组织。

3）区域性组织、各国或地区政府。

4）国内外社会团体、企业、消费者。

5）国内外学术刊物、文献资料、国际交流、互联网和广播电视等新闻媒体。

6）其他与动植物及其产品有关的各种渠道。当境外发生重大的动植物疫情或有毒有害物质污染事件，并可能传入我国时，采取紧急控制措施，发布禁止入境公告，必要时，封锁有关口岸。对已入境的相关动植物及其产品，立即跟踪调查，加强监测和监管工作，并视情况采取封存、退回、销毁或无害化处理等措施；在有关科学依据不充分的情况下，可根据对已有信息的分析，采取临时性紧急控制措施。当确认动植物疫情或有毒有害物质随进境动植物及其产品传入的风险被消除时，解除禁令、取消限制。

水产养殖业的可持续发展需要完善的水生动物防疫体系作保障。我国水生动物防疫体系的框架已经基本建成，县级水生动物疫病实验室诊断、疫病监测和防控能力都有了显著提高。就整体而言，我国进出口水生动物检疫体系成熟，检疫设施及能力与国际接轨，但面向国内生产与消费市场的水生动物防疫工作起步较晚，体系架构不尽合理，还存在一些亟待解决的问题。

1）现有水生动物病防体系不适应水产养殖业的高速发展。我国水生动物防疫体系建设滞后于产业发展,尚不能有效履行与不断扩大的水产养殖规模相适应的快速应急防控职能。

2)现有技术支撑体系尚不能满足我国水生动物疾病控制的需求。国家目前正在切实加强基层养殖水域的生态环境监测和水生动物病害防治监控能力,然而要建立满足需求的中央、省、市、县、乡五级技术支持机构会是一个漫长的过程。

3)水生动物防疫体系专业人员匮乏,特别是乡镇级水产站的人员问题更为突出。基层技术推广机构的公益职能由于人员和经费问题不能落实,已经降低了我国渔业公共服务能力。

## 第三节　我国水产动物检疫研究力量概述

2012年12月,为了进一步提升水产养殖病害防治水平,增强防控决策科学性,农业农村部决定成立农业农村部水产养殖病害防治专家委员会,秘书处设在全国水产技术推广总站疫病防控处。专家委员会是为国家水产养殖病害防治提供决策咨询和技术支持的专家组织,主任委员是农业部渔业局主管副局长,副主任委员由国内资深水产病害研究专家担任,首届副主任委员是集美大学关瑞章教授、中国检验检疫科学研究院江育林研究员和中国水产科学研究院珠江水产研究所吴淑勤研究员。其主要职责如下。

1)研究提出重大水产养殖病害的预防控制政策和措施建议。

2)对现有的水产养殖病害预防控制措施进行评估,提出完善建议。

3)为突发、重大、疑难水产养殖病害的诊断、应急处置等提供技术支撑。

4)参与起草、制定水产养殖病害防控及健康养殖技术规范。

5)推动水生动物医学相关领域的学科发展。

6)支持各级水生动物疫病预防控制机构提升实验室检测能力。

7)承担农业部委托交办的水产养殖病害防控相关领域的专题任务。

首届专家委员会专家来源于国内一流的水产养殖病害研究机构:深圳出入境检验检疫局动植物检验检疫技术中心、北京出入境检验检疫局检验检疫技术中心、中国科学院水生生物研究所、华南农业大学海洋学院、江苏省水生动物疫病预防控制中心、中国水产科学研究院黄海水产研究所、中国水产科学研究院东海水产研究所、中国水产科学研究院珠江水产研究所、中国水产科学研究院长江水产研究所、中国水产科学研究院黑龙江水产研究所、中国水产科学研究院南海水产研究所、北京市水产技术推广站、福建省淡水水产研究所、华中农业大学水产学院、中国农业大学动物医学院、安徽农业大学动物科技学院、中国检验检疫科学研究院动物检疫研究所、中山大学海洋学院、中山大学生命科学学院、华东理工大学生物工程学院、福建省农业科学院生物技术研究所、仲恺农业工程学院、中国科学院南海海洋研究所、中国海洋大学水产学院、集美大学水产学院、浙江大学动物科学学院、浙江省淡水水产研究所、宁波大学海洋学院、上海海洋大学水产与生命学院、大连海洋大学水产与生命学院、天津市水产研究所、广东海洋大学水产学院、全国水产技术推广总站。

全国水产标准化技术委员会水生动物防疫标准化技术工作组(以下简称工作组)成立于2001年,主要负责提出水生动物防疫标准化工作的方针、政策及技术措施等建议;组织起草、审查和修订水生动物防疫的国家标准、行业标准;负责水生动物防疫标准的宣传、释义和技术咨询服务等工作;承担水生动物防疫标准化技术的国际交流和协作等活动。"工作组"秘书处也设在全国水产技术推广总站疫病防控处。迄今工作组已经成立三届,其第三届的委员来源于国内相应产学研龙头单位,包括:全国水产技术推广总站、农业农村部渔业局科技处和养殖处、中国水产科学研究院、中山大学海洋学院、中国水产科学研究院珠江水产研究所、中国科学院水生生物研究所、中国水产科学研究院黄海水产研究所、四川农业大学动物医学院、江苏省水生动物疫病预防控制中心、天津市水产局、北京出入境检验检疫局、深圳出入境检验检疫局、上海海洋大学水产与生命学院、中国水产科学研究院南海水产研究所、中国水产科学研究院长江水产研究所、浙江省淡水水产研究所、福建省淡水水产研究所、新疆维吾尔自治区水产科学研究所、湖南省畜牧水产技术推广站、北京市水产技术推广站、深圳市安鑫宝科技发展有限公司、北京渔经生物技术有限责任公司、吉林省水产技术推广总站、中山大学生命科学学院。

水生动物防疫标准化技术工作组围绕农业农村部"要努力确保不发生区域性重大动物疫情,努力确保不发生重大农产品质量安全事件"的工作目标,根据我国水生动物防疫工作的实际情况,加强标准的制定和宣贯实施,以标准化促进我国水生动物防疫工作的扎实开展,努力将水产养殖病害造成的损失降到最低,促进渔业增效、渔民增收,为加快建设现代渔业提供有力的技术支撑和保障。其现阶段的工作目标包括4个方面。

1）完善水生动物防疫标准体系。构建分工合理、层次清楚、重点突出、科学适用的水生动物防疫标准体系,使技术类标准与管理类标准相协调,增强标准的配套性;使标准化与产业发展更加紧密结合,制定发布一批指导性强、针对性强、适用性强、可操作性强的标准,加快标准转化,提高应用效果。

2）提高水生动物防疫标准制修订水平。加强水生动物防疫标准制定的前期工作研究,以及国际先进标准和技术法规、无害化处理、防疫管理等标准的研究,借鉴国际经验,结合我国水产养殖特点和水生动物防疫工作实际,加快消化、吸收、转化,提高我国水生动物防疫标准的制修订水平。

3）加大水生动物防疫标准的宣贯实施力度。有效组织开展水生动物防疫标准化宣传教育活动,不断完善标准化信息平台,进一步提高标准咨询服务水平,促进渔业生产和管理者标准化意识的普遍提高,提高标准的实施效果。

4）拓展水生动物防疫标准化国际交流。积极参与水生动物防疫标准相关国际活动,拓展交流渠道,争取国际标准制定的话语权,参与并力争主持国际水生动物防疫标准的制定工作。

根据以上两个专家组的构成不难看出,我国水生动物防疫的骨干研究力量分布于中国科学院、中国水产科学研究院、出入境检验检疫局、全国水产技术推广站系统、省级水产研究所和高校,并有效地组织在一起形成国家防疫技术支撑力量。2011年,OIE巴黎年会正式批准中国申报的中国水产科学研究院黄海水产研究所海水养殖生物疾病控制与分子病理学实验室为白斑综合征（WSS）和传染性皮下及造血组织坏死病（infectious hypodermal and haematopoietic necrosis, IHHN）参考实验室,深圳出入境检验检疫局水生动物检验检疫实验室为鲤春病毒血症（SVC）参考实验室。这标志着中国针对这三种水生动物疫病,在实验室建设、技术人员培养、检测技术标准和科学研究能力等方面,达到了国际先进水平,提高了中国在水生动物疫病研究方面的国际地位和影响力,并且为国际上水生动物生产和贸易过程中疫病控制提供了检测平台和技术保障。

截至2012年,农业部投资建成了3个流域水生动物疫病诊断实验室及1个国家水生动物病原库,这4个机构是国家层面的为国家水生动物防疫事业服务的专业实验室。3个诊断实验室分别为中国水产科学研究院黄海水产研究所建立的"海水养殖动物疾病研究重点实验室"、中国水产科学研究院长江水产研究所建立的"长江流域水生动物疫病重点实验室"、中国水产科学研究院珠江水产研究所建立的"珠江流域水生动物疫病重点实验室";1个国家水生动物病原库为"上海海洋大学国家水生动物病原库"。流域水生动物疫病诊断实验室的工作范围包括：制修订水生动物新疫病的检测和诊断的技术标准、规范与流行病学调查规范方法或操作规程；制定新疫病病原体标准及保存方法；负责实验结果异议的技术仲裁；负责病原的分离、保藏、组织培养、分子流行病学研究、诊断技术、病原控制及疫苗研发等研究；建立并提供标准病原体和诊断标准物质；为各级渔业主管部门水生动物疫病管理决策和各级水生动物疫病预防控制机构提供技术支持。水生动物病原库的工作职责包括：负责水生动物病原的收集、分离、培养、保藏、鉴定；负责入库病原体基因组学、生理生化、致病力及病原体变异等研究；负责病原体标准株、病原体血清型研究；负责病原体交流、出入库管理等工作；负责病原检测技术建立、标准制剂制备工作；负责细胞系等实验材料的制备与提供工作；负责病原体信息数据库建立。

自2004年起，全国水产技术推广总站联合各省水产技术推广站（中心）每年举办水生动物防疫检疫员培训班；自2010年起，全国水产技术推广总站组织开展了全国省级和重点县水生动物检验检疫实验室技术骨干培训。通过这些培训为各级水产技术推广机构培养超过6 000名水生动物防疫检疫员。值得一提的是，作为我国水生动物检疫工作开展得最好的深圳出入境检验检疫局水生动物疫病检测重点实验室为我国水生动物检疫技术的推广和人才培训做出了不可磨灭的贡献。

# 参 考 文 献

全国人民代表大会常务委员会.1997.中华人民共和国动物防疫法(1)[J].中国兽医杂志,23(8):3-6.

世界动物卫生组织鱼病专家委员会组织.2000.国际水生动物卫生法典[M].北京:中国农业出版社.

世界动物卫生组织.2001.水生动物疾病诊断手册:[中英文本][M].北京:中国农业出版社.

农业部渔业渔政管理局,全国水产技术推广总站.2015.水生动物防疫标准汇编[M].北京:中国农业出版社.

农业部渔业渔政管理局,全国水产技术推广总站.2017.2016年我国水生动物重要疫病病情分析[M].北京:中国农业出版社.

农业部渔业渔政管理局,全国水产技术推广总站.2015.2014年我国水生动物重要疫病病情分析[M].北京:海洋出版社.

农业部渔业渔政管理局,全国水产技术推广总站.2016.2015年中国水生动物卫生状况报告[M].北京:中国农业出版社.

农业部渔业渔政管理局.2015.2014年中国水生动物卫生状况报告[M].北京:中国农业出版社.

周德庆.2007.水产品质量安全与检验检疫实用技术[M].北京:中国计量出版社.

江育林,陈爱平.2003.水生动物疾病诊断图鉴[M].北京:中国农业出版社.

夏春.2011.水产动物疾病[M].北京:中国农业出版社.

张奇亚,桂建芳.2008.水生病毒学[M].北京:高等教育出版社.

张奇亚,桂建芳.2012.水生病毒及病毒病图鉴[M].北京:科学出版社.

麦康森.2014.21世纪海上丝绸之路与中国海洋战略性新兴产业[J].新经济,(31):17-19.

陈昌福,陈萱.2010.淡水养殖鱼类疾病与防治手册[M].北京:海洋出版社.

汪建国,王玉堂,陈昌福.2011.渔药药效学[M].北京:中国农业出版社.

倪达书,汪建国.1999.草鱼生物学与疾病[M].北京:科学出版社.

张利峰.2016.重大外来与新发水生动物疫病识别与监测技术研究及示范[J].中国科技成果,17(3):21.

景宏丽,李清,李晓琳,等.2017.2014—2016年全国草鱼出血病病原检测能力情况分析[J].检验检疫学刊,(5):8–11.

吕永辉,李明爽.2015.水生动物进口风险分析[J].中国水产,(5):34–36.

张平远.2004.OIE提出法定报告鱼病名录[J].现代渔业信息,19(12):42.

宋志刚.2005.水生动物疫病的区带类型及区间运输[J].现代农业,(1):1.

魏丽萍.2005.新书简介——《水产品质量安全检验手册》[J].中国标准导报,(7):46.

刘欢,马兵,宋怿,等.2010.完善我国水产品质量安全检验检测体系建设的研究与思考[J].中国渔业经济,28(5):74–78.

穆迎春,宋怿,马兵.2008.国内外水产品质量安全检验检测体系现状分析与对策研究[J].中国水产,(8):19–21.

周德庆,李晓川.2003.我国水产品质量安全问题与对策[J].渔业现代化,(2):3–5.

吕永辉.2015.当前我国水生动物疫病监测工作现状分析与对策建议[J].科学养鱼,V31(7):1–3.

夏红民.2005.重大动物疫病及其风险分析[M].北京:科学出版社.

王先科.2012.水生动物疫病防治员培训教程[M].北京:中国农业出版社.

陈继明.2008.重大动物疫病监测指南[M].北京:中国农业科学技术出版社.

朱健祥.2015.我国水生动物疫病监测体系能力建设情况研究及发展对策[J].中国水产,(6):33–35.

Mohan C V,冯东岳.2011.简述国家水生动物卫生健康管理发展战略[J].河北渔业,(3):42–44.

段宏安,赵建.2012.亚太重要水生动物疫病现场诊断指南[M].北京:中国质检出版社.

金钟,李壮,蔺丽丽.2016.吉林省水产养殖动物疫病病情分析[J].河北渔业,(5):40–41.

朱健祥.2014.依法履行公益性职能　进一步加强水生动物疫病监测能力建设[J].中国水产,(S1):48–50.

张玉琴.2017.生物安全:我国动物疫病防控中的关键问题[J].中国畜牧兽医文摘,33(7):18.

法律出版社.1986.中华人民共和国渔业法[J].中国水产,(2):2–5.

杜青林.2002.水产苗种管理办法[J].当代水产,27(1):11–12.

中国法制出版社.2005.重大动物疫情应急条例学习读本[M].北京:中国法制出版社.

中华人民共和国食品安全法.2015.中华人民共和国主席令第二十一号.

# 第二章　现代检验检疫技术和
# 装备及实验室设计概述

## 第一节　现代检验检疫技术概述

随着全球经济一体化进程的加深和科学技术的发展,我国追随发达国家的步伐逐步将原来针对人类的卫生检疫技术应用于预防动物危险性传染病的传播,从而促进了我国水产动物检疫技术在过去十几年的突飞猛进。预计水产动物检疫技术将会继续不断更新、发展和完善,而且更新的检疫技术往往在人类的检疫领域应用成熟后会不断向水生动物检疫领域渗透。因此,水产动物检疫和医学检疫的核心技术往往如出一辙,现代检疫技术的发展趋势对二者来说具有一致的促进和引领。

现代检验检疫学技术大体来说可分为临床诊断检疫、病理学检疫、病原学检疫、免疫学检疫、分子生物学检疫和仪器分析法检疫等。这些方法通常互相渗透,在实际工作中多数需要综合运用。检验检疫的实验室检测和诊断是水生动物传染病确诊的主要手段。由于很多传染病都以无临床症状、非典型性、隐性感染或较复杂等出现,仅靠临床诊断很难进行确诊,只有通过实验室检验检疫技术才能确诊。

实验室检测或诊断是发现传染源最主要的方法。患病动物、病原携带者及隐性感染者都是非常重要的传染源。在传染病暴发或散发时,通过实验室方法多数能够找到可疑的传染源,因为在传染病流行或暴发的过程中,传染源和被感染者的病原体特性基本一致,通过病原分离和鉴定、血清学分型、病原体基因组分析、噬菌体分型和药物敏感性分析等方法,能够快速确定传染关系的存在。通过实验室检测和诊断方法,可以确定各种传播因素的作用。从被怀疑具有病原体传播来源的各种因素,如水源、饲料、土壤、空气、昆虫等样品中分离获得某种病原体,对判断它们在传播上的作用具有很大的价值。例如,从水中分离病毒、细菌或检查大肠杆菌值来判断水被粪便污染的程度;应用增殖反应等来判断外界物品中是否存在病原体。但从样品中查到病原体时,还需要根据流行病学调查和分析的结果,判断该传播因素在整个流行过程中所起的传播作用。实验室检测和诊断是确定动物群易感性的重要方法之一。通过其他方法虽然也可以确定某个动物群对某种传染病的易感性大小,但通过各种血清学方法测定动物群血清中抗体的阳性率和平均效价等,则具有快速、准确、敏感和特异等特点,是其他方法不能比拟的。

传染病暴发时,进行病原学检查,特别是在暴发的早期从患病动物体内分离到病原体对确诊非常重要。在确定疫源地是否被消灭时,也需要通过实验室方法查明感染动物的病原携带状态及环境或物品中的病原体存在情况。实验室检测和诊断是传染病流行病学监测的重要方法。在传染病监测中,实验室工作主要涉及病原微生物和血清学的常规检验及分析,如判断感染率、确定病原体的致病作用和药物敏感性、查找并确定传染源和传播途径、查明外界物品污染状况及污染范围,以及对预防接种效果及安全性评价等。

随着养殖业的飞速发展,动物疫病诊断和检疫的实验室方法需要能够在现场实施,这就要求检测方法不但应特异、灵敏,而且要向微量、快速、简易、经济、高效、高通量、自动化的方向发展,用各种新方法和新技术改进动物传染病的检测方法。

## 一、临床诊断检疫

1. 现场数据收集及建立

(1)发病点信息收集

① 养殖户姓名、电话号码、地址及养殖面积都应详加记录;② 详细记录鱼类病情发生时间、品种、大小、死亡顺序等。如为混养鱼池则应详加询问鱼类品种、死亡先后顺序及病发后有无治疗等,如果有用药,要记录药剂名称、剂量、方法、投药后鱼的情况;③ 马上进行水质检测,尤其是溶氧、pH、氨氮、水色、水温等,任何一种水质检验数据都有可能和病情及原因有关。

(2)发病区域探查

在发病点完成调查后,应拜访附近地区养殖户情形,调查疫情分布及环境变化等。并及时采样送实验室检查。

(3)追踪调查

如果疫病正处于发病高峰要继续在发病点追踪调查传染源,进行再采样以便准确诊断。

2. 发病或濒死水生动物的检查

正常鱼体表光滑,体色不发黑,鳞片完整,无脱落现象,鳍条末端不腐烂,全身无充血,眼睛不浑浊,不突出;鳃盖闭合,鳃腔内无淤泥,鳃片色泽鲜红,鳃丝不发白,鳃丝末端不肿大、不腐烂,鳃上无充血、瘀血等异常现象;体腔内无积水,肠道内食物分布均匀,肠道无充血、发炎症状,肠壁完整,肝、胆、鳔等器官色泽正常。病鱼可能会出现:体色发黑,鳞片不完整,有脱落,鳍条末端腐烂,身体有些部位充血、腐烂、眼睛突出,有的眼睛浑浊;鳃盖张开,鳃腔内有淤泥,鳃片色泽发暗或发白,鳃丝末端腐烂,黏液增多,有的鳃丝上可见白色的寄生虫或孢子虫的白色小孢囊;体腔内有积水,肠道内无食物或有黄色黏液。无论有无特异性的变化均应详加记录。

其他水产动物的临床检查如下。

(1)虾类

查看是否有离群独游或在水面及池边缓慢无方向游动,游动是否有力;观察虾类反应敏感程度,反应不敏感且出水后弹跳无力或不会跳动,可能为发病的征兆。甲壳颜色是否正常(中国对虾和长毛对虾为半透明、光滑,上有少量黄褐色斑点;斑节对虾有棕褐色斑纹;日本对虾有棕色和蓝色相间的横纹)。甲壳是否光滑、有无损伤、甲壳是否厚而硬。附肢是否完好,有无呈红色、浅蓝色或黄褐色,是否具有粗糙感,尾肢是否缺损,基部或末端有无黑色或斑块,触须是否有断裂、发红等现象。健康虾类眼圆球形,黑色有光亮,具弹性,眼柄乳白色半透明。检查是否出现眼凹陷,眼呈黄褐色、无弹性及眼柄发白等特征。鳃:观察外观是否正常,打开鳃盖观察鳃组织颜色是否正常,有无附着物和污泥,是否有腐烂和残缺现象,取几片鳃组织制成水浸压片,在显微镜下观察组织病理特征及是否有寄生虫。消化道:剪开头胸甲,用镊子将胃肠取出、剖开,取胃、中肠、后肠和直肠,用解剖刀刮取少量黏液或取部分组织,制成水浸压片进行镜检,可检查组织病变情况及寄生虫情况。肝胰腺:在取出消化道的同时,将肝胰腺分开,观察其颜色,有无病变。如出现乳白色或粉红色,可能为弧菌或病毒感染,应取小块组织做成压片或病理切片镜检,可能检查出细菌或病毒包涵体。肌肉观察其颜色是否正常,有无局部或全部变白浊、不透明状、肌肉是否松软或有白点、白斑等特征。取病变组织制成肌肉组织切片镜检,可发现病理变化情况及寄生虫情况。生殖腺:观察生殖腺颜色是否正常,发育是否正常,有无发红、出现白色带状及萎缩现象。

（2）蟹类

体表观察蟹类体色是否正常及甲壳软硬程度和损伤情况，观察体表附着物的颜色、数量、形状和性质。可取少量附着物制成水浸压片镜检，确定附着物的性质。检查眼能否正常伸缩，是否出现眼柄发白等特征。在头胸甲和腹甲间用解剖刀打开，检查内脏器官是否正常。肝胰腺颜色是否正常，有无水肿、萎缩等组织病变现象。取少量肝胰腺制成水浸压片，检查肝组织是否正常，有无颜色变浅或变褐色及无色等特征。必要时可做组织切片检查肝细胞病变特征。消化道用镊子将胃和肠道取出，用解剖刀刮取少量黏液或取部分组织制成水浸压片进行镜检，可检查组织病变情况。用剪刀剪取部分肌肉组织，检查肌肉颜色和特征，并观察肌肉颜色是否有异常，同时做组织病理学的检查。观察生殖腺颜色是否正常，腺体发育是否正常，有无炎症及其他病理特征变化。

（3）贝类

出水时斧足收缩入壳内情况、检查闭壳肌是否有力；体内外套膜颜色或肿胀情况，鳃颜色及有无腐烂、附着物情况。各器官、组织的大小、颜色，以及寄生虫、病灶情况等。

（4）蛙类

重点检查体表腿部及腹部等受伤、充血、出血情况。沿中腹线切开皮肤，观察皮下组织是否出现出血、发炎、红肿现象。体内打开腹腔观察心脏、肺、胃、肝、胆囊、十二指肠、脾、肾、膀胱等是否存在异常，有无腹水，腹水的颜色、数量等，并按系统分别解剖检查，对有明显病变的组织应进行微生物学和组织病学检查，以确定其病因。

（5）龟、鳖

体表检查：体表、口腔、眼、泄殖腔等部位是否有发炎、溃疡、肿胀、损伤，是否存在寄生虫和其他附着物，体色和气味是否正常。对目检不能确定部位可用解剖刀刮取少量黏液或组织进行镜检确诊。

体内：打开龟鳖胸腔后，应注意观察各脏器的颜色是否正常，是否存在明显的病变，胸腔内有无腹水，腹水的颜色、数量等。然后依器官顺序逐一解剖检查。心脏检查心脏颜色有无异常，用无菌注射器刺入心脏抽血，除制成血涂片进行细菌和寄生虫检查外，其他可分离血清，用于免疫学检查。

3. 流行病学探查

对典型病例进行的流行病学调查主要包括分析水产动物发病的时间和空间分布，以及大小、品种、主要特征、致病因子、投入品、种源地等。通过流行病学探查，可以获得有关病因形成的假设，提出理论性推论，为区分流行病和普通病提供依据，对后期的疾病防治和预测工作起指导作用。

水产动物疾病流行特征调查通常包括如下。

1）空间分布调查：分析疫情分布的范围，统计发病率和死亡率。

2）时间分布调查：分析具体发病日期、发病高峰、流行尖峰、疫情波动等。

3）水生动物分布调查：分析发病鱼及易感鱼的养殖面积、养殖密度等。

对水产动物疾病暴发原因分析时需要分析的风险因子包括：水源、养殖水体、饲料源、发病鱼及产品流动、人员流动等。因此，对疾病的成因分析也相应根据上述风险因子做出理性判断。通常会根据本次疾病暴发的原因，提出有针对性的具体防制措施和建议。

2014年，我国在分布各地的4 200个测报点共监测到水生动物疾病80种，其中，细菌病37

种,占46%;寄生虫病22种,占28%;病毒病16种,占20%;真菌病5种,占6%。疾病种类中细菌病、寄生虫病和病毒病占了很大比例。我国共监测到发病水产养殖种类75种,其中鱼类50种,占发病种类的67%;甲壳类10种,占13%;贝类10种,13%;两栖爬行类3种,占4%;其他2种,占3%。我国已基本形成了"国家—省—市—县—点"五级水生动物疫病测报体系,初步建立了一套病情测报的指标体系,以及一套"定点监测、逐级上报、分级汇总、统一发布"的病情发布机制。我国的病情测报体系对各地的流行病学调查具有重要的指导意义,有利于病情预判。

当然水生动物流行病学调查的目的远不只服务于检疫这一个层次,还可以服务于:查明病因,寻找病因线索及危害因素;确定疫病的可能扩散范围;预测疫病暴发或流行趋势;提出控制措施和建议;评价控制措施效果。其中采样送检是流行病调查后与检疫密切相关的一个重要流程。

## 二、病理学检疫

因患各种疫病而死亡的水产动物尸体,多会呈现一定的病理变化,有的还有其特征性病理变化,此变化可作为诊断的依据之一。病理学检疫包括解剖学检疫和组织学检疫。解剖学检疫对那些病变明显、症状典型、靠肉眼就能做出判断的病例是很实用的临床诊断技术。病理组织学检疫则应用于那些靠肉眼较难做出判断的病例。病理学检疫技术既可验证外观检查结果的正确与否,又可为实验室诊断方法和内容的选择提供参考依据。组织学检疫包括组织切片染色镜检和免疫组织化学技术。免疫组织化学技术是应用免疫学中抗原与相应抗体特异性结合的基本原理,通过化学反应使标记抗体的显色剂显色来确定组织细胞内抗原,对其进行定位、定性及定量的技术。随着各种特异性抗体的出现,免疫组织化学技术的开发和应用得到了世界各国的重视。

组织切片染色镜检主要是采用石蜡切片及HE染色等,通过光学显微镜观察水产动物组织或细胞的病变特点,对疾病诊断常具有重要的参考价值。在对对虾进行传染性皮下及造血组织坏死病(IHHN)诊断时,如果在外胚层组织细胞核内发现包涵体,带包涵体的细胞核肥大,染色质边缘分布,可以初步诊断对虾感染了IHHNV。不同病原引起的组织病理反应呈现不同的特征,甚至同一种病原有可能表现不同的病症。例如,草鱼出血病的典型症状包括各器官、组织不同程度的充血、出血现象。通常病鱼体色暗黑而微红,肌肉出血明显;也有病鱼表现为红鳍红鳃盖或肠炎,但体表与肌肉充血不明显。

## 三、病原学检疫

### 1. 微生物学检疫

检查出动物疫病的病原体是诊断水产动物疫病的一种比较可靠的诊断方法,主要有3种技术手段:病理涂片或切片检查;分离、培养与鉴定;动物接种实验。引起水生动物患病的病原主要有微生物和寄生虫。微生物包括种类繁多的细菌、真菌和病毒,对病毒进行诊断主要依赖生物化学、分子生物学、免疫学等现代技术手段。微生物学诊断是病原检疫的主要手段,在水产动物细菌病检疫中发挥重要作用。水产动物检疫中的微生物学诊断技术主要是针对不同病原细菌的独特生物学特征和培养特性进行有目的的特征性鉴定,达到初步鉴定的效果。例如,副溶血性弧菌存在于近海的海水、海底的沉淀物、鱼虾类和贝壳及盐渍加工的海产品中,是我国沿海地区及海岛食物中毒的最常见病原菌,也是水产动物常见的条件致病菌。副溶血性弧菌营养要求不高,但具有嗜盐性,在无盐培养基上无法生长。利用微生物学技术检疫副溶血性弧菌时，分两步：① 增菌培养：标本接种1% NaCl碱性胨水或4% NaCl蛋白胨水中进行选择性增菌；② 分离培养：标本直接接种或增菌后接种TCBS蔗糖琼脂培养基（thiosulfate citrate bile salts sucrose agar culture medium，硫代硫酸盐柠檬酸盐胆盐蔗糖琼脂培养基）平板或嗜盐菌选择平板，在TCBS蔗糖琼脂培养基平板上形成绿色或蓝绿色菌落，不透明，直径1～2 mm微突起菌落。在嗜盐菌选择性平板上可以形成较大、圆形、隆起、稍浑浊、半透明或不透明、无黏性的菌落。

新发细菌性病原导致的疫病需要按标准规程分离出致病细菌，然后依据培养外观、形态学检查、生物化学特征实验、血清学检查及动物攻毒实验等加以综合判定。例如，常规培养特征包括：① 在固体平板培养基表面菌落：从外形、大小、有无隆起、构造、表面、边缘、有无颜色、透明度、硬度及有无臭味，加以详细记录。穿刺培养则关注：发育的有无、程度、状态、线状或树枝状、表面发育情况、液化情况、颜色变化情况等。② 血液琼脂平板培养基上则观察有无溶血现象及何种类型的溶血。细菌生化特性检查可依传统方法逐项鉴定其生化特性，亦可使用多项目简便试剂一次做完多种要检项目（如利用细菌鉴定仪）。

传统的细菌检测方法先将标本进行培养、分纯，配制成一定浊度的细菌溶液，再进行各种不同生化反应，最后综合所获得的生化结果实现对细菌的鉴定。该方法影响因素多、操作繁杂、仪器设备要求高、检测周期长、对技术人员专业技能要求高，甚至因个别细菌生长的特殊要求而无法得到鉴定结果。目前，特异酶的使用、质谱技术的应用和生物传感器等新型技术的应用，使得细菌的检测方法在鉴定技术、免疫技术及分子生物学方面也取得了新的进步，进而大幅缩短细菌鉴定周期，实现了无须分纯即可鉴定细菌和高通量检测的目的。

部分细菌中具有某些特征性的酶，通过适当的底物反应可迅速完成细菌鉴定。如沙门氏菌具有辛酸酯酶，以4MU-辛酸酯酶为底物，经沙门氏菌酶解，在紫外灯下观察游离4MU的荧光即可检测出来。另外以β-萘酚辛酯酶为底物，经沙门氏菌酶解，释出β-萘酚与固蓝作用出现紫色，反应在纸片上进行，只需5 min即可完成沙门氏菌的鉴定。这对水产品快速检验检疫有重要价值。另外，卡他莫拉菌具有丁酸酯酶，可用丁酸酯色原底物快速鉴定。大肠杆菌具β-葡萄糖醛酸酶，但以O157：H7为代表的肠出血性大肠杆菌（EHEC）却不具此酶，故β-葡萄糖醛酸酶阴性已成为初步筛查EHEC的重要特征。白色念珠菌具脯氨酸肽酶及N-乙酰β-D半乳糖苷酶，分别以适当底物检测，实验只需20 min，两酶均阳性即为白色念珠菌。难辨梭菌是抗生素相关性肠炎的重要厌氧菌，常导致伪膜性肠炎。该菌培养困难，诊断主要检测其产生的A或B毒素。近来发现该菌具谷氨酸脱氢酶（glutamate dehydrogenase，GDH），但细菌培养需3～7天，如培养后再检查此酶，难以实现快速诊断。可自水产动物粪便中直接检测此酶，应用此酶的IgG抗体（兔抗GDH）包被固相检测卡，应用双抗体夹心法检查粪便中的GDH。实验只需5 min。检查某些细菌的专有酶及代谢产物进行快速鉴定是根据细菌在其生长繁殖过程中可合成和释放某些特异性的酶，根据酶的特性，选用相应的底物和指示剂，将他们配制在相关的培养基中。根据细菌反应后出现的明显颜色变化，确定待分离的可疑菌株，反应的测定结果有助于细菌的快速诊断。这种技术将传统的细菌分离与生化反应有机地结合起来，并使得检测结果直观，正成为今后微生物检测发展的一个主要方向。

全自动微生物生化鉴定系统是一种集生化反应、计算机和自动化技术于一体，运用概率最大近似值模型法进行微生物检测的技术。各种微生物对不同底物生化反应的不同是该系统鉴定的基础，其鉴定结果的精确度取决于鉴定系统配套培养基的种类、配制方法、浓度、孵育条件和结果判定标准等。如法国生物梅里埃公司的VITEK系统和美国BD公司的PHOENIX系统，此类自动化系统可进行多达几十种的微量生化反应和药敏生长实验,根据各生化反应孔中的菌种生长变化及呈色反应情况,由计算机通过数值编码技术与数据库进行比较分析,得到鉴定结果。由于全自动微生物生化鉴定系统能同时对多个样品进行分析,鉴定时间短、速度快、易操作,且检测菌种范围广,因而在检疫方面具有很高的应用价值。

而真菌的检测可通过检测真菌细胞壁的$\beta$-1,3葡聚糖(G)实验,$\beta$-1,3葡聚糖在有些真菌细胞壁含量大于50%,用动态浊度法来检测,可检测念珠菌、毛孢子菌、曲霉、镰刀霉、支顶孢霉、卡氏肺孢子菌,可用于以上真菌的早期诊断和动态反应感染程度及抗真菌治疗效果,其敏感性和特异性分别为(63% ～ 100%)和(74% ～ 100%),缺陷在于容易引起假阳性,而且无法区别真菌种类;半乳甘露聚糖(GM)实验,半乳甘露聚糖是曲霉菌细胞壁成分,菌丝在生长过程中释放,曲霉菌、隐球菌、青霉/拟青霉GM实验阳性,GM实验其灵敏度可达1 ng/mL,ELISA检测血清中半乳甘露聚糖用于诊断曲霉具有良好的敏感性(64.5% ～ 100%)和特异性(80% ～ 98.7%),可以用于曲霉的早期诊断和治疗监测;在实际应用中可通过G+GM实验对不同感染的真菌进行检测以提高实验准确度。

2. 寄生虫检疫

寄生虫病原的种类繁多,而对鱼类产生危害的只是其中一部分种类。由于养殖密度的提高和养殖环境的恶化,鱼类的寄生虫病暴发越来越频繁和严重,以前危害较小的寄生虫病逐渐成为危害严重的病害。而且,寄生虫病感染通常引起细菌性病和真菌性病的继发性感染。诊断技术是寄生虫病预防和控制的基础。寄生虫病的诊断技术主要包括寄生虫病的临床诊断、病原的形态学诊断和分子诊断。目前寄生虫病的诊断主要根据病原的形态学特征,对于那些难以辨别形态的微小寄生虫,则还要以分子特征来辅助鉴定。

原虫即原生动物,是动物界中最原始的单细胞真核生物,大多数原虫只有借助显微镜才能看到。原生动物在自然界分布广泛,种类繁多。原生动物寄生在水产动物上引起的疾病称为水产动物原虫病,危害较大的有淡水小瓜虫病、刺激隐核虫病和黏孢子虫病等。除原虫外,常见的水产动物寄生虫病还包括蠕虫、绦虫、线虫、棘头虫、甲壳动物和钩介幼虫等。通过野外观察临床症状和体表肉眼诊断,通常可以确诊一些体表寄生虫病。寄生虫使鱼发病的情况,慢性病较多,急性病较少。野外诊断时,主要观察病鱼的临床症状和进行肉眼诊断。取样时选择典型症状的病鱼活体或者取发病部位(如鳃和鳍条)。需要镜检时,通常将病鱼体运回实验室,或者剪下疑似发病部位,保存在70%的乙醇中用于显微镜观察。进行活体观察时,刮取病鱼组织放在载玻片上,滴加清水,加盖玻片并轻压,先用低倍镜观察虫体,逐渐调高物镜的放大倍数;如果是乙醇固定样本,可将样品取出后迅速滴加清水,再按上述步骤观察。寄生虫的诊断主要依赖于与标准寄生虫形态的对比做出判断。对于一些寄生于人体组织器官内的寄生虫也可以通过活检的方式进行病原生物学诊断。通常,骨髓和淋巴组织可制成涂片染色后用于杜氏利什曼原虫无鞭毛体和丝虫成虫检查;肌肉组织、皮肤及皮下组织、直肠黏膜活检块可制成压片直接镜检或制成组织切片染色镜检,可用于检查旋毛虫幼虫、并殖吸虫、裂头蚴、囊尾蚴、皮肤利什曼原虫、日本血吸虫卵、溶组织内阿米巴滋养体等。

## 四、免疫学检疫技术

免疫学检测技术是感染性疾病诊断和病原生物鉴定的重要手段之一,包括免疫学鉴定和免疫学诊断两个方面:① 免疫学鉴定使用已知的特异性抗体检测标本中或分离培养物中的未知病原生物抗原,以确定病原生物的种或型;② 免疫学诊断是用已知的病原生物或其特异性抗原检测样本血清中相应的特异性抗体及其效价的动态变化。我国现有的水产动物疫病诊断标准中几乎不涉及免疫学检测技术；但是几乎所有的诊断实验室都在开发免疫学检测技术。免疫学诊断技术中一个核心的问题是好的单克隆抗体的标准化供应，由于缺乏稳定可靠的单克隆抗体，我国现有诊断标准中没有利用免疫学技术进行检疫病原学诊断的例子。但是，很多水产动物疾病的确诊要依赖免疫学技术。而且，很多水产动物疫病的检测尚无国家标准，要依赖实验室进行独立检测，这其中就会用到大量的免疫学技术。OIE水生动物疫病手册中也包含大量基于抗原抗体反应的免疫学技术的运用。免疫学技术是利用特异性抗原抗体反应，检测病原微生物，简化了病原微生物的鉴定步骤，备受关注。各大文献数据库提供的数据显示，大多数的科研单位几乎建立了所有病原体的血清学检测方法，表明免疫技术已成为一种微生物实验室常用的成熟检测技术。目前常用的免疫学诊断方法有：血清中和实验、凝集反应、沉淀反应（琼脂扩散、免疫对流电泳等）、补体参与的反应、免疫标记检测方法（荧光免疫技术、酶免疫技术、放射免疫测定法）及免疫电镜等。此外花环实验、移动抑制实验、巨噬细胞吞噬功能实验等体外细胞免疫测定法也曾用来进行鱼类免疫学诊断，其中主要以下列几种免疫诊断方法为主。

1. 免疫层析技术

免疫层析技术（Immunochromatography，IC）是20世纪80年代初发展起来的一种将免疫技术和色谱层析技术相结合的快速免疫分析方法。该方法在短时间（5～10 min）便可得到直观结果，无须仪器（或只需简单仪器），非常适用于水产品的现场快速检测。但该方法缺点是特异性还不够高，有时会出现交叉反应，导致假阳性。

2. 乳胶凝集实验

乳胶凝集实验（latex agglutination test，LAT）是以乳胶颗粒作为载体的一种间接的凝集实验。利用人工大分子乳胶颗粒抗体，吸附可溶性抗原于其表面发生肉眼可见的凝集反应，以达到检测目标细菌的目的。乳胶凝集实验由于具有快速敏感、简单易行、无须昂贵仪器等优点，已广泛用于多种食品检测、动物疾病抗原抗体的检测及流行病学调查中。

3. 免疫印迹法

免疫印迹法（immunoblotting），又称为蛋白质印迹法（Western blot），是根据抗原抗体的特异性结合检测复杂样品中某种蛋白质的方法。它综合了十二烷基磺酸钠-聚丙烯酰胺（SDS polyacrylamide gel electrophoresis，SDS-PAGE）的高分辨率及免疫反应的高敏感性和高特异性，是一种有效的分析手段，广泛应用于水产动物微生物感染的检测中，但该方法操作复杂，耗时费力。

4. 酶免疫技术

酶免疫技术既可用于病原、抗体的检测，还可用于病原体代谢产物的检测，几乎所有可溶性抗原-抗体反应系统均可检测，最小可测值达纳克（ng）甚至皮克（pg）水平。其特点是敏感性高、特异性强、快速，且结果可定量，对抗原、抗体及抗原抗体复合物可以定位，因此，该技术发展迅速。随着试剂的商品化及自动化操作仪器的广泛应用，使之成为水产动物病原常规检验检疫中应用最为广泛的免疫学检测技术。酶免疫技术的方法很多，按是否将抗原或抗体结合到固相载体上，可分为同相、均相和双抗体酶免疫检测技术，其中以酶联免疫吸附实验（enzyme-linked immunosorbent assay，ELISA）和斑点酶联免疫吸附实验（dot-ELISA）技术应用最为广泛，已经在动植物病毒检测中得到越来越广泛的应用，在水产动物病原检测中也得到了一定应用。Snow等（1999）建立了出血性败血症病（VHSV）的ELISA检测方法，用来检测感染的大菱鲆，实验结果对于重要经济鱼品种（如大菱鲆）VHSV病的防控有重要的参考价值。一种基于 lamB 基因的 PCR-ELISA 快速分析牡蛎中的大肠杆菌的检测技术（Gonzalez 等，1999），其方法检测范围可达 $10 \sim 10^5$ 个/g。表明 PCR-ELISA 法是一种快速、精确、可定量的检测感染抗原的方法，并且可进行自动化操作。间接 ELISA 快速检测迟缓爱德华菌，可以快速准确地诊断由迟缓爱德华菌引起的养殖鱼类病害，且与肠杆菌科其他细菌参考菌株无交叉反应，具良好的特异性（白方方等，2009）。孙敬锋等（2009）建立了检测近江牡蛎类立克次氏体的间接 ELISA 快速检测方法，结果表明，应用间接 ELISA 技术检测近江牡蛎类立克次氏体有较高的灵敏度，同时交叉反应实验表明，该方法具有较高的特异性。利用间接 ELISA 技术，对自然患病的近江牡蛎鳃组织进行类立克次氏体检测，阳性率可达 89% 左右。此外，国内还有大量利用此方法检测水产动物相关病原微生物和生物毒素的研究报道。目前，利用酶免疫技术的原理已制备出检测草鱼出血病、传染性胰腺坏死病、传染性造血组织坏死病等多种病原体检测试剂盒。不仅具有操作简便、不需要特殊仪器设备、灵敏度高、结果可定量等优点，而且能同时进行多样本检测，无论是在实验室，还是在养殖场，均具有推广价值，是今后水产领域诊断方法研究的重点和方向。

5. 胶体金标记技术

胶体金标记技术（immunogold labeling technique）是继荧光素标记、放射性同位素标记和酶标记之后发展起来的一种常用的固相免疫标记技术，是以胶体金作为示踪标志物应用于抗原抗体的一种新型的免疫标记技术。由于检测时间短、试剂和样本用量少等特点，胶体金标记技术在生物学各领域得到了日益广泛的应用。目前运用最多的是胶体金免疫层析技术（gold immunochromatographic assay，GICA）和快速斑点免疫金渗滤技术（dot immuno-gold filtration assay，DIGFA）。GICA 以其快速简便、可对单样本检测、可肉眼判读、灵敏度高、特异性强、稳定性好等优点，已成为当今快速敏感的免疫检测技术之一，并开始被逐渐应用于水产养殖业的多个领域。目前已有少量兽医用商品 GICA 试纸条生产，可是还未有水产用的商品 GICA 试纸条。邱德全等（1998）用胶体金建立斑点免疫检测方法，测定中华鳖对嗜水气单胞菌外毒素抗体效价。结果表明，该方法有很高的特异性，与血清中的其他成分交叉反应小，检测灵敏度达 4 ng，其灵敏度仅次于放射性免疫对蛋白质的检测方法。孟小林等（2007）用免疫胶体金结合免疫层析法研制了一种快速检测对虾白斑综合征病毒（white spot syndrome virus，WSSV）的试剂条，并申请了专利。制备各种疾病的试纸条，在方法上是可行的，随着研究工作的开展，可望将 GICA 技术广泛用于各种水产养殖疾病的快速诊断和检测。购入苗种时可用 GICA 试纸条自行检测，以挑选健康合格的苗种。传统的检验检疫和质量安全检测大多需要昂贵的仪器（如 PCR 仪、液相色谱仪、气相色谱仪等）、专业的技术操作人员，且检测周期较长。很多养殖户没有能力购置昂贵的仪器，也缺乏专业的技术背景，另外对苗种、市场流通环节水产品进行快速检测的要求也非常迫切。GICA 以其快速简便、可对单样本检测、可肉眼判读、灵敏度高、特异性强、稳定性好等优点，非常适合在水产养殖业推广使用。虽然 GICA 也存在灵敏度低、一般作为定性、不易定量等局限性。但是胶体金免疫层析技术一直在不断发展。亲和素、生物素系统的引进，使灵敏度、特异性进一步得到了提高；结合酶显色及借助简单仪器如比色计等实现定量、半定量检测；向多元检测方向发展，实现对多个指标的联检。随着胶体金免疫层析技术的发展，这种简单快速的检测技术将会在水产动物检验领域得到更加广泛的应用。

6. 时间分辨荧光免疫分析法

时间分辨荧光免疫分析法（time-resolved fluoroimmunoassay，TRFIA）是一种非同位素免

疫分析技术，它用镧系元素标记抗原或抗体，根据镧系元素螯合物的发光特点，用时间分辨技术测量荧光，同时检测波长和时间两个参数进行信号分辨，可有效地排除非特异荧光的干扰，极大地提高了分析灵敏度。如用TRFIA法建立的弓形虫IgG定量检测方法，采用了稳定的稀土离子标记和增强液的放大效应，通过方法学鉴定表明，TRFIA法在灵敏度、准确性、特异性等方面均达到检疫诊断的要求，并可在基层水产动物检疫现场推广。

### 7. 免疫荧光技术

免疫荧光技术是在生物化学、显微镜技术和免疫学基础上发展起来的一项检测技术，是用荧光标记的抗体或抗原与被检样品中相应的抗原或抗体结合，在显微镜下检测荧光，并对样品进行分析的方法。它把显微镜技术的精确性和免疫学检测的特异性、敏感性有机地结合在一起。这一方法的特点是特异性强、灵敏度高。作为一种快速诊断方法，目前广泛应用于病毒病、细菌病的诊断，也是许多动物寄生虫病（如弓形虫病）的常规诊断方法。随着标记抗体、抗原的普及，免疫荧光技术在寄生虫病诊断方面的应用将更加广泛。免疫荧光技术作为一种成熟的方法，已建立了多种检测方法。间接免疫荧光技术（indirect immunofluorescent assay，IFA）是应用最广的免疫荧光技术，是用特异性的抗体与抗原结合后，再滴加荧光素化的第二抗体，在荧光显微镜下观察结果。由于本法所用的第二抗体较多，因而只需满足种属特异性，即可用于多种第一抗体的标记检测，是疟原虫最为敏感的检测方法。直接免疫荧光技术（direct immunofluorescence assay，DFA）是最早的免疫荧光技术，是用已标记了荧光素的特异性荧光抗体直接滴在含有相应抗原的载玻片上进行孵育，在荧光显微镜下观察检查结果。由于该方法检测敏感性低，且每检查一种抗原都需要制备其特异的荧光抗体，应用并不广泛。利什曼原虫的动基体为浓缩的dsDNA，是一种理想的抗原基质，DFA法是利什曼原虫检测的最为敏感方法。在"两虫"的免疫荧光检测研究中，DFA法已十分成熟，并且已制备了商品化试剂盒出售，应用该试剂盒对水产动物体内分离的两虫卵囊进行检测，不仅检测快速，还可以作为组织学检测的旁据。张晓华等（1997）报道了利用副溶血性弧菌免疫家兔制备多克隆血清，建立中国对虾病原菌——副溶血性弧菌的间接荧光抗体检测技术，不仅可用于诊断发病的感染对虾，也可用于检测带菌状态或未发病的感染对虾。此外，利用荧光抗体检测技术还可以研究病原菌在宿主体内各组织器官的分布，有助于了解病原菌侵入途径和在体内的转移及其主要作用部位等。由此可见，荧光抗体检测技术在水产动物病原体检测上具有广泛的用途。但免疫荧光技术在水生动物寄生虫检测中并不成熟，目前OIE仅能以组织学检测作为水生动物寄生虫检测的"金标准"，但这些方法不能满足目前快速、敏感的检测需求，并且虫体不易提取和纯化，故制备表面抗原进行分离纯化是很必要的。

免疫荧光技术在检验检疫学领域里，国内外的相关应用十分广泛，许多水产动物疫病病原体均已成功应用免疫荧光方法进行检测和诊断。该技术的主要优点是特异性强、速度快、灵敏度高，但也存在缺点，如非特异染色问题难以完全解决，操作程序较烦琐，需要特殊的昂贵仪器（荧光显微镜）和染色标本不能长期保存等。总之，随着免疫学技术的不断研究和进步，免疫荧光技术会不断地完善。在不久的将来，免疫荧光技术在水产动物检疫学中进行抗原的定位、疾病的快速诊断及病原微生物、寄生虫的鉴定中将发挥自身特有的作用。

### 8. 免疫传感器技术

免疫传感器技术是将基于抗原抗体特异性结合的原理与生物传感器相结合的一项检测技术，不仅具有便捷、灵敏及可重复使用等特点，甚至无须分离即可鉴定细菌，并对细菌的浓度进行定量。常用于细菌检测的方法有酶免疫传感器、压电晶体免疫传感器和光学免疫传感器。

与传统的检测方法相比,免疫传感器分析技术具有响应快、灵敏度高、操作简便、选择性好、成本低、便于携带及可在线监测等优点。它作为一种多学科交叉的新技术,在水产动物检验检疫中正发展成为一种强有力的分析工具。采用酶免疫传感器的方法检测金黄色葡萄球菌量,检测范围和最低检出限分别为 $4.4 \times 10^5 \sim 1.8 \times 10^7$ CFU/mL 和 $1.7 \times 10^5$ CFU/mL。而采用光学免疫传感器同时检测李斯特菌、大肠杆菌 O157:H7 及沙门氏菌,检出限可以达到 $1 \times 10^3$ CFU/mL。通过生物传感器技术可以在数小时乃至数分钟内查出食源性致病微生物,大大减少了检测时间,但是该方法在预处理方面受到一些限制,还需要进一步优化改进。

### 五、分子生物学检疫技术

分子生物学检疫又称基因或核酸诊断,主要针对不同病原微生物所具有的特异性核酸序列和结构进行测定。核酸诊断是用分子生物学的理论和技术,通过直接探查核酸的存在状态或缺陷,从核酸结构、复制、转录或翻译水平分析核酸的功能,从而对感染病原体做出诊断的方法。核酸诊断技术适用于几乎所有水产动物疫病的检疫,更加值得一提的是核酸诊断技术对试剂、设备或平台的要求相对较低,易于技术人员掌握,可操作性强。核酸诊断技术的本质是对疾病病原基因组的一种特征鉴定。核酸诊断技术的发展主要得益于分子生物学技术的发展。近年来,运用分子生物学技术对环境中病原进行检测发展非常迅速,尤其是DNA分离技术的提高、PCR技术的日益完善、各种探针标记方法的发展,使得核酸检测技术检测各种病原微生物更为方便、安全、快捷。

#### 1. 核酸杂交技术

核酸杂交是利用特异性标记的DNA或RNA作为指示探针,使其与病原体核酸中互补的靶核苷酸序列进行杂交,以准确检测核酸样品中的特定基因序列,从而确定宿主是否携带有某种病原体;或者直接在取样组织切片上进行原位杂交,以便确定病原体在组织、细胞内外的分布情况,进而对病原的感染途径进行分析。核酸探针技术具有特异性好、敏感性高、诊断速度快、操作较为简便等特点,分子检测法对疫病流行暴发的诊断并制订及时的方案具有极高的应用价值。目前,核酸杂交检测方法已经在水产动物多种病原检测中应用。例如,对虾桃拉病毒为单链RNA病毒,可采用地高辛(digoxigenin, DIG)标记的cDNA探针原位杂交方法进行该病毒的检测。原位杂交技术具有很高的敏感性和特异性,可从分子水平进一步探讨细胞的功能表达及调节机制,已成为当今细胞生物学、分子生物学研究的重要手段。吕玲等(2000)利用原位杂交和组织切片相结合,不但可以确定受对虾WSSV感染细胞的类型,而且还能同时观察组织病理变化,比HE染色更具优越性,从而有助于研究疫病发病机制和流行病学,达到预防的目的。

另外,核酸杂交技术在实际检疫应用中也存在一些问题,主要有:目前尚未建立所有水产动物致病微生物的探针,因此,每检测一种病原微生物,就需要制备一种探针;该方法尽管检测速度快,但要达到所要求的检测限还需对样品进行富集或一定时间的培养,这就降低了检测的速度;DNA探针还不能完全取得常规检验所提供的病原微生物特性的信息,因而在病原体各株生物型、血清型的鉴定上存在不足;检测样品中待检病原体量少、杂质成分复杂等因素都会影响探针检测时的敏感性,从而也直接影响了该技术在实践中的应用。

#### 2. PCR扩增技术

PCR技术是通过体外酶促合成特异性DNA片段的方法。基于PCR技术的分子生物学方法是通过扩增特异性DNA片段来检测病原体。常规PCR法的诊断原理是根据待检疫病原体核酸序列所设计的引物对样品DNA进行PCR扩增,通过对PCR产物进行琼脂糖凝胶电泳或染色,观察有无特异性目的片段条带出现,以此来检测样品中是否含有病原DNA。与传统诊断方法相比,它具有敏感性及特异性高、简单、快速等特点,已广泛应用于水产动物病毒的检测,是水产动物暴发性流行病快速、灵敏而准确的方法,对水产动物病毒病的早期诊断、防治和高健康水产品种选育具有指导意义。对于RNA病毒,需要采用反转录聚合酶链反应(reverse transcription PCR,RT-PCR)来进行检测。应用RT-PCR检测水产动物病毒的技术已经非常成熟,如运用RT-PCR建立了罗氏沼虾诺达病毒的检测方法已常规应用于疫病检测。与当前的免疫学方法相比,常规PCR技术对病原菌检测的特异性和敏感性都大大提高了,但是也存在一些不足之处,如引物的非特异性扩增、假阳性、假阴性、不能获得定量结果等。为保证PCR检测技术的灵敏度、准确性和稳定性,在使用PCR技术进行检验检疫时应该注意操作规范。例如,应考虑如何防止PCR产物污染,如何防止模板RNA降解;如何防止试剂的失效;如何防止PCR反应不稳定。同时也要规范实验室人员、场所、仪器、试剂、耗材、操作等方面。PCR检测场所共分为试剂保存区域、样品初步处理区域、核酸提取区域、PCR加样区域、PCR反应区域、凝胶电泳区域、凝胶电泳观察区域、数据处理区域等;检测试剂和耗材包括核酸提取、核酸扩增和核酸检测等试剂和耗材;PCR检测操作步骤包括引物稀释、核酸提取、PCR加样、反应体系检测、数据分析等方面。近年来,许多学者根据不同实验目的的需要,在病原微生物检测的实际工作中,进行了大量的创新改进,开发出许多新类型的PCR技术,并使其成为体系,如套式PCR、多重PCR、实时荧光定量PCR等。

(1)套式PCR

套式PCR一般是在扩增更大片段的目的DNA时采用,即先用非特异性的引物进行扩增,然后再用特异性引物对第1次PCR扩增的产物进行第2次扩增,以获得可供分析的目的DNA。夏春等(1999)根据鱼源嗜水气单胞菌β溶血素基因序列,设计了2对引物,采用套式PCR法证实了我国嗜水气单胞菌流行株亦存在β溶血素的基因,并建立了PCR检测产β溶血素嗜水气单胞菌的方法。谢数涛等(2001)利用套式PCR的方法,检测斑节对虾白斑综合征病毒(WSSV)。黎小正等(2008)在建立RT-PCR方法检测对虾桃拉综合征病毒行业标准的基础上,优化建立了能更准确检测该病原的套式RT-PCR。结果表明,所建立的套式RT-PCR的灵敏度大约为常规RT-PCR的$10^3$倍,最低可检测到10 fg的对虾桃拉综合征病毒RNA,主要缺点是操作步骤比较复杂,而且易造成反应系统污染。

(2)多重PCR

多重PCR是在同一PCR反应体系里,加上两对以上检测引物,同时扩增出多个靶核酸片段的PCR反应,其反应原理,反应试剂和操作过程与一般PCR相同。多重PCR在水产动物检疫方面主要用于多种病原微生物的同时检测或鉴定。多种病原微生物的同时检测或鉴定,是在同一PCR反应体系中同时加上多种病原微生物的特异性引物,进行PCR扩增。夏春等(2000)采用5种引物组合形式对虾皮下和造血器官坏死杆状病毒、HHNBV基因进行了特异扩增,建立了多重PCR检测HHNBV的方法。通过优化多重PCR检测HHNBV的条件,可从阳性感染的中国对虾DNA中定性检测出皮下和造血器官坏死杆状病毒。张新中等(2007)针对创伤弧菌gyrB基因的不同位点设计了3对引物,对3种海产品进行了创伤弧菌的检测,结果在3种海产品中均能特异性地检测到创伤弧菌。祝璟琳等(2009)针对溶藻弧菌和副溶血性弧菌的胶原酶基因,哈维氏弧菌的部分ToxR基因的特异性,优化设计了3对特异性引物,通过进行多重PCR反应体系优化,多重PCR产物的测序鉴定与特异性和敏感性实验,建立的检测致病性弧菌的多重PCR检测方法,不仅可以检测发病鱼,还可以检测无病症携带菌大黄鱼及含菌水样,证明海洋水体中存在着大黄鱼弧菌病的致病菌,证明多重PCR检测方法具有较高的敏感性与特异性。吴刘记等(2007)利用二温式多重PCR检测对虾的白斑综合征病毒和桃拉综合征病毒,具有较高的特异性和敏感性,最低能检测到WSSV核酸模板10 pg。

(3)实时荧光定量PCR

实时荧光定量PCR是近年来发展起来的新技术,这种方法既保持了PCR技术灵敏、快速的特点,又克服了以往PCR技术中存在的假阳性污染和不能进行准确定量的缺点。另外,还有重复性好、省力、低费用等优点。其检测是在PCR反应体系中,加入引物和特异性TaqMan探针,利用荧光信号积累实时监测整个PCR进程,最后通过标准曲线对未知模板进行定量分析。该技术不仅实现了PCR从定性到定量的飞跃,而且由于结合了PCR技术的高灵敏度和核酸杂交技术的特异性,因此它具有特异性更强、更能有效解决PCR污染等优点。Campbell MS等(2003)根据其细胞溶素基因设计了TaqMan探针,对海产品牡蛎中的创伤弧菌进行了实时荧光定量PCR检测。发现与传统的细菌培养方法和生化鉴定相比,具有更加省时、操作简便和定量准确等优点,对水产品中病原菌的监控有着重要的实际意义。李惠芳等(2008)根据GenBank登录的斑点叉尾鮰病毒株ORF8基因序列,设计引物和TaqMan荧光探针,建立了用于检测斑点叉尾鮰病毒的实时荧光定量PCR方法,结果表明,采用实时荧光定量PCR检测斑点叉尾鮰病毒方法具有特异性好、灵敏度高、检测耗时短的特点。熊炜等(2007)采用TaqMan探针技术建立了快速检测WSSV的Real-time PCR方法和快速检测对虾桃拉综合征病毒(Taura syndrome virus, TSV)的荧光定量RT-PCR方法,他们所建立的这两种方法有利于检出处于慢性期的带毒虾,同时也有助于在虾苗期及感染的早期检出病毒。与常规PCR技术相比,实时荧光定量PCR技术实现了荧光信号的累积与PCR产物形成完全同步,在扩增的同时进行检测,不需要PCR后处理,不仅避免了交叉污染的机会,而且大大节约了检测所需的时间。但是,由于采用该技术对病原进行检测时,需要的仪器昂贵,因而在一定程度上限制了该技术的应用。

3. rRNA基因检测技术

rRNA结构不仅具有保守性同时又具有高变异性特征。保守性反映其生物物种的亲缘关系而高变异揭示生物物种的特征核酸序列,是病原生物进行属种鉴定的分子基础。细菌16 S rRNA的序列检测已被成功地建立为一种鉴定微生物种、属、家族种类的标准方法。目前,16 S rRNA检测技术在医学及兽医临床开始得到广泛应用,在水产疫病方面也开始得到快速发展。

16 S rRNA序列分析技术的基本原理就是利用恒定区序列设计通用引物从微生物标本中扩增出16 S rRNA的基因片段,通过克隆测序、探针杂交、酶切片段多态性分析等方法获得16 S rRNA序列信息,再与16 S rRNA基因数据库中的序列数据或其他数据进行同源对比及分析,从而鉴定标本中可能存在的微生物种类。16 S rRNA技术检测过程包括目的基因的提取、通用引物PCR扩增及条带获取和16 S rRNA基因序列同源性比对与结果解释等过程。16 S rRNA技术相对其他表型分类方法的优势在于准确,代表了模板基因组的结构和内容;具有PCR技术的高灵敏性。目前,16 S rRNA检测技术在海洋养殖鱼类病原菌的检测、淡水养殖鱼类病原菌的检测、养殖甲壳类病原菌的检测、养殖环境中微生物的检测等各方面均得以应用,并被证明是一种行之有效的方法。

4. 环介导等温扩增检测(loop-mediated isothermal amplification, LAMP)

LAMP是针对靶基因的6个区域设计4种特异引物,利用一种链置换DNA聚合酶(Bst DNA polymerase)在恒温条件(65℃左右)保温30 ～ 60 min,即可完成核酸扩增反应,直接依靠扩增副产物焦磷酸镁沉淀的浊度进行判断是否发生反应,短时间扩增效率可达到$10^9 \sim 10^{10}$个拷贝。扩增反应不需要模板的热变性、长时间温度循环、烦琐的电泳、紫外观察等过程。LAMP方法的出现和应用对于快速诊断鉴定水生动物病原微生物不但具有重要的理论意义,而且对生产实践具有重要的应用价值。该方法从实际出发,克服了以往核酸扩增反应的多种不足,显示出其独特的应用优势。LAMP方法操作简单,仪器设备只需要一个恒温水浴锅即可,费用低、耗时短,只要1小时左右即可完成扩增反应;反应产物可以直接通过肉眼观察,因此,更加适用于实际诊断。LAMP方法虽然是分子生物学领域中刚出现的技术,但是作为一种有效的研究手段,已经显示出非常广阔的发展前景,为开发出方便、快捷、实用的LAMP检测试剂盒,用于水生动物病原微生物的快速诊断奠定了坚实基础。目前LAMP已成功地用于检测霍乱弧菌、金黄色葡萄球菌、沙门氏菌、草鱼出血热病毒、鲤春病毒血症病毒、虾的黄头病毒(Yellow head virus, YHV)、病毒性出血性败血症病毒(viral hemorrhagic septicemia virus, VHSV)等病原微生物及脑碘泡虫(*Myxobolus cerebralis*)、鲑黏孢子虫(*Tetracapsuloides bryosalmonae*)等水生动物寄生虫感染检测。

### 5. 基因芯片检疫技术

目前利用生物芯片技术开发高通量检疫方法是核酸诊断技术发展的一个新方向。DNA芯片检测水产动物病原微生物是生物技术在检验检疫学方法中的新突破。DNA芯片是利用机械系统将DNA探针阵列分布于玻璃或硅基片上形成多个点,每个点为$100 \sim 200\ \mu m$,点间间距为$200 \sim 500\ \mu m$。每个点含单链的寡核苷酸片段,与待测组分进行杂交,通过检测荧光或其他标记物而分析反应结果,可在同一时间对大量样品进行高通量分析的技术。利用DNA芯片对水产动物进行检疫是将病原微生物的DNA序列置于DNA芯片上,用于识别水产动物中的病原微生物。芯片检测法使用特异DNA,可同时检测多种不同的病原微生物,检测速度快是该方法的最大优势。芯片的类型可分为固定寡核苷酸探针和PCR扩展子两类。

基于TaqMan探针的实时定量PCR检测法的缺点是在一个单独的反应中只能检测4种商品化的荧光发色团,而使用SYBR Green荧光进行解链温度测定的方法对于检测多种目的产物不够精确。DNA芯片的方法可克服上述PCR方法的不利因素。芯片的方法可在一个样本中同时检测多种不同的微生物,结果精确可靠。在芯片分析中,目标DNA荧光标记,利用碱基互补配对原则识别探针。芯片上的探针均为病原微生物特异的序列,杂交产生的检测信号用于病原微生物的鉴定。寡核苷酸芯片可用于病原微生物的血清型、基因型等方面的检测,也可用于水产品检测和基因表达谱分析。目前使用最广泛的目标探针分子是16 S rRNA和23 S rRNA,二者也是最常见的用于菌株鉴定的分子标记,具有高度保守的种间特异性。16 ~ 23 S rRNA转录间隔区(internal transcribed spacer, ITS)是16 S和23 S rRNA之间的区域,它的长度和序列在菌株和种属间有相当大的不同,使它成为一种系统发育和近缘种间遗传分析的有力工具。芯片检测的最大优点是快速,可避免传统方法漫长等待感染检测结果的不利影响。但当溶解浓度低时,芯片的方法则不适用。DNA芯片检测与PCR扩增结合的方法可以提高检测的灵敏度,PCR将会增加样本中DNA浓度,更易于检测。在芯片杂交前,进行PCR扩增。此方法相对于传统的培养方法更加快捷,因为对多种微生物的检测通常都是同时进行的。特别是在水产动物处于可能污染的情况下,尽快得到检测结果显得尤为重要,芯片检测法将极大地加快检测速度。多种微生物的全基因组序列的获得和大规模分析技术的出现将更有助于人们了解水产动物复杂病原微生物的特性。大量的序列数据信息也可提供了研究微生物进化和致病性的新机会,同时也演化出多种新的水产动物病原生物检测技术。信号检测和微型化技术的发展可以实现实时、快速的水产动物中病原微生物检测,特异的检测手段将会极大地降低由于水产动物中病原微生物引起的人类健康风险。

6. 高通量测序技术

每一种生物都有它特定的核酸序列,因此核酸序列分析可以对微生物进行准确分类鉴定,并逐渐成为病原微生物鉴定、分类的“金标准”。高通量测序技术(high-throughout sequence)的突出特征是单次运行产出序列数据量大,能够同时对几十万到几百万条DNA分子进行测序。传统的病原鉴定依靠典型症状和一些经验知识来确定病原微生物种类,然而对于一些出现非典型症状的感染病原体,传统方法就难以进行有效鉴定。此外,传统的血清学与分子生物学方法如ELISA与PCR,由于病原微生物的特异性差异,有时只能用于病原微生物特定种甚至特定种特定株系分离物的检测;而电镜与生物学接种鉴定方法又难以将病原微生物鉴定至物种水平。相比之下,高通量测序技术则可以提供一条新的病原微生物鉴定途径。病原微生物检测的不可知性使得高通量测序成为研究这类病原微生物的有用工具。目前,该技术在人类与动植物病原微生物的鉴定中已经有较多的应用。与传统病原检测方法相比,高通量测序技术能够一次性检测得到样品中可能感染的多种病原微生物,对两种甚至多种不同病原微生物混合侵染的样品进行病原微生物鉴定时有着较好的应用。高通量测序技术的另一个优势是能够在病原微生物侵染水产动物早期进行快速准确的检测,这主要是由于病原微生物侵染寄主后会产生大量的 Small RNA,通过对寄主中 Small RNA 的高通量测序分析,可以在侵染早期快速检测出病原微生物,为后续的病原防治争取时间。

通过总RNA测序也可以鉴定水产动物中的新病毒。在采用传统血清学与分子生物学方法进行病原微生物检测与鉴定过程中,需要依赖该病原微生物已知的基因序列信息设计引物或者探针,对在水生动物上引发明显症状的某种新病原体则无法起到快速检测与鉴定的作用。应用高通量测序技术可有效地解决这一问题,由于该技术是针对样本材料全基因组进行的测序技术,经过测序后序列信息的比对与拼接,可以得到新病原微生物完整的疑似基因组序列,再结合传统的PCR克隆测序技术,可以验证并确定新病原微生物的完整基因组序列。Yozwiak等在2012年利用高通量测序技术在37%的传统检测方法阴性病例中检测出病毒序列。其中有13个样本带有人疱疹病毒6(human herpesvirus 6,HHV-6)的序列,其他样本也都含有与疱疹病毒科(Herpesviridae)、黄热病毒科(Flaviviridae)和环状病毒科(Circoviridae)等成员相似的序列。在一些病例中,分析所得到的病毒序列与已知病毒相同,而在另一些病例中,序列的稍微差异提示它们可能来源于新的病毒。另外,水产动物病毒的活体寄生特点使得其很难采取类似真菌与细菌的先分离培养、再测序的鉴定方法;而通过提取其总RNA进行高通量测序的方法会受到寄主基因组是否已知等因素的限制。目前,对 Small RNA 进行高通量测序并鉴定未知病毒的方法已经有较多的报道。Small RNA(micro RNA、siRNA 和 piRNA)是生命活动重要的调控因子,在基因表达调控、生物个体发育、代谢及疾病发生等生理过程中起着重要的作用。高通量测序能够对细胞或者组织中的全部 Small RNA 进行深度测序及定量分析,从而可以获得物种全基因组水平的 micro RNA 图谱,实现包括新 micro RNA 分子的挖掘,其作用靶基因的预测和鉴定、聚类和表达谱分析等科学应用,在病原微生物-寄主互作研究中发挥重要作用。Stark 等(2012)使用人类巨细胞病毒(human cytomegalovirus,HCMV)侵染成纤维细胞,通过使用高通量测序技术对细胞内全部 Small RNA 进行测序,发现在侵染末期,病毒所编码的 micro RNA 量占 Small RNA 总量的20%,实验进一步对部分病毒 micro RNA 进行注释并发现了两种新的病毒 micro RNA,分别为 miR-US22 和 miRUS33 as。

病害流行与微生物传播在传统上都是通过血清学或其他标记来追踪的，它们只监控微生物基因组中一小部分。相比之下，高通量测序技术可以追踪基因组中的每个碱基，使得对病原微生物相对短期的传播也能够追踪并确定暴发源，这允许我们更快更有针对性地应对病害暴发。目前，该技术在人类流行病研究领域已有较多的报道。Hendriksen 等（2011）对来自海地和尼泊尔的霍乱弧菌（*Vibrio cholerae*）分离株的全基因组序列分析比较表明，来自尼泊尔的24株霍乱弧菌属于单个单系群，还包含了来自孟加拉和海地的分离株。一个聚类支包含了3个尼泊尔分离株和3个海地分离株，它们只有1或2碱基的差异，该结果表明尼泊尔是海地霍乱疾病暴发的起源地。病原物基因组具有嵌合特性，可以从环境中快速获得抗生素抗性基因或毒力相关基因。高通量测序技术是一种理想的工具，可以全面且明确地追踪抗生素抗性和毒力相关基因。Toprak 等（2011）分析了大肠杆菌在单一药物选择下的耐药性进化，包括氯霉素、强力霉素和甲氧苄啶。在大约20天内，耐药性水平显著升高，且平行群体显示出相似的表型轨迹。进化菌株的全基因组测序既可鉴定出耐受特定药物的突变，又可鉴定出耐受多个药物的突变。

高通量测序在降低单碱基成本的同时，测序的准确率更高，这无疑会提高基于DNA序列分子鉴定的准确率。同时，深度测序让复杂样品中非常低丰度成员的检测成为可能，这种检测低丰度种群的能力会深刻影响复合样品中病原微生物的检出率。在病原微生物检测与鉴定方面，对一些非典型症状的样品，依靠先前知识与传统检测方法无法有效对病原微生物进行检测时，高通量测序技术通过对基因组进行全序列测序，可有效检测出在某种材料中可能携带的之前未报道过的病原微生物，或鉴定出混合侵染样品中的不同病原分离物，降低有害生物传入的风险。相对传统的生物学、血清学与分子生物学检测技术，高通量测序技术具有更高的特异性和灵敏性，即使在水产动物中病原微生物存在量较低的情况下依然能够做出快速、准确的检测，尤其适用于病原微生物侵染初期的样品材料的检测。目前，各个高通量测序系统都在向着易操作与低投入两个方向发展。公司不断推出各种成本更为低廉的、可以满足不同测序需要的台式测序仪：如Illumina公司先后推出的Hiseq2000、Hiseq2500、Miseq、Next Seq测序仪，它们使得采用高通量测序技术进行不同方向的应用更为简便易行；在测序技术方面，公司通过改良测序试剂和改进测序仪硬件配置等方法不断提高序列的测序长度，增加测序时能够生成的Reads数目，来达到产生和得到更多的更可靠测序数据的目的；在生物信息学分析方面，通过新的分析软件的研发和原有分析软件的升级，对测序所得数据的分析也变得更加可靠；除此之外，伴随着BasSpace等服务的出现，进行数据分析工作所需的设备成本也在逐步降低。将来，伴随着高通量测序技术与数据分析技术的不断进步，测序精度与可靠性的上升，测序与数据分析成本的下降，高通量测序技术会在各个领域得到更为广泛的应用。在检验检疫行业中，高通量测序技术势必会成为不可或缺的技术并发挥越来越重要的作用。

## 六、仪器分析法

微生物传统鉴定的方法是建立在微生物的形态学特征、生态学特征、生理生化反应特征和DNA生物条形码基础上的。目前仪器分析方法的使用主要应用在微生物的快速检测方面，其优势在于基于仪器分析的简易方法可以实现自动化，提高检测效率，提升检疫标准。

随着微生物学、信息技术、光电技术和仪器制造业的发展，色谱、光谱、质谱技术在微生物鉴定中优势逐步显现出来。气相色谱仪鉴定途径主要是建立代谢物或微生物细胞组成–微生物类别的对应关系；变性高效液相色谱则是基于微生物DNA水平上的鉴定手段；拉曼光谱和红外光谱技术则主要是通过细胞组成等光谱综合信息进行区分;质谱仪则通过蛋白质分布规律及蛋白质的裂解规律进行分析。这些方法鉴定微生物均是利用指纹特征进行区分。另外当前应用较多的毛细管电泳技术可以用于分离细菌和病毒。其基本原理是以高压电场为驱动力,以毛细管为分离通道,依据样品中各组分之间电离子强度和分配行为上的差异而实现高效快速分离的一种液相分离技术。由于绝大多数细菌在受到电泳的影响之后还是可以继续保持活体状态,利用该方法进行活体状态的在线监测也成为可能。

1. 质谱技术

基质辅助激光解吸电离飞行时间质谱(matrix-assisted laser desorption/ionization time of flight mass spectrometry,MALDI-TOF MS)通过微生物蛋白质表达谱中的特征谱峰鉴定,然后与数据库所存在的质谱图进行比较,进而对细菌的属、种、株,甚至是不同亚型进行分类。MALDI-TOF MS技术最大的特点是不需要纯菌落,只需单个菌落就可以直接点样。对单菌落的分析是该技术的一大特点,通常是将单菌落直接涂在样品靶上,再用基质覆盖,只需几分钟即可得到细菌的蛋白质图谱,与常规的鉴定方法比较甚至可以提前24 h获得鉴定结果。在常见的病原菌检测鉴定方面,MALDI-TOF MS技术已经在单增李斯特菌、脆弱拟杆菌、沙门氏菌、阪崎肠杆菌及脑膜炎奈瑟球菌等多种病原菌的快速鉴定方面进行应用,取得很好的结果。

2. 流式细胞技术

流式细胞计数法是20世纪70年代发展起来的一种用于测量细胞或其他生物粒子的物理和化学特性的技术,通常以激光作为发光源。流式细胞仪是通过光学信号来反映每一个粒子提供的数据,从而获得整个生物种群的参数。光散射信号反映了细胞体积的大小;荧光信号强度则代表所测细胞膜表面抗原的强度或其核内物质的浓度,由此可通过仪器检测散射光信号和荧光信号来估计细菌的大小、形状和数量。流式细胞计数具有高度的敏感性,可同时对细菌进行定性和定量鉴定。目前已经建立了细菌总数、沙门氏菌、大肠杆菌等的流式细胞仪检验方法。该法测定过程干扰小、区分度好、简便快速、结果准确可靠,并具备多参数测定的优点并能兼容其他分子生物学测定手段的特性,在实验室和检疫现场测定都能起到很好的效果。

3. 生物光谱技术

随着光学仪器、光学技术及计算机技术的日新月异,更灵敏、更精确及更高分辨率的光谱检测技术得以快速发展,目前已广泛应用于病原微生物的检测。人的指纹具有唯一性,常用于个体身份识别,科学家认为自然界的物质也有“指纹”,其光谱可能就是指纹的表现形式之一。同一种物质,无论其来源与产生方式,都应具有相同的光谱。病毒主要由蛋白质和核酸组成,细菌还包括脂质、糖类、辅酶、维生素等基本成分。针对不同微生物的分子组成、含量和构成不同,找出对生物分子敏感的光谱技术,结合主成分分析、分级聚类或人工神经网络等化学计量学方法,寻找不同微生物间的差别与规律,将实现微生物的快速检测与鉴定。

(1)红外吸收光谱技术

红外吸收光谱简称红外光谱,是指物质分子基团处于不断振动和转动的状态,当物质中某个基团的振动频率或转动频率与红外光子的频率相同时,物质就对该频率的红光产生共振吸收。因此当一束连续波长的红光通过物质时,就可获得与该物质中分子振动和转动能级信息相关的特异性吸收谱图,即红外吸收光谱。

红外光谱被称为“光谱指纹”,目前已广泛应用于物质鉴定、成分分析、质量控制(谷物、中药)和疾病诊断。大量研究表明,该技术还是一种重要的病原微生物种属鉴定工具。目前常用于微生物甄别检测的技术为傅里叶变换红外光谱(Fourier transform infrared spectroscopy,

FTIR），其分辨率高，可以获得微生物中细胞壁、细胞膜、细胞质甚至细胞核中的核酸、蛋白质、脂类、糖类等混合成分的分子振动与转动信息。FTIR是一种快速可靠的细菌分类鉴定方法。与传统鉴定方法热解质谱和16 S rRNA序列同源性分析相比，准确率高。同时细菌的培养时间对光谱影响很小，不影响甄别，具有良好的重复性。

（2）拉曼光谱技术

拉曼光谱（Raman spectra）是一种散射光谱。当光穿过透明介质时，经分子散射的光产生频率的变化，这一现象由印度科学家CV拉曼（Raman）于1928年首次发现，并定义为拉曼散射效应。拉曼光谱与红外光谱同属分子振动光谱，可获得分子振动能级和转动能级方面的信息，常应用于分子结构研究。与分子红外光谱不同的是，极性分子和非极性分子都能产生拉曼光谱，目前已广泛应用于物质的鉴定。拉曼光谱强度通常较弱，但固体激光技术及材料学领域的表面增强技术的发展对拉曼光谱分析技术起到了极为重要的推动作用，大大提高了分析的精确度与灵敏度。

核酸、蛋白质、脂类和糖类均可生成特异的拉曼光谱，拉曼光谱测定微生物时可以获得体内生物分子构成、结构和相互作用的详细信息，生成"全有机体指纹图谱"，因此其常用于微生物的生化分析、功能分析和生态学研究。近年来，大量的研究表明，拉曼光谱技术可有效快速地区分不同种属的细菌。

光谱检测技术是一种新兴无创检测技术，具有快速省时、安全高效、非接触式、样本需要量少和自动化程度高的优点。红外光谱和拉曼光谱，可以获得微生物内核酸、蛋白质、脂类和糖类等物质的详细信息，特征峰多，被称为"指纹图谱"，常用于病原微生物的检测。然而红外光谱要求样品中尽量无水分，水对红外吸收强，会影响样品吸收峰的检测。水的拉曼光谱很微弱，谱图简单，因此拉曼光谱便于对水溶性生物样品进行检测，同时也可以透过透明玻璃、塑料等外包装进行检测。拉曼光谱测量时仅需少量、小面积的样品，因为聚焦在样品处的激光束的直径通常仅为0.2～2 mm，可实现单个微生物的测定。其缺点在于光谱强度较弱，不同振动峰可能重叠，拉曼散射强度易受光学系统参数等因素的影响。光谱技术在细菌的检测中应用较多，鲜有文献报道其在病毒分类鉴定中的应用，分析其可能原因主要有两点，一是病毒个体过小，不便于检测；二是病毒成分简单，特征峰少。随着光谱技术的发展和更精确灵敏光学元件的开发，相关研究的不断深入发展，病毒光谱快速检测也将指日可待。光学检测技术将在水生动物病原微生物快速检疫方面发挥越来越重要的应用，多种检测技术的交叉融合、取长补短更是有着广阔的应用前景。

## 七、综合运用各种检疫技术成为潮流

寄生虫病实验诊断技术的进展为综合运用各种检疫技术提供了一个很好的案例。寄生虫病原学检查技术虽有确诊疾病的优点，但受敏感性限制，对早期和隐性感染，以及晚期和未治愈易感者常出现漏诊。免疫学诊断技术作为辅助手段可以弥补这方面的不足。目前，寄生虫诊断技术主要包括病原检查、免疫学检查和分子生物学检查三个方面。实际应用中免疫学检查比较高效和准确，几乎所有的免疫学方法均可用于寄生虫病的诊断。随着分子生物学的发展，PCR技术及核酸分子杂交技术已越来越多地应用于寄生虫病的诊断和研究之中。如锥虫病、利什曼病、肺孢子虫病、贾第虫病、弓形虫病、血吸虫病、阿米巴病、包虫病、疟疾、丝虫病和肠球虫病等。PCR技术具有高度的敏感性和特异性，PCR产物的测序分析为其广泛应用提供了进一步的准确性保证。现在由于免疫技术的发展及分子生物学、单克隆抗体的应用，已使寄生虫病的诊断方法达到了简易、微量、快速、准确和经济的目的,显著地提高了诊断效率和准确性。随着越来越多其他学科新技术在寄生虫学上的应用,将使寄生虫学拥有更多、更为理想的研究方法,这对作为生物进化最重要模型之一的寄生虫的研究将是极大的推动。例如,伴随免疫、带虫免疫、免疫抑制等的阐述将有助于为其他疫病的发生机制、发展、治疗及预防提供参考依据;对真核生物与原核生物分界线的原虫和真菌、低等动物向高等动物进化桥梁的蠕虫的研究将有助于生命奥秘地揭开。而对于我们来说,了解寄生虫学的各种研究方法对我们加深理解寄生虫学、免疫学、生物化学、细胞学、生态学、生物信息学等多门学科的原理和应用有很大的帮助,并能使我们在各学科的交叉中学会更多的东西,开拓更广的思维空间,进行更深层次的创新。

随着我国水产养殖规模不断扩大和集约化程度的不断提高,各种病害接踵而来,给水产养殖生产造成了巨大损失。此外,在国际贸易中,水产疫病问题和因疫病防控带来的药物残留问题,已多次成为欧洲、日本、美国等发达国家和地区对我国水产品出口制造障碍的技术壁垒,我国也在利用这一技术手段保护国家水产养殖安全。国际趋势和国内产业发展都对水产病害诊断技术提出了高通量的迫切要求。由于传统的分离培养、形态观察、生理生化、选择培养基等检测病原菌的手段存在灵敏度低、特异性差、费时费工等明显缺点,传统手段已不适应当前水产养殖业对及时控制病害的要求。因此,利用现代检测方法和技术研究开发灵敏度高、特异性强的病原微生物快速检测方法已十分必要。以免疫荧光抗体、ELISA、胶体金等免疫学检测技术和以核酸杂交、PCR技术和斑点杂交技术为代表的现代分子生物学技术具有灵敏性高、特异性强、可靠迅速等优点,在水产养殖动物处于携带病原状态或大规模暴发细菌性和病毒性疾病之前能进行准确的检测,这是传统方法无法比拟的。随着免疫学技术和分子生物学技术的不断发展和成熟,在传统检测方法的基础上,多种不同诊断技术综合运用以进一步提高检测灵敏性和特异性将是今后相关研究的一个重要发展方向。同时,以这些技术为基础研究开发各种病原微生物的快速诊断试剂盒是今后水产类诊断试剂的发展方向。今后的主要任务是进一步完善和发展,使诊断试剂商品化、诊断程序标准化、诊断仪器简单化。在诊断中,不仅能够定性分析,还能够定量分析,充分发挥它准确、快速的特点。检测方法的发展与新知识新技术的进步是紧密相关的。近年来兴起的基因探针技术、分子生物学技术、测序技术、蛋白质组学技术、流式细胞技术等新型微生物检测技术,将从根本上改变水产动物的检验检疫方法,具有非常广阔的应用前景,必将对水产动物检验检疫学产生巨大影响。

## 第二节　水产动物检验检疫设备管理

检验检疫设备是指在检验检疫现场或(和)过程使用的能给出检验结果或可供检验人员在检验过程中长期使用,并在检验过程中基本保持原有实物形态和功能的仪器设备。近年来,随着生命科学、生物医学工程和技术、电子信息技术的飞速发展,检验检疫学发生了划时代的巨变,各种检验分析技术和仪器设备推陈出新,在实际检疫工作中得到广泛应用,检验检疫学已逐步发展成为一门独立的学科。实验室设备是进行检疫的先决条件之一,实验室应配备足够的符合检疫要求的设备。同时应进行科学管理,做好各类设备的维护保养、检定校准,确保检验检疫设备满足规定要求,保证检疫工作的有效开展。

检验检疫仪器多是集光、机、电于一体的仪器,使用部件种类繁多。尤其是随着仪器自动化程度的提高和仪器的自动化、智能化,仪器功能的不断增强,各种自动检测、自动控制功能的增加,使检验检疫仪器结构更加复杂。一般来说,检验检疫仪器具有的特点有:涉及的技术领域广、结构复杂、技术先进、精度高、对使用环境要求严格等。

## 一、检验检疫实验室设备的分类

检验检疫实验室设备主要分成两类:实验室基础设备和实验室专业设备。

### 1. 实验室基础设备

实验室基础设备主要包括:离心机(常速离心机、高速离心机、低温冷冻离心机等),温控设备(普通冰箱、低温冰箱、电热恒温培养箱、电热恒温水浴锅等),显微镜(普通光学显微镜、相差显微镜、荧光显微镜、激光扫描共聚焦显微镜、电子显微镜、倒置显微镜等),分光光度计(可见分光光度计、紫外分光光度计等),吸样设备(加样枪、吸管、微量移液枪等),高压蒸汽灭菌器,微量振荡器,纯水机,分析天平(机械分析天平、电子分析天平等),烤箱,pH计,温度计,湿度计等。

### 2. 实验室专用设备

实验室专用设备主要包括:血液检验仪器(血液分析仪等),生化检验仪器(全自动生化分析仪、干式化学分析仪、自动电泳仪、毛细管电泳仪等),免疫检验仪器(流式细胞仪、发光免疫分析仪、时间分辨免疫荧光检测系统、免疫比浊仪、酶标仪、洗板机等),微生物检验仪(自动化血培养系统、自动微生物鉴定与药敏分析仪等),分子生物学检验仪器(聚合酶链反应分析仪、测序仪、核酸提取仪、核酸杂交仪、激光共聚焦扫描仪等),生物光谱技术检测仪器等。

## 二、检验检疫实验室的设备管理

检验检疫实验室设备使用和管理的核心任务应该是:使设备"能够达到规定的性能标准,并且符合相关检验所要求的规格"。《检测和校准实验室能力认可准则》(CNAS-CL01:2018)、《检测和校准实验室能力的通用要求》(ISO/IEC 17025:2005)、《检测和校准实验室能力认可准则在动物检疫领域的应用说明》(CNAS-CL22:2015)、《检测和校准实验室能力认可准则在微生物检测领域的应用说明》(CNAS-CL09:2013)等都对此提出了详细要求,其目的就是保证实验室设备能够正常、有效运行,其性能符合相关检验的要求,确保检验结果的正确和可靠。检验检疫实验室设备使用和管理涉及设备整个使用周期,包括设备的采购计划编制与选购、设备的安装与验收、设备标识、设备档案、设备的检定/校准、设备的使用、设备的维修和保养、设备的报废等内容。

### 1. 设备的采购计划编制与选购

检验检疫实验室设备的采购计划编制与选购是保证检验质量的重要环节之一,是设备正确使用和管理的前提条件。检验检疫实验室应该根据发展规划和实际情况,以及检验检疫实验室质量目标要求和客户需求,认真编制设备采购计划,并应考虑到以下几方面问题。

1)性能要求:检验检疫实验室在采购设备前必须根据国家有关部门对该类设备规定的性能标准、检验检疫实验室质量目标及客户对检疫结果的要求,制定所要购买设备的所有性能指标和应具有的功能。还应考虑:实验室内部仪器所组成检测系统一致性和测定结果可比性,设备功能能否满足目前客户的需求及未来客户的需求等。

2)仪器放置地的设施和环境条件:检验检疫实验室应根据所购设备需要的设施和环境条件要求确定安装的地点和配备必要的设施。设备安放地点的电力供应、供水、通风、照明和温湿度应与制造商的要求一致,并采取监测和控制措施,以确保设备的正常工作。

3）信息要求：设备、仪器端口与检验检疫管理信息系统之间连接是否是兼容的，或者是否可以兼容，是否能满足信息系统要求和检验检疫实验室信息化要求。

4）费用和可操性：设备采购应考虑设备购置费用和维护费用；以及员工对设备操作简便性和习惯性。

**2.设备的安装与验收**

设备正确验收是保证所购置的设备达到规定的性能标准，且符合相关检验检疫要求的前提条件，新购进设备需对设备进行安装、调试、验收。重点关注以下方面问题。

1）安装评估：仪器安装环境是否符合制造商所需要的环境要求，仪器的基本性能特性是否达到制造商出厂时应达到的规定的性能标准，并且符合相关检验检疫所要求的规格。

2）人员培训：设备操作人员能力是否达到制造商的基本标准要求，是否建立了设备的危害识别与减少危害措施的规程。

3）设备验收报告：仪器验收合格后，写出仪器验收报告。验收报告应有每一项性能指标的实验数据，经实验室主任授权人审核后，报单位主管批准。无完整实验数据、性能指标和功能不符合要求的不能通过验收。

**3.设备标识**

（1）设备唯一性标识

每件设备均应有唯一性标识，并张贴在设备的醒目处。标签的内容可包括：设备统一编号、设备名称、规格型号、使用部门、启用日期等。

（2）设备状态标识

检验检疫实验室设备应有明显标识表示仪器状态。仪器状态有三种：合格状态或正常使用状态、故障待修状态和停用报废状态。

1）合格状态或正常使用状态：指设备已经过校准/检定合格可以使用，或正在使用中。

2）故障待修状态：指设备出现故障或质控失控后怀疑设备性能指标不合格，设备不能正常工作或检验结果不符合要求，需要检修或校准。

3）停用报废状态：指设备出现故障、经检修及校准后其性能指标仍无法达到规定的性能标准，且无法满足相关检验的要求，停用报废。

合格状态或正常使用状态的仪器标识还应标明下次检定或校准的日期。

**4.设备档案**

应保持影响检验性能的每件设备的记录，设备档案的内容和形式可根据检验检疫实验室的具体情况及单位的规定确定，至少应包括：① 设备标识；② 设备的制造商名称、型号、序列号或其他唯一性识别；③ 制造商的联系人和电话（适用时）；④ 到货日期和投入运行日期；⑤ 当前的位置（适用时）；⑥ 接收时的状态（如新品、使用过、修复过）；⑦ 制造商的说明书或其存放处（如果有）；⑧ 证实设备可以使用的设备性能记录；⑨ 已执行及计划进行的维护；⑩ 设备的损坏、故障、改动或修理；⑪ 预计更换日期（可能时）。

注：⑧项中提到的性能记录应包括所有校准或验证报告/证明的复件，内容包括日期、时间、结果、调整、可接受标准及下次校准或验证的日期，在两次维护/校准之间的核查频次。应保持这些记录，并保证在设备的寿命期内或在国家、地区和当地的法规要求的任何时间内随时可用。

设备档案的核心是⑧、⑨、⑩三项，为决定该设备是否可以继续使用，还是需要检修或是必须报废提供了可靠的实验依据。

5. 设备的检定 / 校准

检验检疫实验室应制订计划,用于定期监测并证实设备已适当检定 / 校准并处于正常功能状态。

(1)设备的检定

设备的检定是指查明和确认测量仪器符合法定要求的活动,包括检查、加标记或出具检定证书。所谓检定是将国家计量基准所复现的单位量值,通过检定传递给下一等级的计量标准,并依次逐级传递到工作计量器具,以保证被计量的对象量值准确一致,称为量值传递。检定是一种被动地实现单位量值统一的活动。

我国计量法明确规定某些仪器(装置)需强制检定,如天平、温度计、加样器、分光光度计、酶标仪等,需有资质的计量检定所按相应的《计量检定规程》进行检定,检定合格的发检定报告,不合格的发不合格报告。检定周期至少每年一次。

(2)设备的校准

设备的校准是指将量值测量设备与测量标准进行技术比较,确定被校设备的量值及其不确定度,目的是确定测量设备示值误差的大小,并通过测量标准将测量设备的量值与整个量值溯源体系相联系,使测量设备具有溯源性。非强制检定的计量器具则可以进行校准。校准的方式可以采用自校、外校方式进行。仪器校准应该具备以下条件。

1)设备校准标准:可依据中华人民共和国检验检疫行业相关标准,有些类型的设备无公开的标准可参照仪器厂家的企业标准编制仪器校准操作规程。设备校准操作规程内容至少应包括:目的和范围、校准的频率、使用的设备和校准材料、偏差和精度要求、执行校准的 SOP 文件、记录结果的说明、设备校准不合格所采取补救措施等。

2)校准设备的人员:必须熟悉仪器的原理、性能、使用方法和设备校准过程,仪器生产厂商或代理商应对设备校准工程师进行培训。

3)校准过程中修正因子:当仪器校准给出一组修正因子,校准人员必须检查设备此修正因子是否已被仪器接受,否则应重新进行设备的校准。

4)当校准结果不能够达到规定的性能标准与规格校准结果不能够达到规定的性能标准并且也不符合相关检验所要求的规格,则该仪器应停止使用,更换仪器状态标识,进行检修和调整。

5)校准报告校准完成后应出具仪器校准报告,校准报告应能提供完整的实验数据,并符合规定的性能标准及相关检验的要求,明确显示仪器性能良好。校准的全部实验资料及校准报告应记录在案,由所在临床实验室保存。同时,应在仪器上粘贴标签,注明校准情况和下次校准时间。

6)校准周期:应根据相关规定或制造厂商的说明书,通常为 6 个月或 12 个月。

6. 设备的使用

设备投入使用前,应该确认设备在实验室能正常运行,并能确保检验检疫质量。所以设备使用前至少应具备以下要求方可投入使用。

1)设备 SOP 文件:仪器在使用前应制定 SOP 文件。SOP 文件的制定要遵循设备制造厂商的说明书,如有改动应取得厂商的帮助,并提供相应的实验依据。设备的操作卡片文件或类似系统应与完整手册的内容相对应。

2)仪器使用授权:仪器操作人员必须经过培训,考核合格取得许可后,方可授权进行仪器操作;实验室人员应随时可得到关于设备使用和维护的最新指导书(包括设备制造商提供的所有相关的使用手册和指导书),并严格按仪器操作规程进行操作。

3)仪器有效性确认:在使用仪器时,应先检查确认仪器是否经过校准或检定处于正常功能状态,并确认仪器的安全工作状态,包括检查电气安全,紧急停止装置,以及由授权人员安全操作及处置化学、放射性和生物材料;如果设备脱离实验室直接控制,或已被修理、维护过,必须对其校准、验证,符合要求后方可使用。

4)试剂和耗材:所用的试剂和耗材应符合国家有关部门的规定,建议使用仪器制造厂商配套试剂和耗材,并进行有效性验证;如果使用非仪器制造厂商配套试剂和耗材,必须进行有效性评价,并出具有效性评价报告并保存。

5)操作人员防护:应将仪器使用的安全措施(包括防污染)提供给使用人员。在使用具有放射性物质或毒性物质的设备时,必须做好防护措施;对有腐蚀性或毒害性生物的试剂时,也应做好防护措施,如使用安全防护镜等;实验仪器检验检疫的水生动物标本和产生的废物按国家的有关规定进行处理,减少污染的发生。

6)仪器使用记录:应如实、及时记录仪器的使用、故障和维修情况。

7. 设备的维修和保养

正确的设备维修和保养是保证设备正常运行的前提,检验检疫实验室必须根据制造商建议或行业规范要求进行设备的维修和保养。

(1)设备的维修

1)当仪器出现故障时,应停止运行,报告检验检疫实验室相关负责人,进行报修,同时应立即更换仪器状态标识。清楚标记后妥善存放至其被修复,应经校准、验证或检测表明其达到规定的可接受标准后方可使用。检验检疫实验室应检查上述故障对之前检测的影响。

2)仪器维修前,应进行去污染处理,并温馨提示和告知工程师此设备可能存在生物安全方面风险,应采取必要的预防措施,降低感染的机会,确保维修工程师安全。

3)有符合要求的替用或备用设备时,启用替用或备用设备。借用其他部门设备时,应核实该设备的性能和使用状态。替用或备用的设备、借用的设备在满足质量要求的同时,必须同时满足实验室管理措施的要求。

4)设备维修后应出具维修报告,维修报告内容至少应包括以下内容:维修的仪器或设备名称与设备编号、故障发生日期、故障描述、设备参数/设置、故障排除的日期和时间、故障维修人员签字确认、故障排除后所采取的后续行动(如果需要的话)、实验室相关负责人的审核和批准等。

5)设备维修后应有维修报告并存档,仪器维修后需经过校准、验证,或检测表明其达到规定的可接受标准,并经实验室负责人审核后方能投入使用。校准、验证和对故障前所检测项目的结果评估与验证可以根据故障的部位及对检验结果的影响程度来进行确定。

(2)设备的保养

检验检疫实验室应遵循制造商的建议,制定每台设备的维护与保养程序,并严格按程序对设备进行常规性维护和保养,并记录。

1)应根据实验室仪器设备制造商的建议制定定期(每日、每周、每月等)日常预防性维护和保养及年度维护保养计划。

2)实验室仪器使用人员按该仪器计划规定,定期进行日常预防性维护和保养,并记录设备的状态、使用情况、维护和保养情况。

3)每台设备年度维护由厂商工程师进行,并对维护保养的过程作详细记录,并经实验室相关负责人审核、确认。

8. 设备的报废

设备经数年使用后其性能指标不能达到检验检疫质量要求,或维修后仍然不能达到规定的性能标准或仍不能正常使用时,实验室需对该设备进行报废处理。

（1）设备报废流程要求

设备报废应按实验室设备报废管理流程办理设备报废手续、更新设备档案信息,按国家或单位规定处理设备,搬离实验室。

（2）设备无害化处理

报废设备应进行以下无害化处理后方可搬离实验室。

1）危险品和感染性物品的去除:所有危险或感染性物质的容器必须从报废设备上去除,危险或感染性废物需要处置应该按照国家相关规定的要求进行。

2）设备去污染处理设备报废前必须对设备进行去污染处理,以免在报废设备运输或处置过程中对环境和人员存在潜在危害。设备去污染最好按照制造商的说明书进行,也可以根据设备以前使用过程中存在的污染严重性进行评估,然后采用相应去污染措施。经去污染处理的设备可以挂上"已经去污染处理"的标签。

3）保密信息的去除。保留有患者信息或其他机密信息的设备,应将该信息转移到另一种介质进行存储。然后对报废设备内信息进行删除,并确认信息删除有效性。

# 第三节　主要检验检疫仪器概览

## 一、显微技术仪器

1. 荧光显微镜

荧光显微镜利用物质的荧光性识别物质。荧光物质把入射的紫外线变为可见光,使荧光显微镜对可见光成像,故可以采用常规的物镜和目镜。当辐射波长在 3 000 nm 以下时,应采用贵重的石英玻璃作载玻片,为避免试样上的灰尘或污点产生外来的荧光,被检试样必须十分清洁。为防止紫外线进入物镜,可以采用暗视场照明。荧光显微镜既可以观察固定的切片标本,也可以进行活体染色观察。

2. 激光扫描共聚焦显微镜

激光扫描共聚焦显微镜是在荧光显微镜成像的基础上装有激光扫描装置,以单色激光作为光源,使样品被激发出荧光,利用计算机进行图像处理,从而得到细胞或组织内部微细结构的荧光图像。

共聚焦显微镜利用激光扫描束经照明孔形成点光源对标本内焦平面上的每一点扫描,由于照明孔与检测孔相对于物镜焦平面是共轭的,焦平面上的点同时聚焦于照明孔和检测孔,焦平面以外的点不会在检测孔处成像,这样就得到了标本清晰的光学切面图,克服了普通光学显微镜图像模糊的缺点。

3. 透射电子显微镜

透射电子显微镜（简称透射电镜）是以电子束透过样品经过聚焦与放大后所产生的物像,投射到荧光屏上或照相底片上进行观察。透射电镜的分辨率为 0.1 ～ 0.2 nm,放大倍数为几万至几十万倍。由于电子易散射或被物体吸收,故穿透力低,必须制备更薄的超薄切片（通常为50 ～ 100 nm）。在生物医学中主要用于观察组织和细胞内的亚显微结构、蛋白质、核酸等大分子的形态结构及病毒的形态结构等,另外,透射电镜还是区分细胞凋亡与细胞坏死最可靠的方法。细菌细胞结构、鞭毛结构、放线菌的孢子结构及孢子表面装饰物立体形状等超微结构的观察,都需用透射电镜。

### 4. 扫描电子显微镜

扫描电子显微镜(简称扫描电镜)的工作原理是用一束极细的电子束扫描样品,在样品表面激发出次级电子,次级电子的多少与电子束入射角有关,也就是说与样品的表面结构有关,次级电子由探测体收集,并在那里被闪烁器转变为光信号,再经光电倍增管和放大器转变为电信号来控制荧光屏上电子束的强度,显示出与电子束同步的扫描图像。图像立体形象,反映了标本的表面结构。为了使标本表面发射出次级电子,标本在固定、脱水后,要喷涂上一层重金属微粒,重金属在电子束的轰击下发出次级电子信号。其分辨率一般为3～10 nm,放大率为5～300 000倍,加速电压为1～30 kV,扫描电镜的景深长、视野大、图像有立体感、样品制备简单、放大率范围广、能够观察较大样品的局部细微结构。扫描电镜可以观察到微观世界的立体形象,它的图像是三维的,逼真地反映出样品表面结构的凹凸不平,如细菌的形态、鞭毛大小结构、放线菌的孢子表面装饰物等。在生物医学上,扫描电镜主要用来观察组织、细胞表面或断裂面的显微和亚显微结构及较大的颗粒性样品(3～10 nm)的表面形态结构。

### 5. 扫描隧道显微镜

扫描隧道显微镜是根据量子力学原理中的隧道效应和三维扫描而设计的。当原子尺度的针尖在不到1 nm的高度上扫描样品时,此处电子云重叠,外加电压(2 mV～2V),针尖与样品之间产生隧道效应而有电子逸出,形成隧道电流,通过隧道电流获取显微图像,而不需要光源和透镜。扫描隧道显微镜的分辨率很高,横向为0.1～0.2 nm,纵向可达0.001 nm,已达原子量级的分辨率。它的优点是三态(固态、液态和气态)物质均可进行观察,可在真空、大气、常温等不同环境下工作,甚至可将样品浸在水和其他溶液中,不需要特别的制样技术。普通电镜只能观察制作好的固体标本。利用扫描隧道显微镜可直接观察生物大分子(如DNA、RNA和蛋白质等分子的原子布阵)和某些生物结构(如生物膜、细胞壁等的原子排列),特别适用于研究生物样品和在不同实验条件下对样品表面的评价。扫描隧道显微镜有两种工作方式:一种称为恒流扫描方式,即采用电子反馈线路控制隧道电流使其大小恒定,而用压电陶瓷管控制针尖的表面扫描路线保持间距不变,随着表面高低起伏而上下运动。另一种工作模式是恒高度工作,在对样品进行扫描过程中保持针尖的绝对高度不变;于是针尖与样品表面的局域距离将发生变化,隧道电流的大小也随着发生变化;通过计算机记录隧道电流的变化,并转换成图像信号显示出来,即得到了扫描隧道显微镜显微图像。

## 二、毛细管电泳技术设备

毛细管电泳仪的基本工作原理是溶液中的带电粒子以高压电场为驱动力,沿毛细管通道,以不同速度向与其所带电荷相反的电极方向迁移,并依据样品中各组分之间淌度和分配行为上的差异而实现分离。毛细管电泳有多种分离模式,如毛细管区带电泳、毛细管胶束电动色谱、毛细管凝胶电泳、等电聚焦毛细管电泳、毛细管等速电泳和毛细管电色谱等。毛细管电泳的特点是高灵敏度、高速度、高分辨率、样品少、易自动化、应用范围广。

毛细管区带电泳(capillary zone electrophoresis,CZE)也称为毛细管自由溶液区带电泳,根据组分的迁移时间进行定性,根据电泳峰的峰面积或峰高进行定量分析。它适用于小离子、小分子、肽类、蛋白质的分离,在一定限度内适合于DNA的分离。毛细管凝胶电泳是将板上的凝胶移到毛细管中作支持物进行的电泳。适用于分离、测定肽类、蛋白质、DNA类物质的分离。CZE正在向第二代DNA序列测定仪发展,并将在人类基因组计划中起重要作用。

## 三、流式细胞仪

流式细胞技术是在单细胞水平上,对于处在快速直线流动状态中的大量细胞或生物颗粒进行多参数、快速的定量分析和分选的技术,流式细胞仪是以激光为光源,集流体力学技术、电子物理技术、光电测量技术、计算机技术,以及细胞荧光化学技术、单克隆抗体技术为一体的新型高科技仪器。流式细胞仪是在荧光显微镜技术、血细胞计数仪和喷墨技术的基础上发展起来的。分离细胞用的鞘液和样品流在喷嘴附近组成一个圆柱流束,与水平方向的激光束垂直相交,染色的细胞受激光照射后发出荧光,这些信号分别被光电倍增管荧光检测器和光电二极管散射光检测器接收,经过计算机储存、计算、分析这些数字化信息,就可得到细胞的大小、活性、核酸含量、酶和抗原的性质等物理和生化指标。

流式细胞仪应用的技术要求如下。

*1. 检测样品制备的重要性*

如果两个或多个细胞间粘连重叠或细胞碎片过多,将会影响信号的收集及所收集信号的真实性,因此,制备单细胞悬液是进行流式细胞仪分析最关键的第一步。

*2. 免疫分析中常用的荧光染料与标记染色*

荧光信号来自细胞的自发荧光或被分析细胞经特异性荧光标记染色后通过激光束激发后所产生。因此,被分析细胞在制备成单细胞悬液后,经过与荧光染料染色后才能上机进行检测。

*3. 流式细胞仪操作技术的质量控制*

1)光路与流路校正:变异系数(coefficient of variation,CV)越小,则仪器工作状态精度越高。CV一般在2%~3%,不超过5%~10%。

2)光电倍增管校准:对光电倍增管(photomultiplier tube,PMT)的校正是流式细胞仪在使用前进行的一项重要质控指标。

3)绝对计数的校准:在进行免疫学检测时,常需对测定细胞进行绝对计数。

## 四、自动生化分析相关仪器

自动生化分析仪种类繁多,根据不同分类标准,可分成不同的种类。根据仪器反应装置结构不同,可分为连续流动式、离心式、分立式和干化学式;根据仪器的功能及复杂程度,可分为小型、中型、大型及超大型;根据同时可测定项目数量不同,可分为单通道和多通道;根据自动化程度不同,可分为全自动化和半自动化。

离心式自动生化分析仪严格说属于分立式范畴。其工作原理是将样品和试剂放在特制圆形反应器内,该圆形反应器称为转头,装在离心机的转子位置,当离心机开动后,圆形反应器内的样品和试剂受离心力的作用而相互混合发生反应,经过一定时间的温育后,反应液最后流入圆形反应器外圈的比色凹槽内,垂直方向的单色光通过比色孔进行比色,最后计算机对所得吸光度进行计算,显示结果并打印。

分立式自动生化分析仪是目前国内外应用最多的一类自动生化分析仪,工作原理与手工操作相似,按手工操作的方式编排程序,并以有序的机械操作代替手工操作,用加样探针将样品加入各自的反应杯中,试剂探针按一定时间自动定量加入试剂,经搅拌器充分混匀后,在一定条件下反应。反应杯同时作为比色杯进行比色测定。各环节用传送带连接,按顺序依次操作,故称为"顺序式"分析。

干化学式自动生化分析仪是将待测液体样品直接加到已固化于特殊结构的试剂载体上,以样品中的水将固化于载体上的试剂溶解,再与样品中的待测成分发生化学反应,是集光学、化学、酶工程学、化学计量学及计算机技术于一体的新型生化检测仪器。

### 五、免疫分析相关仪器

#### 1. 酶免疫分析

酶免疫分析(enzyme immunoassay,EIA)是目前临床应用最多的一类免疫分析技术,可分为均相酶免疫测定和非均相(或异相)酶免疫测定两种方法。均相酶免疫分析法(homogeneous enzyme immunoassay,HEI)主要有酶扩大免疫测定技术和克隆酶供体免疫测定两种方法。非均相酶免疫分析法(heterogeneous enzyme immunoassay)多为非均相法,又可分为液相酶免疫法和固相酶免疫法两种,以后者最常用,称为酶联免疫吸附测定(enzyme linked immunosorbent assay,ELISA)。ELISA是临床上最常用的免疫分析方法,目前常用的酶免疫分析仪都是基于ELISA技术,称为酶免疫分析仪。

酶标仪也称为ELISA测读仪(ELISA reader),有单通道和多通道两种类型。自动型多通道酶标仪有多个光束和多个光电检测器,检测速度快。如8通道的仪器,设有8条光束(或8个光源)、8个检测器和8个放大器。多通道酶标仪的检测速度较快。酶标仪的工作原理与主要结构和光电比色计几乎完全相同。既可以使用和分光光度计相同的单色器,也可以使用干涉滤光片来获单色光,此时将滤光片置于微孔板的前、后的效果是一样的。

全自动微孔板式ELISA分析仪由加样系统、温育系统、洗板系统、判读系统、机械臂系统、液路动力系统、软件控制系统等组成,这些系统既独立又紧密联系。全自动微孔板式ELISA分析仪用在大批量标本的检测中,不但提高了工作效率,而且测定的精密度亦得到改善。微孔板式ELISA仪器均为开放式的,即适用于所有微板式ELISA试剂。ELISA检测结果的精密度主要取决于试剂的质量。全自动ELISA仪器本身的精密度一般在3%左右。应用优质试剂测定结果的精密度,定量测定可达到7%以下;常用于感染性病原体抗原和抗体的检测,精密度在10%左右。

#### 2. 发光免疫分析技术

发光免疫分析技术根据示踪物检测的不同而分为荧光免疫测定、化学发光免疫测定及电化学发光免疫测定三大类。化学发光免疫根据标记物的不同,有化学发光免疫分析、微粒子化学发光免疫分析、电化学发光免疫分析、化学发光酶免疫分析和生物发光免疫分析等分析方法。根据标记物的不同分为:化学发光免疫分析、化学发光酶免疫分析、微粒子化学发光免疫分析、生物发光免疫分析和电化学发光免疫分析方法等。根据发光反应检测方式的不同主要分为液相法、固相法和均相法。

全自动化学发光免疫分析系统采用化学发光技术和磁性微粒子分离技术相结合的免疫分析系统。具有操作更灵活,试剂储存时间长、结果准确可靠、自动化程度高等优点。其分析技术有两种方法,小分子抗原物质测定采用的是竞争法,而大分子抗原物质测定采用的是夹心法。

全自动微粒子化学发光免疫分析系统采用微粒子化学发光技术对人体内的微量成分及药

物浓度进行定量测定。采用磁性微粒作为固相载体,以碱性磷酸酶作为发光剂,固相载体的应用扩大了测定的范围。以竞争法、夹心法和抗体检测等免疫测定方法为基础,系统具有高度的特异性、高度的敏感性和高度的稳定性等特点。

电化学发光免疫分析技术集多种技术于一身,应用了免疫学、链霉亲和素生物包被技术及电化学发光标记技术,在新一代免疫检测技术中独具特点。其将待测标本与包被抗体的顺磁性微粒和发光剂标记的抗体加在反应杯中共同温育,形成磁性微珠包被抗体-抗原-发光剂标记抗体复合物。复合物吸入流动室,同时经缓冲液冲洗。当磁性微粒流经电极表面时,被安装在电极下的磁铁吸引住,而游离的发光剂标记抗体被冲洗走。同时在电极加电压,启动电化学发光反应,使发光试剂标记物在电极表面进行电子转移,产生电化学发光。而光的强度与待测抗原的浓度成正比检测计算被测物浓度。

发光免疫分析仪主要应用于病原体及其抗体的检测、各种蛋白质分子、细胞因子、激素和药物浓度等。

### 六、微生物检测技术仪器

#### 1. 自动血培养仪

自动血培养系统主要由培养系统和检测系统组成。培养系统包括培养基、恒温装置和振荡培养装置。具有培养基营养丰富、检测灵敏度高、检出的时间短、检出病原菌的种类多、抗干扰能力强、污染明显减少等特点。检测系统由计算机控制,对血培养实施连续、无损伤瓶外监测。其工作原理主要是通过自动监测培养基(液)中的混浊度、pH、代谢终产物 $CO_2$ 的浓度、荧光标记底物或代谢产物等的变化,定性地检测微生物的存在。根据检测原理的不同分三类:以检测培养基导电性和电压为基础的血培养系统、应用测压原理的血培养系统和采用光电原理监测的血培养系统。

随着生命科学和数码信息技术的飞速发展,还可能研制出更符合临床要求的血培养系统:检出的范围更广,阳性率更高;灵敏度更高,污染率、假阳性率和假阴性率应降至最低;自动化和计算机的智能化程度更强;体积更小,仅需极微量的血液样品即可检出所有的微生物;检验周期更短,工作效率更高;成本更低,结果报告更快的系统。

#### 2. 微生物自动鉴定及药敏分析系统

微生物自动鉴定及药敏分析系统采用微生物数码鉴定原理通过数学的编码技术将细菌的生化反应模式转换成数学模式,给每种细菌的反应模式赋予一组数码,建立数据库或编成检索本。通过对未知菌进行有关生化实验并将生化反应结果转换成数字(编码),查阅检索本或数据库,得到细菌名称。其基本原理是计算并比较数据库内每个细菌条目对系统中每个生化反应出现的频率总和,将所得的生物数码与菌种数据库标准菌的生物模型相比较,得到相似系统鉴定值的菌株名称。

自动化抗生素敏感性实验使用药敏测试板(卡)进行测试,其实质是微型化的肉汤稀释实验。将抗生素微量稀释在条孔或条板中,加入菌悬液孵育后放入仪器或在仪器中直接孵育,仪器每隔一定时间自动测定细菌生长的浊度,或测定培养基中荧光指示剂的强度或荧光原性物质的水解,观察细菌的生长情况。得出待检菌在各药物浓度的生长斜率,经回归分析得到最低抑菌浓度(minimum inhibitory concentration, MIC)。

微生物鉴定和药敏分析系统的发展顺应了临床的新需要。从早期的半自动检测仪到目前的全自动快速检测仪,可鉴定的微生物种类范围不断扩大,鉴定速度越来越快,自动化程度也越来越高,且促进实验室内和实验室间的标准化。特别是近来推出的一些新型检测仪中,加入了专家系统,即把临床微生物和抗生素耐药性方面卓有成效的一流专家的经验,编成一条条规则的软件,对细菌的药敏结果进行自动监测。未来理想的微生物鉴定和药敏分析系统应检测速度更快;检测的准确率和分辨率更高;自动化和电脑的智能化程度更强;可鉴定细菌种类及药敏实验种类更多;检测成本更低。

3. 全自动快速微生物质谱检测系统

全自动快速微生物质谱检测系统采用MALDI-TOF技术(matrix-assisted laser desorption/ionization time of flight,基质辅助激光解吸电离飞行时间),用于微生物(细菌、真菌等)的快速鉴定。MALDI-TOF技术是近年发展起来的一种新型软电离质谱技术。质谱仪主机由基质辅助激光解吸电离(MALDI)离子源和飞行时间(TOF)质量检测器两部分组成。MALDI的原理是用激光照射标本与基质形成的共结晶薄膜,基质从激光中吸收能量传递给标本中的生物分子,并将质子转移到生物分子而使生物分子发生电离。TOF的原理是离子在电场作用下加速飞过飞行管道,根据到达检测器的飞行时间不同而被检测,即待测离子的质荷比($M/Z$)与离子的飞行时间成正比。通过测定微生物(细菌、真菌等)的蛋白质组的质量图谱(mass spectrometry,MS),通过将待测微生物的蛋白质化合物电离后,检测带电蛋白质分子的质荷比,然后根据质荷比这种分子"指纹图谱"技术对纯培养的菌落进行快速菌株鉴定。

微生物鉴定的自动化可以缩短微生物的鉴定时间,并可促进实验室和实验室间的标准化,但是,它的试剂消耗费用、一次性设备投入都很高,在某些情况下其结果还需要候补方法确认。今后仍将致力于发展低费用,减少或取消候补方法确认,快速报告能在更短的时间内产生,提高智慧化水平。

## 七、分子生物学技术仪器

1. 基因扩增仪(PCR仪)

PCR仪模仿体内核酸扩增技术,重复"变性(denature)→退火(anneal)→延伸(extension)"过程至25～40个循环,呈指数级扩大待测样本中的核酸拷贝数,达到体外扩增核酸序列的目的。PCR仪可以分为成普通PCR仪和实时荧光定量PCR仪两大类。

2. 全自动DNA测序仪和蛋白质自动测序仪

DNA测序是指检测其一级结构——核苷酸的线性排列顺序。全自动DNA测序仪包括平板型电泳和毛细管电泳两种仪器类型。平板法电泳是经典的电泳技术,具有样品判读序列长(600～900 bp)、一块凝胶板上可同时进行多个样品测序(可达96个)的优点。毛细管电泳为近20年来建立的一种快速、高效、进样量少、灵敏度高的新技术,可测序列长可达750 bp左右。随着应用的日益广泛,荧光标记的自动测序系统也逐渐完善。尤其是四色荧光全自动测序系统的发展,进一步提高了检测的自动化水平。全自动DNA测序仪主要应用于基因组测序、水产动物传染病的基因诊断等方面。

3. 蛋白质测序仪

主要检测蛋白质的一级结构,即肽链中的氨基酸序列,其原理沿用Edman降解法。目前的蛋白质测序仪实际上是执行全自动化的Edman化学降解反应和游离氨基酸的分离与鉴定过程。蛋白质测序仪主要应用于新蛋白质的鉴定、分子克隆探针的设计、人工合成多肽抗原免疫产生抗体的检测和纯化新发现的蛋白质。

## 八、检验检疫仪器设备的管理标准操作程序（SOP）（示例）

1. 目的

仪器设备是实验室开展检测/校准工作所必需的重要资源，也是保证检测/校准工作质量、获取可靠测量数据的基础。为合理配置仪器设备，充分发挥其作用，使其始终处于良好的工作状态，必须对仪器设备的购置和使用进行控制和管理。

2. 适用范围

适用于本中心实验室各检验室仪器设备的购置、使用和管理。

3. 职责

1）仪器设备由科室设专人管理，各科室负责本科室仪器设备的日常管理和保养工作。

2）需要实施检定维护的仪器设备，实验室提前提出计划，质量负责人负责审核计划，报疾控中心主任批准。

3）检验室全体人员负责实施检定维护工作，其他科室人员负责配合实施工作。

4）综合检验室负责组织一起设备的购置、验收、管理和监督正确使用。

4. 程序要点

（1）仪器设备的购置

1）仪器设备的购置应遵循长远规划原则，根据实际需要进行购置。

2）仪器设备的购置按《服务和供应品采购管理程序》执行。应选择有质量保证能力的供应商。

3）非标准、非定型或特殊型号的仪器设备要请专业技术人员论证可行后，由综合办公室联系订货，合同书需经中心主任同意后方可与供应方签订。

（2）仪器设备的验收与安装调试

1）新购置的仪器设备由综合办公室、使用的专业室和仪器设备管理人员共同开箱验收，专业室应派专人保管并安装调试，写出验收报告。验收报告内容如下。

① 包装完整性、整机完整性、仪器外观、主机备件和附件、产品合格证、装箱单、使用说明书等。

② 仪器性能检验的结果。

③ 验收结论。

2）验收过程中如发现订购单与装箱单不符，或仪器性能指标达不到要求时，由综合办公室采购人员负责与供应商联系，并将情况汇报中心主任。

3）进口设备的安装和性能验收检验，先将仪器说明书翻译成中文并仔细阅读后进行。

4）如在验收调试时，发现仪器有质量问题和缺少附件等，索赔工作必须在索赔期内完成。

5）验收报告、产品合格证、装箱单、使用说明书收入仪器设备档案。

（3）仪器设备的状态标识

1）所有仪器设备及其软件、标准物质均应有明显的标识来表明其状态，这种管理方式是检查仪器设备处于受控管理的措施之一。

2）仪器设备的状态标识分为"合格""准用"和"停用"三种，通常以"绿""黄""红"三种颜色表示，具体标志如下。

① 合格标志（绿色）：经计量检定或校准、验证合格，确认其符合检测/校准技术规范规定的使用要求的。

② 准用标志(黄色):仪器设备存在部分缺陷,但在限定范围内可以使用的(即受限使用的)。包括以下几种。

- 多功能检测设备,某些功能丧失,但检测所用功能正常,且检定校准合格者。
- 测试设备某一量程准确度不合格,但检验(检测)所用量程合格者。
- 降等降级后使用的仪器设备。

除上述三种情况外,不需要检定或校准的仪器设备(如计算机、打印机等)及无法检定或校验,但经比对或鉴定可以使用的仪器设备也应粘贴准用标志。

③ 停用标志(红色):仪器设备目前状态不能使用,但经检定校准或修复后可以使用的,不是实验室不需要的废品杂物。包括以下几种情况:

- 仪器设备损坏者。
- 仪器设备经检定校准不合格者。
- 仪器设备性能无法确定者。
- 仪器设备超过周期未检定校准者。
- 不符合检测/校准技术规范规定的使用要求者。

④ 状态标识中应包含必要的信息,如检定/校准的日期、有效期、检定校准单位、设备编号、使用人等。

(4)仪器设备的使用

1)仪器操作人员要经过培训考试合格后,领取上岗操作证后方可上机操作,进修、实习不得单独上机操作,否则应追究仪器保管人的责任。

2)仪器设备原则上定室、定位使用,并设有一名保管人员。各检验室无权私自外借和入库,因工作需要在室间调拨设备时,应通过综合办公室办理调拨手续。

3)不得使用无标志、不合格、没有检定或校准的仪器设备。

4)操作人员应严格按照仪器操作规程和说明使用仪器,禁止超负荷、超规定使用。保持仪器设备和周围环境干净整洁。

5)建立仪器设备使用登记制度,仪器在使用前要进行检查,使用后要如实填写仪器运行记录,记录年终收入档案中存档,其内容如下。

① 工作内容:填写检验项目。

② 使用前后仪器状态:仪器在使用前后,如正常,则填写正常,如发现仪器有问题,应填写异常并填写异常情况记录。

③ 使用人:使用仪器人员签名。

④ 使用日期及时间:填写使用仪器时的年、月、日和具体时间。

⑤ 异常情况记录:如使用过程中发现仪器有问题,应如实记录仪器在使用过程中所出现的问题。

6)仪器设备使用完毕后,操作人员应完成如下操作。

① 取出附件、光盘等。

② 将所有测量项目调零或回复初始状态。

③ 关闭开关。

④ 切断电源和水源。

⑤ 盖好防尘罩。

⑥ 认真填写仪器使用记录。

7) 仪器设备一般不能借给外单位,特殊情况应报中心主任批准后方可借出。借出手续由使用单位与仪器设备管理人员协同办理,并要与借出单位签订借用协议,借用协议要归入仪器设备档案。借出的仪器设备在归还时,要检查外观、仪器性能指标等是否正常,在确定仪器设备没有问题时要办理归还手续并存入仪器设备档案。

8) 本单位各科室之间相互借用仪器时,要经过科长同意后方能借用。

（5）仪器设备的维护保养和修理

1) 每年年初检验科主任制定仪器设备的年度周期保养计划,报中心主任审核、批准后实施。使仪器设备始终处于完好的状态,制定周期检定维护计划表并做记录。

2) 仪器/设备维护保养项目如下。

① 仪器/设备的清洁。

② 仪器/设备的性能检查。

③ 标识的完好性。

④ 仪器/设备的有效性。

⑤ 其他维护项目。

3) 每台仪器设备由保管人员负责维护和保养工作,并填写维护保养记录。

4) 仪器设备出现故障时,应贴上不合格标志(红色),标识仪器处于停用状态。仪器设备的一般小故障由保管人或找相关技术人员进行维修。仪器出现较难处理的故障时,要请示仪器设备使用部门领导和仪器设备管理员,以确定维修办法。需要大修的仪器设备,要报综合检验室和中心主任审批后,找相关技术人员或相关技术单位(部门)进行维修。维修后恢复正常的仪器设备需经检定或校验合格后贴上合格标志(绿色),方可重新启用,并认真填写维修记录后存档。

（6）仪器设备在使用过程中发生故障时的处理

1) 使用过程中,仪器设备发生故障时,应立即停止使用,所有操作数据作废。关闭仪器后粘贴停用标志(红色),在事故调查期间仪器设备不得使用。

2) 使用人在事故发生后应及时向部门领导报告,由部门领导会同仪器设备管理人员对故障进行检查分析,找出原因并认真填写事故记录。较大事故时应报告中心主任并追究当事人的责任。

3) 发生以下情况时应追究当事人的责任:

① 仪器和附件、零备件、工具、有关资料遗失。

② 出现故障隐瞒不报时。

③ 使用无效计量器具进行检验工作并出具检验数据。

4) 当事人要写出书面报告,由部门领导提出处理意见,事故材料要归入仪器设备档案。

5) 根据事故性质、责任大小和损坏程度进行处理。除批评教育外,还要给予一定程度的经济处罚。对事故隐瞒不报者,要严格处理。

6) 事故原因经调查核实后,应尽快请相关技术人员或技术单位(部门)对仪器进行维修。维修后恢复正常的仪器设备经检定或校验合格后贴上合格标志(绿色),方可重新启用,并认真填写维修记录后存档(内容包括:损坏部位或部件、故障原因、处理情况及意见)。

7) 仪器设备在出现故障时,应由专业维修人员负责维修,严禁操作人员私自拆修。

（7）仪器设备的检定和校验

按照《量值溯源程序》的有关要求执行。

1)检定和自校的安排

① 每年年初,制定好设备和标准物质的检定/校准计划后,编写出《仪器设备检定/自校计划表》。根据计划表的内容,以时间为序制定出该年度在何时、对何仪器、以何种方法和标准进行检定/校准的详细计划。

② 仪器设备管理人员根据量值溯源的关系,提出申请。汇总后报本中心主任批准后组织实施,中心全体人员负责参与实施。

③ 检定/校准计划中应包括实验室在用的、所有出具检验数据的相关仪器、设备、量具及标准物质。

④ 周期检定/校准计划的内容应包括如下。

• 检定/校准仪器设备的名称、型号、器号、准确度等级或不确定度、量值及测量范围。

• 标准物质的纯度、有效日期等。

• 仪器设备使用部门。

• 定点检定机构名称。

• 计划检定/校准时间。

• 不能溯源时如何提供满意的测量结果的相关证据。

• 两次校准之间的期间核查计划时间等。

⑤ 根据制定的检定和自校计划,检验科主任负责组织相关人员联系约请有关计量检定单位来或送检进行仪器设备的周期检定。需自校的仪器设备,由疾控中心相关技术人员按《仪器自校方法》进行检定,自校原始记录及自校报告必须经技术负责人和质量负责人审核批准后方可发布和生效。

2)检定/自校的方式

① 有国家或行业检定规程的计量器具和仪器设备送到计量检定部门进行检定。

② 无国家或行业检定规程的计量器具和仪器设备,按《仪器自校方法》执行。采用与其他实验室进行设备比对、参加能力验证并且获得满意结果来提供溯源的证据。

③ 参考标准是:在给定地区或在给定组织内,通常具有最高计量学特性的测量标准,在该处所做的测量均由它导出。

3)检定和自校后的处理措施

① 根据计量检定单位出具的检定证书或自校仪器设备的自校报告,对每一台经检定或自校过的仪器设备,实行标识管理。由仪器管理人员在仪器设备的显著位置上粘贴合格(绿色)、准用(黄色)、停用(红色)三种标识。

• 合格:计量检定/自校结果正常,所提供的技术参数正常或是经检查设备功能正常,不必检定者。

• 准用:多功能检验设备,某量程精度不合格,但经检定或自校所用量程合格者及降级使用者。

• 停用:仪器设备经检定/自校不合格者、仪器设备超过检定或自校周期者和仪器设备损坏者,仪器设备在事故调查期间者。

② 质量负责人和技术负责人负责在第一时间验证检定证书和自校结果并按结果在报告上盖验证章。

③ 发现测试结果未经验证的,立即通知检验科停用设备,经验证后再重新启用。

④ 检定/自校结果不合格的仪器设备按照《仪器设备的管理程序》的相关内容组织进行维

修或废弃工作。

⑤检定证书、自校报告等原始记录交由检验室人员收入仪器设备的档案中集中保管。

4) 仪器运行检查

对于使用频率较高、结果漂移率较大的关键检验仪器设备在两次检定或自校之间,必要时要进行运行检查,仪器设备的运行检查内容包括:各种技术指标是否达到要求;是否按要求进行维护保养等。"运行检查"中如发现有问题,马上粘贴上停用(红色)标识,仪器停止使用。仪器设备维修好后,经检定或自校合格后,贴上合格证或准用证后方可投入使用。

5) 仪器比对实验

① 对于目前无法溯源到国家计量基准的仪器设备,应开展实验室间比对实验或自校。在取得相应数据,并符合仪器使用精度或达到检验要求使用精度后,经技术负责人批准后,方可投入使用。

② 仪器设备比对实验由综合办公室提出,质量负责人负责组织,仪器设备使用室共同参与来完成。比对实验记录、对比结果及分析报告等收入设备档案中保存。

(8) 仪器设备的降级与报废

1) 仪器设备经多年使用或因事故损坏,致使精度下降而又无法修复的可申请降级或报废。降级和报废的仪器设备由使用部门提出申请,技术负责人组织有关人员进行技术鉴定,中心主任同意后批准执行。

2) 确定降级和报废的仪器设备,由检验科负责办理降级使用手续或报废销账手续。

3) 报废的仪器设备不能再使用,属于实验室不再需要的废品杂物,应立即予以清理,以保持实验室的整洁。

(9) 仪器设备的档案整理

1) 综合检验科负责仪器设备档案的建档和管理工作,并建立仪器设备总台账。

2) 仪器设备档案应包括以下内容:随机所带资料、验收记录、安装调试记录、历年检定和校验的检定证书和记录,设备使用、维修、保养记录等。

3) 仪器设备档案实行借阅登记制度。

## 第四节　检验检疫学实验室的设计

随着生物学和检验检疫学的发展,特别是生物化学、免疫学、分子生物学、材料科学、信息科学等新技术、新成果在检验检疫中的应用,极大地推动了检验检疫的现代化进程,特别是大量高精尖设备的应用也使检验检疫告别了手工操作的时代,使检验检疫学得到了突飞猛进的发展。但原有的检验检疫实验室往往使用面积小、位置分散、材料落后、不利于检验检疫学的发展,成为制约发展的瓶颈。随着对外交流和现代化装备的引进,国外先进的管理理念也得到了国内同行的认可和借鉴,发达国家无不把宽敞的环境、有效的使用面积、人性化的设计作为建设检验检疫实验室的基本要求。

检验检疫实验室是由专业技术人员根据检疫工作的任务和要求,在配备专用实验设备和条件下,进行检测实验的工作场所。检验检疫实验室的条件是否符合要求,对检疫工作带来直接影响,因此,在对检验检疫实验室的设计和建设中,应充分考虑到检验检疫专业工作的特殊性。现代检验检疫实验室的设计指导思想是要为满足检验检疫工作的需要提供快速检测、避免污染、自动化程度高、环境舒适的工作场所。

## 一、设计原则及基本要求

检验检疫实验室应具有生物安全防护,应确保实验人员的安全和实验室周围环境的安全,在实验室设计上以安全、实用、经济为原则。

1. 检验检疫实验室的建筑要求与环境要求

检验检疫实验室选址、设计和建造应符合国家和地方的规划、环境保护、卫生和建设主管部门的规定和要求。

(1)建筑要求

遵守《中华人民共和国城乡规划法》和《生物安全实验室建筑技术规范》(GB 50346—2011)、《检验检测实验室设计与建设技术要求》(GB/T 32146—2015)等相关标准和法规。实验室的结构设计符合《建筑结构可靠度设计统一标准》(GB 50068—2001),实验室结构安全等级不宜低于二级。实验室的抗震设计符合《建筑工程抗震设防分类标准》(GB 50223—2008),按乙类建筑要求设计,有足够的抗震能力。有通风系统设计,如无机械通风系统时,可采用窗户进行自然通风,有防虫纱窗。空间规划是实验室设计最重要的部分,适当的实验室空间是保证实验室检测质量和工作人员安全的基础。空间不足是实验室的安全隐患,并影响实验室的工作质量。根据放置设备的需要决定空间的合理化分配。同时,应从发展眼光确定实验室空间大小,以便在较长时间内能容纳新添置的仪器和设备,保证高效、安全地完成临床工作。

(2)环境要求

遵守《中华人民共和国环境保护法》、《生物安全实验室建筑技术规范》(GB 50346—2011)和《病原微生物实验室生物安全环境管理办法》,根据实验室所从事的实验活动进行环境危害风险评估。应符合危险废物丢弃、倾倒、堆放的规定和要求。实验活动产生的废水、废气和危险废物要做到无害化处理排放等。在处理污物时,应将污物分类,需要焚烧处理的应考虑焚烧场地,需要进行高压消毒的,应配备高压消毒锅或建立必要的消毒池(缸)等。

2. 检验检疫实验室的消防要求

检验检疫实验室的防火和安全通道设置应符合国家的消防规定和要求,同时应考虑生物安全的特殊要求。

实验室的防火设计应符合《建筑设计防火规范》(GB 50016—2014)、《建筑灭火器配置设计规范》(GB 50140—2005),建筑材料应为阻燃或难燃性建筑材料,所有疏散出口应有消防疏散指示标识和消防应急照明措施,不同区域应设置烟感报警器、火灾自动报警装置和有效的消防器材如消火栓、灭火器等。

3. 检验检疫实验室安全要求

检验检疫实验室的安全既包括实验室的生物安全,又包括实验室的安全保卫。生物安全主要涉及感染性生物因子的实验操作及实验室人员和环境的防护措施等方面的内容;安全保卫主要涉及病原生物体的保存、使用,运输过程中防止失窃、抢劫、丢失等方面的内容,以及因地震、洪水等自然灾害而发生安全事故等相关的内容应有应急预案。安全保卫的材料不仅包括生物危险物质,还包括化学、物理、辐射、电气、水灾、火灾等风险因素及技术资料和个人隐私等。

(1)实验室活动风险评估建立

临床实验室应建立风险评估及风险控制程序,对实验室活动涉及的致病性生物因子进行生物风险评估。持续进行危险识别、风险评估和实施必要的控制措施。并对事先所有拟从事活动的风险进行评估,包括对化学、物理、辐射、电气、水灾、自然灾害等的风险进行评估。

（2）实验室生物安全防护水平分级

根据对所操作生物因子采取的防护措施,将实验室生物安全防护水平（bio-safety level,BSL）分为:一级（BSL-1）、二级（BSL-2）、三级（BSL-3）和四级（BSL-4）,一级防护水平最低,四级防护水平最高。

《病原微生物实验室生物安全管理条例》根据病原微生物的传染性、感染后对个体或者群体的危害程度,将病原微生物分为四类:第一类是能够引起人类或者动物非常严重疾病的微生物,以及我国尚未发现或已经宣布消灭的微生物;第二类是能够引起人类或动物严重疾病,比较容易直接或间接在人与人、动物与人、动物与动物间传播的微生物;第三类是能够引起人类或动物疾病,但一般情况下对人、动物或环境不构成严重危害,传播风险有限,实验室感染后很少引起严重疾病,并且具备有效治疗和预防措施的微生物;第四类是在通常情况下不会引起人类或动物疾病的微生物。

生物安全防护水平为一级的实验室适用于操作第四类病原微生物。

生物安全防护水平为二级的实验室适用于操作第三类病原微生物。

生物安全防护水平为三级的实验室适用于操作第二类病原微生物。

生物安全防护水平为四级的实验室适用于操作第一类病原微生物。

（3）实验室生物安全防护的基本原则

基本原则是将操作对象与操作者隔离（一级防护屏障）、将操作对象与环境隔离（二级防护屏障）。一级防护屏障主要包括生物安全柜、各种密闭容器、离心机安全罩等基础隔离设施及个人防护装备;二级防护屏障涉及的范围很广,包括实验室的建筑及安装的各种技术装备和措施。

检验检疫实验室的设计必须保证对生物、化学、辐射和物理等危险源的防护水平控制在经过评估的可接受程度,为关联的办公区和邻近的公共空间提供安全的工作环境,以及防止危害环境。同时评估生物材料、样本、药物、化学品和机密资料等被误用、被偷盗、被不正当使用的风险,采取相应的物理防范措施。专门设计确保储存、转运、处理和处置危险物料的安全。另外,实验室内温度、湿度、照明度、噪声和洁净度等室内环境参数符合工作要求和卫生等相关要求。

检验检疫实验室设计应考虑节能、环保及舒适性要求,符合职业卫生要求。每个检验检疫实验室会有各自的工作性质和特殊要求。通常情况下,临床实验室应重点关注以下几个主要安全因素:① 实验室一级屏障、二级屏障和紧急逃生路线等设计;② 实验室的通风系统设计;③ 用水供应和废水排放及防漏措施设计;④ 保证实验室温湿度、电力供应等控制要求;⑤ 空气消毒、局部区域消毒方式确认和设计;⑥ 感染性医疗废物高压灭菌的位置和排放通道设计;⑦ 实验室内部和外部紧急报警、对讲、监控等设计;⑧ 临床实验室其他应急预案设计。

4. 实验室建筑材料和设备要求

检验检疫实验室的建筑材料和设备等应符合国家相关部门对该类产品生产、销售和使用的规定和要求。既要考虑建筑材料和设备等本身的技术要求,还要兼顾节能、环保、安全和经济等多方面因素要求。如围护结构材料应采用环保、阻燃、耐腐蚀、强度高的专业材料;装饰材料要考虑环保、防腐性能,采用厚度12～19 mm的全玻璃隔断,是当前实验室建设普遍推广的设计方案。

实验室必配设备要求严格,属于一级保护屏障的重要防护设施如生物安全柜、高压灭菌器等,需要定期进行校验以保证其处于正常工作状态,个人防护用品和安全应急防护设备应符合相关国家标准的要求。

## 二、检验检疫实验室布局

检验检疫实验室布局要有合理化的空间。实验室空间的设计应综合考虑多种因素,如工作人员的数量、仪器设备的体积、专业范围和实验方法等。实验室设计时应以发展的眼光合理分配实验室布局,既让工作人员感到舒适,又不产生浪费。

1. 实验室的分区要求

实验室布局设计应考虑实验室的工作流程和生物安全的要求,区分为生活区、缓冲区和实验区。按工作性质区分,通常可分为办公区、辅助工作区和防护区三个区域。实验室布局设计要求办公区、辅助工作区、防护区要分离。

1)办公区:包括更衣间、办公室、教室、会议室、休息室、清洁通道和卫生间等。

2)辅助工作区:包括办公区与防护区之间的过道、实验室内二次更衣区、实验试剂储存区、淋浴间等。

3)防护区:包括实验室检测工作区、各类功能操作间、菌毒种库、标本储存区、污物高压和清洗间、污物通道等。

2. 检验检疫实验室布局设计时需重点关注的因素

1)样品的转运和人员流动:分配实验室区域应考虑工作流程、样品的转运和生物安全因素等保证实验室人员流向、标本流向、气体流向要畅通。

2)灵活性:实验室设计应考虑能否适应未来发展变化的需要。

3)安全性:实验室的设计和大小应考虑安全性,满足紧急撤离和疏散出口的建筑规则,针对各实验室情况配备安全设备。检测工作区内设有紧急喷淋和洗眼装置;实验室出口处安装洗手池,洗手池是独立专用的,不能与污染物处理及实验混用;防护区任何安全罩及生物安全柜的放置均尽量远离出口处,以符合有害实验远离主通道的原则。

4)特殊实验室设计与布局:特殊实验室主要指微生物和分子生物学实验室,其设计总体上应依据《微生物和生物医学实验室生物安全通用准则》。基因扩增实验室有充分的空间和按标准要求进行设计与布局,以避免实验室的污染。微生物学实验室在污染区使用生物安全柜,以保护工作人员的健康。有条件的微生物学实验室可以考虑安装空气调节和过滤的设备。无菌室的基本要求是结构合理、简单实用、光线充足,并且便于消毒灭菌。无菌室的空调或其他保温设备应装置在缓冲区。

由于每个实验室的工作性质、工作内容不同,无法建立统一的实验室通用的设计方案,应依照生物安全要求,结合各个单位具体情况、专业特点、工艺流程、规模和建筑设计形状进行科学、合理的分区。

3. 实验室标识与警示系统

检验检疫实验室可以有多个功能不同的房间,有些房间需要进一步限制非授权人员的进入;此外,实验期间在不同工作状态时需要临时限制人员的进入。实验室应根据需求和风险评估,采取适当的警示和进入限制措施,如警示牌、警示灯、警示线、门禁等。实验室内部工作间人口应有工作状态的文字或灯光讯号显示。生物安全实验室应设紧急发光疏散指示标志,实验室的所有疏散出口都应有消防疏散指示标志和消防应急照明措施。

例如,"实验室风险告知"。病原生物检疫室属于生物安全二级实验室,存在能够引起人类或动物疾病的微生物,但一般情况下对人、动物或者环境不构成严重危害,并且具备有效治疗和预防措施。因此,告诫进入实验区的人员做好生物安全个人防护,并遵守本实验室生物安全管理规定,保障自身安全。

水产动物检验检疫实验室是负责检测和检疫国内生产销售及来往于国家出入境口岸的水产品并从事科研活动的实验场所,实验室科研工作水平对国家科技发展有着重要联系,对国家经济有着直接影响。

检验检疫实验室的建筑设计涉及面广,专业性强,单靠实验室人员独立完成难以完善,必须从组织领导决策开始,从思想认识上重视,动员基建、设备、感控等部门共同参与,以法律法规、国家标准和行业标准为依据,根据实验室地位和职能进行设计。要充分体现了"以人为中心"的人文关怀,确保环境安全舒适、沟通无阻,人与环境和谐。检验质量明显上升,科内工作人员互动互助增加,凝聚力空前上升,工作效率大幅提高。这些正是科学、合理设计所带来的结果。

经过近20年的发展,水产动物检验检疫实验室建设在不断适应外向型经济发展过程中取得长足进步,面对技术性贸易措施的压力,应加强宏观总体规划,有效配置资源。应大力加强顶层设计,通过深入调研各级实验室运行情况,包括设备使用、人员配置、检测能力等,准确规划定位实验室级别;基层实验室应根据当地特色产品或业务,把握特色定位,针对特定商品或业务类别、针对特定检测项目,不可盲目追求全面发展;总体规划要做到使实验室构架合理、层次清晰、重点突出,最大限度整合实验室,充分考虑资源配置效率,紧紧围绕实验室适应需求进行科学布局。切实加强综合检测能力,以自身检测能力、管理水平的不断提高,增强社会各界对检验服务的认可和信心,更好为社会经济发展服务。

# 参 考 文 献

白方方,兰建新,王燕,等.2009.迟缓爱德华氏菌间接ELISA快速检测法[J].中国水产科学,16(4):619-625.

毕玉霞.2009.动物防疫与检疫技术[M].北京:化学工业出版社.

段文仲.2008.检验检疫实验室建设格局构想[J].检验检疫学刊,18(5):59-61.

谷训龙,张亦静.2013.某植物隔离检疫实验室的给排水设计[J].工程建设与设计,(2):120-122.

洪雷.2003.WTO与最新出入境检验检疫实务全书[M].北京:中国海关出版社.

洪雷.2013.出入境检验检疫报检实用教程(外贸通关系列用书)[M].上海:格致(原汉大)出版社.

金亦民,万明伟,王雯丽,等.2012.上海空港口岸入境旅客携带物检疫监管情况分析[J].上海农业学报,28(3):26-31.

黎小正,韦信贤,吴祥庆,等.2008.对虾Taura综合征病毒RT-PCR检测方法的改进及应用[J].上海海洋大学学报,17(5):525-529.

李惠芳,刘荭,吴建强,等.2008.Taqman实时荧光PCR快速检测斑点叉尾鮰病毒[J].长江大学学报b:自然科学版,5(1):42-46.

李庆东.2003.水生动物疾病检疫方法及仪器设备配置[J].黑龙江水产,(6):48.

刘来福,周琦,赵靖敏,等.2006.检验检疫大型仪器设备效益评价的探讨[J].检验检疫学刊,16(6):51-53.

刘胜利.2011.动物虫媒病与检验检疫技术[M].北京:科学出版社.

娄东辉.2005.医学媒介生物实验室的建筑设计[J].中国国境卫生检疫杂志,28(2):107-109.

吕玲,何建国,邓敏,等.2000.核酸探针原位杂交检测白斑综合症病毒的组织特异性[J].热带海洋学报,19(4):86-91.

孟小林,2007.应用胶体金免疫层析法快速检测对虾白斑综合症病毒(WSSV)[J].中国病毒学,22(1):61-67.

潘洁.2009.动物防疫与检疫技术[M].北京:中国农业出版社.

乔学权,吴瑜凡.2017.国境口岸卫生检疫实验室建设发展探讨[J].口岸卫生控制,22(3):1-3.

邱德全,何建国,钟英长,等.1998.免疫胶体金检测中华鳖抗毒素抗体和嗜水气单胞菌外毒素[J].湛江海洋大学学报, (1):1-4.

史骥,张艳艳,刘博.2015.检验检疫综合性检测实验室规划布局的设计与应用[J].中华建设,(11):110-111.

史文静.2013.卫生检疫技术与管理的重要参考书——《中国质检工作手册卫生检疫管理》[J].中国标准导报,(3): 30-31.

史志红.2006.谈检验检疫仪器设备管理[J].口岸卫生控制,11(4):1-2.

孙敬锋,毕相东,吴信忠.2009.间接ELISA技术检测近江牡蛎病原——类立克次氏体[J].水产科学,28(1):8-10.

孙宗瑜,李巧芝,白立保,等.2000.小麦全蚀病调运检疫快速检验检验程序及方法[J].植物检疫,14(4):250-250.

王铁辉,李军,易咏兰,等.1997.用逆转录聚合酶链式反应检测草鱼出血病病毒的研究[J].海洋与湖沼,28(1):1-6.

王子轼.2006.动物防疫与检疫技术[M].北京:中国农业出版社.

吴刘记,吴信忠,孟庆国.2007.二温式多重PCR检测对虾的白斑综合征病毒和桃拉综合征病毒[J].农业生物技术学 报,15(2):237-241.

夏春,刘津,黄捷.2000.多重PCR法检测对虾皮下和造血器官坏死杆状病毒[J].病毒学报,16(3):262-265.

夏春,马志宏,陈慧英,等.1999.聚合酶链反应(PCR)法检测产 $\beta$-溶血素嗜水气单胞菌[J].水生生物学报,23(3): 288-289.

谢数涛,何建国,杨晓明,等.2001.套式PCR检测斑节对虾白斑症病毒(WSSV)[J].中国海洋大学学报(自然科学版), 31(2):220-224.

熊炜,丘璐,李健,等.2007.荧光定量RT-PCR检测虾Taura综合征病毒方法建立及应用[J].中国动物检疫,24(2):26- 29.

许志钦,谢力,刘中勇,等.2013.检验检疫技术机构现状及发展对策思考[J].科技管理研究,33(14):104-107.

许钟麟,王清勤,张益昭,等.2004.生物安全实验室设计要点[J].暖通空调,34(1):45-51.

曾伟伟,王庆,王英英,等.2013.草鱼呼肠孤病毒三重PCR检测方法的建立及其应用[J].中国水产科学,39(2):419- 426.

张华荣,文海燕,冯翔宇,等.2011.加强国际旅行卫生保健中心的卫生检疫技术支撑建设探讨[J].中国国境卫生检疫 杂志,(3):194-196.

张晓华,徐怀恕,许兵,等.1997.中国对虾弧菌病的间接荧光抗体技术研究[J].海洋与湖沼,28(6):604-610.

张新中,张世秀,李海平,等.2007.多重PCR在创作弧菌快速检测中的应用[J].水产科学,26(12):668-670.

章桂明.2013.植物检验检疫实验室能力建设研究[J].检验检疫学刊,(2):1-4.

祝璟琳,王国良,金珊.2009.养殖大黄鱼病原弧菌多重PCR检测技术的建立和应用[J].中国水产科学,16(2):156- 164.

Abe K, Sakurai Y, Okuyama A, et al. 2010. Simplified method for determining cadmium concentrations in rice foliage and soil by using a biosensor kit with immunochromatography[J]. Journal of the Science of Food & Agriculture, 89 (6): 1097-1100.

Campbell M S, Wright A C. 2003. Real-time PCR analysis of Vibrio vulnificus from oysters. Applied & Environmental Microbiology, 66(2):524-528.

Carnegie R B, Hill K M, Stokes N A, et al. 2014. The haplosporidian *Bonamia exitiosa*, is present in Australia, but the identity of the parasite described as Bonamia, (formerly Mikrocytos ) roughleyi ) is uncertain[J]. Journal of

Invertebrate Pathology, 115 (1): 33–40.

Dorfmeier E M, Vadopalas B, Frelier P, et al. 2007. Temporal and Spatial Variability of Native Geoduck (*Panopea generosa*) Endosymbionts in the Pacific Northwest[J]. Journal of Shellfish Research, 34 (1): 81–90.

Fang X Y, Gao Z X, Fang X Y. 2005. Colloidal gold immunochromatographic assay (GICA) for detection of papavarine[J]. Analytical Laboratory, 24 (12): 1–4.

Furuta Y, Kawabata H, Ohtani F, et al. 2010. Western blot analysis for diagnosis of Lyme disease in acute facial palsy[J]. Laryngoscope, 111 (4): 719–723.

Gagné N, Cochennec N, Stephenson M, et al. 2008. First report of a Mikrocytos-like parasite in European oysters *Ostrea edulis* from Canada after transport and quarantine in France[J]. Diseases of Aquatic Organisms, 80 (1): 27–35.

Gharabaghi F, Tellier R, Cheung R, et al. 2008. Comparison of a commercial qualitative real-time RT–PCR kit with direct immunofluorescence assay (DFA) and cell culture for detection of influenza A and B in children[J]. Journal of Clinical Virology, 42(2):190–193.

Gonzalez I, Garcia T, Fernandez A et al. 1999. Rapid enumeration of Escherichia coli in oysters by a quantitative PCR–ELISA[J]. Journal of Applied Microbiology, 86(2):231–236.

Hara M, Takao S S, Shimazu Y, et al. 2005. Comparison of four rapid diagnostic kits using immunochromatography to detect influenza B viruses[J]. Kansenshogaku Zasshi the Journal of the Japanese Association for Infectious Diseases, 79 (10): 803.

Hendriksen R S, Price L B, Schupp J M et al. 2011. Population genetics of Vibrio cholera from Nepal in 2010: evidence on the origin of the Haitian outbreak[J]. MBio, 2(4):e00157–11.

Huang F, Li W, Li X, et al. 2014. Irradiation as a quarantine treatment for the solenopsis mealybug, Phenacoccus solenopsis [J]. Radiation Physics & Chemistry, 96 (3): 101–106.

Ito M, Watanabe M, Nakagawa N, et al. 2006. Rapid detection and typing of influenza A and B by loop-mediated isothermal amplification: Comparison with immunochromatography and virus isolation[J]. Journal of Virological Methods, 135 (2): 272–275.

Lee S, Min B D, Lee J Y, et al. 2015. Development of Diagnostic PCR System for Three Seed-transmitted Quarantine Viruses Associated with Cucurbitaceae[J]. Korean Journal of Microbiology & Biotechnology, 43 (431): 79–83.

Martínez, I, Escudero A, Maestre F T, et al. 2006. Small-scale abundance of mosses and lichens forming soil biological crusts in two semi-arid gypsum environments[J]. Australian Journal of Botany, 54 (4): 339–348.

Ramilo A, Iglesias D, Abollo E, et al. 2014. Infection of Manila clams *Ruditapes philippinarum* from Galicia (NW Spain) with a Mikrocytos-like parasite[J]. Diseases of Aquatic Organisms, 110 (1–2): 71.

Sakurai A, Takayama K, Nomura N, et al. 2014. Multi-colored immunochromatography using nanobeads for rapid and sensitive typing of seasonal influenza viruses[J]. Journal of Virological Methods, 209 (2): 62–68.

Sakurai A, Takayama K, Nomura N, et al. 2015. Fluorescent Immunochromatography for Rapid and Sensitive Typing of Seasonal Influenza Viruses[J]. Plos One, 10 (2): e0116715.

Sasaki K, Tawarada K, Okuyama A, et al. 2007. Rapid Determination of Cadmium in Rice by Immunochromatography Using Anti(Cd-EDTA) Antibody Labeled with Gold Particle[J]. Bunseki Kagaku, 56 (1): 29–36.

Silva L K F, Arthur V, Nava D E, et al. 2006. Quarantine treatment in eggs of *Stenoma catenifer* Walsingham (Lepidoptera: Elachistidae), with gamma radiation of Cobalt-60[J]. International Journal of Systematic & Evolutionary Microbiology, 64 (2): 333–345.

Snow M, Smail D A. 1999. Experimental Susceptibility of turbot Scophthalmus maximus to viral haemorrhagic septicaemia virus isolated from cultivated turbot［J］. Diseases of Aquatic Organisms, 38(3):163−168.

Sreedevi C, Hafeez M, Subramanyam K V, et al. 2011. Development and evaluation of flow through assay for detection of antibodies against porcine cysticercosis［J］. Tropical Biomedicine, 28 (1): 160−170.

Stark T J, Amold J D, Spector D H et al., 2012. High-resolution profiling and analysis of viral and host small RNAs during human cytomegalovirus infection［J］. Journal of Virology, 86(1):226−235.

Surapong K, Shen S, Lawrence F, et al. 2006. LAT-mediated signaling in CD4$^+$CD25$^+$ regulatory T cell development［J］. Journal of Experimental Medicine, 203 (1): 119−129.

Toprak E, Veres A, Michel J B et al. 2011. Evolutionary paths to antibiotic resistance under dynamically sustained drug selection［J］. Nature Genetics, 44(1):101−105.

Urano K, Kimura C, Kato M, et al. 2011. Current States of Quarantine Fumigation with Methyl Bromide and a Proposal for Recovery and Destruction Technologies of Methyl Bromide［J］. Journal of Japan Society for Atmospheric Environment, 33: 322−334.

Wang J Y, Wang J J, Shi F, et al. 2009. Field evaluation of gold-immunochromatographic assay for diagnosis of vivax malaria ［J］. Chinese Journal of Parasitology & Parasitic Diseases, 27(6): 500−502.

Wang X T, Zhu Y C, Hua W Q. 2009. Study on detection of short term antibodies of schistosomiasis with dot immuno-gold filtration assay (DIGFA)［J］. Chinese Journal of Schistosomiasis Control, 2009: 416−418.

Weitgasser U, Haller E M, Elshabrawi Y. 2002. Evaluation of Polymerase Chain Reaction for the Detection of Adenoviruses in Conjunctival Swab Specimens Using Degenerate Primers in Comparison with Direct Immunofluorescence［J］. Ophthalmologica, 216 (5): 329.

# 第三章　中国水产动物疫病检疫标准

## 第一节　标准的概念及制定程序

标准是指为了在一定范围内获得最佳秩序,经协商一致制定并由公认机构批准,共同使用和重复使用的一种规范性文件。水产动物疫病检疫标准的制定是依法检疫的基础。然而,如何制定标准呢? 我国现有水产动物检疫标准的发展状况如何? 这些问题是本章将要探讨的重点。

标准是人们进行贸易流通、技术交流和具体行为的准则。制定标准的重要基础是在一定范围内充分反映相关各方的利益,并对不同意见进行协调与协商,从而取得一致。其中,"一定的范围"和"相关各方"的范围可大可小,可以是全球的,也可以是某个区域或某个国家层次的,还可以是某个国家内行业部门(或协会)、地方或企业层次的。显而易见,不同层次标准化活动的协商一致程度是不同的,所制定标准的适用范围也是不同的。

根据标准的适用范围,标准可以分为5种类型。

1)国际标准:指国际标准化组织(ISO)、国际电工委员会(IEC)和国际电信联盟(ITU)及ISO确认并公布的其他国际组织制定的标准。世界卫生组织(WHO)等49个国际标准化机构为ISO认可的国际组织。

2)国家标准:国家标准机构通过并公开发布的标准。对我国而言,国家标准是指由国务院标准化行政主管部门组织制定,并对全国国民经济和技术发展有重大意义,需要在全国范围内统一的标准。

3)行业标准:国家的某个行业通过并公开发布的标准。对我国而言,行业标准是对没有国家标准而又需要在全国某个行业范围内统一的技术要求所制定的标准。

4)地方标准:国家的某个地区通过并公开发布的标准。对我国而言,地方标准是针对没有国家标准和行业标准,而又需要在省、自治区、直辖市范围内统一的技术要求所制定的标准。

5)企业标准:企业标准是针对企业范围内需要协调、统一的技术要求、管理工作和工作要求所制定的标准。企业标准是企业组织生产、经营活动的依据。企业标准虽然只在某企业适用,但在地域上可能会影响多个国家。

采用国际标准可以促进国际贸易和国际交流,增强各国间相互理解和认可。然而,国家标准与国际标准并不总是一致的。以国际标准为基础制定我国标准时,需要确定我国标准与相应国际标准的一致性程度。这种一致性程度可以反映出国际相关领域技术发展状况和技术内容调整所反映的国家技术发展状况。根据《全国专业标准化技术委员会管理办法》,技术委员会或工作组是在一定专业领域内,从事国家标准的起草和技术审查等标准化工作的非法人技术组织,应当科学合理、公开公正、规范透明、独立自主地开展工作。标准化发展总体思路是坚持一个主题主线:即坚持以服务科学发展为主题,以支撑加快转变经济发展方式为主线;坚持一个核心:坚持以提升标准化发展整体质量效益为核心目标;基本要求为系统管理、重点突破、整体提升。

国家标准制定程序通常包括如下9个阶段。

1）预阶段：任务是提出新工作项目建议。

2）立项阶段：任务是提出新工作项目。

3）起草阶段：任务是完成标准草案征求意见稿。

4）征求意见阶段：任务是完成标准草案送审稿。

5）审查阶段：任务是完成标准草案报批稿。

6）批准阶段：任务是完成标准出版稿。

7）出版阶段：任务是提供标准出版物。

8）复审阶段：各专业标准化技术委员会定期复审，以确定其有效性。

9）废止阶段：审后确定无存在必要的标准由国家标准化管理委员会予以废止，进行公告。

科技部、国家质量监督检验检疫总局和国家标准化管理委员会联合印发了《"十二五"技术标准科技发展专项规划》(国科发计〔2012〕1100号)，强调要积极争取科技对重要技术标准研制的支持，鼓励科研机构和科技人员参与标准化工作，根据需求将形成标准作为科技项目立项和验收鉴定的考核指标，推进关键共性技术标准的研制和应用，提升标准化总体技术水平。

全国水产标准化技术委员会水生动物防疫标准化技术工作组负责组织起草、审查和修订水生动物防疫的国家标准、行业标准及水生动物防疫标准的宣传、释义和技术咨询服务等工作。截至2016年年底，水生动物防疫标准化工作组已组织制定水生动物防疫类国家和行业标准42项（表3-1，表3-2），尚不能有效满足中国水生动物防疫事业发展中对标准的需求。但是标准的制定必须循序渐进，要在实践中不断完善。标准制定过程中我国特别关注处理如下4个关系：① 处理好标准的科学性和适用性的关系。标准制定过程中既要注重其科学性，集成我国水生动物防疫工作的科研水平和成果；又要考虑其适用性，兼顾我国水产养殖生产的特点和水生动物防疫工作的现状，找好结合点，提高水生动物防疫标准的科学性和适用性。② 处理好标准的先进性与可操作性的关系。起草标准时，既要有世界眼光，关注国际和其他先进标准，吸收世界最新成果，又要考虑和预测标准在我国的可能实施效果，提高标准的可操作性，为未来发展提供框架和余地。③ 处理好标准的制定发布与贯彻实施的关系。标准制定的目的在于实施。要改变长期以来存在的重标准制定、轻贯彻实施的现象，花同样的气力甚至更大的气力推动已发布标准的宣贯实施，及时收集分析标准实施中存在的问题，不断改进标准制修订工作。④ 处理好防疫类标准和其他法律、法规及规范之间的关系，使之相互衔接，避免出现不一致性。

表3-1 水生动物防疫类国家标准

| 序号 | 标 准 名 称 | 标 准 号 |
|---|---|---|
| 1 | 白斑综合征（WSD）诊断规程 第1部分：核酸探针斑点杂交检测法 | GB/T 28630.1—2012 |
| | 白斑综合征（WSD）诊断规程 第2部分：套式PCR检测法 | GB/T 28630.2—2012 |
| | 白斑综合征（WSD）诊断规程 第3部分：原位杂交检测法 | GB/T 28630.3—2012 |
| | 白斑综合征（WSD）诊断规程 第4部分：组织病理学诊断法 | GB/T 28630.4—2012 |
| | 白斑综合征（WSD）诊断规程 第5部分：新鲜组织的T-E染色法 | GB/T 28630.5—2012 |

（续表）

| 序号 | 标 准 名 称 | 标 准 号 |
|---|---|---|
| 2 | 斑点叉尾鮰嗜麦芽寡养单胞菌检测操作方法 | GB/T 27635—2011 |
| 3 | 生物安全实验室建筑技术规范 | GB 50346—2011 |
| 4 | 派琴虫病诊断操作规程 | GB/T 26618—2011 |
| 5 | 对虾传染性皮下及造血组织坏死病毒（IHHNV）检测PCR法 | GB/T 25878—2010 |
| 6 | 实验室生物安全通用要求 | GB 19489—2008 |
| | 鱼类检疫方法 第1部分：传染性胰脏坏死病毒（IPNV） | GB/T 15805.1—2008 |
| | 鱼类检疫方法 第2部分：传染性造血器官坏死病毒（IHNV） | GB/T 15805.2—2008 |
| | 鱼类检疫方法 第3部分：病毒性出血性败血症病毒（VHSV） | GB/T 15805.3—2008 |
| 7 | 鱼类检疫方法 第4部分：斑点叉尾鮰病毒（CCV） | GB/T 15805.4—2008 |
| | 鱼类检疫方法 第5部分：鲤春病毒血症病毒（SVCV） | GB/T 15805.5—2008 |
| | 鱼类检疫方法 第6部分：杀鲑气单胞菌 | GB/T 15805.6—2008 |
| | 鱼类检疫方法 第7部分：脑粘体虫 | GB/T 15805.7—2008 |
| 8 | 病害动物和病害动物产品生物安全处理规程 | GB 16548—2006 |
| 9 | 致病性嗜水气单胞菌检验方法 | GB/T 18652—2002 |
| 10 | 实验动物环境及设施 | GB 14925—2001 |
| 11 | 分析实验室用水规格和试验方法 | GB/T 6682—2008 |

表3-2 水生动物防疫类行业标准

| 序号 | 标 准 名 称 | 标 准 号 |
|---|---|---|
| | 鱼类细胞系 第1部分：胖头鱥肌肉细胞系（FHM） | SC/T 7016.1—2012 |
| | 鱼类细胞系 第2部分：草鱼肾细胞系（CIK） | SC/T 7016.2—2012 |
| | 鱼类细胞系 第3部分：草鱼卵巢细胞系（CO） | SC/T 7016.3—2012 |
| | 鱼类细胞系 第4部分：虹鳟性腺细胞系（RTG-2） | SC/T 7016.4—2012 |
| | 鱼类细胞系 第5部分：鲤上皮瘤细胞系（EPC） | SC/T 7016.5—2012 |
| 1 | 鱼类细胞系 第6部分：大鳞大麻哈鱼胚胎细胞系（CHSE） | SC/T 7016.6—2012 |
| | 鱼类细胞系 第7部分：棕鮰细胞系（BB） | SC/T 7016.7—2012 |
| | 鱼类细胞系 第8部分：斑点叉尾鮰卵巢细胞系（CCO） | SC/T 7016.8—2012 |
| | 鱼类细胞系 第9部分：蓝鳃太阳鱼细胞系（BF-2） | SC/T 7016.9—2012 |
| | 鱼类细胞系 第10部分：狗鱼性腺细胞系（PG） | SC/T 7016.10—2012 |
| | 鱼类细胞系 第11部分：虹鳟肝细胞系（R1） | SC/T 7016.11—2012 |
| | 鱼类细胞系 第12部分：鲤白血球细胞系（CLC） | SC/T 7016.12—2012 |
| 2 | 水生动物疫病风险评估通则 | SC/T 7017—2012 |
| 3 | 水生动物疫病流行病学调查规范 第1部分：鲤春病毒血症（SVC） | SC/T 7018.1—2012 |
| 4 | 鱼类病毒性神经坏死病（VNN）诊断技术规程 | SC/T 7216—2012 |
| 5 | 鮰嗜麦芽寡养单胞菌检测方法 | SC/T 7213—2011 |
| 6 | 鲤疱疹病毒检测方法 第1部分：锦鲤疱疹病毒 | SC/T 7212.1—2011 |

（续表）

| 序号 | 标　准　名　称 | 标　准　号 |
|---|---|---|
| 7 | 鱼类简单异尖线虫幼虫检测方法 | SC/T 7210—2011 |
| 8 | 染疫水生动物无害化处理规程 | SC/T 7015—2011 |
| 9 | 传染性脾肾坏死病毒检测方法 | SC/T 7211—2011 |
| 10 | 鱼类爱德华氏菌检测方法 第1部分：迟缓爱德华氏菌 | SC/T 7214.1—2011 |
| 11 | 渔用药物代谢动力学和残留实验技术规范 | SC/T 1106—2010 |
| 12 | 水生动物产地检疫采样技术规范 | SC/T 7103—2008 |
| 13 | 水产养殖动物病害经济损失计算方法 | SC/T 7012—2008 |
| 14 | 水生动物疾病术语和命名规则 第1部分：水生动物疾病术语 | SC/T 7011.1—2007 |
| | 水生动物疾病术语和命名规则 第2部分：水生动物疾病命名规则 | SC/T 7011.2—2007 |
| 15 | 斑节对虾杆状病毒病诊断规程 第1部分：压片显微镜检查法 | SC/T 7202.1—2007 |
| | 斑节对虾杆状病毒病诊断规程 第2部分：PCR检测法 | SC/T 7202.2—2007 |
| | 斑节对虾杆状病毒病诊断规程 第3部分：组织病理学诊断法 | SC/T 7202.3—2007 |
| 16 | 对虾肝胰腺细小病毒病诊断规程 第1部分：PCR检测法 | SC/T 7203.1—2007 |
| | 对虾肝胰腺细小病毒病诊断规程 第2部分：组织病理学诊断法 | SC/T 7203.2—2007 |
| | 对虾肝胰腺细小病毒病诊断规程 第3部分：新鲜组织的T-E染色法 | SC/T 7203.3—2007 |
| 17 | 对虾桃拉综合征诊断规程 第1部分：外观症状诊断法 | SC/T 7204.1—2007 |
| | 对虾桃拉综合征诊断规程 第2部分：组织病理学诊断法 | SC/T 7204.2—2007 |
| | 对虾桃拉综合征诊断规程 第3部分：RT-PCR检测法 | SC/T 7204.3—2007 |
| | 对虾桃拉综合征诊断规程 第4部分：指示生物检测法 | SC/T 7204.4—2007 |
| 18 | 牡蛎包纳米虫病诊断规程 第1部分：组织印片的细胞学诊断法 | SC/T 7205.1—2007 |
| | 牡蛎包纳米虫病诊断规程 第2部分：组织病理学诊断法 | SC/T 7205.2—2007 |
| | 牡蛎包纳米虫病诊断规程 第3部分：透射电镜诊断法 | SC/T 7205.3—2007 |
| 19 | 牡蛎单孢子虫病诊断规程 第1部分：组织印片的细胞学诊断法 | SC/T 7206.1—2007 |
| | 牡蛎单孢子虫病诊断规程 第2部分：组织病理学诊断法 | SC/T 7206.2—2007 |
| | 牡蛎单孢子虫病诊断规程 第3部分：原位杂交诊断法 | SC/T 7206.3—2007 |
| 20 | 牡蛎马尔太虫病诊断规程 第1部分：组织印片的细胞学诊断法 | SC/T 7207.1—2007 |
| | 牡蛎马尔太虫病诊断规程 第2部分：组织病理学诊断法 | SC/T 7207.2—2007 |
| | 牡蛎马尔太虫病诊断规程 第3部分：透射电镜诊断法 | SC/T 7207.3—2007 |
| 21 | 牡蛎派琴虫病诊断规程 第1部分：巯基乙酸严培养诊断法 | SC/T 7208.1—2007 |
| | 牡蛎派琴虫病诊断规程 第2部分：组织病理学诊断法 | SC/T 7208.2—2007 |
| 22 | 牡蛎小胞虫病诊断规程 第1部分：组织印片的细胞学诊断法 | SC/T 7209.1—2007 |
| | 牡蛎小胞虫病诊断规程 第2部分：组织病理学诊断法 | SC/T 7209.2—2007 |
| | 牡蛎小胞虫病诊断规程 第3部分：透射电镜诊断法 | SC/T 7209.3—2007 |
| 23 | 诺氟沙星、恩诺沙星水产养殖使用规范 | SC/T 1083—2007 |
| 24 | 草鱼出血病细胞培养灭活疫苗 | SC 7701—2007 |
| 25 | 鱼类细菌病检疫技术规程 第1部分：通用技术 | SC/T 7201.1—2006 |
| | 鱼类细菌病检疫技术规程 第2部分：柱状嗜纤维菌烂鳃病诊断方法 | SC/T 7201.2—2006 |

（续表）

| 序号 | 标 准 名 称 | 标 准 号 |
|---|---|---|
| 25 | 鱼类细菌病检疫技术规程 第3部分：嗜水气单胞菌及豚鼠气单胞菌肠炎病诊断方法 | SC/T 7201.3—2006 |
| | 鱼类细菌病检疫技术规程 第4部分：荧光假单胞菌赤皮病诊断方法 | SC/T 7201.4—2006 |
| | 鱼类细菌病检疫技术规程 第5部分：白皮假单胞菌白皮病诊断方法 | SC/T 7201.5—2006 |
| 26 | 磺胺类药物水产养殖使用规范 | SC/T 1084—2006 |
| 27 | 四环素类药物水产养殖使用规范 | SC/T 1085—2006 |
| 28 | 渔药毒性试验方法 第1部分：外用渔药急性毒性实验 | SC/T 1087.1—2006 |
| | 渔药毒性试验方法 第2部分：外用渔药慢性毒性实验 | SC/T 1087.2—2006 |
| 29 | 草鱼出血病组织浆灭活疫苗 | SC 1001—1992 |
| 30 | 草鱼出血病组织浆灭活疫苗检测方法 | SC 1002—1992 |
| 31 | 草鱼出血病组织浆灭活疫苗注射规程 | SC 1003—1992 |

统计截止日期：2014年6月30日

## 第二节　水生动物检疫的国际标准

世界动物卫生组织（Office International des Épizooties, OIE）是一个旨在促进和保障全球动物卫生和健康工作的政府间国际组织，总部位于巴黎，由28个国家于1924年根据签署的国际协议产生。截至2014年，OIE成员国及地区已经达到180个。2003年，该组织正式更名为世界动物卫生组织（World Organisation for Animal Health）。目前，OIE与包括FAO、WTO、WHO等45个全球及地区性组织保持联系，并在世界每个州都设有分委员会。世界动物卫生组织的职能主要包括以下3方面。

1）向各国政府通告全世界范围内发生的动物疫情及疫情的起因，并通告控制这些疾病的方法。

2）在全球范围内，就动物疾病的监测和控制进行国际研究。

3）协调各成员国在动物和动物产品贸易方面的法规和标准。

作为最大的发展中国家，我国积极全面参与OIE活动，不仅是加快兽医事业发展的需要，也是履行在全球动物卫生和兽医公共卫生领域权利义务的需要。我国正积极推动出版发行中文版OIE《陆生动物卫生法典》《水生动物卫生法典》《陆生动物诊断实验和疫苗手册》和《水生动物诊断实验和疫苗手册》，推进"兽医体系效能（PVS）评估"工具及OIE标准在中国的应用；积极参加"OIE东南亚口蹄疫控制行动"（SEAFMD），与各有关国家共同提高口蹄疫等重大动物疫病控制能力和水平；组织我有关技术机构申请OIE参考实验室和协作中心，组织专家参与OIE总部、有关地区委员会、专业技术委员会和专家组活动，积极参与OIE标准规则修订工作，利用OIE这一平台，全面反映我国在全球动物卫生领域意志和主张，切实维护相关产业的实际权益。

从2007年开始，我国每半年向OIE报送中国水生动物卫生状况。OIE参考实验室是动物和动物产品国际贸易标准制修订的技术支撑机构,负责为OIE和有关成员提供诊断技术支持和诊断技术标准化服务。在全球动物疫病防控和动物产品安全保障等方面发挥重要作用。2011年,OIE巴黎年会正式批准中国申报的中国水产科学研究院黄海水产研究所海水养殖生物疾病控制与分子病理学实验室为白斑综合征(WSS)和传染性皮下及造血组织坏死病(IHHN)参考实验室,深圳出入境检验检疫局水生动物检验检疫实验室为鲤春病毒血症(SVC)参考实验室。

2013年7月底,世界动物卫生组织(OIE)在其官网上公布了2013年版《水生动物卫生法典》,其中包含了2013年水生动物疫病名录(表3-3)。2013年OIE水生动物疫病名录共包含28种疾病,其中鱼类疾病10种、软体动物疾病8种、甲壳类疾病8种、两栖类疾病2种。与2012年水生动物疫病名录相比,2013年水生动物疫病名录未对甲壳类疾病和两栖类疾病的内容进行调整或变动。但在鱼类和软体动物疾病的内容作了少量调整,详列如下。

1. 名录中鱼类疾病变化

1)流行性溃疡综合征的疾病名称有所改变。2013年OIE水生动物疫病名录将流行性溃疡综合征(epizootic ulcerative syndrome)名称更改为丝囊霉感染(infection with *Aphanomyces invadans*),从而更加严谨和科学。

2)将鲑鱼传染性贫血症(infectious salmon anaemia)名称进一步细化,病原界定为HPR-缺失型或HPR0型鲑鱼传染性贫血症病毒。这是OIE首次将疾病的病原确认到不同的基因型,期间也经过数年的论证,并反复向成员国及地区进行意见征集。尽管在第80届和第81届大会上仍然有国家表示反对,但是将疫病病原准确划分至不同基因型,根据基因型与毒力之间的关系,对该种疾病的某种基因型病原为明确划分为强毒株、弱毒株或低毒株等,是陆生动物和水生动物疫病名录的发展趋势。

3)增加了新病“鲑鱼甲病毒病(infection with salmonid alphavirus)”。这是从20世纪90年代末开始流行于挪威、英国、德国等欧洲个别国家的一种新的鱼类病毒病,又称鲑鱼胰腺病或昏睡病,主要感染鲑科鱼类。随着冷水鱼类养殖的不断发展和国际贸易的增加,有逐渐扩散开来的趋势,目前已经扩散到其他欧洲国家,如爱尔兰、法国、意大利、西班牙和克罗地亚。该病病原为鲑鱼胰腺病病毒,属于披膜病毒科甲病毒属,有6个亚型,不同亚型毒株的致病力有非常大的差别。

2. 名录中软体动物疾病的变化

增加了新病“牡蛎疱疹病毒1型微变株感染(infection with ostreid herpesvirus-1 microvariant)”。这是由牡蛎疱疹病毒感染所引起的一种病毒病,主要影响太平洋牡蛎。感染牡蛎贝苗和幼贝死亡,每年水温较高时,感染1周后即开始死亡。感染幼贝摄食减少,游动异常,几天内死亡率即达到100%。包含牡蛎疱疹病毒微变株在内的牡蛎疱疹病毒在过去数年里,引起澳大利亚和欧洲很多国家养殖牡蛎严重死亡。在法国、爱尔兰、意大利、芬兰、西班牙、英国、澳大利亚、中国、韩国、日本、墨西哥、新西兰、美国等都有报道。由于其危害重大,OIE将其列入OIE水生动物疫病名录。需注意的是,该病在名录中作为新发疫病处理。

OIE将某种疾病列入新发疫病名录需符合以下要求:病原清楚或病原与疾病密切相关但是病原学尚不清楚;有公共卫生意义或在野生种群或养殖种群中呈明显扩散趋势。OIE水生动物卫生标准委员会认为,对造成较高死亡率但病原学又不太清楚的疾病,在深入研究病原学的同时,应鼓励先就其流行病学进行调查,对疾病的发生和蔓延趋势进行有效控制,从而有效地防止新发疫病的蔓延,减少对国际贸易的影响。

## 表 3-3  OIE 水生动物疫病名录（2013 年）

| 序号 | 疫病名称（中文） | 疫病名称（英文） |
| --- | --- | --- |
| | 鱼 类 疫 病 | |
| 1 | 流行性造血器官坏死病 | epizootic haematopoietic necrosis |
| 2 | 丝囊霉感染（流行性溃疡综合征） | infection with *Aphanomyces invadans*（epizootic ulcerative syndrome） |
| 3 | 大西洋鲑鱼三代虫感染 | infection with *Gyrodactylus salaris* |
| 4 | HPR-缺失型或 HPR0 型鲑鱼传染性贫血症病毒感染 | infection with HPR-deleted or HPR0 infectious salmon anaemia virus |
| 5 | 鲑鱼甲病毒病 | infection with salmonid alphavirus |
| 6 | 传染性造血器官坏死病 | infectious haematopoietic necrosis |
| 7 | 锦鲤疱疹病毒病 | koi herpesvirus disease |
| 8 | 真鲷虹彩病毒病 | red sea bream iridovirus disease |
| 9 | 鲤春病毒血症 | spring viraemia of carp |
| 10 | 病毒性出血性败血症 | viral haemorrhagic septicaemia |
| | 软 体 动 物 病 | |
| 1 | 鲍鱼疱疹病毒感染 | infection with abalone herpesvirus |
| 2 | 牡蛎包纳米虫感染 | infection with *Bonamia ostreae* |
| 3 | 杀蛎包纳米虫感染 | infection with *Bonamia exitiosa* |
| 4 | 折光马尔太虫感染 | infection with *Marteilia refringens* |
| 5 | 牡蛎疱疹病毒 1 型微变株感染 | infection with ostreid herpesvirus-1 microvariant |
| 6 | 海水派琴虫感染 | infection with *Perkinsus marinus* |
| 7 | 奥尔森派琴虫感染 | infection with *Perkinsus olseni* |
| 8 | 加州念珠菌感染 | infection with *Xenohaliotis californiensis* |
| | 甲 壳 类 疾 病 | |
| 1 | 螯虾瘟 | crayfish plague（*Aphanomyces astaci*） |
| 2 | 传染性皮下及造血组织坏死病 | infectious hypodermal and haematopoietic necrosis |
| 3 | 传染性肌肉坏死 | infectious myonecrosis |
| 4 | 坏死性肝胰腺炎 | necrotising hepatopancreatitis |
| 5 | 桃拉综合征 | taura syndrome |
| 6 | 白斑综合征 | white spot disease |
| 7 | 白尾病 | white tail disease |
| 8 | 黄头病 | yellow head disease |
| | 两 栖 类 疾 病 | |
| 1 | 蛙病毒感染 | infection with ranavirus |
| 2 | 箭毒蛙壶菌感染 | infection with *Batrachochytrium dendrobatidis* |

3. OIE 指定疾病的诊断方法

OIE《水生动物疾病诊断手册》(2017)中系统归纳总结了 OIE 指定水生动物疾病的诊断方法。

1)鱼类疾病诊断方法见表3-4。

表 3-4　鱼类疾病

| 疾病名称 | 中国检疫执行标准名称 | 标准编号及章、节 |
| --- | --- | --- |
| 流行性造血器官坏死病 epizootic haematopoietic necrosis（EHN） | OIE 水生动物疾病诊断手册 | 第2.3.1章 |
| 传染性造血器官坏死病 infectious haematopoietic necrosis（IHN） | 淡水鱼类检疫方法 第2部分 OIE 水生动物疾病诊断手册 | GB/T 15805.2—2008 和 第2.3.4章 |
| 马苏大马哈鱼病毒病 oncorhynchus masou virus disease（OMVD） | OIE 水生动物疾病诊断手册 | 第2.3.11章 |
| 鲤春病毒血症 spring viraemia of carp（SVC） | 鱼类检疫方法 第5部分 OIE 水生动物疾病诊断手册 出入境检验检疫行业标准 | GB/T 15805.5—2008 第2.3.9 SN/T 1152—2002 |
| 病毒性出血性败血症 viral haemorrhagic septicaemia（VHS） | 鱼类检疫方法 第3部分 OIE 水生动物疾病诊断手册 | GB/T 15805.3—2008 第2.3.10章 |
| 斑点叉尾鮰病毒病 channel catfish virus disease（CCTV） | 鱼类检疫方法 第4部分 OIE 水生动物疾病诊断手册 | GB/T 15805.1—1995 第2.2.1章 |
| 病毒性脑病和视网膜病（或病毒性神经坏死病）viral encephalopathy and retinopathy or viral nervous necrosis（VNN） | OIE 水生动物疾病诊断手册 | 第2.3.12章 |
| 传染性鲑鱼贫血病 infectious salmon anaemia（ISA） | OIE 水生动物疾病诊断手册 | 第2.3.5章 |
| 真鲷虹彩病毒病 red sea bream iridovirus disease（RSIVD） | OIE 水生动物疾病诊断手册 | 第2.3.8章 |
| 锦鲤疱疹病毒（koi herpesvirus disease） | OIE 水生动物疾病诊断手册 水产行业标准 | 第2.3.7章 SC/T 7212.1—2011 |
| 鲑鱼甲病毒病（infection with salmonid alphavirus） | OIE 水生动物疾病诊断手册 | 第2.3.6章 |
| 流行性溃疡综合征 epizootic ulcerative syndrome（EUS） | OIE 水生动物疾病诊断手册 | 第2.3.2章 |
| 大西洋鲑鱼三代虫病（唇齿 三代虫）gyrodactylosiss of Atlantic salmon（*Gyrodactylus salaris*） | OIE 水生动物疾病诊断手册 | 第2.3.3章 |

2）甲壳动物疾病的诊断方法见表 3-5。

表 3-5　OIE 甲壳动物疫病诊断方法

| 疾 病 名 称 | 中国检疫执行标准名称 | 章、节 |
|---|---|---|
| Taura 综合征 infection with Taura syndrome virus | OIE 水生动物疾病诊断手册<br>出入境检验检疫行业标准 | 第 2.2.7 章<br>SN/T 1151.1—2002 |
| 白斑综合征 white spot disease | OIE 水生动物疾病诊断手册 | 第 2.2.8 章 |
| 黄头病 yellow head disease（YHD） | OIE 水生动物疾病诊断手册 | 第 2.2.9 章 |
| 四面体杆状病毒病（tetra hedral baculovirusis） | OIE 水生动物疾病诊断手册 | 第 2.2.11 章 |
| 核多角体杆状病毒病（斑节对虾杆状病毒和对虾杆状病毒）nucleur polyhedrosis baculovirusis（Bacul virus Penaei and Penaeus monoden-type baculovirus） | OIE 水生动物疾病诊断手册 | 第 2.2.10 章 |
| 传染性皮下及造血组织坏死病（infectious hypodermal and haematopoietic necrosis，IHHN） | OIE 水生动物疾病诊断手册 | 第 2.2.4 章 |
| 传染性肌肉坏死病（infectious myonecrosis virus） | OIE 水生动物疾病诊断手册 | 第 2.2.5 章 |
| 鳌虾瘟 crayfish plague | OIE 水生动物疾病诊断手册 | 第 2.2.2 章 |
| 罗氏沼虾诺达病毒病（白尾病）infection with Macrobrachium rosenbergii nodavirus | OIE 水生动物疾病诊断手册 | 第 2.2.6 章 |
| 急性肝胰腺坏死病 acute hepatopancreatic necrosis disease | OIE 水生动物疾病诊断手册 | 第 2.2.1 章 |
| 坏死性肝胰腺炎 necrotising hepatopan creatitis | OIE 水生动物疾病诊断手册 | 第 2.2.3 章 |

3）软体动物疾病的诊断方法见表 3-6。

表 3-6　软体动物疾病

| 疾 病 名 称 | 中国检疫执行标准名称 | 章、节 |
|---|---|---|
| Exitosa 包拉米虫病 infection with Bonamiosis exitosa | OIE 水生动物疾病诊断手册 | 第 2.4.2 章 |
| Ostreae 包拉米虫病 infection with Bonamia ostreae | OIE 水生动物疾病诊断手册 | 第 2.4.3 章 |
| 鲍疱疹病毒病 infection with abalone herpesvirus | OIE 水生动物疾病诊断手册 | 第 2.4.1 章 |
| 牡蛎疱疹病毒 1 型微变株感染 infection with Ostreid herpesvirus-1 microvariant | OIE 水生动物疾病诊断手册 | 第 2.4.5 章 |

（续表）

| 疾 病 名 称 | 中国检疫执行标准名称 | 章、节 |
|---|---|---|
| 加州立克次体感染 infection with Xenohaliotis Californiensis | OIE水生动物疾病诊断手册 | 第2.4.8章 |
| Marinus 派琴虫病 infection with Perkinsus marinus | OIE水生动物疾病诊断手册 | 第2.4.6章 |
| 马尔太虫病 marteiliosis | OIE水生动物疾病诊断手册 | 第2.4.4章 |
| 闭合孢子虫（小囊虫）病 mikrocytosis | OIE水生动物疾病诊断手册 | 第2.4.9章 |
| Olseni 派琴虫病 infection with Perkinsosis olseni | OIE水生动物疾病诊断手册 | 第2.4.7章 |

# 第三节　水生动物防疫标准的基本内容与格式

没有标准化，就没有渔业的现代化。充分发挥水产龙头企业、合作经济组织、水产健康养殖示范场、水产品出口基地、国家级省级水产种苗场和一些条件相对具备的水生动物防疫机构、实验室进行现有标准的实施是当前重要的一项工作；但是，目前国家专项监测的5种重大疫病还有两种没有诊断标准，苗种产地检疫规定的17种疫病还有9种没有诊断标准，36种国家公布的疫病还有20种没有诊断标准，影响了疫病的专项监测、病害测报和苗种产地开展的工作。另外，生物安全、防疫用品等方面标准的制定也需要提上议事日程。

全面理解与掌握标准是宣贯实施的前提，下面将围绕如何理解水生动物检疫标准概要说明标准的通用基本内容。

## 一、编制说明

标准编制说明通常在标准制修订的过程中用于标准审订过程中的参考附件。最终公布的标准不含标准说明。但是，标准说明对理解标准制定的意义和依据有重要的参考性。标准说明在标准的起草与审定过程中是重要的支撑材料。标准说明中通常从几个方面进行说明。

1. 工作简况

（1）任务来源

要交代清楚所承担标准制定工作的任务来源。通常用如下固定格式：根据《农业部关于下达××××年农业行业标准制定和修订项目资金的通知》（农财发〔×××〕×××号），××××××××单位承担了《××××××××××××》（项目序号××）××标准的制定任务。

（2）主要工作过程

1）立项前的准备工作：立项前的准备工作通常首先简述检疫对象的研究历史，然后陈述在项目申报期间，项目组经查阅文献、收集资料后完成的标准草案稿的基本内容概要。并且要论述项目组制定本标准的能力和可行性。

2）项目编制的主要工作过程：详细陈述接受任务后，项目组制定工作计划、落实实施方案后完成标准的讨论稿制定的过程。具体包括：① 编制起草阶段的工作情况；② 第三方验证机构的实验验证阶段,需要在多个实验室进行标准的验证或相互佐证;③ 征求意见阶段,详述标准经过标准归口管理部门初审后,征求意见工作的情况。

3)主要起草人及其分工任务:交代清楚项目主持人及项目组成员各自负责的内容。

**2. 标准编制原则和确定标准主要内容的论据**

（1）标准编制原则

此部分有固定格式,通常为:本标准严格按照GB/T 1.1—2009《标准化工作导则》的技术要求进行编制起草。编制说明按国家技术监督局"国家标准管理办法"第三章第十六条和《农业部国家（行业）标准的计划编制、制定和审查管理办法》第二章的基本要求而编写。

（2）确定标准主要内容的论据

详述本标准中所用检疫方法的历史演进过程,对本标准选择简易方法的合理性和科学性进行充分说明。对所有提及的结论性的声明要有相关研究支撑,不能凭空捏造。

**3. 主要实验（或验证）的分析、综合报告,技术经济论证,预期的经济效果**

（1）主要实验（或验证）的分析、综合报告

根据检疫目标和检疫方法的设置从临床诊断、病原分离、检疫方法等多方面做出详细分析;特别是要根据参考文献的相关内容,并且利用国际公认的检疫目标的"黄金标准",结合项目组积累的临床资料和操作方法做出诊断标准。

（2）技术经济论证

采用标准进行检疫时,需要一定的实验条件与专用试剂、耗材,需要专业人员掌握相关的技术,也可以通过培训让一般技术人员掌握本标准中的技术。因此,任何标准的实施都需要一定的技术与经济保障。

（3）预期的经济效果

详述根据本标准的准确诊断对于疾病的早期发现、早期预防与对症治疗具有的重要意义。

**4. 采用国际标准和国外先进标准程度**

采用国际标准和国外先进标准程度与国际、国内同类标准水平对比情况,或与测试的国外样品、样机的有关数据对比情况。

如果国际上尚无相关的标准,可以标注无法进行比较。但要标明本标准所采用的方法,代表了本领域最前沿与最先进的技术或方法。

**5. 与有关的现行法律、法规和强制性标准的关系**

任何标准的编制依据都是国家现行的法律、法规,以及国家、行业标准,并必须与这些文件中的规定相一致。

**6. 重大分歧意见的处理经过和依据**

所有标准都要开展意见征求工作,详细记录编制中有无重大分歧意见。

**7. 标准作为强制性或推荐性标准的建议**

一般首先建议新标准为推荐性水产行业标准发布实施。

**8. 贯彻本标准的要求和措施的建议**

此部分有标准内容,通常为:标准发布后应广泛组织宣贯,举办培训班,特别是各级水产检测中心的人员应参加培训,使他们掌握标准,熟悉标准,提高检测水平。本标准制定单位有能力和条件组织开展相关技术培训。

**9. 废止现行标准的建议**

若标准为首次制定,无现行标准废止。若是对现有标准的更新,需要详述其必要性。

10. 其他应予以说明的事项

一般可以表明"无"。特殊情况下据实说明。

## 二、标准的基本内容

1. 标准名称

需要注明中英文名称。封面上要求注明所制定标准与相应国际标准一致性程度的标识。

2. 前言

一般前言中需要表明：本标准依据GB/T 1.1—2009的编写规则起草；本文件的某些内容可能涉及专利；本文件的发布机构不承担识别这些专利的责任；本标准由农业农村部渔业渔政管理局提出；本标准由全国水产标准化技术委员会（SAC/TC 156）归口；本标准是否涉及任何专利；本标准起草单位；本标准主要起草人。

3. 范围

注明本标准的应用领域。

4. 本标准规定了×××××××的临床症状检查、采样及样品处理、病原分离、鉴定及结果的综合判定的方法。

5. 本标准适用于××××××××的流行病学、诊断、检疫和监测。

6. 规范性引用文件

注明本标准引用的所有其他标准的全称。

7. 下列文件对于本文件的应用是必不可少的。凡是注日期的引用文件，仅所注日期的版本适用于本文件。凡是不注日期的引用文件，其最新版本（包括所有的修改单）适用于本文件。

GB/T 6682—2008　分析实验室用水规格和实验方法

SC/T 7103　水生动物产地检疫采样技术规范

8. 缩略语

将标准中的缩略语用中英文方式列表，适用于本文件。

9. 仪器和设备

常规仪器罗列如下，特殊仪器需要添加。

例如：台式高速冷冻离心机：转速12 000 r/min以上。

冰箱：具有冷藏箱、−18℃以下冷冻箱体。

PCR仪。

核酸电泳仪和水平电泳槽：输出直流电压0 ～ 600 V。

凝胶成像仪。

水浴锅或者金属浴仪。

微波炉。

生化培养箱。

涡旋振荡器。

超净台。

组织匀浆器或研钵。

倒置显微镜。

10. 试剂和材料

不要求罗列出所有材料，但对关键性材料、试剂应交代来源与品控要求。例如：

水：应符合GB/T 6682—2008中一级水，用于RT–PCR时要用DEPC处理，除去RNA酶。

病原参考株：由农业农村部指定的动物病原微生物菌（毒）种保藏机构提供。

无水乙醇：分析纯。

蛋白酶K：20 mg/mL。

DNA分子量标准：DL$_{2000}$。

溴化乙啶（ethidium bromide, EB）：10 mg/mL。

琼脂糖：电泳级。

dNTP：10 mmol/L，含脱氧腺苷三磷酸（dATP）、脱氧胸苷三磷酸（dTTP）、脱氧胞苷三磷酸（dCTP）、脱氧鸟苷三磷酸（dGTP）各10 mmol/L的混合物，−20℃保存。

*Taq* DNA聚合酶：5 U/μL，−20℃保存。

PCR缓冲液：10×，−20℃保存。

TBE电泳缓冲液：5×，通常在附录中注明配方。

引物：用无菌去离子水配置成10 μmol/L，-20℃保存。

磷酸盐缓冲液（PBS）：0.01 mol/L。

11. 诊断方法

包括临床诊断、生理解剖、病理学观察等。

12. 采样及样品处理

采样通常根据SC/T 7103—2008进行，大鱼在70%乙醇中浸洗30 s，稚鱼和幼鱼浸洗5 s，然后用灭菌水漂洗。无菌解剖鱼。体长大于6 cm的鱼则取心脏、胰脏和骨骼肌肉织。4 cm≤体长≤6 cm的中等大小的鱼取所有内脏。体长＜4 cm的鱼苗取整条，若是带卵黄囊的鱼应去掉卵黄囊。取出的组织放入灭菌离心管中。将样品置−80℃冻存备用。

13. 病原分离

根据不同的病原选用不同的分离方法。

14. 病原检测

不同的病原采取不同的检测方法。

15. 结果判定

一般设置阴性对照和空白对照，有条件的情况下设置阳性对照。一般有临床症状的设定为疑似阳性，无临床症状的也不排除感染阳性。不同的疾病标准判定也会有差异，不会千篇一律。

16. 规范性附录

此部分通常罗列出所用到的试剂及其配制配方。

17. 资料性附录

此部分根据不同标准会罗列不同资料，如基因序列等。

18. 水生动物防疫相关的管理标准

水生动物防疫相关的管理性标准与技术性标准会有不同。例如，调查性标准主要围绕最初调查、现地调查、跟踪调查及其组织实施开展。调查性标准通常要进行成因分析与成因调查。

19. 流行特征调查

空间分布调查：分析疫情分布的范围，统计发病率和死亡率。

时间分布调查：分析具体发病日期、发病高峰、流行尖峰、疫情波动等。

水生动物分布调查：分析发病鱼及易感鱼的养殖面积、养殖密度等。

20. 暴发原因分析

分析对象包括水源、养殖水体、饲料源、发病鱼及产品流动、人员流动等。

21. 成因

得出疾病流行的初步原因,并根据本次暴发的原因,提出有针对性的具体防治措施和建议。

22. 调查报告编写

调查报告应至少包括:

(1)任务来源。

(2)调查方式和方法。

(3)调查过程(时间、地点、对象)。

(4)调查资料分析、调查结论。

(5)问题与建议。

(6)附件内容(调查表格、调查证据等)。

## 参 考 文 献

曾垂莉,刘艳辉,刘铁钢,等.2016.5种常用药物对拉氏鱼种的急性毒性实验[J].水产科学,35(4):410-414.

范兆廷,Donald P. 1991.鱼类细胞系的核型演化[J].水产学杂志,(2):37-53.

郭艳萍.2008.在新形势下动物检疫必须实施标准化[J].山西农业:畜牧兽医版,(1):30-31.

国家质检总局法规司.2011.进出口水产品检验检疫监督管理办法=Administrative Measures of Inspection, Quarantine and Supervision on Import and Export Aquatic Products:汉英对照[M].北京:中国标准出版社.

洪爱云.2012.水产养殖动物病害诊断的步骤与方法[J].渔业致富指南,(14):59-60.

黄克,黄怀,伍文虹.2009.专业标准化技术委员会管理研究[J].中国标准化,(7):14-16.

刘燕.2004.世界动物卫生组织(OIE)简介[J].中国兽药杂志,38(10):49-53.

陆兵,李京京,程洪亮,等.2012.我国生物安全实验室建设和管理现状[J].实验室研究与探索,31(1):192-196.

陆承平.2007.世界动物卫生组织疫病名录简析[J].中国微生物学会兽医微生物学专业委员会2006年学术年会.

孟思妤,孟长明,陈昌福.2010.斑点叉尾鮰病毒病(Channel catfish virus disease, CCVD)的研究现状[J].渔业致富指南,(5):67-68.

蒲万霞.2011.水生动物防疫检疫技术[M].兰州:甘肃科学技术出版社.

任国诚.2007.几种重要海水养殖鱼类细胞系的建立、鉴定及应用[D].青岛:中国海洋大学硕士学位论文.

施海涛,赵传杰.2014.肉食性鱼类的烂身及其防治措施[J].渔业致富指南,(2):59-61.

王吉桥,徐锟.2002.对虾的主要疾病及其诊断方法[J].水产科学,21(5):23-28.

王玮.2009.我国水产行业标准体系的构建[J].上海海洋大学学报,18(2):2222-2226.

邢根溪,潘蕾.2005.浅议实验室标准化建设的思考[J].实验室研究与探索,24(5):87-89.

奕志娟,郝贵杰,袁雪梅,等.2015.草鱼出血病灭活疫苗上调草鱼脾细胞主要免疫分子的表达[J].细胞与分子免疫学杂志,31(2):177-181.

张平远.2004.OIE提出法定报告鱼病名录[J].现代渔业信息,19(12):42.

赵永锋,宋迁红.2017.病毒病的研究现状及发展动向[J].科学养鱼,(6):15-17.

钟响.2009.我国出入境检验检疫机构对出口水产品质量控制的研究[D].青岛:中国石油大学(华东)硕士学位论文.

周利英,廖太林,陈芹.2017.浅析检验检疫标准制修订工作的存在问题及应对措施[J].中国标准化,(16):16-17.

Austin B, Stuckey L F, Robertson P A W, et al. 2010. A probiotic strain of *Vibrio alginolyticus* effective in reducing diseases caused by *Aeromonas salmonicida*, *Vibrio anguillarum* and *Vibrio ordalii*[J]. Journal of Fish Diseases, 18(1): 93-96.

Bugl G, Sonnenschein B, Bisping W. 1979. Hygienic studies of the sterilization process control in animal carcass disposal establishments of conventional construction［J］. Zentralblatt Für Veterinrmedizin. reihe B.journal of Veterinary Medicine, 26(2): 125-136.

Cardeilhac P T, Whitaker B R. 1988. Tropical fish medicine. Copper treatments. Uses and precautions［J］. Veterinary Clinics of North America Small Animal Practice, 18(2): 435.

cAU, Government O, Ou D O A. 2013. MAA 2013-05-China: Update on Administrative measures on Inspection, Quarantine and Supervision of Imports and Exports of Dairy Products［J］. c=AU; o=Australian Government; ou= Department of Agriculture.

Chang M X, Nie P. 2007. Intelectin gene from the grass carp Ctenopharyngodon idella: cDNA cloning, tissue expression, and immunohistochemical localization［J］. Fish Shellfish Immunol, 23(1): 128-140.

Chen L I, Wang X H, Huang J. 2010. Multiplex PCR for the detection of three main aquatic pathogens［J］. Progress in Fishery Sciences, 31(3): 100-106.

Chitnis V, Vaidya K, Chitnis D S. 2005. Biomedical waste in laboratory medicine: audit and management［J］. Indian Journal of Medical Microbiology, 23(1): 6.

Chung C J, Balasuriya U, Timoney P, et al. 2016. Equine arteritis virus antibody cELISA, a well-validated alternative to the World Organization for Animal Health (OIE)-prescribed virus neutralization test［J］. Journal of Equine Veterinary Science, 39: S8.

Coffee L L, Getchell R G, Groocock G H, et al. 2017. Pathogenesis of experimental viral hemorrhagic septicemia virus IVb infection in adult sea lamprey ( Petromyzon marinus )［J］. Journal of Great Lakes Research, 43(3): 119-126.

Dewangan N K, Gopalakrishnan A, Raja K, et al. 2017. Incidence of simultaneous infection of infectious hypodermal and haematopoietic necrosis virus (IHHNV) and white spot syndrome virus (WSSV) in Litopenaeus vannamei［J］. Aquaculture, 471: 1-7.

Dong C, Li X, Weng S, et al. 2013. Emergence of fatal European genotype CyHV-3/KHV in mainland China［J］. Veterinary Microbiology, 162(1): 239-244.

Escobar L E, Kurath G, Escobar-Dodero J, et al. 2017. Potential distribution of the viral haemorrhagic septicaemia virus in the Great Lakes region［J］. Journal of Fish Diseases, 40(1): 11.

Goodwin A E. 2002. First report of spring viremia of carp virus (SVCV) in North America［J］. Journal of Aquatic Animal Health, 14(3): 161-164.

Gunimaladevi I, Kono T, Lapatra S E, et al. 2005. A loop mediated isothermal amplification (LAMP) method for detection of infectious hematopoietic necrosis virus (IHNV) in rainbow trout (Oncorhynchus mykiss)［J］. Archives of Virology, 150 (5): 899-909.

Hirotaka, Naitou, Yukinori, et al. 2014. Verification of Drainage Sterilization System Uses Low-Voltage Pulsed Electric Field in a Prawn Farm［J］. Journal of Agricultural Science and Technology: A, (3): 189-196.

Ilouze M, Dishon A, Kahan T, et al. 2006. Cyprinid herpes virus-3 (CyHV-3) bears genes of genetically distant large DNA viruses［J］. Febs Letters, 580(18): 4473-4478.

Organization W H. 1983. Laboratory biosafety manual［M］//Laboratory biosafety manual. World Health Organization: 634-641.

Overturf K, Lapatra S, Powell M. 2010. Real-time PCR for the detection and quantitative analysis of IHNV in salmonids ［J］. Journal of Fish Diseases, 24(6): 325-333.

Padhi A, Verghese B. 2012. Molecular evolutionary and epidemiological dynamics of a highly pathogenic fish rhabdovirus, the spring viremia of carp virus (SVCV)［J］. Veterinary Microbiology, 156(1−2): 54−63.

Petterson E, Stormoen M, Evensen Ø, et al. 2013. Natural infection of Atlantic salmon (*Salmo salar* L.) with salmonid alphavirus 3 generates numerous viral deletion mutants［J］. Journal of General Virology, 94(9): 1945−1954.

Qin C, Zhao D, Gong Q, et al. 2013. Effects of pathogenic bacterial challenge after acute sublethal ammonia-N exposure on heat shock protein 70 expression in Botia reevesae［J］. Fish & Shellfish Immunology, 35 (3): 1044−1047.

Qin W, Zhou W M, Yong Z, et al. 2016. Good laboratory practices guarantee biosafety in the Sierra Leone-China friendship biosafety laboratory［J］. Infectious Diseases of Poverty, 5(1): 1−4.

Reyes-Cerpa S, Reyes-López F E, Toro-Ascuy D, et al. 2012. IPNV modulation of pro and anti-inflammatory cytokine expression in Atlantic salmon might help the establishment of infection and persistence［J］. Fish & Shellfish Immunology, 32(2): 291−300.

Rodriguezsanchez B, Sanchezvizcaino J M, Uttenthal A, et al. 2010. Improved diagnosis for nine viral diseases considered as notifiable by the world organization for animal health［J］. Transboundary & Emerging Diseases, 55(5−6): 215−225.

Smaxwil F. 2011. The standardization package-View of CEN-CENELEC［C］// International Conference on Standardization and Innovation in Information Technology. IEEE: 1−2.

Smith P, Ruane N M, Douglas I, et al. 2007. Impact of inter-lab variation on the estimation of epidemiological cut-off values for disc diffusion susceptibility test data for *Aeromonas salmonicida*［J］. Aquaculture, 272(1−4): 168−179.

Song Y L, Yu C I, Lien T W, et al. 2003. Haemolymph parameters of Pacific white shrimp (*Litopenaeus vannamei*) infected with Taura syndrome virus［J］. Fish & Shellfish Immunology, 14(4): 317−331.

Tanaka K H, Dallairedufresne S, Daher R K, et al. 2013. An Insertion Sequence-Dependent Plasmid Rearrangement in *Aeromonas salmonicida* Causes the Loss of the Type Three Secretion System［J］. Plos One, 7(1): e33725.

Wang W. 2009. Construction of standard system for our fishery professional［J］. Journal of Shanghai Ocean University, 2009: 222−226.

# 第四章 水产动物微生物病检疫标准

中国目前已应用的水产动物细菌病或细菌病原检测通用标准有《致病性嗜水气单胞菌检验方法》(GB/T 18652—2002)、《鱼类爱德华氏菌检测方法 第1部分：迟缓爱德华氏菌》(SC/T 7214.1—2011)、《中华绒螯蟹螺原体PCR检测方法》(SC/T 7220—2015)、《鲍鱼立克次氏体病检疫技术规范》(SN/T 2973—2011)、《鱼类检疫方法 第6部分：杀鲑气单胞菌》(GB/T 15805.6—2008)、《鲴嗜麦芽寡养单胞菌检测方法》(SC/T 7213—2011)、《疖疮病细菌学诊断操作规程》(SN/T 1419—2004)、《鱼类细菌病检疫技术规程 第2部分：柱状嗜纤维菌烂鳃病诊断方法》(SC/T 7201.2—2006)、《鱼类细菌病检疫技术规程 第3部分：嗜水气单胞菌及豚鼠气单胞菌肠炎病诊断方法》(SC/T 7201.3—2006)、《鱼类细菌病检疫技术规程 第4部分：荧光假单胞菌赤皮病诊断方法》(SC/T 7201.4—2006)、《鱼类细菌病检疫技术规程 第5部分：白皮假单胞菌白皮病诊断方法》(SC/T 7201.5—2006)、《鲑鱼立克次氏体检疫技术规范 巢式聚合酶链式反应法》(SN/T 2976—2011)、《虾细菌性肝胰腺坏死病检疫技术规范》(SN/T 2976—2011)、《罗非鱼无乳链球菌病双重PCR诊断规程》(DB35/T 1354—2013)、《OIE虾肝胰腺坏死性细菌检疫技术规范》、《OIE虾急性肝胰腺坏死病细菌检疫技术规范》。

## 第一节 致病性嗜水气单胞菌

### 一、病原概况

嗜水气单胞菌($Aeromonas\ hydrophila$, Ah)属革兰氏阴性菌,长0.5～1.0 μm,极端单鞭毛,具有运动力,无荚膜,不产生芽孢,兼性厌氧,广泛分布在自然界的淡水、污水、淤泥、土壤及水生动物中,其生长合适的pH为5.5～9.0,最适生长温度为25～35℃,在琼脂培养基上形成圆整、隆起、平滑、透明的菌落,颜色由白色至浅黄色,并有特殊芳香气味。该菌能产生多种毒力因子,如外毒素、蛋白酶、溶血素、细胞毒素、转铁蛋白、肠毒素和外膜蛋白等;致病范围广泛,可引起软体动物、鱼类、两栖类、爬行类、鸟类和哺乳类等多种动物的全身性败血症和人类的腹泻,尤其是使人工密集养殖的淡水鱼类在水温较高时患败血症而急性死亡,死亡率可高达80%～100%。嗜水气单胞菌的基因组测序在过去的十几年中有很大进展,迄今为止已有38株嗜水气单胞菌菌株的基因序列上传至美国国家生物技术信息中心(National Center for Biotechnology Information, NCBI),在这38株嗜水气单胞菌中仅有10株完成了全基因组测序(包括上海海洋大学分离的模式菌株AH10,序列登录号为：CP011100.1,CCTCC保藏号：AB2014155)。近年来,在水产养殖临床治疗嗜水气单胞菌疾病过程中,养殖者为控制病害而盲目选药、超剂量用药,导致嗜水气单胞菌的耐药性不断上升和抗菌药物的疗效越来越不明显。由于抗菌药物的长期使用不可避免地导致耐药菌为优势菌群并逐渐在细菌间传播,使得细菌耐药问题日趋严重。国内外学术界正在探讨把耐药性作为致病嗜水气单胞菌检疫的重要指标的可行性。

## 二、诊断标准

1. 根据《致病性嗜水气单胞菌检验方法》(GB/T 18652—2002)的规定,确诊致病性嗜水气单胞菌必须满足5个条件

1)在普通琼脂平板上,28℃培养24 h后的菌落为光滑、微凸、圆整、无色或淡黄色,有特殊芳香气味。

注:普通肉汤琼脂平板的配方为:3 g牛肉膏,10 g蛋白胨,5 g氯化钠,1 g磷酸二氢钾,15 g琼脂,加蒸馏水定容至1 000 mL。混匀,加热溶解,调pH至7.6,高压灭菌15 min,冷却至45℃倾注灭菌平板。取样时,将接种环在酒精灯火焰灼烧灭菌,冷却后蘸取易感动物的肾、肝、脾等未污染病料,划线接种于普通琼脂平板,28℃培养24 h后观察菌落形态特征。

2)氧化酶实验阳性,革兰氏染色为阴性短杆菌。

用无菌接种环挑取普通琼脂平板上的单个菌落,涂布于浸有1%的盐酸四甲基对苯胺水溶液的滤纸片上,菌苔立即呈现玫瑰红者为氧化酶阳性反应,并于0.5 min内呈现深紫色。

注:革兰氏染色流程:在一干净载玻片上滴加一滴蒸馏水,用无菌接种环取普通琼脂平板表面菌落少许,在载玻片上与蒸馏水混合并均匀涂布,自然干燥后用火焰加热载玻片背面进行固定。加草酸铵结晶紫染液(新配置甲液:结晶紫2.0 g溶于20 mL 95%乙醇中;新配置乙液:0.8 g草酸铵溶于蒸馏水80 mL中。使用前把甲液和乙液混合,得到总体积100 mL的草酸铵结晶紫染液)染1~2 min,流水冲洗;加革兰氏碘液(碘1.0 g,碘化钾2.0 g,溶于100 mL蒸馏水)作用1~2 min,流水冲洗;加品红酒精染液(碱性品红0.4 g溶于100 mL 95%乙醇)染50~60 s。干燥后在普通光学显微镜下观察,嗜水气单胞菌应为革兰氏阴性短杆菌。

3)在AHM(嗜水气单胞菌培养基)鉴别培养基中,顶部仍为紫色,底部为淡黄色;细菌沿穿刺线呈刷状生长,即运动力阳性;部分菌株顶部呈黑色。

用无菌接种针挑取普通琼脂平板上氧化酶实验阳性的单个菌落少许,穿刺接种AHM鉴别培养基,37℃培养24 h。溴甲酚紫的有效pH范围为5.2~6.8,颜色对应变化范围为黄—紫。嗜水气单胞菌为甘露醇阳性,肌醇阴性,鸟氨酸脱羧酶阴性,因此不会产生碱性的腐胺,菌体产酸,偏酸性,故底部为淡黄色。顶部由于甘露醇有氧发酵,产碱,呈现紫色条带。蛋白胨中的半胱氨酸会形成硫化氢,与铁盐作用生成沉淀,故部分菌株现黑色。沿穿刺线全部呈浑浊状,显示该菌有鞭毛,活动力强。

注:AHM鉴别培养基配方:1 000 mL蒸馏水溶液中含:蛋白胨5.0 g,酵母提取物3.0 g,胰蛋白胨10.0 g,L-盐酸鸟氨酸5.0 g,甘露醇1.0 g,肌醇10.0 g,五水硫代硫酸钠0.4 g,枸橼酸铁胺0.5 g,溴甲酚紫0.02 g,琼脂3.0 g。混匀,加热溶解,调pH至6.7,分装到试管后112 kPa高压灭菌15 min。

4)吲哚实验阳性,发酵葡萄糖、蔗糖、阿拉伯糖、七叶苷及水杨苷等5种糖类。

在长有细菌的AHM鉴别培养基试管顶部,滴加3~4滴Kovacs试剂(盐酸对-二甲基氨基苯甲醛5.0 g溶入75 mL戊醇后,再取浓盐酸25 mL缓慢滴入,边加边振摇)。若沿试管内壁出现红色环者,表明产吲哚,吲哚实验阳性。

用无菌接种环取AHM鉴别培养基表面菌落少许,分别接种葡萄糖、蔗糖、阿拉伯糖、七叶苷、水杨苷等5种糖发酵实验管(先配蛋白胨水,每1 000 mL含蛋白胨5.0 g,pH调至7.4后加入0.02 g溴甲酚紫;然后每100 mL蛋白胨水中分别加入葡萄糖、蔗糖、阿拉伯糖、七叶苷、水杨苷

五种糖类中的任意一种1.0 g,溶解后分装至试管并高温高压灭菌10 min)。28℃培养24 h,凡实验管颜色从紫色变为黄色,表明细菌可发酵该种糖类并产酸导致指示剂变色。嗜水气单胞菌在这5种糖类发酵实验管培养后,均会使培养基由紫色变为黄色。

5)脱脂奶平板实验阳性或斑点酶联免疫实验阳性。

用无菌接种环取AHM鉴别培养基表面菌落少许,接种划线于1%脱脂奶蔗糖胰蛋白胨平板,28℃培养24 h后,若菌落周围出现清晰、透明的溶蛋白圈,判断为蛋白酶阳性。其原理是酪蛋白不溶于水,被细菌分泌的胞外蛋白酶水解的产物则能被溶解而使培养基呈现透明状态。

注:1%脱脂奶蔗糖胰蛋白胨平板配置:1 000 mL蒸馏水溶液中含:磷酸二氢钾10.0 g,氯化钾1.5 g,蔗糖5.0 g,胰蛋白胨5.0 g,脱脂奶粉10.0 g,琼脂15.0 g;混匀,加热溶解后调pH至7.0,高温高压灭菌15 min。

2. 斑点酶联免疫实验,根据是否分泌特异性蛋白酶鉴定嗜水气单胞菌

斑点酶联免疫实验也可用于检测嗜水气单胞菌是否分泌蛋白酶至其培养上清。其原理是用无菌接种环取AHM鉴别培养基表面菌落少许,接种蔗糖胰蛋白胨肉汤(1 000 mL蒸馏水溶液中含:磷酸二氢钾10.0 g,氯化钾1.5 g,蔗糖5.0 g,胰蛋白胨5.0 g,脱脂奶粉10.0 g;混匀,加热溶解后调pH至7.0,高温高压灭菌15 min),28℃摇床(30 r/min)培养48 h后,10 000 r/min离心10 min,取上清。用微量加样器取5 μL上清点样于硝酸纤维素膜,37℃晾干后置于20%脱脂奶中于37℃封闭1 h。用含吐温-20的磷酸盐缓冲液PBST(1 000 mL溶液含:氯化钠8.0 g,氯化钾0.2 g,磷酸氢二钠1.44 g,磷酸二氢钾0.24 g,吐温-20 20 mL;pH 7.4)洗5次,每次2 min。将硝酸纤维素膜置于含1∶50稀释的兔抗嗜水气单胞菌蛋白酶抗血清的PBST中,37℃作用1 h;用含吐温-20的磷酸盐缓冲液PBST洗5次,每次2 min;将硝酸纤维素置于含1∶10酶标羊抗兔血清的PBST中,37℃作用1 h。用含吐温-20的磷酸盐缓冲液PBST洗5次,每次2 min;将硝酸纤维素膜置于3,3-二氨基联苯胺-过氧化氢(先配1 000 mL Tris-HCl缓冲液:氯化钠8.0 g,氯化钾0.2 g,Tris 3.0 g,加800 mL蒸馏水后用浓盐酸调pH至7.4,最后加水定容至1 000 mL;再配置二氨基联苯胺母液:250 mg 3,3-二氨基联苯胺溶于50 mL Tris-HCl缓冲液;临用前取10 mL 3,3-二氨基联苯胺母液用蒸馏水10倍稀释至100 mL,加入300 μL 30%过氧化氢后即为3,3-二氨基联苯胺-过氧化氢显色液)中显色。待斑点颜色明显后用去离子水终止显色。实验中设无菌肉汤做阴性对照,以出现明显棕色斑点者判为阳性。

3. 基于16 S rRNA基因序列分析,根据基因组信息鉴定嗜水气单胞菌

近年来基于16 S rRNA基因序列分析的细菌学鉴定技术广泛应用于各类水产细菌病的病原鉴定,因此虽然我国嗜水气单胞菌的鉴定标准中没用到该方法,此处仍然将该技术做一简述。测定的16 S rRNA基因DNA序列与已有的嗜水气单胞菌标准菌株序列(如*Aeromonas hydrophila* 7966, GenBank登录号:AB237179.1)通过邻接法进行系统发育树分析比较,同源性达98%以上才能鉴定为嗜水气单胞菌。需要注意的是16 S rRNA基因分析技术无法区分致病性嗜水气单胞菌与非致病性嗜水气单胞菌,并不能完全替代上述国家标准中涉及的经典微生物学分类鉴定技术。

16 S rRNA基因DNA的序列测定和同源性分析实验。病原菌的分离培养流程:取样品鱼的肝、肾及病灶组织,在无菌环境中将样品置于无菌离心管中。用无菌盐水冲洗并捣碎,然后用无菌接种环蘸取组织浆,划线接种于普通LB营养琼脂培养基(LB营养琼脂培养基:蛋白胨

10 g, 酵母提取物 5 g, 氯化钠 10 g, 琼脂 15 g, 溶于 1 000 mL 水中, 121℃高温灭菌)。28℃下培养 24 h, 待长出菌落后挑选优势细菌接种于普通 LB 营养液体培养基(LB 营养液体培养基: 蛋白胨 10 g, 酵母提取物 5 g, 氯化钠 10 g, 溶于 1 000 mL 水中, 121℃高温灭菌)中, 以 28℃摇床培养 24 h; 取 2 mL 待检菌培养液, 12 000 r/min 离心 1 min, 收集菌体; 利用细菌基因组提取试剂盒提取细菌基因组 DNA。细菌 DNA 用 50 μL 的无菌 TE 缓冲液(将 0.121 g Tris 碱, 0.0372 g 乙二胺四乙酸二钠加入 80 mL 双蒸水中, 加浓盐酸调节 pH 至 8.0, 加双蒸水定容至 100 mL, 高温高压灭菌后室温保存)洗脱和溶解, −20℃储存, 备用。此样品即为 PCR 反应的模板 DNA。16 S rRNA 基因的 PCR 扩增与序列分析: 用 16 S rDNA 的 PCR 扩增通用引物分别为: F: 5′-AGAGTTTGATCATGGCTCAG-3′; R: 5′-CTACGGTTACCTTGTTACGAC-3′ 对其 16 S rDNA 序列进行扩增测序, 采用 50 μL 反应体系, 含有: 10 × Taq Buffer(15 mmol/L MgCl₂) 5 μL, dNTP 混合物(2.5 mmol/L)4 μL, Taq DNA 聚合酶(5U/μL)0.5 μL, 引物各 1 μL, 模板 DNA 1 μL, 用 ddH₂O 补足 50 μL。PCR 反应条件为: 94℃预变性 3 min、94℃变性 30 s、60℃复性 30 s、72℃延伸 1.51 min、30 个循环, 最后 72℃延伸 10 min。将 PCR 产物进行琼脂糖凝胶电泳分析。用 TAE 电泳缓冲液(50 × TAE 电泳缓冲液配方: 在 400 mL 双蒸水中溶解 121 g Tris 碱, 加入 28.55 mL 冰醋酸和 50 mL 0.5 mol/L EDTA, 再加双蒸水定容至 500 mL, 室温保存)配置 1% 的琼脂糖平板, 将 6 μL PCR 产物和 2 μL 溴酚蓝指示剂溶液(6 × 上样缓冲液配方: 溴酚蓝 400 mg, 加双蒸水 5 mL, 在室温下过夜; 待溶解后再称取蔗糖 25 g, 加双蒸水溶解后移入溴酚蓝溶液中, 摇匀后定容至 50 mL, 加入 NaOH 溶液 1 滴, 调至蓝色)和 1 μL 10 × SYBR Green 荧光染料混合后加入加样孔, 同时使用 DNA 分子质量标准参照物作对照。120 V 电泳约 20 min, 当溴酚蓝到达底部时停止。于紫外光下观察电泳条带的数量和位置。在长波紫外灯下用刀片切下含有目的条带(约 1 500 bp)的胶块, 放入无菌离心管中称重。利用 DNA 凝胶纯化试剂盒进行回收 DNA 纯化, 纯化产物直接送商业化测序公司完成 DNA 序列测定。将已得序列与 GenBank 标准菌株的 16 S rDNA 序列进行相似性对比, 从而确定细菌物种。

# 第二节 鱼类迟缓爱德华氏菌病

## 一、病原概况

迟缓爱德华氏菌除主要从致病鳗鱼分离得到外, 其易感动物还包括罗非鱼、斑点叉尾鮰、大口黑鲈、比目鱼、鲻鱼等常见鱼类, 甚至有报道称该菌对鲤鱼、银鲫、蛙、小白鼠也有一定毒性, 被认为是人鱼共患条件致病菌。迟缓爱德华氏菌病(Edwardsiellasis)是由迟缓爱德华氏菌感染引起的, 该菌属于变形菌门肠杆菌目肠杆菌科爱德华氏菌属。迟缓爱德华氏菌病是一种细胞内寄生菌, 能够进入真核细胞(包括上皮细胞和巨噬细胞), 并在其中存活、复制, 并迅速繁殖, 最终裂解宿主细胞质膜。在致病鳗鱼体内的主要症状表现为该菌侵袭肾脏或肝脏, 导致肾、肝肿大、软化, 形成许多脓疡病灶; 在发病晚期形成转移病灶, 伴随脏器软化、穿孔、解体, 最终病鱼死于败血症。

迟缓爱德华氏菌兼性厌氧, 不形成芽孢, 无荚膜, 周生鞭毛。在普通琼脂培养基上 25℃培养 24 h 后, 形成直径约 1 mm 的灰白色、有光泽的圆形菌落, 在低盐培养基中生长较快。鳗迟缓爱德华氏菌病主要流行于春夏和秋季, 以高水温期流行较多; 温室养殖鳗无明显季节性, 终年均可发病。带病鱼是最主要的传染源,病原菌主要通过水体传播,病原在水体和池塘沉积物中存活很长时间,构成了传播的重要途径。

## 二、诊断标准

根据我国《鱼类爱德华氏菌检测方法 第1部分:迟缓爱德华氏菌》(SC/T 7214.1—2011)的规定,同时符合以下3个特征的细菌可以判定为迟缓爱德华氏菌。

1)28℃于普通LB琼脂平板上培养24～48 h后,菌落形态表现为:圆形、隆起、灰白色、湿润并带有光泽、呈半透明状。细菌革兰氏染色为阴性。

取鱼的肝、肾及病灶组织,在无菌环境中将样品置于无菌离心管中,用无菌盐水冲洗并捣碎,然后用接种环按常规法划线接种至血液琼脂平板(取无菌普通LB营养琼脂,加热使其溶解;待冷至45～50℃,以灭菌操作于每100 mL营养琼脂加无菌脱纤维羊血或兔血5～10 mL,轻轻摇匀,立即倾注于平板或分装试管,制成斜面备用)。28℃培养24～48 h,然后从中挑选灰白色、圆形、湿润、呈半透明状的单菌落在普通LB营养琼脂平板上进行纯化培养和观察菌落形态。用无菌接种环取普通琼脂平板表面菌落少许进行细菌的革兰氏染色。迟缓爱德华氏菌的革兰氏染色结果为阴性。

2)生理生化反应实验结果为:硫化氢、吲哚、D-葡萄糖、运动性、甲基红、赖氨酸脱羧酶反应结果为阳性;D-甘露醇、蔗糖、氧化酶、L-阿拉伯糖、丙二酸利用、β-半乳糖苷酶、海藻糖反应结果为阴性。

硫化氢实验。用无菌接种针将被检菌接种于乙酸铅琼脂斜面(取高压灭菌过的肉汤琼脂100 mL,待凉至60℃左右时加入高压灭菌的新配10%硫代硫酸钠溶液2.5 mL,混合均匀后再加入高压灭菌的10%乙酸铅溶液3 mL,然后分装至试管制成斜面)上,并穿刺入底部;37℃培养1～2天。培养基变黑为硫化氢实验阳性。

吲哚实验。糖、醇类(D-葡萄糖、蔗糖、L-阿拉伯糖、海藻糖、D-甘露醇)发酵实验。用无菌接种环取普通琼脂培养基表面菌落少许,分别接种D-葡萄糖、蔗糖、L-阿拉伯糖、海藻糖、D-甘露醇等5种发酵实验管(先配蛋白胨水,每1 000 mL含蛋白胨5.0 g,pH调至7.4后加入0.02 g溴甲酚紫;然后每100 mL蛋白胨水中分别加入D-葡萄糖、蔗糖、L-阿拉伯糖、海藻糖、D-甘露醇5种物质中的任意一种1.0 g,溶解后分装至试管并高温高压灭菌10 min)。28℃培养24 h,凡实验管颜色从紫色变为黄色,表明细菌可发酵该种糖或醇类并产酸导致指示剂变色。

运动性实验。首先配制琼脂含量为0.5%～0.7%的半固体琼脂(LB半固体培养基:蛋白胨10 g,酵母提取物5 g,氯化钠10 g,琼脂5～7 g,溶于1 000 mL水中,121℃高温灭菌后分装至试管)。把待检菌穿刺接种于半固体琼脂试管,28℃培养24 h。若待检菌穿刺线向四周扩散,其边缘呈云雾状,为运动阳性;若待检菌只生长在穿刺线上,边缘十分清晰,为运动阴性。

甲基红(M.R.)实验。将被检菌接种于葡萄糖蛋白胨液体培养基(葡萄糖5 g,$K_2HPO_4$ 5 g,蛋白胨5 g,加蒸馏水至1 000 mL;0.075 MPa灭菌10 min后分装至试管)中;37℃培养2～7 d;向培养物中加入几滴甲基红酒精溶液(0.1 g甲基红溶入300 mL 95%乙醇,然后加蒸馏水至500 mL)。培养基变红色为阳性,不变红色为阴性。

赖氨酸脱羧酶实验。首先配制赖氨酸脱羧酶实验用培养基(基础培养基为:蛋白胨5 g,酵母浸膏3 g,葡萄糖1 g,先后加入800 mL蒸馏水,然后加0.2%溴百里酚蓝溶液12 mL,并加蒸馏水定容至1 000 mL;调pH至6.8后向每100 mL的基础培养基内加入预溶有0.5 g L-CL赖氨酸的15% NaOH溶液0.5 mL）。用接种环取少量待检菌落接种于赖氨酸脱羧酶实验用培养基中，上面滴加一层无菌液体石蜡；在37℃培养4天。试管培养基呈蓝紫色，对照管培养基呈黄色为赖氨酸脱羧酶阳性。实验管培养基不呈蓝紫色，对照管培养基呈黄色为阴性。

氧化酶实验。以毛细管吸取四甲基对苯二胺的1%水溶液滴在细菌的菌落上。菌落先呈玫瑰红色，然后转为深紫色为氧化酶阳性，不变色为阴性。

丙二酸盐利用实验。先配制丙二酸盐培养基（在100 mL蒸馏水中加入0.3 g丙二酸钠、0.2 g氯化钠、0.2 g硫酸铵、0.06 g磷酸氢二钾和0.04 g磷酸二氢钾，pH调至6.8后高压灭菌备用；使用前加入1.25 mL 0.2%溴百里酚蓝乙醇，并无菌分装至试管）。将被检菌接种于含上述培养基的试管，35℃培养24～48 h后观察结果。培养基由绿色变为蓝色，表明细菌可以将丙二酸盐分解生成碱性碳酸钠，为丙二酸盐利用阳性；不变蓝色为阴性。

$\beta$-半乳糖苷酶实验。先配置邻硝基酚-$\beta$-半乳糖苷（ONPG）缓冲液（6.9 g NaH$_2$PO$_4$溶于45 mL蒸馏水中，用30% NaOH调pH至7.0，再加水至50 mL）；然后配制0.75 mol/L ONPG溶液（取80 mg ONPG溶于15 mL蒸馏水中，再加入ONPG缓冲液5 mL，置4℃冰箱中保存）。用接种环取纯菌落用无菌生理盐水（0.9%氯化钠溶液）制成浓的菌悬液，加入0.25 mL ONPG液，置35℃水浴20 min至3 h，观察结果。若细菌产生$\beta$-半乳糖苷酶，就能分解邻硝基酚-$\beta$-半乳糖苷（ONPG）生成黄色的邻硝基酚。结果判定：通常在20～30 min内显色；出现黄色为$\beta$-半乳糖苷酶实验阳性反应。

3）测定的16 S rRNA基因DNA序列与标准菌株的参考序列（GenBank登录号为AY775313）比较，同源性达98%以上。

待检细菌基因组DNA的提取、16 S rRNA基因DNA序列扩增、琼脂糖凝胶电泳分析、PCR扩增产物纯化和测序及序列分析均可按本章第一节所述方法进行。鉴于核酸提取及纯化的技术方法多样，具体操作时也可使用经校对和核准过的其他方法进行替代。

# 第三节　中华绒螯蟹螺原体

## 一、病原概况

中华绒螯蟹螺原体（*Spiroplasma eriocheiris* sp.nov）可以感染中华绒螯蟹、凡纳滨对虾、克氏原螯虾、罗氏沼虾等水生甲壳动物。中华绒螯蟹螺原体可以滤过0.22 μm孔径滤膜、会运动、有螺旋结构、没有细胞壁。中华绒螯蟹螺原体侵染中华绒螯蟹血淋巴细胞后会在细胞内大量繁殖形成包涵体，并能够侵染中华绒螯蟹机体内所有器官的结缔组织，包括神经组织；临床上中华绒螯蟹螺原体感染可以引起宿主附肢颤抖，最终引起被感染宿主死亡。因此，中华绒螯蟹螺原体被认为是河蟹颤抖病的主要致病因子之一。我国各地河蟹养殖区均有河蟹颤抖病发生，其中以江苏为高发区，除冬季外均可能发病，对河蟹养殖业危害较大。

螺原体是柔膜体纲（Mollicutes）虫原体目（Entomoplasmatales）螺原体科（Spiroplasmataceae）螺原体属（*Spiroplasma*）生物，具螺旋结构和运动性，体积很小，长期以来这类微生物的寄主被认为只有昆虫和植物这两大类，中华绒螯蟹螺原体的发现拓展了科学界对螺原体宿主范围的认识，是我国科学家在水产病害领域的标志性原创性贡献之一。现在已经有证据表明，螺原体也能感染克氏原螯虾和南美白对虾，不仅分布于淡水也广泛存在于海水，因此水生甲壳动物螺原体病是世界水产病害研究遇到的新课题。螺原体进入虾蟹体内最先侵染的是血淋巴细胞,病原进入细胞后在其体内大量增殖形成包涵体,最终导致细胞破裂。螺原体对我国农业部公布的无公害食品水产用药中的抗微生物药物氟苯尼考(FF)和土霉素(OTC)最为敏感。

## 二、诊断标准

根据行业标准《中华绒螯蟹螺原体PCR检测方法》(SC/T 7220—2015),利用该方法检测中华绒螯蟹螺原体阳性必须符合下列3个条件。

1)检测结果有效性的前提是利用琼脂糖凝胶电泳分析PCR反应的产物时,阳性对照在246 bp处会有一特定条带出现;阴性对照及空白对照(以无菌水为模板)在246 bp处不出现条带。

DNA模板的提取。用无菌剪刀剪取中华绒螯蟹一条步足,去掉外壳后取肌肉组织约0.1 g切碎,转移到灭菌的1.5 mL微量离心管中。用200 μL 5%的CheleX-100(称取5.0 g CheleX-100混于100 mL去离子水中,常温保存)悬浊液重悬,加入5 μL蛋白酶K(20 mg/mL)溶液,漩涡振荡器混合均匀后56℃水浴锅孵育1.5 ~ 3 h,期间不断颠倒混匀,直到溶液澄清。溶液澄清后转移至98℃水浴锅内孵育8 min,然后颠倒混匀并于4℃在12 000 r/min离心30 min,离心后的上清液转移到一新的1.5 mL灭菌Eppendorf管中,此上清液即需要进行PCR鉴定的DNA模板溶液。

16 S rRNA 23 S rRNA基因间区DNA的PCR扩增与序列分析。中华绒螯蟹螺原体该区PCR扩增引物为:F1: 5′-GATCAATCAATTGGTTTA-3′; R1: 5′-GGTTAGTTCTCTCAGATAGTAAGAA-3′。对目标序列进行扩增测序,采用50 μL反应体系,含有:ddH$_2$O 34.5 μL,10×Taq Buffer(15 mmol/L MgCl$_2$)5 μL,dNTP(2.5 mmol/L)4 μL, Taq DNA聚合酶(5 U/μL)0.5 μL,引物各1 μL(终浓度达到1 μmol/L),模板DNA 4 μL。PCR反应条件为:94℃预变性2 min、94℃变性1 min、52℃复性1 min、72℃延伸1.5 min、35个循环,最后72℃延伸10 min。4℃保温(扩增区完成)。反应设置阳性对照和阴性对照。阳性对照为已知感染中华绒螯蟹螺原体且中华绒螯蟹螺原体分离培养和PCR结果显示阳性的中华绒螯蟹肌肉组织提取的DNA,-20℃保存待用;阴性对照为已知未感染中华绒螯蟹螺原体且中华绒螯蟹螺原体分离培养和PCR结果显示阴性的中华绒螯蟹肌肉组织提取的DNA,-20℃保存待用。将PCR产物进行琼脂糖凝胶电泳分析。用TAE电泳缓冲液(50×TAE电泳缓冲液配方:在400 mL双蒸水中溶解121 g Tris碱,加入28.55 mL冰醋酸和50 mL 0.5 mol/L EDTA,再加双蒸水定容至500 mL,室温保存)配置1.5%的琼脂糖平板,将6 μL PCR产物和2 μL溴酚蓝指示剂溶液(6×上样缓冲液配方:溴酚蓝400 mg,加双蒸水5 mL,在室温下过夜;待溶解后再称取蔗糖25 g,加双蒸水溶解后移入溴酚蓝溶液中,摇匀后定容至50 mL,加入NaOH溶液1滴,调至蓝色)和1 μL 10×SYBR Green荧光染料混合后加入加样孔,同时使用DNA分子质量标准参照物作对照。120 V电泳约20 min,当溴酚蓝到达底部时停止。于紫外光下观察电泳条带的数量和位置。

2)待检样品的电泳结果参照阳性对照和阴性对照进行判读。在246 bp处有条带出现,表示样品检测PCR结果为阳性;在246 bp处无条带出现,表示样品检测PCR为阴性。

由于凝胶在电泳时,其中的温度和电场具有不均一性,电泳时所加样品的离子强度或DNA浓度也会有差异,即使相同分子质量的DNA片段在凝胶中的涌动率会有所差异,各条带分子质量的实际测量的结果允许有1% ~ 3%的误差。另外,条带的亮暗只表示扩增产物浓度的多少,并不对应于模板量的多少。

3)PCR阳性结果经过测序验证其与标准螺原体16 S rRNA 23 S rRNA区间序列一致后,表明被检测样品中存在中华绒螯蟹螺原体DNA。

中华绒螯蟹螺原体PCR F1/R1扩增的产物序列在GenBank没有专门编号可查,特附录如下:GATCAATCAATTGGTTTAAATAACCAAAGGTTTTTTTGTTTTGAGAATCATTTACAAA TAAATAACTGTGAAATTTCAGTTTTAAAAGTTAATTTTAAAAATAACAGAAATTTGATTGT TAATTTGTTATATAAATAAATTTATATAACTAGATGTCTATTATCCAGTTTTCAAAGAACAA TTCATAGTAATTTAAAAATACTGTTTGACGAGTATTGATTTTCTTACTATCTGAGAGAACTA ACC。在长波紫外灯下用刀片切下含有目的条带(约246 bp)的胶块,放入无菌离心管中称重。利用DNA凝胶纯化试剂盒进行回收DNA纯化,纯化产物直接送商业化测序公司完成DNA序列测定。将已得序列与GenBank中标准菌株的16 S rDNA-23 S rRNA间区序列进行相似性对比,从而确定待检样品是否含中华绒螯蟹螺原体。

测序或PCR过程中出现个别碱基不一致是正常现象,通常98%以上的序列一致性可以判断为阳性结果。

# 第四节　鲍鱼立克次氏体病

## 一、病原概况

加州立克次氏体(*Xenohaliotis californiensis*)属立克次氏体目无形体科,是细胞内寄生微生物,在胃肠上皮细胞质内空泡中复制,菌体呈棒状或球状。鲍鱼立克次氏体病(Infection with *Xenohaliotis californiensis*),又称鲍枯萎综合征,是由加州立克次氏体引起的各种野生和养殖鲍鱼的一种传染病。病菌主要侵害鲍鱼胃肠上皮,以消化腺病变为特征,严重的腹足萎缩并死亡。本病一年四季均可发生,但以夏季和秋季水温达18℃以上时多发。本病潜伏期可达3～7个月,发病鲍的临床症状有生长发育迟缓、消化腺病变及炎症、肌肉萎缩等。病原经水传播,可能是通过粪-口途径感染。

鱼立克次氏体属于变形菌门(Proteobacteria)丙型变形细菌纲(Proteobacteria)硫发细菌目(Thiotrichales)鱼立克次氏体科(Piscirickettsiaceae)鱼立克次氏体属(*Piscirickettsia*)。该类病原引起的疾病在世界各地均有发生,可能会导致高死亡率,并容易在各养殖场间传播。鲍鱼立克次氏体病最开始沿北美洲西海岸一带流行,目前已传播至世界各地。感染不分年龄和品种。10%漂白粉浸泡鲍苗或1%有机碘制剂消毒养殖水体可以将此菌杀死;若用土霉素等抗生素治疗,需连续用药10～20 d才能产生效果。

## 二、诊断标准

1. 根据《鲍鱼立克次氏体病检疫技术规范》(SN/T 2973—2011),鲍鱼立克次氏体病疑似病例的判定标准必须满足下列3个条件中的任一条。

1)疫区范围内观察到典型的临床症状并伴随着温水条件下的高死亡率。

在潜伏期或水温低于15℃时,感染鲍鱼立克次氏体的鲍鱼临床症状不明显;水温升高后,疾病的典型症状包括足部肌肉萎缩、消化腺呈深棕色、有黄褐色小斑点、厌食和嗜睡等。出现较多异常新壳也表明患病。

2）非疫区范围内除典型的临床症状外，还通过组织病理学观察到胃肠道上皮细胞内的内含体。

切取若干3～5 mm的后食道、消化腺和足部肌肉的截面，将其放在10～20倍组织体积的Davidson's固定液（100 mL含：30 mL H$_2$O，10 mL甘油，20 mL福尔马林溶液，95%乙醇30 mL，冰醋酸10 mL）中24 h，然后转入70%乙醇中进行组织处理和制作常规石蜡切片。将组织块通过75%、80%、85%、90%、95%、100%乙醇梯度洗脱各2 h，进行脱水，空气晾干。利用100%乙醇和二甲苯浸泡1 h进行透明处理，然后二甲苯浸泡2 h。65～75℃石蜡中浸蜡1 h后包埋，用石蜡切片机进行切片，厚度5 μL，用毛笔将切片移入展片机内展片，用经500 μg/mL多聚赖氨酸包被的载玻片捞起，置于烘片机42℃烘烤30 min。组织切片固定后用苏木精-伊红染色法（hematoxylin-eosin staining，HE染色）进行染色。苏木精染液（将苏木精0.6 g溶于130 mL蒸馏水，加入4.4 g硫酸铝加温溶化，然后加入0.1 g碘化钠加温溶化，最后加入60 mL乙二醇和5 mL冰醋酸）为碱性，主要使细胞核内的染色质与胞质内的核酸着紫蓝色；伊红（称取伊红0.5～1 g，加少量蒸馏水溶解后，再滴加冰醋酸直至浆糊状。以95%乙醇溶液100 mL溶解）为酸性染料，主要使细胞质和细胞外基质中的成分着红色。染色后将组织切片浸泡在1～2级无水乙醇中进行脱水，接续使用石炭酸二甲苯进行脱水。石炭酸有较强脱水能力，但长时间可使切片脱色，因此要经过多次二甲苯以使石炭酸完全除去。彻底脱水透明后用中性树胶封盖。在光学显微镜下观察后食道和消化腺中的细菌内含体及消化腺和足部的形态变化。细菌内含体呈长椭圆形，14～56 μm的嗜碱性内空泡。

3）非疫区范围内除典型的临床症状外，还通过PCR扩增出158 bp的片段。

采样部位可以是后食道或消化腺，推荐使用后食道，因为通常后食道的感染比消化腺更严重。核酸的提取使用商业化基因组核酸提取试剂盒，按照说明书制备PCR反应的模板。PCR反应的引物序列如下：RA 5-1：5′-GTTGAACGTGCCTTCAGTTTAC-3′；RA 3-6：5′-ACTTGGACTCATTCAAAAGCGCA-3′。该PCR产物可以特异地扩增鲍鱼立克次氏体病原体的一个158 bp大小的片段。PCR扩增建议在标准的20 μL的反应体系中进行，包括1×PCR缓冲液，1.5 mmol/L MgCL$_2$，400 ng/mL BSA，200 μmol/L的dNTP混合物，10 pmol/L引物各0.5 μL，1.6 U的Taq聚合酶和100 ng模板。PCR反应条件为：94℃预变性5 min、94℃变性1 min、62℃复性30 s、72℃延伸30 s，40个循环，最后72℃延伸10 min。4℃保温（扩增区完成）。反应设置阳性对照和空白对照。阳性对照为含有鲍鱼立克次氏体的DNA或含扩增片段的质粒；空白对照为PCR时不加样品但是包括其他主要混合液的反应体系。将PCR产物进行琼脂糖凝胶电泳分析。用TAE电泳缓冲液（50×TAE电泳缓冲液配方：在400 mL双蒸水中溶解121 g Tris碱，加入28.55 mL冰醋酸和50 mL 0.5 mol/L EDTA，再加双蒸水定容至500 mL，室温保存）配置1.5%的琼脂糖平板，将6 μL PCR产物和2 μL溴酚蓝指示剂溶液和1 μL 10×SYBR Green染料混合后加入加样孔，同时使用DNA分子质量标准参照物作对照。120 V电泳约20 min，当溴酚蓝到达底部时停止。于紫外光下观察电泳条带的数量和位置。在158 bp大小处，阳性对照有扩增条带，空白对照没有扩增条带，即阳性对照、空白对照均成立的条件下，若样品在阳性对照处有扩增条带，则判断为疑似阳性，反之，则判断为阴性。

2. 根据《鲍鱼立克次氏体病检疫技术规范》（SN/T 2973—2011），鲍鱼立克次氏体病确诊病例的判定标准是在疑似病例的判定基础上必须满足下列两个条件中的任意一条。

1）疑似病例样本用原位杂交（in situ hybridization，ISH）技术检测结果为阳性。

首先合成4条鲍鱼立克次氏体特异性DNA探针，其序列分别为：RA 5-1：5′-GTTGAACG

TGCCTTCAGTTTAC–3′，RA 3–6：5′–ACTTGGACTCATTCAAAAGCGGA–3′，RA 3–8：5′–C
CACTGTGAGTGGTTATCTCCTG–3′，RA 5–6：5′–GAAGCAATATTGTGAG ATAAAGCA–3′。
这些探针均用商品化的地高辛标记试剂盒进行标记。实验中设阳性对照与阴性对照。阳性对
照为已知被感染的组织，从OIE指定实验室中获得或经本实验室进行了有效性确证的样品；阴
性对照为已知未被感染的组织，从OIE指定实验室中获得或经本实验室进行了有效性确证的
样品。

　　原位杂交（ISH）按照标准程序进行操作。将制备好的石蜡组织切片依次通过二甲苯（3
次，5 min/次）、无水乙醇（2次，1 min/次）、95%乙醇（2次，1 min/次）、85%乙醇（2次，约1 min/
次）、50%乙醇（约1 min）、最后用蒸馏水冲洗6次，全过程避免切片干燥。然后水平置于湿盒
中加500 μL蛋白酶K工作液（先配10 mg/mL蛋白酶K原液：100 mg蛋白酶K溶于10 mL蒸馏
水中，分装后–20℃保存；然后配1×TNE缓冲液：6.057 g三羟甲基氨基甲烷、5.84 g氯化钠、
3.72 g乙二胺四乙酸溶入蒸馏水中，用5 mol/L HCl调pH至7.4并定容至1 000 mL，高压灭菌；
最后配蛋白酶K工作液：蛋白酶K原液溶于10 mL 1×TNE中，4℃保存），42℃温浴30 min。将
组织切片上的蛋白酶K吸干，依次放入0.4%的冷甲醛溶液、2×SSC（配置20×SSC，然后按相
应比例稀释；20×SSC配方：氯化钠175.32 g和二水柠檬酸三钠88.23 g加蒸馏水，pH调至7.0
并定容至1 000 mL，高压灭菌）各浸洗5 min，之后加入500 μL添加断裂成片段的鲑精DNA（终
浓度100 g/mL）的商品化Denhardt's预杂交液，42℃预杂交30 min。然后将地高辛标记好的探
针于100℃煮10 min后快速置于冰上冷却，将探针加入预杂交液（约20 ng探针/500 μL）即成
为杂交液。吸500 μL杂交液滴加到组织切片上，将组织切片置于85～90℃切片烘片机上保
温10 min使组织DNA变性，然后将组织切片放在冰上快速冷却5 min，然后在湿盒内42℃杂
交过夜（16～18 h）。杂交结束后吸去杂交液，并依次通过2×SSC（15 min）、1×SSC（5 min）、
0.5×SSC（2次，15 min/次，42℃）浸洗。

　　地高辛显色。用缓冲液Ⅰ（12.11 g Tris和8.77 g氯化钠溶于双蒸水，pH调至7.5并定容至
1 000 mL，灭菌后使用）室温浸洗组织切片5 min；在37℃用500 μL缓冲液Ⅱ（blocking reagent
100 mg溶于10 mL缓冲液Ⅰ，60℃温水浴10 min完全溶解）封闭组织切片30 min；用缓冲液
Ⅱ按1∶1 000稀释商品化碱性磷酸酶标记的地高辛抗体，每张切片上滴加250 μL，37℃下孵育
30 min；吸走抗体，将组织切片依次用缓冲液Ⅰ（2次，10 min/次）和缓冲液Ⅲ（Tris碱12.11 g、
氯化钠5.84 g、六水氯化镁10.16 g溶于蒸馏水，pH调至9.5并定容至1 000 mL）（5 min）浸洗；
每片组织切片上加500 μL商品化NBT–BCIP显色液，室温下黑暗中温育1～3 h，当阳性对照
明显显色时，吸去显色液，把组织切片置于缓冲液Ⅳ（三羟甲基氨基甲烷1.21 g和二水EDTA
0.37 g溶于双蒸水，pH调至8.0，并定容至1 000 mL，灭菌后使用）中15 min终止反应。在染
色缸中，将切片依次通过蒸馏水（1 min）、0.5%俾斯麦棕–Y水溶液（1 min）、95%乙醇（3次，
1 min/次）、无水乙醇（3次，1 min/次）、二甲苯（4次，1 min/次）。用中性树胶封片，在明视野显
微镜下寻找蓝黑色到黑色细胞沉淀物并拍照。

　　阴性样品的细胞核着色为浅棕色，阳性样品则观察到细胞内蓝黑色内含体。在阴、阳性对
照均成立的条件下，受鲍鱼立克次氏体感染的细胞内若出现较深的蓝黑色沉淀，则判定ISH检
测结果为阳性。

　　2）疑似病例样本用聚合酶链反应（PCR）所获得的目的大小的片段经测序分析后与参考序
列相符合。

　　用1.5%琼脂糖凝胶电泳检测到158 bp的扩增产物后，在长波紫外灯下用刀片切下含有目

的条带的胶块,放入无菌离心管中称重。利用DNA凝胶纯化试剂盒进行回收DNA纯化,纯化产物直接送商业化测序公司完成DNA序列测定。将已得序列与GenBank中标准菌株的16 S rDNA序列(GenBank Accession AF133090)进行相似性对比,从而确定待检样品是否含鲍鱼立克次氏体病原。

# 第五节　杀鲑气单胞菌

## 一、病原概况

杀鲑气单胞菌(*Aeromonas salmonicida*)主要感染鲑科鱼类发生疖疮病。杀鲑气单胞菌1890年就有分离鉴定报道,属气单胞菌属(*Aeromonas*),目前可分为5个亚种:杀鲑亚种、无色亚种、杀日本鲑亚种、史氏亚种和溶果胶亚种。杀鲑气单胞菌为革兰氏阴性杆菌,通常单个、成对或短链状出现。人工感染发现该菌宿主范围广,能感染海水和淡水养殖鱼类。疖疮病的症状一般为:慢性发作时,鱼体表面会出现不同程度的溃疡;浆膜和鳍基部充血和出现败血症,鳃部也会充血。杀鲑气单胞菌是一种条件致病菌,在鱼类受到环境胁迫时容易发病,症状除疖疮外也通常包含实质脏器肿胀、出血等败血症症状。生产上对该病的处理还是通过抗生素治疗。

## 二、诊断标准

根据国家标准《鱼类检疫方法 第6部分:杀鲑气单胞菌》(GB/T 15805.6—2008)的规定,杀鲑气单胞菌阳性的判定标准如下。

1)疑似杀鲑气单胞菌病例的判定标准为:待检菌为短杆状革兰氏阴性菌,氧化酶阳性,不运动。

如果敏感鱼体表有红肿溃疡,需将干净的载玻片贴紧病灶并挤压,加1～2滴生理盐水后盖上盖玻片,400～600×镜检菌体形态,并做革兰氏染色,若鱼体无任何症状,则需从肾脏中分离细菌。

利用无菌接种环可以直接从受检动物组织或其匀浆液中接种病原菌至选择性分离培养基TSA平板(胰蛋白胨15 g,大豆蛋白胨5 g,氯化钠5 g,琼脂15 g,溶于蒸馏水中,调pH至7.3并定容至1 000 mL)。25℃培养72 h后,TSA平板上会长出白色菌落。取干净的载玻片,滴1～2滴生理盐水,用接种环从斜面上挑取菌落少许涂抹在水滴中,盖上盖玻片,400×镜检菌体运动形态。细菌能快速运动或产生位移的为运动性阳性;细菌只做原地来回颤动的布朗运动的为运动性阴性。用接种环挑取少量菌落涂于商品化氧化酶试纸上,5 s内观察结果;菌苔呈红色或紫色表示氧化酶实验阳性,不变色表示氧化酶实验阴性。

2)在疑似病例成立的基础上,利用API 20NE试剂条测定待检菌的生化指标,并与API试剂条所附的数据库进行比对,如符合杀鲑气单胞菌或其各亚种的生化指标,可判定为杀鲑气单胞菌确诊阳性。

将从TSA平板上的细菌按要求用普通LB培养基稀释后接种到商品化API 20NE试纸条的每个孔内,然后置于25℃培养48～72 h,然后取出来检查反应是阳性还是阴性,并把阳性结果"+"或阴性结果"−"输入随API试剂条所附的数据库进行查询比对,如果比对结果是杀鲑气单胞菌或其亚种,则作出确诊鉴定结论。

# 第六节　鲴嗜麦芽寡养单胞菌

## 一、病原概况

嗜麦芽寡养单胞菌（*Stenotrophomonas maltophilia*）是鲴细菌性病害的病原，属寡养单胞菌属（*Stenotrophomonas*）；为一种需氧非发酵型、不形成芽孢的革兰氏阴性菌。该菌广泛分布于自然环境中，对人、陆生动物、海水或淡水水生动物均有感染致病报道。感染斑点叉尾鲴时，早期病鱼游动无力、失去食欲、呼吸缓慢、体表出血、肛门红肿，随后大批死亡。解剖后可见死亡鱼肝、脾、肾肿大，肠腔内外有黄色腹水或血水，黏膜充血，中后肠偶有肠套叠现象。超微结构观察发现病鱼肝、脾、肾、骨骼肌等器官组织细胞内线粒体肿胀成异常空囊状，内质网扩张，细胞核染色质溶解或固缩，导致发病晚期器官结构与功能严重损伤。有研究表明，鲴嗜麦芽寡养单胞菌的胞外产物，包括多种酶和外毒素，具有明显的致病性，在疾病的发生、发展中发挥重要作用。

## 二、诊断标准

根据行业标准《鲴嗜麦芽寡养单胞菌检测方法》（SC/T 7213—2011），符合以下所有特征者判定为嗜麦芽寡养单胞菌。

1）普通营养琼脂培养菌落形态为：光滑、有光泽、边缘整齐，菌落呈黄色、灰色或淡黄色；细菌染色观察为：革兰氏染色阴性、杆状，约0.5 μm × 1.5 μm。

取鱼的肝、肾及病灶组织，从取样组织中直接分离接种，在无菌环境中将样品置于无菌离心管中，用无菌盐水冲洗并捣碎，然后分离接种在血液琼脂平板上，用常规法划线。28℃培养24～48 h，然后从中挑取黄色、灰色或淡黄色的单菌落在普通营养琼脂平板进行纯化培养。用无菌接种环挑取少许菌落进行革兰氏染色，染色后利用光学显微镜观察形态。

2）生理生化反应实验结果为：葡萄糖酸盐、接触酶、液化明胶、酯酶、DNA酶、运动性阳性；葡萄糖氧化发酵、肌醇发酵、硫化氢（$H_2S$）实验、吲哚实验、甲基红（M.R.）实验、乙酰甲基甲醇（V-P）实验、氧化酶、淀粉水解、精氨酸双水解酶、鸟氨酸脱羧酶阴性。

生理生化反应实验可以按照利用API 20NE试剂条测定待检菌的生化指标，并与API试剂条所附的数据库进行比对。也可按照前文所述方法完成硫化氢、吲哚、葡萄糖氧化发酵、运动性、甲基红、氧化酶、肌醇发酵的实验。其他指标的实验简述如下：

葡萄糖酸盐实验。将待检菌接种于1%葡萄糖酸盐液体培养基中（用pH 7.2的磷酸盐缓冲液配制含1%葡萄糖酸盐的溶液，分装试管，每管2 mL，112℃灭菌30 min），置28℃静置培养24 h，加入费林试剂0.5 mL（先配 I 液：结晶硫酸铜34.64 g溶于蒸馏水并定容至500 mL；再配 II 液：酒石酸钾钠173 g和氢氧化钾125 g溶于蒸馏水并定容至500 mL。使用时 I 液和 II 液等量混合即为费林试剂）。于100℃水浴10 min后迅速冷却，待观察。试管液体出现黄绿色、绿橙色或红色沉淀为阳性；不变色（仍为蓝色）为阴性。

过氧化氢酶（接触酶）实验。将1 mL 3%的$H_2O_2$倾注于被检菌落或菌苔上。有气泡为阳性。

液化明胶实验。配制明胶培养基（氯化钠5 g，蛋白胨10 g，牛肉膏3 g，明胶120 g，溶于蒸馏水，调pH至7.2～7.4并定容至1 000 mL），121℃灭菌30 min。将待检菌穿刺接种于明胶培养基上，22℃5～7天，逐日观察结果。明胶呈液体状态为实验阳性。

酯酶实验。首先配制酯酶（吐温-80）实验测定培养基（基础培养基：蛋白胨10 g，氯化钠5 g，七水氯化钙0.1 g，琼脂9 g，溶入蒸馏水，调pH至7.4并定容至1 000 mL，灭菌后备用；冷却基础培养基至40～50℃，加灭菌后的吐温-80至终浓度为1%，倒平板）。将待检菌接种于酯酶实验测定培养基平板，28℃培养7天，在细菌生长的周围有模糊晕圈者为阳性，无模糊晕圈者为阴性。

DNA酶实验。先配制DNA酶培养基平板（酪朊水解物15 g，大豆蛋白胨5 g，氯化钠5 g，DNA 2 g，甲苯胺蓝0.1 g，琼脂15 g，溶于蒸馏水调pH至7.2，并定容至1 000 mL，灭菌后倒平板）。将待检菌接种于DNA酶培养基平板，28℃培养7天，在细菌生长的周围有模糊晕圈者为阳性，无模糊晕圈者为阴性。

乙酰甲基甲醇（V-P）实验。将被检菌接种于葡萄糖蛋白胨液体培养基（葡萄糖5 g、$K_2HPO_4$ 5 g、蛋白胨5 g溶于蒸馏水并定容至1 000 mL，0.075 MPa灭菌10 min）中；培养2～7天后，培养物中加入1 mL 10%的NaOH，混匀，再加入3～4滴2%氯化铁溶液；数小时后观察。培养基下层出现红色为阳性，不出现红色为阴性。

淀粉水解实验。利用普通牛肉膏蛋白胨培养基各组分加0.2%的可溶性淀粉配制淀粉培养基（10 g蛋白胨、5 g氯化钠、5 g牛肉膏、10 g可溶性淀粉、15 g琼脂溶于蒸馏水并定容至1 000 mL），灭菌后倒平板备用。将接种后的平板置于37℃恒温培养箱培养24 h；取出平板，打开平皿盖滴加少量的碘液于平板上，轻轻旋转，使碘液均匀铺满整个平板，菌落周围如出现无色透明圈，则说明淀粉已经被水解，表示该细菌具有分解淀粉的能力。

精氨酸双水解酶实验。配制精氨酸双水解酶测定培养基：蛋白胨1 g，氯化钠5 g，磷酸氢二钾0.3 g，琼脂6 g，L-精氨酸10 g，溶于蒸馏水并定容至1 000 mL。其他成分溶解后调pH至6.8～7.0，然后加酚红0.01 g，分装小试管后灭菌。针刺接种细菌至培养基底部，立即用凡士林封管，在28℃条件下培养48 h。在此条件下，精氨酸双水解酶为阴性，颜色不变。培养基转红色为阳性。

鸟氨酸脱羧酶实验。首先配制鸟氨酸脱羧酶实验用培养基（基础培养基为：蛋白胨5 g、酵母浸膏3 g、葡萄糖1 g，先后加入800 mL蒸馏水，加0.2%溴百里酚蓝溶液12 mL，并加蒸馏水定容至1 000 mL；调pH至6.8后，向每100 mL的基础培养基内加入预溶有0.5 g鸟氨酸的15% NaOH溶液0.5 mL）。用接种环取少量待检菌落接种于鸟氨酸脱羧酶实验用培养基中，上面滴加一层无菌液体石蜡；在37℃培养4天。培养基转红色为阳性，不转红色为阴性。

3）16 S rRNA序列测定和同源性分析结果与标准株的参考序列比较，同源性达98%以上。

将分离纯化的待检菌接种于普通营养液体培养基中，以28℃摇床培养24 h后收集菌体，用细菌基因组提取试剂盒提取细菌基因组做PCR模板。16 S rRNA序列扩增引物为P1: 5'-AGAGTTTGATCCTGGCTCAG-3'和P2: 5'-GGTTACCTTGTTACGACTT-3'。在PCR管中加10×PCR缓冲液（无$Mg^{2+}$）5.0 μL，$MgCl_2$（25 mmol/L）5.0 μL，dNTP（10 mmol/L）1.0 μL，引物（20 μmol/L）P1和P2各1.0 μL，Taq DNA酶（5 U/μL）0.5 μL，DNA模板1.0 μL，无菌双蒸水35.5 μL。设置的空白对照为以双蒸水为模板的PCR反应。将反应管置于PCR仪，按下列程序进行PCR扩增：94℃预变性2 min；94℃变性45 s，52℃退火1 min，72℃延伸1 min，35次循环；72℃延伸7 min；4℃保温。PCR产物的琼脂糖凝胶电泳、扩增产物的纯化、测序及序列比对均按本章前文所述方法执行。

# 第七节　疖疮病

## 一、病原概况

疖疮病（furunculosis of fish）是危害养殖的淡水鲑科鱼的一种细菌性流行病，也叫疖疮病、瘤痢病，主要危害鲤鱼、草鱼和青鱼成鱼。该病病原是灭鲑气单胞菌（*Aeromonas salmonicida*），为革兰氏阴性杆菌，大小为（0.8 ～ 1.2）μm×（1.5 ～ 2.0）μm，无鞭毛、芽孢和荚膜。疖疮病急性型病鱼很快死亡，无任何外部症状；亚急性型病情发展较慢，在躯干肌肉上形成典型的疖疮变化后，陆续死亡；慢性病鱼长期处于带菌状态，无症状也不死亡。发病鱼表现为离群独游，活动缓慢，体色发黑；在鱼体躯干部，通常在背鳍基部两侧的肌肉组织上出现数个小范围的红肿脓疮向外隆起，并逐渐出血坏死、溃烂而形成溃疡口。临床诊断采样时，如有皮肤病变，则从皮肤病变处取样；同时从肾、脾、肝等脏器中采样。

## 二、诊断标准

根据行业标准《疖疮病细菌学诊断操作规程》（SN/T 1419—2004），疖疮病阳性确诊必须同时符合下述条件。

1）初步诊断。临床检查发现鱼体躯干一处或多处有红肿、隆起或局部软化、组织坏死等明显病灶，并在病灶中检出革兰氏阴性、不运动的短杆菌，可判定为疖疮病疑似病例。

病原细菌的初步分离采用PBG培养基接种方法或TSA培养基培养方法。按如下配方配制PBG培养基：蛋白胨10.0 g、糖原4.0 g、氯化钠5.0 g、肉浸汁10.0 g、十二烷基磺酸钠0.1 g、溴百里酚蓝0.1 g、琼脂15.0 g溶入蒸馏水混合溶解，调pH至7.2 ～ 7.5，并定容至1 000 mL，灭菌后使用。取肾组织（或脾、肝组织）置于无菌研钵中，用无菌杵充分磨碎；取0.5 g磨碎的组织放入无菌培养皿中，再倾入45 ～ 48℃的PBG培养基15 mL与之混合均匀，待凝固稍干后加45℃2%琼脂覆盖，琼脂凝固后把培养基倒置于25℃培养箱内培养72 h。灭鲑气单胞菌在PBG培养基上形成较小的黄色菌落。灭鲑气单胞菌在TSA培养基上形成水溶性褐色色素菌落。可从TSA培养基表面直接挑取典型菌落，或用接种环刺破表面的琼脂层从PBG培养基挑取典型菌落，接种到FA斜面（将酪蛋白7.0 g、酵母浸膏3.0 g、氯化钠2.5 g、琼脂15.0 g混匀于蒸馏水，调pH至7.3并定容至1 000 mL。灭菌后使用），置于25℃培养箱内培养72 h，观察有无水溶性褐色色素产生。TA斜面产生水溶性褐色色素为阳性。

挑取从FA斜面表面纯化的细菌进行革兰氏染色和运动性观察。

2）细菌学确诊。从疑似病例的病灶或内脏中分离到的细菌经生化实验，其生理生化指标符合灭鲑气单胞菌特性，无论有无肉眼可见的病症均可确诊为疖疮病。

氧化酶实验。灭鲑气单胞菌为氧化酶阳性，可以排除氧化酶阴性的柠檬酸杆菌、爱德华氏菌、耶尔森氏菌。

对苯二胺实验。在TSA或FA平板上培养24 h的培养物中，注入1%的对苯二胺，灭鲑气单胞菌菌落在90 s之内，从褐色变为黑色。

V–P实验。培养基颜色变红为阳性，黄色为阴性。灭鲑气单胞菌为阴性。

葡萄糖氧化和发酵实验（O/F实验）。配制葡萄糖氧化/发酵实验基础培养基（O/F培养基：胰酪胨2.0 g、氯化钠5.0 g、磷酸氢二钾0.3 g、琼脂4.0 g溶于蒸馏水，调pH至7.1 ～ 7.2并定容至1 000 mL,加入0.2%溴百里酚蓝溶液12 mL后灭菌并趁热分装于无菌试管中)。向未凝固的O/F基础培养基加入滤过灭菌的10%葡萄糖溶液,使葡萄糖的终浓度为1%,用灭菌接种针从FA平板上挑取少许菌苔,穿刺到培养基底部,接种两管。其中一管为发酵实验管,用灭菌矿物油或液体石蜡覆盖表面,25℃培养24 ~ 48 h;另一管为氧化实验管,不用灭菌矿物油或液体石蜡覆盖表面,25℃培养24 ~ 48 h。多数灭鲑气单胞菌发酵产酸并产气,有些菌株产气比较微弱。产酸会导致培养基变色。

水杨苷产酸实验。配制水杨苷实验培养基:$K_2HPO_4$ 1.0 g、$NH_4Cl$ 1.0 g、$MgSO_4$ 0.2 g、酵母膏0.2 g、1.6%溴甲酚紫1 mL,溶入蒸馏水调pH至7.0 ~ 7.2并定容至1 000 mL,加入5.0 g水杨苷灭菌后使用。接种待检菌置于30℃培养,能利用水杨苷产酸(比较慢)并导致培养基变色者为灭鲑亚种,不能利用者为金鱼亚种。

明胶液化实验。能液化明胶者为灭鲑亚种,不能液化明胶者为金鱼亚种。

吲哚实验。吲哚实验阴性者为灭鲑亚种,吲哚实验阳性者为金鱼亚种。

阿拉伯糖和麦芽糖发酵实验。灭鲑气单胞菌灭鲑亚种两者为阳性;而灭鲑气单胞菌金鱼亚种两者为阴性。用无菌接种环取普通琼脂培养基表面菌落少许,分别接种阿拉伯糖或麦芽糖发酵实验管(先配蛋白胨水,每1 000 mL含蛋白胨5.0 g,pH调至7.4后加入0.02 g溴甲酚紫;然后每100 mL蛋白胨水中分别加入阿拉伯糖或麦芽糖两种物质中的任意一种1.0 g,溶解后分装至试管并高温高压灭菌10 min)。28℃培养24 h,凡实验管颜色从紫色变为黄色,表明细菌可发酵该种糖或醇类并产酸导致指示剂变色。

# 第八节　柱状嗜纤维菌烂鳃病

## 一、病原概况

柱状嗜纤维菌(*Cytophaga columnaris*),又名柱状黄杆菌(*Flavobacterium columnare*),感染很多淡水鱼,主要危害草鱼导致烂鳃病,各地一年四季出现,水温20℃以上开始流行,28 ~ 35℃为最适流行温度。临床症状为:病鱼活动缓慢,对外界的刺激反应迟钝,呼吸困难,食欲减退;病情严重时,离群独游水面,不吃食。外部检查,鱼体头部发黑,鳃丝上黏液增多,鳃丝肿胀,末端腐烂,软骨外漏,常附着有较多污物。镜检时能发现鳃上无大量寄生虫或真菌,能见到大量细长、滑行的杆菌,有些菌体聚集成簇状。

烂鳃病的实质是炎症反应。早期鳃组织的病变最为严重,肝肾组织并未异常;病程加重后,鳃严重损伤导致严重缺氧、组织器官功能及代谢紊乱,肝肾的功能受到影响进而加速死亡。在组织病理切片中不易发现菌体,是因为柱状嗜纤维菌仅着生于上皮细胞上,不是组织入侵者。菌体往往随坏死的组织而脱落,而肝肾组织则不会有细菌。

## 二、诊断标准

根据行业标准《鱼类细菌病检疫技术规程 第2部分:柱状嗜纤维菌烂鳃病诊断方法》(SC/T 7201.2—2006),对临床症状典型的病鱼上分离的细菌,若其满足如下任一条件都能确定病原为柱状嗜纤维菌,即可确诊细菌性烂鳃病。

1)病原菌在胰胨琼脂培养基平板上形成大小不一、边沿不整齐的浅黄色菌落。细菌革兰氏染色阴性。生理生化实验结果符合柱状嗜纤维菌特征,其中明胶液化、酪素水解、硝酸盐还原、过氧化氢酶、硫化氢实验结果阳性;淀粉水解、七叶灵水解、几丁质分解、纤维素分解、酪氨酸分解、靛基质、枸橼酸盐、葡萄糖利用产气实验阴性。

取病鱼鳃丝一小块,置于滴有无菌水的载玻片的边缘约10 min,用接种环蘸水,在胰胨琼脂培养基平板上划线,于25℃培养2天左右,若病原菌是柱状嗜纤维菌,会出现稀薄的、平铺在培养基表面的菌落,边沿不整齐,中央较厚,大小不一,颜色由浅逐渐变成黄色。

利用全自动细菌分析仪和配套的细菌生化鉴定管可以按照相应规程完成生理生化实验。也可以利用自制试剂完成生理生化实验。明胶液化、过氧化氢酶、硫化氢实验、酪氨酸分解、靛基质、葡萄糖利用产气、淀粉水解实验可参照本章前文所述方案操作。

酪素水解实验。在胰胨培养基中加入2%脱脂牛奶制成平板,接种2天,平板上有酪素水解的亮斑为阳性。

硝酸盐还原实验。将被检菌接种于硝酸盐培养基(硝酸钾0.2 g、蛋白胨5 g溶于1 000 mL蒸馏水,0.112 MPa高压灭菌15 min)中;37℃,培养1～2天;加入甲试剂(对氨基苯磺酸0.4 g、5 mol/L冰醋酸50 mL)0.1 mL;加入乙试剂(2-奈胺0.25 g、5 mol/L冰醋酸50 mL)数滴。10 min内显红色为阳性。

七叶灵水解实验。在含0.5%的胰蛋白胨、0.1%七叶灵、0.05%柠檬酸铵铁、2%琼脂的培养基上,接种培养待检菌,观察7天,菌落周围有黑色沉淀物为阳性。

几丁质分解实验。用0.1%的胰蛋白胨加入0.5%几丁质、0.2%琼脂的培养基盖于无营养琼脂平板上,接种培养,观察7天,菌落周围出现透明圈为阳性。

纤维素分解实验。配制纤维素刚果红培养基:KH₂PO₄ 0.5 g、MgSO₄ 0.25 g、纤维素粉1.88 g、刚果红0.2 g、琼脂14.0 g、明胶2.0 g、蒸馏水1 000 mL,pH 7.0。接种待检菌后置于30℃培养,产生透明圈的菌就是纤维素分解菌。

枸橼酸盐利用实验。配制Simmons柠檬酸培养基(枸橼酸钠1 g、硫酸镁0.2 g、氯化钠5 g、磷酸二氢铵1 g、磷酸氢二钾1 g、琼脂20 g、1%溴百里酚蓝乙醇溶液10 mL、蒸馏水1 000 mL;0.112 MPa高压灭菌15 min后,做成斜面)。将被检菌接种到Simmons固体柠檬盐培养基上;37℃培养2～4天。培养基变蓝色为阳性。

2)免疫学检验,涂片上有棕色细长颗粒,颗粒大小与杆菌一致。

用弯头镊子取新鲜病鱼鳃上的少量淡黄色黏液,涂于载玻片上,自然晾干;加几滴柱状噬纤维菌抗血清于该载玻片的涂片区,将载玻片置于湿盒内,在37℃温育30 min,用磷酸盐缓冲液PBS(1 000 mL溶液含:氯化钠8.0 g,氯化钾0.2 g,磷酸氢二钠1.44 g,磷酸二氢钾0.24 g;pH 7.4)洗3～4次,每次3～5 min,再加几滴商品化HRP-羊抗兔IgG抗体后,置于湿盒内,在37℃温育30 min,;用PBS洗3～4次,每次3～5 min,加几滴商品化DAB酶底物,反应6～8 min,用pH 7.6的Tris-HCl缓冲液洗30 min,加一滴甘油封存涂片区,覆上盖玻片。普通显微镜油镜下观察。

# 第九节 嗜水气单胞菌及豚鼠气单胞菌肠炎病

## 一、病原概况

嗜水气单胞菌及豚鼠气单胞菌(*Aeromonas punctate caviae*)是淡水鱼细菌性肠炎病(bacterial enteritis)的主要致病病原。主要危害2龄以上草鱼、青鱼,鲤、鳙也时有发生。水温

$25 \sim 30℃$ 时为流行高峰。全国各地都有发生,常和细菌性烂鳃病、赤皮病并发。临床症状表现为:患病鱼离群独游,活动缓慢,徘徊于岸边,食欲减退,严重时完全不吃食。鱼体发黑,腹部肿大,肛门红肿,轻压腹部,肛门处有黄色黏液和带血的浓汁流出。解剖后可见腹腔积水,肠壁充血、发炎,轻者仅前肠或后肠出现红色,严重时全肠呈紫红色。肠内不见食物,含淡黄色黏液。

豚鼠气单胞菌是危害我国淡水养殖业的重要致病菌,革兰氏染色阴性,单极生鞭毛,兼性厌氧;该菌可引起不同水产养殖动物的不同疾病,包括出血病、打印病、败血症、皮肤溃烂和肠炎等。其最适生长温度是 $25 \sim 30℃$ ,最适 pH 范围为 $6 \sim 8$ ,最适 NaCl 含量范围为 $0.5\% \sim 1\%$ ,对抗生素中的沙拉沙星敏感。

## 二、诊断标准

根据行业标准《鱼类细菌病检疫技术规程 第4部分:嗜水气单胞菌及豚鼠气单胞菌肠炎病诊断方法》(SC/T 7201.3—2006),具有典型肠炎临床症状,病原菌鉴定为嗜水气单胞菌或豚鼠气单胞菌的,均确诊为细菌性肠炎。

将纱布浸70%乙醇后,覆盖于鱼体表面,或用70%酒精棉球擦拭。在无菌条件下,取新鲜病鱼的肝、脾、肾或心于普通营养琼脂培养基,经细菌分离培养后,将分离的菌落接种于Rimler Shotts培养基[RS琼脂平板的配制方法:L-盐酸鸟氨酸6.5 g,L-盐酸赖氨酸5.0 g,L-盐酸半胱氨酸0.3 g,麦芽3.5 g,五水硫代硫酸钠($Na_2S_2O_3 \cdot 5H_2O$)6.8 g,枸橼酸铁铵0.8 g,脱氧胆酸钠1.0 g,氯化钠5.0 g,酵母提取物3.0 g,新生霉素0.005 g,溴百里酚蓝0.03 g,琼脂13.5 g,蒸馏水1 000 mL。混合溶解,调pH至7.0,煮沸1 min,冷却至45℃,倾注灭菌平板]上,28℃培养$20 \sim 24$ h。平皿上的菌落进一步鉴定是嗜水气单胞菌还是豚鼠气单胞菌。嗜水气单胞菌的鉴定按本章前文所述方案操作。豚鼠气单胞菌的确诊必须满足如下两个条件。

1)RS琼脂培养基长出黄色菌落。

2)生理生化指标符合豚鼠气单胞菌的特诊,其中V-P实验、硫化氢实验、葡萄糖产气实验阴性。

# 第十节　荧光假单胞菌赤皮病

## 一、病原概况

荧光假单胞菌(*Pseudomonas fluorescens*)是鱼类赤皮病(red-skin disease)的病原。草鱼、青鱼、鲤、鲫、团头鲂等多种淡水鱼均可患此病。全国各地,一年四季都有流行,尤其是在捕捞、运输或北方越冬后,造成鱼体损伤,最易暴发流行。病鱼行动迟缓,离群独游。外部检查可发现体表出血发炎、鳞片脱落、鳍条充血或末端腐烂。体表病灶处常继发水霉感染,部分鱼头部充血发炎、鳃盖常被腐蚀成一圆形或不规则形状的透明小窗。

## 二、诊断标准

根据行业标准《鱼类细菌病检疫技术规程 第4部分:荧光假单胞菌赤皮病诊断方法》(SC/T 7201.4—2006),临床症状典型的敏感鱼中分离的病原菌符合确诊为荧光假单胞菌的下列2项特征,即可判定为赤皮病。

1)在普通营养琼脂培养基上形成边缘整齐、灰白色、半透明(20 h后产生黄绿色色素)的圆形菌落。用刀片刮除病灶腐烂部分后用接种环刮取病料,在普通营养琼脂培养基平板上划线,25 ～ 30℃培养24 h。

2)发酵实验、氧化酶实验阳性;甲基红实验、V-P实验、革兰氏实验、吲哚实验、硫化氢实验和硝酸盐实验阴性。革兰氏染色和生理生化实验均按照本章前文所述方案操作。

# 第十一节　白皮假单胞菌白皮病

## 一、病原概况

白皮假单胞菌(*Pseudomonas dermoalba*)主要危害鲢、鳙,草鱼和青鱼有时也可发生,特别是对鱼苗及夏花鱼种危害较大,全国各地都有发生。水温25℃以上为流行季节,当鱼体碰伤或体表被寄生虫损伤时易发生。病鱼行动迟缓、病情严重时,头部向下,尾部向上,与水面垂直。在发病初期,尾柄处发白,以后迅速扩展蔓延,背鳍基部后面的体表全部发白。

## 二、诊断标准

根据行业标准《鱼类细菌病检疫技术规程 第5部分: 白皮假单胞菌白皮病诊断方法》(SC/T 7201.5—2006),临床症状典型的白皮病可由白皮假单胞菌或柱状噬纤维菌引起,白皮假单胞菌性白皮病的确诊需满足以下三项条件。

1)临床症状典型。

2)在胰胨琼脂平板上菌落不呈黄色,革兰氏染色阴性,极生鞭毛。

取少量病灶处黏液放在载玻片上,加上2 ～ 3滴无菌水,盖上盖玻片,在显微镜下观察;用接种环取病灶处黏液在胰胨琼脂培养基平板上划线,可采用各种不同的常规划线方法,需尽量使其产生单个分散的菌落。在25℃恒温培养24 ～ 96 h。鞭毛染色:在载玻片上滴一滴蒸馏水,取少许菌苔于水滴中,尽量分散,自然干燥。滴加鞭毛染色剂甲液(5%碳酸溶液10 mL,鞣酸粉末2 g,饱和钾明矾水溶液10 mL)染色20 min,用蒸馏水冲洗,晾干后,加乙液(饱和结晶紫酒精溶液,用时取甲液10份,乙液1份,混合后在冰箱中可保存7个月)染30 ～ 60 s,加热,使其稍冒蒸汽而染液不干,冷却后用蒸馏水冲洗,在显微镜下观察。

3)生理生化特征符合白皮假单胞菌的特征,其中氧化酶实验阳性;葡萄糖发酵、乙醇氧化、甘露醇、明胶水解实验阴性。

生理生化实验(氧化酶、葡萄糖发酵、甘露醇、明胶水解实验)按照本章第一至第十节所述方法操作。乙醇氧化实验:以乙醇代替休-利夫森培养基(蛋白胨2 g氯化钠5 g,磷酸氢二钾0.2 g,葡萄糖10 g,琼脂5 ～ 6 g,1%溴百里酚蓝水溶液3 mL,蒸馏水定容至1 000 mL)中的糖,使乙醇终浓度为1%,可不加琼脂,28℃培养24 h,实验管变为黄色,判为阳性。

柱状噬纤维菌性白皮病的确诊需满足: ① 临床症状典型。 ② 在胰胨琼脂平板上菌落不呈黄色,革兰氏染色阴性。 ③ 生理生化特征符合柱状噬纤维菌的特征,其中明胶液化、酪素水解、硝酸盐还原、过氧化氢酶、硫化氢实验为阳性;淀粉水解、七叶灵水解、几丁质分解、分解纤维素、酪氨酸水解、靛基质试验、硫化氢、枸橼酸盐利用、过氧化氢酶、葡萄糖利用产气实验阴性。

## 第十二节  虾细菌性肝胰腺坏死病

### 一、病原概况

虾细菌性肝胰腺坏死病是由肝胰腺坏死性细菌（necrotizing hepatopancreatitis bacterium，NHPB）引起的对虾疾病。肝胰腺坏死性细菌是一种革兰氏阴性的立克次氏体，大小约为0.25 μm×0.9 μm，多态性，专性细胞内寄生。NHPB有3种明显的形态，一种是无鞭毛，杆状，类立克次氏体形态。另一种是螺旋状的，有多条鞭毛。此外，在被感染的细胞中经常可以观察到介于两者之间的中间形态。

虾细菌性肝胰腺坏死病（NHP）的症状包括摄食减少、空肠、软壳、游动无力、体表挂脏、黑鳃等对虾疾病的常见症状，典型症状如下：一是在泳足的基部发生溃烂或是黑化的现象；二是肝胰腺明显萎缩。感染对虾的肝胰腺萎缩后变得苍白，而正常的虾则为棕色或橘黄色。感染严重时，肝胰腺腺管黑化，外观上可见肝胰腺上形成黑色带。病变处细胞肿大，细胞质内常有大量细菌形成无膜的团块状。该病的组织病理学标志是肝胰腺的萎缩和多灶性肉芽肿病变。该病造成的急性死亡也可能没有典型临床症状。

### 二、诊断标准

根据行业标准《虾细菌性肝胰腺坏死病检疫技术规范》（SN/T 2976—2011），满足以下任何一条均可确诊为虾肝胰腺坏死病。

1）有典型临床症状，组织病理学检查在细胞内观察到可疑病原微生物，PCR方法扩增及测序结果为阳性；

幼体取整体，仔虾取头胸部，幼虾和成虾取小块肝胰腺作为样品。迅速将组织切成厚度不超过3 mm的组织块，做石蜡组织切片。切片厚度不超过6 μm，然后对切片进行银染。银染程序如下：二甲苯（5 min）；二甲苯+无水乙醇（体积比1∶1）（3 min）；无水乙醇（3 min）；95%乙醇（3 min）；85%乙醇（3 min）；70%乙醇（3 min）；蒸馏水（5 min）；浸入1%硝酸银溶液中，避光60℃，30 min；在切片上滴加显影液（将5%明胶3.75 mL放入55℃水浴中，临用前依次加入2%硝酸银1.5 mL，0.12%对苯二酚200 mL，混匀后使用）使切片呈棕黄色；用56℃蒸馏水冲洗（3 min）；85%乙醇（1 min）；95%乙醇（1 min）；无水乙醇Ⅰ（1 min）；无水乙醇Ⅱ（1 min）；二甲苯+无水乙醇（5 min）；二甲苯Ⅰ（5 min）；二甲苯Ⅱ（5 min）；中性树脂封片。如用显微镜观察到细胞质中出现病原微生物，可判断为疑似肝胰腺坏死性细菌。

PCR反应的采样宜取活或濒死的对虾，仔虾或稚虾取整只虾或虾头作样品，成虾则取肝胰腺作样品。DNA提取可以用商品化试剂盒进行提取。也可以用常规组织核酸提取法：充分匀浆取样组织，取25～50 mg，加入500 μL消化缓冲液（100 mmol/L NaCl，pH 8.0的10 mmol/L Tris-HCl，0.1 mol/L EDTA，0.5% SDS；4℃保存）37℃温育1 h，加蛋白酶K至终浓度100 μg/mL，上下颠倒混匀，混合液置于55℃水浴1～3 h，向匀浆液中按1∶1加入等体积苯酚/三氯甲烷/异戊醇混合液，上下颠倒混匀，12 000 g离心5 min，转移上层水相，加入等体积三氯甲烷/异戊醇混合液，上下颠倒混匀，12 000 g离心5 min，转移上层水相，加入2倍体积的无水乙醇，−20℃放置30 min以上。14 000 g离心15 min，沉淀DNA，倾去上清液。于沉淀中加入75%乙醇溶液500 μL，轻轻混匀后14 000 g离心15 min，倾去上清液，室温晾干，用30 μL灭菌双蒸水溶解DNA沉淀。

PCR扩增引物为：NHPF：5′-CGTTGGAGGTTCGTCCTTCAGT-3′和NHPR：5′-GCCA TGA GGACCTGACATCATC-3′。PCR扩增体系按本章前文所述操作；PCR扩增程序为：94℃预变性5 min，之后94℃变性30 s，60℃退火30 s，72℃延伸30 s，共40个循环；最后72℃补充延伸5 min，4℃保温。取含有已知NHPB的对虾组织提取核酸作为阳性对照，取无NHPB的对虾组织抽提核酸作为阴性对照，取等体积的水替代模板作为空白对照。1.5%琼脂糖凝胶电泳按本章前文所述方法进行操作。在379 bp处，阳性对照有扩增片段、阴性及空白对照无扩增反应的情况下，若样品在阳性对照处有扩增片段判断为疑似阳性，反之判断为阴性。PCR产物通过序列测定来对检测结果进行最终确认。

2）有典型临床症状，组织病理学检查在细胞内观察到可疑病原微生物，斑点杂交方法检测结果为阳性。

斑点杂交采样也宜取活或濒死的对虾，仔虾或稚虾取整只虾或虾头作样品，成虾则取肝胰腺作样品。将采样的组织充分匀浆，取50～100 mg加入500 μL消化缓冲液，加蛋白酶K至终浓度100 μg/mL，上下颠倒混匀，55℃消化1～3 h。取样品上清液在100℃水浴中煮沸10 min，迅速置于冰水浴中2 min以上直到点样。同时合成2条引物，其序列分别为：F27：5′-ACATGCAAGTCGAACGCAATAGG-3′，R235：5′-ACAGATCATAGGCTTGGTAGGCTG-3′。以50 ng NHPB基因组DNA为模板，F27、R235为扩增引物，设置50 μL PCR反应体系，扩增程序为：94℃预变性5 min，之后94℃变性30 s，50℃退火30 s，72℃延伸30 s，共35个循环；最后72℃补充延伸10 min，4℃保温。扩增产物片段大小为209 bp，用PCR产物纯化试剂盒对扩增产物进行纯化，再利用商品化的地高辛标记试剂盒进行DIG-UTP标记，得到地高辛标记的NHPB探针。实验中设阳性对照与阴性对照。阳性对照为已知被感染的组织，从OIE指定实验室中获得或经本实验室进行了有效性确证的样品；阴性对照为已知未被感染的组织，从OIE指定实验室中获得或经本实验室进行了有效性确证的样品。

用双蒸水和20×SSC各预处理硝酸纤维膜（设置一张点样品的测试膜和一张不点样品的对照膜）10 min，取出膜置于滤纸上晾干。样品管瞬时高速离心，点样于测试硝酸纤维素膜上相应的位置，每个样品点1 μL，自然晾干后，将膜夹于两张滤纸之间，置于80℃烘箱中烘烤2 h。将硝酸纤维素膜（测试膜和对照膜）置于杂交袋中，加入添加断裂成片段的鲑精DNA（终浓度100 g/mL）的商品化Denhardt's预杂交液，封口，在65℃孵育2 h。将地高辛标记的探针于100℃水浴中煮沸10 min，再迅速置于冰浴中2 min，剪开杂交袋加入探针（20 ng探针/mL预杂交液），封口。混匀袋中液体，65℃水浴中孵育6～16 h。完全剪开杂交袋，取出杂交膜，室温下在漂洗盒中用2×SSC/0.1% SDS洗涤2次，每次5 min；0.1×SSC/0.1% SDS 65℃水浴2次，每次15 min；然后按照本章前文所述原位杂交程序中地高辛显色程序对杂交膜进行地高辛显色。在杂交膜上阳性对照样品出现明显颜色，立即置于蒸馏水中15～30 min，终止显色。将膜置于滤纸上晾干；对光观察，记录结果。

测试膜上阳性对照样品的显色为淡蓝褐色且阴性对照样品点为无色（对照膜上均为无色），样品斑点显蓝褐色（对照膜对应位置斑点不显色或颜色比测试膜上浅得多）时，该样品判断为阳性。

3）如无临床症状，PCR扩增及测序方法和斑点杂交法检测结果均为阳性。

PCR扩增目的片段参考序列：CGTTGGAGGTTCGTCCTTCAGTGTCGCAGCTAACGCG TGAAGCATTCCGCCTGGGGAGTACGGTCGCAAGATTAAAACTCAAAGGAATTGACGGG

GGCCTGCACAAGCGGTGGAGCATGTGGTTTAATTCGACGCAACGCGCAAAACCTTACCA
GCTTTTGACATAGGGACAGAAGGCATCAGAGATGAAGCCTGCGGTTCGGCCGGGTCCCG
TACAGGTGCTGCATGGCTGTCGTCAGCTCGTGTCGTGAGATGTTGGGTTAAGTCCCGCA
ACGAGCGCAACCCTCGTTCTTAGTTGCCAGCAGTTCGGCTGGGGACTCTAAGAAAACTG
CCGGTGACAAGCCGGAGGAAGGTGGGGATGATGTCAGGTCCTCATGGC。

根据《OIE虾肝胰腺坏死性细菌检疫技术规范》,满足如下3条中的任何一条可以判断为虾肝胰腺坏死性细菌疑似病例。

1) 在虾肝胰腺坏死病 NHP 疫区养殖对虾在幼苗期出现高死亡率的突发病病变。

2) 在有捕食性海鸟出没的对虾养殖池塘收集的虾出现 NHP 典型临床症状,如肝胰腺萎缩、体色发红、游动缓慢、软壳、空胃、在甲壳上出现不规则的黑色斑点。

3) NHP 疫区来源的亲虾的虾卵孵化成功率低或幼体存活率低、幼虾生长异常缓慢。

根据《OIE虾肝胰腺坏死性细菌检疫技术规范》,对疑似病例需要结合分子诊断(PCR 或原位杂交)和形态(或组织学)观察才能进行确诊。因此确诊 NHP 需要执行下述3种方法中的最少两项检测并取得阳性结果。

1) 组织病理学观察发现急性发病的虾的肝胰腺萎缩、黏膜层萎缩,并在多发性病灶中都观察到组织细胞质中存在的细菌及吞噬细菌的淋巴细胞。组织病理学观察和我国采用的标准基本一致。

2) 对疑似 NHP 的肝胰腺组织进行原位杂交分析检测结果为 NHPB 阳性。

我国采用的标准使用了一种 OIE 未推荐的斑点杂交技术替代其推荐的原位杂交技术。这两种技术都可以在急性、转化期或慢性 NHPB 感染导致的损伤肝胰腺组织中检测到病原。原位杂交检测方法可以利用地高辛标记 NHPB 特异性探针及相应显色试剂在细菌侵染的细胞内部显示明显的蓝黑色区域。该方法采集病虾的肝胰腺组织按照本章前文所述方法制备石蜡组织切片、原位杂交和地高辛染色。其中 NHPB 特异性探针的制备选用同我国标准中斑点杂交方法一致的引物序列与标记方法制备。

3) 对疑似 NHP 的样本组织中的细菌进行 NHPB 特异性 PCR 检测及序列分析结果阳性。

常规 PCR 检测方法及结果判定和我国已有的行业标准完全一致。但 OIE 同时也推荐了一种灵敏度更高的 Real-time PCR 检测方法。该方法和常规 PCR 比,速度更快、特异性和灵敏度更高。

Real-time PCR 扩增的靶标位于 NHPB 的 16 S rRNA gene 序列(GenBank U65509)。共合成3条引物:NHP1300:5′-CGT-TCA-CGG-GCC-TTG-TACAC-3′、NHP1366R:5′-GCTCATCGCCTTAAAGAAAAGATAA-3′ 和 TaqMan 探针 NHP:5′-CCGCCCGTCAAGCCATGGAA-3′。TaqMan 探针对应 16 S rRNA 基因的 1321 ~ 1340 bp。TaqMan 探针 5′用6-Carboxyfluorescein(FAM)标记;3′用 $N, N, N$-Ntetramethyl-6-carboxyrhodamine(TAMRA)标记。Real-time PCR 模板的制备同我国标准中的普通 PCR 方法一致。反应设置25 μL 的反应体系:5 ~ 50 ng 待测样品 DNA,12.5 μL 2× 荧光定量 PCR 主混合物,正向引物0.3 μmol/L、反向引物0.3 μmol/L,荧光 TaqMan 探针0.1 μmol/L,补充双蒸水至25 μL。以含 NHPB 的核酸作为阳性对照,以水代替模板作为空白对照。在实时荧光定量 PCR 仪上设置反应程序:95℃ 3 min;95℃ 15 s;60℃ 1 min;60℃ 1 min,反应40个循环。在阳性对照和阴性对照成立的条件下,根据每个反应管扩增荧光信号出现的 Ct 值大小进行结果判定:检测样品的 Ct 值大于或等于40时,则判断 NHPB 核酸阴性。检测样品的 Ct 值小于或等于35时,则判断 NHPB 核酸阳性。检测

样品的Ct值小于40而大于35时,则判为可疑,建议重新抽提待检菌DNA进行Real-time PCR检测。

# 第十三节　鲑鱼立克次氏体

## 一、病原概况

20世纪90年代,在智利和加拿大西部鲑鱼中流行的类似细菌病原也引起挪威和加拿大东海岸海水网箱大西洋鲑低水平的死亡率。所有这些病原经荧光抗体检测实验鉴定为鲑鱼立克次氏体(*Piscirickettsia salmonis*)。病原为多形性,但主要是球形的革兰氏阴性菌,直径为0.5 ~ 1.5 μm,专性细胞内寄生,在宿主组织细胞有膜结合的胞质空泡内复制。虽然鲑鱼立克次氏体病在全球许多地方的鲑鱼发生,但其致病力随地理位置的不同有显著差异。网箱中鲑鱼立克次氏体阳性鱼不表现任何疾病的临床症状,也不出现任何死亡。但是,小鲑鱼转运、水温变化、严重风暴等因素引起的应激会引发临床症状。鲑鱼立克次氏体自然感染显微病变以侵害许多器官和组织的全身性败血症为特征;推测首先破坏皮肤或鳃部物理障碍开始感染,局部感染后通过大血管传到很多器官实质,严重感染的鱼血涂片中可见感染的巨噬细胞。严重感染鱼体色发黑、食欲减退、精神不振并聚集在网箱的边缘水面;受影响较小的鱼可能无异常的外部症状。鲑鱼立克次氏体感染最一致外部症状是由于严重贫血导致的鳃苍白。

鲑鱼立克次氏体可在敏感细胞(如CHSE-214、EPC、CHH等)培养增殖,最适培养温度为15 ~ 18℃,产生细胞变圆的致细胞病变效应(cytopathogenic effect, CPE),滴度可达$10^6$ ~ $10^7$ TCID$_{50}$/mL;但不能在任何已知的无细胞培养基中增殖。代表株LF-89对一系列抗生素敏感(红霉素、恶喹酸、四环素),但对青霉素不敏感。鲑鱼立克次氏体重悬于海水中,在相当长的时期内(14 d)保持感染性,但如果在淡水中则迅速丧失传染性。

## 二、诊断标准

根据行业标准《鲑鱼立克次氏体检疫技术规范 巢式聚合酶链式反应法》(SN/T 2976—2011),鲑鱼立克次氏体检测阳性的判定必须同时符合下列两项条件。

1)在486 bp大小处,阳性对照有扩增条带,阴性对照没有扩增条带,若样品在486 bp处有扩增条带,判断为疑似阳性。

最佳的目标组织是肝、肾、脾及小肠。体长小于4 cm的幼鱼取整条鱼;大规格的病鱼既可取皮肤溃疡部分,也可和无症状的鱼一样取肝、肾、脾和小肠组织。组织充分匀浆后可以采取前述经典的苯酚-三氯甲烷提取组织DNA,也可以采用商业化DNA提取试剂盒提取组织DNA来作为PCR反应的模板。

巢式聚合酶链反应(nested PCR)需合成4条引物。外部引物序列为:EubB(27F): 5′-AGAGTTTGATCMTGGCTCAG-3′和EubA(1518R): 5′-AAGGAGGTGATCCANCCRCA-3′;内部引物序列为:PS2S(223F): 5′-CTAGGAGATGAGCCCGCCGCGTTG-3′和PS2AS(690R): 5′-GCTACACCTGAAATTCCACTT-3′。内部引物可以特异性地扩增出468 bp的鲑鱼立克次氏体16 S rDNA片段。PCR扩增在标准的50 μL的反应体系中进行,其中外部反应的模板是提取的组织DNA样品100 ng;内部引物扩增反应的模板是用0.5 μL外部引物的扩增反应产物。外部引物扩增反应的程序是:94℃预变性5 min,之后94℃变性1 min,50℃退火2 min,

72℃延伸3 min,共35个循环;最后72℃补充延伸10 min,4℃保温。内部引物扩增反应的程序是:95℃预变性5 min,之后95℃变性1 min,62℃退火2 min,72℃延伸1 min,共35个循环;最后72℃补充延伸10 min,4℃保温。阳性对照为含有鲑鱼立克次氏体的DNA或含有扩增区域序列的质粒;阴性对照为不含有DNA模板样品的PCR反应扩增体系。内部引物扩增反应产物的琼脂糖凝胶电泳分析参照本章前文所述方法进行操作。

2)对疑似阳性样品的扩增条带,通过序列测定来对检测结果参照鲑鱼立克次氏体的16 S rDNA标准序列(GenBank Accession EU289216)进行确证。若序列一致,判为鲑鱼立克次氏体阳性;反之,则判为鲑鱼立克次氏体检测阴性。

# 第十四节　罗非鱼无乳链球菌病

## 一、病原概况

无乳链球菌(*Streptococcus agalactiae*)是罗非鱼无乳链球菌病的致病病原,该菌属于链球菌属B血清群,为一种常见的有荚膜的革兰氏阳性致病菌。无乳链球菌的血清学分类是依据其菌株的荚膜多糖的特异性,目前已经鉴定出10种不同的荚膜类型(Ⅰa、Ⅰb、Ⅱ、Ⅲ、Ⅳ、Ⅴ、Ⅵ、Ⅶ、Ⅷ和Ⅸ)。其中Ⅰa、Ⅰb和Ⅲ型为目前确定的水生动物源血清型。罗非鱼无乳链球菌病近年在福建、广东、广西、海南等省(自治区)的罗非鱼养殖中大规模暴发,2009～2013年,福建、广东、广西、海南等省(自治区)的发病率达50%左右,总体死亡率达15%以上,造成了严重的经济损失,影响了养殖者的积极性,我国百万吨产量的重大养殖品种——罗非鱼产业的稳定发展受到了严重挑战。该病流行于春、夏和秋季,流行高峰为5～9月,流行水温25～37℃,传染性强,主要危害亲鱼及100 g以上的幼鱼、成鱼,也感染体长1～3 cm的苗种,发病率高达10%～50%,患病后死亡率达25%～80%。

感染无乳链球菌的罗非鱼主要症状为:体色发黑,临死前于水面打转或间歇性窜游,部分病鱼眼球突出或混浊发白,腹部体表具点状或斑块出血或溃疡,鳃盖内侧出血,肝、胆囊、脾肿大,严重时糜烂,肠道和胃积水或积黄色黏液。

## 二、诊断标准

根据规划中的《罗非鱼无乳链球菌病LAMP诊断规程》和地方标准《罗非鱼无乳链球菌病双重PCR诊断规程》(DB35/T 1354—2013),罗非鱼无乳链球菌病的综合判定分为4种情形。

1)临床症状典型,LAMP检测阳性,判定检测样品患罗非鱼无乳链球菌病。

无菌解剖采集罗非鱼肾或脾组织50～100 mg,放入1.5 mL离心管中,在无菌条件下,电动研磨器,3 000 r/min研磨至匀浆状。于研磨样品中加入溶菌酶50 μL,37℃裂解1 h;分别加入裂解缓冲液(1 mol/L pH 8.0的Tris-HCl 10 mL、pH 8.0的0.5 mol/L EDTA 2 mL、10% SDS 10 mL、3 mol/L NaCl 3 mL、水75 mL混匀,室温保存)200 μL和蛋白酶K(10 mg/mL蛋白酶K 100μL、水10 mL溶解后分装于无菌离心管中,-20℃保存)25 μL,55℃裂解1 h。然后采用商品化组织DNA提取试剂盒或经典的苯酚-三氯甲烷方法提取组织DNA。LAMP检测设阳性对照、阴性对照和空白对照。阳性对照为无乳链球菌标准株的DNA模板,-20℃保存;阴性对照为已知无乳链球菌阴性的罗非鱼组织样品DNA模板,-20℃保存;空白对照即以无菌双蒸水为LAMP反应的空白模板。每个样品制备3个平行样。合成LAMP引物：正向外引物（SIP-F3）：5'-CAAGTTTCTGTTGCAGACC-3'；反向外引物（SIP-F3）：5'-CTGAAGTAATCGACTTCACAG-3'；正向内引物（SIP-F3）：5'-CGAAACAATCGTTGTTGCTGCTTAAAGTTTCTCTCAATACAATTTCGG-3'；反向内引物（SIP-F3）：5'-GCGCCAGCTTTGAAATCAAAAGAGCTGGTGATACCTGTTCAT-3'。引物配成浓度50 μmol/L，-20℃保存。

加入除Bst DNA聚合酶以外的各项试剂，配制成无酶反应预混物。按LAMP反应体系的1份/支或100份/支分装，-20℃保存。在临用前，根据所需的反应份数，取出无酶反应预混物，加入相应体积的Bst DNA聚合酶混匀，即为完全的反应预混物。25 μL反应体系包括：10×LAMP缓冲液2.5 μL、25 mmol/L硫酸镁3.0 μL、10 mmol/L dNTP 3.0 μL、引物F3（50 μmol/L）0.1 μL、引物B3（50 μmol/L）0.1 μL；引物FIP（50 μmol/L）0.4 μL、引物BIP（50 μmol/L）0.4 μL、灭菌双蒸水12.5 μL、Bst DNA聚合酶（8 U/μL）1.0 μL、模板1.0μL。将含有反应物的0.2 mL管置于恒温水浴锅中，61℃扩增60 min，80℃放置5 min，使酶灭活。显色反应：反应结束后，加入SYBR Green Ⅰ显色液2 μL，并混匀，在黑色背景下立即进行颜色观察。判定检测结果为阳性的条件：检测样品与阳性对照反应液变色，呈绿色；阴性对照与空白对照反应液不变色，呈橙色。判定检测结果为阴性的条件：阳性对照反应液变色，呈绿色；检测样品、阴性对照和空白对照反应液不变色，呈橙色。

2）临床症状典型，双重PCR检测阳性，判定检测样品患罗非鱼无乳链球菌病。

采样同LAMP法一样提取样品鱼肾或脾组织的DNA样品作为PCR反应模板。合成无乳链球菌16 S rRNA基因部分序列引物：F1：5'-TTTGGTGTTTACACTAGACTG-3'，R1：5'-TGTGTTAATTACTCTTATGCG-3'，浓度10 μmol/L，-20℃保存。合成无乳链球菌sip（表面免疫相关蛋白）基因序列引物：F2：5'-ATGAAAATGAATAAAAAGGTACTATTG-3'，R2：5'-TTATTTGTTAAATGATACGTGAACA-3'，浓度10 μmol/L，-20℃保存。PCR反应也设置阳性对照、阴性对照和空白对照；每个样品制备3个平行样。加入除Taq DNA聚合酶以外的各项试剂，配制成无酶反应预混物。按检测PCR反应体系的1份/支或100份/支分装，-20℃保存。在临用前，根据所需的反应份数，取出无酶反应预混物，加入相应体积的Taq DNA聚合酶混匀，即为完全的反应预混物，按1份/支分装到0.2 mL PCR管中。50 μL PCR反应所需试剂组成为：10×PCR缓冲液5.0 μL、氯化镁（25 mmol/L）6.0 μL、dNTP（10 mmol/L）2.0 μL、引物F1（10 μmol/L）1.0 μL、引物R1（10 μmol/L）1.0 μL、引物F2（10 μmol/L）2.0 μL、引物R2（10 μmol/L）2.0 μL、灭菌双蒸水28.8 μL、Taq DNA聚合酶（5 U/μL）0.2 μL、DNA模板2.0 μL。将含有反应物的PCR管置于PCR仪反应槽中，按以下程序进行扩增：94℃预变性5 min；94℃变性30 s，58℃退火30 s，72℃延伸1.0 min，35个循环；72℃延伸10 min，最后4℃保温，准备进行产物的电泳。

PCR产物的1%琼脂糖凝胶电泳分析。判定双重PCR检测结果为阳性的条件：检测样品、阳性对照在121 bp和1 305 bp处均有两条特定条带出现；阴性对照在121 bp和1 305 bp处无条带出现或仅有一条特定条带出现；空白对照不出现任何条带。判定双重PCR检测结果为阴性的条件：阳性对照在121 bp和1 305 bp处均有两条特定条带出现；检测样品和阴性对照在121 bp和1 305 bp处无特定条带出现，或仅有一条特定条带出现；空白对照不出现任何条带。

3）无临床症状，LAMP或双重PCR任一方法检测阳性，判定检测样品为携带无乳链球菌。

4）无临床症状，LAMP或双重PCR任一方法检测阴性，判定检测样品为无乳链球菌病检测阴性。

# 第十五节　急性肝胰腺坏死病

## 一、病原概况

急性肝胰腺坏死（acute hepatopancreatic necrosis disease，AHPND）病主要危害凡纳滨对虾和斑节对虾。该病最初于2009年在中国发生，随后全球各地对虾养殖区均相继发病，病情发展十分迅速，死亡率极高，仅在我国发病率超过60%，造成巨大经济损失。由于该病不容易被发现，绝大部分对虾在池底死亡，俗称"偷死病"；同时由于该病在虾苗放养后7～30天发生频率高，所以也称"早期死亡综合征"。该病在整个对虾养殖周期内均有发生的报道；但通常在高温干旱季节的高盐养殖池中具有较高的发病率。患病对虾常表现出嗜睡、厌食、生长缓慢、空肠空胃；甲壳变软、变暗甚至有黑点出现、容易剥离肌肉；时有病虾在水面旋转游泳后沉入池底死亡的现象。肝胰腺组织病理学特征表现为：肝胰腺发生显著萎缩；肝胰腺呈灰白色，有时会出现黑点或黑色条纹；肝胰腺发生组织纤维化，质地变硬。显微病理观察证实患AHPND对虾肝胰腺出现大面积坏死，肝胰腺盲管从中段到末端发生变性，盲管细胞坏死、脱落、细胞核肿大。疾病发作晚期，死亡的肝胰腺细胞基质上继发弧菌感染，大量弧菌增生导致肝胰腺彻底崩溃和对虾死亡。

导致AHPND的病原体分类学上是与哈维氏弧菌亲缘性很高的副溶血性弧菌的一个变异株。AHPND副溶血性弧菌经口传播并定殖在对虾消化道，产生的毒素引起肝胰腺等组织损伤，并造成对虾肝功能紊乱及消化系统障碍。通过比较副溶血性弧菌致病株与非致病株的基因序列，发现AHPND弧菌携带与其致病性相关的质粒PVA1，该质粒含有两个杀昆虫毒素（PirA和PirB，Photorhabdus insect-related toxin A and B）的编码基因，而毒素蛋白PirA和PirB是引起AHPEND的关键。

OIE列AHPND为新生疾病，NACA（Network of Aquaculture Centers in Asia-Pacific，亚太地区水产养殖中心网）提供了AHPND诊断规范，并被OIE推荐使用。

## 二、诊断标准

根据OIE 2014 Technical Disease Card-Acute Hepatopancreatic Necrosis Disease和NACA 2014 Disease Card: Disease of Crustaceans-Acute Hepatopancreatic Necrosis Syndrome（AHPNS），患病对虾出现AHPND典型临床症状，确诊AHPND需满足如下条件中的任一条。

1）从患病对虾的组织匀浆中分离出副溶血性弧菌，且用AP1和AP2两对引物在PCR法检测中都扩增出700 bp条带，测序后与AHPND弧菌所含质粒的相应标准序列一致。

取样时可以选取成虾肝胰腺、胃肠道或亲虾的粪便，对规格小的虾苗则取全虾做组织匀浆。组织匀浆液在含1.5%的氯化钠的TSB培养基中30℃增菌4 h，然后用无菌接种环划线接种到TCBS弧菌选择性培养基（1 000 mL蒸馏水溶液中含：酵母粉5.0 g，蛋白胨10.0 g，硫代硫酸钠10.0 g，枸橼酸钠10.0 g，牛胆粉5.0 g，牛胆酸钠3.0 g，蔗糖20.0 g，氯化钠10.0 g，柠檬酸铁1.0 g，溴百里酚蓝0.04 g，琼脂15.0 g，pH 8.6±0.1），37℃孵育16 h，在培养基上显绿色的单个克隆接种到TSB液体培养基中继续37℃培养16 h，8 000 g离心1 min，去上清，利用细菌全基因组抽提试剂盒提细菌DNA作为PCR反应的模板。副溶血性弧菌的鉴定采取本章前文所述16 S rDNA序列分析法进行鉴定。采用细菌16 S rDNA基因通用引物进行PCR反应，并将所得的扩增片段进行测序分析，如果与副溶血性弧菌标准株的序列一致，则判定为副溶血性弧菌。

鉴定AHPND细菌需合成4条引物：AP1F：5′–CCTTGGGTGTGCTTAGAGGATG–3′和
AP1R：5′–GCAAACTATCGCGCAGAACACC–3′；AP2F：5′–TCACCCGAATGCTCGCTT
GTGG–3′和AP2R：5′–CGTCGCTACTGTCTAGCTGAAG–3′。PCR扩增在标准的50 μL的
反应体系中进行，其中模板是提取的组织DNA样品100 ng。扩增反应的程序是：94℃预变性
5 min，之后94℃变性30 s，60℃退火30 s，72℃延伸1 min，共30个循环；最后72℃补充延伸
10 min，4℃保温。AP1和AP2引物对可扩增出700 bp的DNA片段。扩增片段的1%琼脂糖凝
胶分析及测序都参考本章第一节所述方法操作。

AP1引物对扩增序列如下。

CCTTGGGTGTGCTTAGAGGATGATGAAGATGACTATGTCCTCGAACGATTTGAGTTGCGAGTT
CACGGTCGTAAACCACTCGTTCTCAATCGCCCCTCGTTTTCCAAACTCATGTTCGTCACCCAGCAGT
ATCTCCACACGTCACAGGAAACCACCAAGCGAATATTAAGAGCCACCATCTTAGAAAGTGCTGAGC
CCTTCACGGCGGATGAACACTGCCGATTGGTCTCTGCACTCGAAAGGCACTTAGCTGACGTCCATG
AATGAAAAAACCCGATAACATCATCATGTTATCGGGCTATTTGGTGTCATCAGTGTGTTTGTGTTTG
GCGGTTTTACAACCATTCTTCAGCACATTCATGTGTTATCGCATCAGTGGTTTCAGTGATCGTGGCA
GACTGAAACCCGCCGACGATGGGATTTAACGCTAAATTCGCTACTCTCTTCGCCTCATCAAAGCAA
GGAAGCACTGCAACGTACTCCTTACCCCAACTCACTTCAAGCGTAACTCGGCAAGCACCTTTATAC
CCAACCGAAACATGAACTTCTGCATCAAGCCGGTGTTCATCGCCGTTCAATAATGAATTCATCAGCG
CGCCCTCGTTAAAGAGCATTAGAAGTGATGCACTGGAATGTTAAACCAACACACCAATGCATCGTA
GAACGCCGAAATAACAGGGTGTTCTGCGCGATAGTTTGC

AP2引物对扩增序列如下。

TCACCCGAATGCTCGCTTGTGGCTCAGCGAGCATGGGGTCACGCCTCTATAAGTGCAAAAACT
CTGGCTGTACCTACTACACCAAATACCTCAATCAAAGCTGTAAGTCTCGAGCTTGCTGCAGTGGTG
GCGTCAAATCCACCGAAAGGTGGATGGTTGCTTAATCGATTATTCAAATGCGCGTCCAACATTTTAA
CGACTTGGGCGAAACGGCAAGACTTAGTGTACCCAGAGCCAAAACCTCATCGAAAATCAGGATTG
TTGCTTCCTACGTTGAAAGACCGGCGTTATCAGCTTCATATCCCCCACCTCTGTCACGCCTGCGTGG
ATCGCTGAATGACTGTAAAAAATGACAATAAAGATTGATCAATCTCAGAAACGTTTTGGGACAAAA
ATGGTTCAACAATATCTGCTGGGTATGTGGCTATCCAAACAATATTCTTGATAAAGGCTGGGAAATG
GAAAATTCACTCTCCAAATACACCAAATTAGTACAGAAATTTATACAATTACAGTAACATGAATCCG
TCATACTGGCAGCAAGGAGTTCATGTGAGCCAACAAGAAGAAAAATACCCGGCCAGCGCCATATC
CTCCTGGAGCGGCTTTGTTTACCAAGGAAAAGTCGCACTATATCACTCACTTAAGCTTATTCTCGAT
GATGATTTGGACTTCGAACTTCAGCTAGACAGTAGCGACG

2）从患病对虾的组织匀浆中分离出副溶血性弧菌，且用AP3引物对在PCR检测方法中
扩增出336 bp条带，测序后与AHPND弧菌所含质粒的相应标准序列（GenBank accession no：
KM067908.1）一致。

合成AP3引物对：AP3–F：5′–ATGAGTAACAATATAAAACATGAAAC–3′和AP3–R：5′–GT
GGTAATAGATTGTACAGAA–3′。PCR扩增在标准的50 μL的反应体系中进行，其中模板是提
取的组织DNA样品100 ng。扩增反应的程序是：94℃预变性5 min；之后94℃变性30 s，53℃
退火30 s，72℃延伸40 s，共30个循环；最后72℃补充延伸5 min，4℃保温。AP3引物对可扩
增出336 bp的DNA片段。扩增片段的1.5%琼脂糖凝胶分析及测序都参考本章前文所述方法
操作。

AP3引物对扩增出的336 bp序列如下。

ATGAGTAACAATATAAAACATGAAACTGACTATTCTCACGATTGGACTGTCGAACCAAACGGA
GGCGTCACAGAAGTAGACAGCAAACATACACCTATCATCCCGGAAGTCGGTCGTAGTGTAGACATT
GAGAATACGGGACGTGGGGAGCTTACCATTCAATACCAATGGGGTGCGCCATTTATGGCTGGCGGC
TGGAAAGTGGCTAAATCACATGTGGTACAACGTGATGAAACTTACCATTTACAACGCCCTGATAATG
CATTCTATCATCAGCGTATTGTTGTAATTAACAATGGCGCTAGTCGTGGTTTCTGTACAATCTATTACC
AC

3）从患病对虾的组织匀浆中分离出副溶血性弧菌，且用AP4引物对在巢式PCR反应中扩增出230 bp条带，测序后与AHPEND弧菌所含ToxinB的相应标准序列一致。

采样和PCR反应的DNA模板制备如上所述。合成巢式PCR反应的4条引物：AP4-F1：5′-ATGAGTAACAATATAAAACATGAAAC-3′；AP4-R1：5′-ACGATTTCGACGTTCCCCAA-3′；AP4-F2：5′-TTGAGAATACGGGACGTGGG-3′；AP4-R2：5′-GTTAGTCATGTGAGCACCTTC-3′。外部PCR扩增在标准的50 μL的反应体系中进行，其中模板是提取的组织DNA样品100 ng。扩增反应的程序是：94℃预变性2 min；之后94℃变性30 s，55℃退火30 s，72℃延伸90 s，共30个循环；最后72℃补充延伸2 min，4℃保温。AP4-F1和R1引物对可扩增出1 269 bp的DNA片段。内部PCR扩增在标准的50 μL的反应体系中进行，其中模板是外部PCR扩增产物2 μL。扩增反应的程序是：94℃预变性2 min；之后94℃变性20 s，55℃退火20 s，72℃延伸20 s，共30个循环；最后72℃补充延伸2 min，4℃保温。AP4-F2和R2引物对可扩增出230 bp的DNA片段。扩增片段的1.5%琼脂糖凝胶分析及测序都参考本章前文所述方法操作。

巢式PCR反应扩增目的片段的参考序列如下。

ATGAGTAACAATATAAAACATGAAACTGACTATTCTCACGATTGGACTGTCGAACCAAACGGA
GGCGTCACAGAAGTAGACAGCAAACATACACCTATCATCCCGGAAGTCGGTCGTAGTGTAGACATT
GAGAATACGGGACGTGGGGAGCTTACCATTCAATACCAATGGGGTGCGCCATTTATGGCTGGCGGC
TGGAAAGTGGCTAAATCACATGTGGTACAACGTGATGAAACTTACCATTTACAACGCCCTGATAAT
GCATTCTATCATCAGCGTATTGTTGTAATTAACAATGGCGCTAGTCGTGGTTTCTGTACAATCTATTA
CCACTAAGAAGGTGCTCACATGACTAACGAATACGTTGTAACAATGTCATCTTTGACGGAATTTAA
CCCTAACAATGCTCGTAAAAGTTATTTATTTGATAACTATGAAGTTGATCCTAACTATGCTTTCAAAG
CAATGGTTTCATTTGGTCTTTCAAATATTCCTTACGCGGGTGGTTTTTTATCAACGTTATGGAATATCT
TTTGGCCAAATACGCCAAATGAGCCAGATATTGAAAACATTTGGGAACAATTACGTGACAGAATCC
AAGATTTAGTAGATGAATCGATTATAGATGCCATCAATGGAATATTGGATAGCAAAATCAAAGAGAC
ACGCGATAAAATTCAAGACATTAATGAGACTATCGAAAACTTCGGTTATGCTGCGGCAAAAGATGA
TTACATTGGTTTAGTTACTCATTACTTGATTGGACTTGAAGAGAACTTTAAGCGCGAGCTAGACGGT
GATGAATGGCTTGGTTATGCGATATTGCCTCTATTAGCAACAACTGTAAGTCTTCAAATTACTTACAT
GGCTTGTGGTCTGGATTATAAGGATGAATTCGGTTTCACCGATTCTGATGTGCATAAGCTAACACGT
AATATTGATAAGCTTTATGATGATGTATCGTCTTACATTACAGAACTCGCTGCGTGGGCTGATAACGA
CTCTTACAATAATGCAAACCAAGATAACGTGTATGATGAAGTGATGGGTGCTCGTAGTTGGTGTACG
GTTCACGGCTTTGAACATATGCTTATTTGGCAAAAAATCAAAGAGTTGAAAAAAGTTGATGTGTTT
GTTCACAGTAATTTAATTTCATATTCACCTGCTGTTGGTTTTTCCTAGTGGTAATTTCAACTATATTGCT
ACAGGTACGGAAGATGAAATACCTCAACCATTAAAACCAAATATGTTTGGGGAACGTCGAAATCGT
ATTGTAAAAATTGAATCATGGAACAGTATTGAAATACATTATTACAATCGCGTAGGTCGACTTAAACT

AACTTATGAAAATGGGGAAGTGGTAGAACTAGGCAAGGCTCATAAATATGACGAGCATTACCAATC
TATTGAGTTAAACGGCGCTTACATTAAATATGTTGATGTTATTGCCAATGGACCTGAAGCAATTGATC
GAATCGTATTTCATTTTTCAGATGATCGAACATTTGTTGTTGGTGAAAACTCAGGCAAGCCAAGTGT
GCGTTTGCAACTGGAAGGTCATTTTATTTGTGGCATGCTTGCGGATCAAGAAGGTTCTGACAAAGT
TGCCGCGTTTAGCGTGGCTTATGAATTGTTTCATCCCGATGAATTTGGTACAGAAAAGTAG

## 参 考 文 献

Álvarez Tinajero, M. del C, Cáceresmartínez J, Gonzáles Avilés J G. 2002. Histopathological evaluation of the yellow abalone *Haliotis corrugata* and the blue abalone *Haliotis fulgens* from Baja California, México[J]. Journal of Shellfish Research, (21): 825−830.

Andree K B, Friedman C S, Moore J D, et al. 2000. A polymerase chain reaction assay for the detection of genomic DNA of a Rickettsiales-like prokaryote associated with withering syndrome in California abalone[J]. Journal of Shellfish Research, 19(1): 213−218.

Austin B, Stuckey L F, Robertson P A W, et al. 1995. A probiotic strain of Vibrio alginolyticus effective in reducing diseases caused by *Aeromonas salmonicida*, *Vibrio anguillarum* and *Vibrio ordalii*[J]. Journal of Fish Diseases, 18(1): 93−96.

Balseiro P, Aranguren R, Gestal C, et al. 2006. *Candidatus* Xenohaliotis californiensis and *Haplosporidium montforti* associated with mortalities of abalone *Haliotis tuberculata* cultured in Europe[J]. Aquaculture, 258(1): 63−72.

Bing W U, Fan H P, Zeng Z Z, et al. 2010. Isolation and Identification of Bacteriosis Pathogen from *Anguilla anguilla* with Edwardsiellasis[J]. Periodical of Ocean University of China, 40(11): 51−56.

Biswas T, Bandyopadhyay P K. 2016. First record of protozoan parasites, *Tetrahymena rostrata*, and *Callimastix equi*, from the edible oyster in Sundarbans region of West Bengal, India[J]. Journal of Parasitic Diseases Official Organ of the Indian Society for Parasitology, 40(3): 971.

Bower S M. 2003. Update on emerging abalone diseases and techniques for health assessment[J]. Journal of Shellfish Research, 22(3): 805−810.

Brunt J, Austin B. 2010. Use of a probiotic to control lactococcosis and streptococcosis in rainbow trout, *Oncorhynchus mykiss* (Walbaum)[J]. Journal of Fish Diseases, 28(12): 693−701.

Brunt J, Newajfyzul A, Austin B. 2010. The development of probiotics for the control of multiple bacterial diseases of rainbow trout, *Oncorhynchus mykiss* (Walbaum)[J]. Journal of Fish Diseases, 30(10): 573−579.

Burreson E M, Ford S E. 2004. A review of recent information on the Haplosporidia, with special reference to *Haplosporidium nelsoni* (MSX disease)[J]. Aquatic Living Resources, 17(4): 499−517.

Conforto C, Cazón I, Fernández F D, et al. 2013. Molecular sequence data of *Thecaphora frezii* affecting peanut crops in Argentina[J]. European Journal of Plant Pathology, 137 (4): 663−666.

Crabtree B G, Erdman M M, Harris D L, et al. 2006. Preservation of necrotizing hepatopancreatitis bacterium (NHPB) by freezing tissue collected from experimentally infected *Litopenaeus vannamei*[J]. Diseases of Aquatic Organisms, 70(1−2): 175.

Dan S, Hamasaki K. 2015. Evaluation of the effects of probiotics in controlling bacterial necrosis symptoms in larvae of the mud crab *Scylla serrata*, during mass seed production[J]. Aquaculture International, 23(1): 277−296.

Friedman C S, Finley C A. 2003. Anthropogenic introduction of the etiological agent of withering syndr.[J]. Canadian Journal of Fisheries & Aquatic Sciences, 60(11): 1424−1431.

Friedman C S, Biggs W, Shields J D, et al. 2002. Transmission of withering syndrome in black abalone, *Haliotis cracherodii* Leach[J]. Journal of Shellfish Research, 21(2): 817–824.

Friedman C S, Trevelyan G, Robbins T T, et al. 2003. Development of an oral administration of oxytetracycline to control losses due to withering syndrome in cultured red abalone *Haliotis rufescens*[J]. Aquaculture, 224(1): 1–23.

Ghosh B, Cain K D, Nowak B F, et al. 2016. Microencapsulation of a putative probiotic Enterobacter species, C6–6, to protect rainbow trout, *Oncorhynchus mykiss* (Walbaum), against bacterial coldwater disease[J]. Journal of Fish Diseases, 39(1): 1–11.

Gollas-Galván T, Avila-Villa L A, Martínez-Porchas M, et al. 2015. Rickettsia-like organisms from cultured aquatic organisms, with emphasis on necrotizing hepatopancreatitis bacterium affecting penaeid shrimp: an overview on an emergent concern[J]. Reviews in Aquaculture, 6(4): 256–269.

Gomez-Gil B, Soto-Rodríguez S, Lozano R, et al. 2014. Draft Genome Sequence of *Vibrio parahaemolyticus* Strain M0605, Which Causes Severe Mortalities of Shrimps in Mexico[J]. Genome Announcements, 2 (2).

Hallett S L, Erséus C, O'Donoghue P J, et al. 2001. Parasite fauna of Australian marine oligochaetes[J]. Memoirs of the Queensland Museum, 46 (2): 555–576.

Hofmann E, Bushek D, Ford S, et al. 2009. Understanding How Disease and Environment Combine to Structure Resistance in Estuarine Bivalve Populations[J]. Oceanography, 22(4): 212–231.

Hong X, Lu L, Xu D. 2016. Progress in research on acute hepatopancreatic necrosis disease (AHPND)[J]. Aquaculture International, 24(2): 577–593.

Hoseinifar S H, Zare P, Merrifield D L. 2010. The effects of inulin on growth factors and survival of the Indian white shrimp larvae and postlarvae (*Fenneropenaeus indicus*)[J]. Aquaculture Research, 41(9): e348–e352.

Huang C Y, Liu P C, Lee K K. 2001. Withering syndrome of the small abalone, *Haliotis diversicolor supertexta*, is caused by *Vibrio parahaemolyticus* and associated with thermal induction[J]. Zeitschrift Fur Naturforschung Section C-a Journal of Biosciences, 56(9–10): 898–901.

Irianto A, Austin B. 2010 a. Use of dead probiotic cells to control furunculosis in rainbow trout, *Oncorhynchus mykiss* (Walbaum)[J]. Journal of Fish Diseases, 26(1): 59–62.

Irianto A, Austin B. 2010 b. Use of probiotics to control furunculosis in rainbow trout, *Oncorhynchus mykiss* (Walbaum)[J]. Journal of Fish Diseases, 25 (6): 333–342.

Kamruzzaman M, Nishibuchi M. 2008. Detection and characterization of a functional insertion sequence, ISVpa2, in *Vibrio parahaemolyticus*[J]. Gene, 409 (1): 92–99.

Kim D H, Austin B. 2006. Innate immune responses in rainbow trout (*Oncorhynchus mykiss*, Walbaum) induced by probiotics[J]. Fish & Shellfish Immunology, 21 (5): 513–524.

Kiryu I, Kurita J, Yuasa K, et al. 2013. First detection of *Candidatus* Xenohaliotis californiensis, the causative agent of withering syndrome, in Japanese black abalone *Haliotis discus discus* in Japan[J]. Fish Pathology, 48 (2): 35–41.

Leda R, Bonny B, Irma B, et al. 2016. Draft genome sequence of pathogenic bacteria *Vibrio parahaemolyticus* strain Ba94C2, associated with acute hepatopancreatic necrosis disease isolate from South America[J]. Genomics Data, 9 (C): 143–144.

Loy J D, Harris I T, Harris D L H, et al. 2011. A Method for *In vivo*, Propagation of the Necrotizing Hepatopancreatitis Bacterium (NHPB) in *Litopenaeus vannamei*[J]. Journal of the World Aquaculture Society, 42 (3): 370–375.

Mayta H, Talley A, Gilman R H, et al. 2000. Differentiating *Taenia solium* and *Taenia saginata* Infections by Simple Hematoxylin-Eosin Staining and PCR-Restriction Enzyme Analysis[J]. Journal of Clinical Microbiology, 38(1): 133–

137.

Moore J D, Robbins T T, Friedman C S. 2000. Withering Syndrome in Farmed Red Abalone *Haliotis rufescens*: Thermal Induction and Association with a Gastrointestinal Rickettsiales-like Prokaryote [ J ]. Journal of Aquatic Animal Health, 12 (1): 26−34.

Reece K S, Stokes N A. 2003. Molecular analysis of a haplosporidian parasite from cultured New Zealand abalone *Haliotis iris* [ J ]. Diseases of Aquatic Organisms, 53 (1): 61−66.

Selvaraj V, Sampath K, Sekar V. 2005. Administration of yeast glucan enhances survival and some non-specific and specific immune parameters in carp (*Cyprinus carpio*) infected with *Aeromonas hydrophila* [ J ]. Fish & Shellfish Immunology, 19 (4): 293−306.

Sugita H, Ito Y. 2010. Identification of intestinal bacteria from Japanese flounder (*Paralichthys olivaceus*) and their ability to digest chitin [ J ]. Letters in Applied Microbiology, 43 (3): 336−342.

Vincent A G, Breland V M, Lotz J M. 2004. Experimental infection of Pacific white shrimp *Litopenaeus vannamei* with Necrotizing Heptopancreatitis (NHP) bacterium by per os exposure [ J ]. Diseases of Aquatic Organisms, 61 (3): 227.

Vincent A G, Lotz J M. 2007. Advances in research of necrotizing hepatopancreatitis bacterium (NHPB) affecting penaeid shrimp aquaculture [ J ]. Reviews in Fisheries Science, 15 (1−2): 63−73.

Vine N G, Leukes W D, Kaiser H. 2010. *In vitro* growth characteristics of five candidate aquaculture probiotics and two fish pathogens grown in fish intestinal mucus [ J ]. Fems Microbiology Letters, 231 (1): 145−152.

Wang W, Gu W, Gasparich G E, et al. 2011. *Spiroplasma eriocheiris* sp. nov. associated with mortality in the Chinese mitten crab, *Eriocheir sinensis* [ J ]. International Journal of Systematic & Evolutionary Microbiology, 61 (Pt 4): 703.

# 第五章　水产动物病毒病检疫标准

　　病毒病的检疫在我国水产动物疫病监控中一直占据重中之重的核心地位。目前,我国已经制定的水产动物病毒病标准有:《白斑综合征(WSD)诊断规程 第1部分:核酸探针斑点杂交检测法》(GB/T 28630.1—2012)、《白斑综合征(WSD)诊断规程 第2部分:套式PCR检测法》(GB/T 28630.2—2012)、《白斑综合征(WSD)诊断规程 第3部分:原位杂交检测法》(GB/T 28630.3—2012)、《白斑综合征(WSD)诊断规程 第4部分:组织病理学诊断法》(GB/T 28630.4—2012)、《白斑综合征(WSD)诊断规程 第5部分:新鲜组织的T-E染色法》(GB/T 28630.5—2012)、《草鱼出血病检疫技术规范》(SN/T 3584—2013)、《传染性脾肾坏死病毒检测方法》(SC/T 7211—2011)、《鲤疱疹病毒检测方法 第1部分:锦鲤疱疹病毒》(SC/T 7212.1—2011)、《病毒性脑病和视网膜病病原逆转录-聚合酶链式反应(RT-PCR)检测方法》(GB/T 27531—2011)、《鱼类病毒性神经坏死病(VNN)诊断技术规程》(SC/T 7216—2012)、《鱼类检疫方法 第2部分:传染性造血器官坏死病毒(IHNV)》(GB/T 15805.2—2008)、《鱼类检疫方法 第4部分:斑点叉尾鮰病毒(CCV)》(GB/T 15805.4—2008)、《鱼类检疫方法 第5部分:鲤春病毒血症病毒(SVCV)》(GB/T 15805.5—2008)、《鱼类检疫方法 第3部分:病毒性出血性败血症病毒(VHSV)》(GB/T 15805.3—2008)、《对虾桃拉综合征诊断规程 第1部分:外观症状诊断法》(SC/T 7204.1—2007)、《对虾桃拉综合征诊断规程 第1部分:组织病理学诊断法》(SC/T 7204.2—2007)、《对虾桃拉综合征诊断规程 第3部分:RT-PCR检测法》(SC/T 7204.3—2007)、《对虾桃拉综合征诊断规程 第4部分:指示生物检测法》(SC/T 7204.4—2007)、《虾黄头病检疫技术规范》(SN/T 1151.4—2011)、《对虾传染性皮下及造血组织坏死病毒(IHHNV)检测PCR法》(GB/T 25878—2010)、《传染性肌肉坏死检疫技术规范》(SN/T 3492—2013)、《斑节对虾杆状病毒病诊断规程 第1部分:压片显微镜检查法》(SC/T 7202.1—2007)、《斑节对虾杆状病毒病诊断规程 第2部分:PCR检测法》(SC/T 7202.2—2007)、《斑节对虾杆状病毒病诊断规程 第3部分:组织病理学诊断法》(SC/T 7202.3—2007)、《鱼类检疫方法 第1部分:传染性胰脏坏死病毒(IPNV)》(GB/T 15805.1—2008)、《真鲷虹彩病毒病检疫技术规范》(SN/T 1675—2014)、《鱼淋巴囊肿病检疫技术规范》(SN/T 2706—2010)、《传染性鲑鱼贫血病检疫技术规范》(SN/T 2734—2010)、《牙鲆弹状病毒病检疫技术规范》(SN/T 2982—2011)、《对虾肝胰腺细小病毒病诊断规程 第1部分:PCR检测法》(SC/T 7203.1—2007)、《对虾肝胰腺细小病毒病诊断规程 第2部分:组织病理学诊断法》(SC/T 7203.2—2007)、《对虾肝胰腺细小病毒病诊断规程 第3部分:新鲜组织的T-E染色法》(SC/T 7203.3—2007)。

　　OIE《水生动物疾病诊断手册》推荐了下列病毒病的诊断规程:流行性造血器官坏死病(epizootic haematopoietic necrosis)诊断规程、传染性造血器官坏死病(infectious haematopoietic necrosis)诊断规程、马苏大马哈鱼病毒病(oncorhynchus masou virus disease)诊断规程、鲤春病毒血症(spring viraemia of carp, SVC)诊断规程、病毒性出血性败血症(viral haemorrhagic septicaemia)诊断规程、斑点叉尾鮰病毒病(channel catfish virus disease)诊断规程、病毒性脑病和视网膜病(或病毒性神经坏死病)(viral encephalopathy and retinopathy or viral nervous necrosis）诊断规程、传染性胰脏坏死病（infectious pancreatic necrosis）诊断规程、传染性鲑鱼贫血病（infectious salmon anaemia）诊断规程、真鲷虹彩病毒病（red sea bream iridovirus disease）诊断规程、白鲟虹彩病毒病（white sturgen iridovirus disease）诊断规程、桃拉综合征（taura syndrome）诊断规程、白斑综合征（white spot disease）诊断规程、黄头病（yellow head disease）诊断规程、斑节对虾杆状病毒病（penaeus monoden-type baculovirus）诊断规程、传染性皮下及造血组织坏死病（infectious hypodermal and haematopoietic necrosis）诊断规程、产卵死亡病毒病（spawner-isolated mortality virus disease）诊断规程。

目前我国正在新制定或修订的病毒病诊断标准包括：金鱼造血器官坏死病毒检测方法、鲍疱疹病毒病诊断规程、传染性造血器官坏死病毒环介导等温扩增检测（LAMP）方法、草鱼出血病诊断规程、草鱼呼肠孤病毒（GCRV）三重 RT-PCR 检测方法、水生动物疫病流行病学调查规范——草鱼出血、鲤春病毒血症病毒环介导等温扩增检测（LAMP）方法、鲑胰脏病毒病诊断方法、传染性鲑鱼贫血症（ISA）检疫技术规范、《鲑鱼甲病毒病检疫技术规范》（SN/T 4914—2017）、传染性脾肾坏死病毒检测方法等。

# 第一节 草鱼出血病

## 一、病原概况

草鱼属鲤形目鲤科鱼，与我国重要淡水经济鱼类中的青鱼、鲢、鳙合称为四大家鱼；草鱼在我国各地均有养殖，每年在我国的养殖量超过 400 万 t，是我国养殖量最大的鱼类品种。草鱼普遍受到一种病毒性疾病草鱼出血病的影响，典型特征是肌肉、内脏出血。草鱼呼肠孤病毒（grass carp reovirus，GCRV）是草鱼出血病的致病病原。GCRV 主要由核酸基因组和蛋白质衣壳组成。GCRV 粒子为 20 面体对称的球形颗粒，病毒基因组由 11 条分段式双链 RNA 构成。如同其他无囊膜病毒一样，其基因组为病毒增殖和遗传变异提供遗传信息，衣壳则保护核酸免受外界因素影响和破坏，并负责介导病毒侵染靶组织和协助病毒核酸进入细胞内部。我国科学界对 GCRV 的研究可追溯至 20 世纪 50 年代；草鱼出血病也一直是我国淡水鱼类病毒病的研究重点。但是，草鱼出血病目前仍然是制约我国草鱼养殖业可持续发展的最主要病害之一。

我国各地已经陆续分离出多株草鱼呼肠孤病毒，根据基因组序列可以将已报道的草鱼来源的呼肠孤病毒毒株分为 Ⅰ、Ⅱ、Ⅲ 共 3 种基因型，其代表株分别为 GCRV-873、GCRV-HZ08 和 GCRV-104（HGDRV），其中后两种毒株类型的全基因组测序及鉴定在最近才完成。根据当前我国相关机构流行病监测结果，GCRV-HZ08 所代表的 Ⅱ 型毒株类型在全国分布最广泛。然而长期以来，草鱼呼肠孤病毒研究聚焦于 GCRV-873 所代表的 Ⅰ 型毒株，这主要是因为该基因型病毒在 20 世纪被认为是引起草鱼出血病的最主要流行株，同时我国科研人员已经在其病原学、病毒粒子的晶体结构解析、流行病学、病理学、检测方法、基因组结构、免疫学、细胞培养灭活疫苗、防治方法等研究与应用方面取得了较为全面的研究成果。草鱼 Ⅰ 型呼肠孤病毒中的 GCRV-873 毒株也因此被国际公认为水生呼肠孤病毒的模式毒株。

在鱼体水平，患病草鱼有可能被 3 种基因型 GCRV 中的任何一种或几种病毒感染；但是在细胞水平，3 种病毒的表型却有很大不同。例如，在草鱼肾细胞（*C. idella* kidney，CIK）中，GCRV-873 型 GCRV 能在数小时内引起典型细胞病变，GCRV-HZ08 型病毒则不引起任何病变效应，GCRV-104型GCRV感染前几天不引起任何病变，通常在5天后才引起典型细胞病变。基因组序列比较的结果显示，3种基因型GCRV与其他呼肠孤病毒之间，甚至这3种病毒之间的同源性都低于20%；这给理解GCRV病毒编码的蛋白质的功能带来了困难。现阶段我国控制草鱼出血病最有效的措施是预防。在生产中正确使用国家农业部批准的弱毒苗对GCRV-873株代表的病毒类型可获得良好的保护效果。但由于缺乏全面的流行病学调查和明确的病原分类，为保证疫苗的保护效果，大型养殖场最常用的仍然是土法制备的针对本地GCRV流行株的灭活苗。

需要注意的是国际病毒学分类委员会只对草鱼Ⅰ型呼肠孤病毒的分类地位进行了确定：英文名为grass carp reovirus，简写为GCRV，为水生呼肠孤病毒属（*Aquareovirus*）成员。我国水生动物病毒学领域的同行约定俗成，将其称为草鱼Ⅰ型呼肠孤病毒，对应英文名为Type Ⅰ reovirus of grass carp。草鱼Ⅰ型呼肠孤病毒外衣壳由200个VP7-VP5复合物的3聚体组成：每3个手指状的VP7分子堆叠在3个VP5分子上形成VP7-VP5复合物的三聚体；由第11基因组片段编码的VP7处于GCRV的外层蛋白衣壳的最外围。与哺乳动物呼肠孤病毒类似，草鱼Ⅱ性呼肠孤病毒（Type Ⅱ reovirus of grass carp）HZ08株和Ⅲ型呼肠孤病毒（Type Ⅲ reovirus of grass carp）104株的外衣壳上则具有纤突蛋白（spike），均由第7基因组片段编码，分别命名为VP56和VP55。在亲缘关系分析上，草鱼Ⅱ、Ⅲ型呼肠孤病毒处于水生动物呼肠孤病毒与哺乳动物呼肠孤病毒中间的进化分支上，还有待国际病毒学分类委员会最终确定其分类地位。所有草鱼来源的呼肠孤病毒直径均为70 nm的球形颗粒，有双层衣壳，无囊膜，含有11个片段的双链RNA。根据片段长度，11个片段可分为3组，即3条大片段（L1～L3，大小分别为4.0～3.5 kb）、3条中等片段（M4～M6，大小分别为2.5～2.0 kb）和5条小片段（S7～S11，大小分别为1.5～0.7 kb）。该病原主要感染当年草鱼种和青鱼，死亡率最高可达80%以上，2龄以上的鱼较少生病，症状也较轻。发病鱼的典型临床症状为：眼球突出、体色发黑，口腔、鳃盖和鳍条基部出血。撕开表皮，可见肌肉出现点状或块状出血。剖检腹腔，可见肠道充血，肝、脾充血或因失血而发白。根据出血部位可将此病分为"红肌肉""红肠子""红鳍红鳃盖"三类。病鱼可以有其中一种或几种临床症状。该病在水温高于20℃时流行，25～28℃为流行高峰。草鱼出血病主要流行在长江中下游及其以南的广大地区，但在北方夏季也同样有该病流行。

## 二、诊断标准

我国行业标准《草鱼出血病检疫技术规范》（SN/T 3584—2013）目前正在修订中，该标准的局限性在于只检测草鱼Ⅰ型呼肠孤病毒，已不适应当前草鱼出血病防控形势的需要。根据《草鱼出血病检疫技术规范》，草鱼出血病的综合判定如下。

1）具典型临床症状的鱼，直接将病鱼组织匀浆上清液用RT-PCR、ELISA中的任何一种方法检测，其结果为阳性可确诊为草鱼出血病。

对有临床症状的鱼，体长≤4 cm的鱼去尾后取整条（尾）鱼；体长为4～6 cm（含）的鱼，取脑、内脏（包括肾）；体长大于6 cm（不含）的鱼则取脑、肝、肾和脾。每5尾鱼设为1个样品。

组织RNA提取：先用组织研磨器将样品匀浆成糊状，将450 μL细胞悬液或组织匀浆上清液放入1.5 mL的离心管，再加入450 μL CTAB溶液（配制时在60 mL水中顺序加入：8.19 g NaCl，0.744 g EDTA，1.21 g Tris碱，0.25～0.3 mL浓HCl，使pH 7.5～8.0，再加入2 g CTAB，溶完后最后加水到100 mL）并混匀，25℃作用2～2.5 h。在样品处理过程中分别设立阳性对照、阴性对照和空白对照。在含有样品的离心管中加入600 μL抽提液Ⅱ（1 mol/L Tris

水溶液饱和的酚：三氯甲烷：异戊醇按25:24:1混合，密闭避光保存），用力混合至少30 s。12 000 r/min、4℃离心5 min，小心抽取上层水相（约800 µL）于新离心管中。再加入700 µL抽提液Ⅰ（将三氯甲烷：异戊醇按24:1的比例混合，密闭避光保存），用力混合至少30 s。12 000 r/min、4℃离心5 min，小心抽取上层水相（约600 µL）于新离心管中。再加入−20℃预冷的1.5倍体积的无水乙醇（约900 µL），倒置数次混匀后，−20℃ 8 h以上沉淀核酸。12 000 r/min、4℃离心30 min，小心弃去上清。干燥后加11 µL DEPC水溶解，用作RT–PCR模板。也可以采用商品试剂盒抽提病毒核酸，其方法按商品说明书进行。提取的RNA应在2 h内进行RT–PCR扩增；若需长期保存应置于−80℃冰箱中。

合成3对引物，分别扩增草鱼Ⅰ型、Ⅱ型和Ⅲ型呼肠孤病毒的基因片段：① 以GCRV–873株中S10片段为PCR的模板。PCR扩增S10中的697 bp片段的引物：10 µmol/L正向引物：5′–CCCGATCATCACCACGAT–3′和10 µmol/L反向引物：5′–CGCGTTCGCTGATGAAAGG–3′。② 以GCRV–HZ08株的M6片段为PCR的模板。PCR扩增M6中的320 bp片段的引物，10 µmol/L正向引物：5′–AGTTCTCAAAGCTGAGACAG–3′和10 µmol/L反向引物：5′–ACGTGCGATTGGAAGAGCTT–3′。③ 以GCRV–104株的RdRp片段为PCR的模板。PCR扩增RdRp基因中的474 bp片段的引物：10 µmol/L正向引物：5′–GTAAGCCCACAGGTCCCACT–3′和10 µmol/L反向引物：5′–AGATGACCCAAGGAATAGCAGT–3′。

cDNA合成：在PCR反应管中加入10 µL模板和合成的3对引物各1 µL，总体积为16 µL。94℃反应5 min。立即冰浴，低速离心约5 s，使液体集中在底部。在上述PCR反应管中，再加入5 µL 5倍反转录酶缓冲液、2 µL dNTP、0.5 µL含20 U的RNA酶抑制剂、1 µL含10 U的AMV反转录酶和0.5 µL水，总体积25 µL。40℃反应60 min以合成cDNA。

DNA扩增：在PCR反应管中加入2.5 L 10×Taq酶缓冲液、2 L 25 mmol/L的MgCl₂、2 µL dNTP、3对引物每种各1 µL、5 U Taq酶、反转录反应生成的cDNA 5 µL，加水至总体积25 L。将反应管置于PCR仪。94℃预变性4 min，再按以下程序进行扩增反应：94℃ 40 s，55℃ 40 s，72℃ 1 min，35个循环；72℃延伸10 min，4℃保温。样品处理过程中设立阳性对照、阴性对照和空白对照。取含有病毒参考株感染的细胞悬液或含有病毒目的基因片段的非感染性体外转录RNA作为阳性对照；正常的细胞悬液作为阴性对照；取等体积的水代替模板作为空白对照。

琼脂糖电泳分析：用TBE缓冲液（5×TBE：Tris 54 g、硼酸27.5 g、EDTA 2.922 g、水1 000 mL；pH 8.0）制备2%的琼脂糖（含0.5 g/mL溴化乙啶）凝胶平板。将其放入水平电泳槽，使电泳缓冲液刚好淹没胶面，将6 µL PCR扩增产物和2 µL点样缓冲液（每100 mL水溶液中含溴酚蓝0.25 g，蔗糖40 g）混匀后加入样品孔。在电泳时设立DNA Marker 2000作对照。5 V/cm电泳约0.5 h，当溴酚蓝到达底部时停止，在紫外透射仪或凝胶成像仪下观察。

PCR反应有效的条件：电泳后经观察草鱼Ⅰ型呼肠孤病毒阳性对照应出现697 bp，草鱼Ⅱ型呼肠孤病毒阳性对照应出现320 bp，草鱼Ⅲ型呼肠孤病毒参考株阳性对照出现474 bp的DNA片段，阴性对照和空白对照均无对应大小的核酸带。在PCR反应有效的情况下，待测样品RT–PCR扩增后能在相应697 bp DNA位置上有带，或者能在相应320 bp位置上有带，或者能在相应474 bp位置上有带，均可判为PCR阳性。无带或带的大小不是697 bp、320 bp和474 bp的均判为PCR阴性。

ELISA检测：包被，用pH 9.6的包被液（Na₂CO₃ 1.59 g、NaHCO₃ 2.93 g、水1 000 mL充

分搅拌溶解后4℃保存）适量稀释纯化的羊抗GCRV免疫球蛋白（Ig）包被ELISA板，每孔100 μL。4℃孵育过夜。次日用含0.05%吐温-20的PBS（Na₂HPO₄ 1.19 g、NaH₂PO₄ 0.22 g、NaCl 8.50 g、水1 000 mL；pH 7.3）洗3次。封闭：用溶于PBST（含0.05%吐温-20的PBS）中的1%明胶封闭，每孔200 μL。37℃反应1.5 h后，PBST洗3次。加样，加入待测的样品，GCRV病毒阳性对照和阴性对照，每孔100 L，37℃反应2 h。PBST洗3次。按照说明书要求加稀释到一定浓度的鼠抗GCRV单克隆抗体到小孔中，每孔100 μL，37℃反应1.5 h。PBST洗2次。每孔加入150 μL 0.1% H₂O₂（用蒸馏水稀释）去除非特异性过氧化物酶，37℃反应15 min。PBST洗2次。加入标记辣根过氧化物酶的抗鼠IgG抗体（酶标二抗），每孔100 μL，37℃反应1.5 h。PBST洗3次。加入底物［先用底物缓冲液配制TMB母液：TMB 250 mg、DMF（N, N-Dimethylformamide）25 mL，4℃保存；再配制pH 5.0的柠檬酸-磷酸缓冲液做底物缓冲液：柠檬酸1.02 g、Na₂HPO₄·12H₂O 3.68 g、蒸馏水100 mL；最后新鲜配制底物：底物缓冲液10 mL、TMB储存液0.1 mL、30% H₂O₂ 4～5 μL］。当阳性对照出现明显蓝色，阴性对照无色时加入中止液2 mol/L H₂SO₄，10 min内在450 nm波长下读取结果。底物改用邻苯二胺（OPD）或其他底物，应改用490 nm或相应光波长测量。结果判定：以空白对照的光密度值（即OD值）为零，测量各孔的光吸收值。先计算阳性对照和阴性对照的OD值之比（即P/N值）。如果P/N≥2.1，表明对照成立。再计算待测样品孔和阴性对照孔的P/N值之比。当P/N≥2.1时判为GCRV阳性。P/N≤2.1时判为GCRV阴性。

2）具典型临床症状的鱼，其组织匀浆上清经过细胞分离病毒后，无论细胞是否出现CPE，用RT-PCR、ELISA、直接电泳检测病毒核酸方法中的一种，其结果为阳性也可确诊为草鱼出血病。

细胞接种样品制备：取样品鱼的脑、肝、肾和脾。每5尾鱼设为1个样品。先用组织研磨器将样品匀浆成糊状，用含1 000 IU/mL青霉素和1 000 μg/mL链霉素的鱼类细胞培养液按1：10稀释。置于25℃下孵育2～4 h或4℃下孵育过夜后8 000 g离心20 min，收集上清液。通过0.22 μm微孔滤膜除菌，即成样品液。

草鱼呼肠孤病毒推荐用草鱼卵巢组织细胞系CO或胖头鲤细胞系FHM分离培养。最适培养温度为28℃，最佳培养基为伊格尔极限必需培养基MEM，小牛血清浓度为10%；用T-25 cm²细胞培养瓶培养细胞，每瓶培养基量为5 mL。选择生长良好、形成单层的细胞培养物，弃去生长液，加入适量胰酶-EDTA混合消化液消化，细胞吹打分散，1 000 r/min离心5 min沉淀细胞，用适量含10%小牛血清的细胞培养液悬浮沉淀，按1：2或1：3的分种率将细胞分装入2个或3个培养瓶中，每瓶5 mL，置28℃培养箱培养，待细胞单层致密度达80%左右，即可用于样品接种。样品接种时吸弃细胞瓶中的培养液，然后接种样品液（对1：10的组织匀浆上清液再作两次10倍稀释。然后将这1：10、1：100和1：1 000三个稀释度的上清液100 μL分别接种到生长约24 h的细胞），28℃吸附1 h后，吸弃多余样品液，添加5 mL含2%小牛血清的细胞培养液后继续培养。同时设空白对照。草鱼呼肠孤病毒感染的细胞培养温度为28℃。在培养过程中逐日观察细胞病变情况，观察7～10天结束。若细胞培养2～5天后，出现明显的致细胞病变效应（CPE），主要特征为细胞收缩、崩解，细胞单层破坏，则表明接种样品中含有Ⅰ型或Ⅲ型病毒。收集发生病变的细胞培养物，-80℃室温冻融2次后，低速离心除去细胞碎片，上清液作病毒鉴定用。若接种后10天后仍未见CPE，则取培养物在细胞上盲传2代，并采用其他病毒鉴定方法进一步检测。结果判定：检测样品上清液接种细胞后，若出现CPE，可判断为疑似携带GCRV Ⅰ型或Ⅲ

型；若不出现CPE，可判断为疑似携带GCRVⅡ型或不携带病毒。病原确定还需进一步鉴定。

细胞悬液的RNA提取和RT-PCR检测同前文所述。细胞培养上清中病毒粒子的ELISA检测也同前文所述。

直接电泳检测病毒核酸：收获病毒感染的细胞培养材料，冻融2次，4 000 r/min、4℃离心30 min，取上清0.22 μm滤器过滤，滤液20 000 r/min、4℃离心2 h，弃上清，沉淀用适量纯水悬浮。加入3倍体积的Trizol LS试剂，混合均匀，室温放置5 min。每1 mL Trizol LS加入0.2 mL的氯仿，剧烈摇晃，然后室温放置15 min，4℃ 13 000 r/min离心15 min，取上清液相移入一新Eppendorf管中，加入等体积异丙醇，轻轻颠倒混匀，室温放置10 min，4℃ 13 000 r/min离心10 min，去除上清，加入1 mL用DEPC水配制的75%乙醇，混匀，4℃ 8 000 r/min离心10 min，去除水相，真空干燥，加适量DEPC水溶解，-80℃冰箱保存备用。病毒基因组核酸SDS-PAGE分析。采用Laemmli系统SDS-PAGE法。配制浓度为10%的丙烯酰胺分离胶（30 mL 10%丙烯酰胺分离胶：30%丙烯酰胺10 mL、1 mol/L pH 8.8 Tris-HCl 11.2 mL、水8.4 mL、10% SDS 0.2 mL、10%过硫酸铵0.2 mL、TEMED 2 μL，pH 8.8）及浓度为5%的丙烯酰胺浓缩胶（pH 6.8）（10 mL 5%丙烯酰胺浓缩胶：30%丙烯酰胺1.67 mL、1 mol/L pH 6.8 Tris-HCl 1.25 mL、水6.88 mL、10% SDS 0.1 mL、10%过硫酸铵0.1 mL、TEMED 10 μL），制成厚度为1.5 mm的凝胶，放置垂直板电泳槽中，加入电泳缓冲液，设置电泳电流9 mA，电泳至溴酚蓝染料迁出凝胶时停止。电泳完成后取下凝胶，凝胶经甲醛固定液固定后用商品化硝酸银染色剂染色观察，在凝胶成像系统中照相记录结果。经SDS-PAGE电泳，若见病毒基因组的11条分节段的dsRNA核酸片段，碱基数在800～4 800 bp，则判定结果为阳性。这11条片段在聚丙烯酰胺凝胶中的带型通常分成3组，Ⅰ组为S1～S3，Ⅱ组为S4～S6，Ⅲ组为S7～S11。Ⅰ、Ⅱ或Ⅲ型呼肠孤病毒毒株之间带型有显著差异，通过与标准株的带型进行比对，可以鉴定出病毒属于哪一型。

3）无典型临床症状的鱼，直接将病鱼组织匀浆上清液提取RNA用RT-PCR进行检测，其结果为阳性可判断为疑似草鱼呼肠孤病毒携带者。其组织匀浆上清在病毒的细胞分离过程中出现CPE（Ⅰ型或者Ⅲ型病毒）或不出现CPE（Ⅱ型病毒），经过用PCR、ELISA或RNA直接电泳观察11条核酸带3种方法中任何一项检测结果为阳性，即可判断为草鱼呼肠孤病毒携带者。

根据规划中的国家标准《草鱼呼肠孤病毒（GCRV）三重RT-PCR检测方法》和《水生动物疫病流行病学调查规范-草鱼出血病》，三重RT-PCR有望成为我国草鱼呼肠孤病毒临床筛查的首选方法。该方法结果判定的原则如下。

① 实验结果成立条件：Ⅰ、Ⅱ、Ⅲ三种基因型草鱼呼肠孤病毒阳性对照毒株样本的RT-PCR产物，经电泳后分别在196 bp、297 bp和532 bp位置同时出现特异性条带，同时阴性对照RT-PCR产物电泳后没有任何条带，则检测实验结果成立，否则结果不成立。

② 阳性判定：在实验结果成立的前提下，如果样品中RT-PCR产物电泳后仅在532 bp的位置上出现特异性条带，判定为草鱼Ⅰ型呼肠孤病毒检测阳性；若仅在196 bp的位置上出现特异性条带，判定为草鱼Ⅱ型呼肠孤病毒检测阳性；若仅在297 bp的位置上出现特异性条带，判定为草鱼Ⅲ型呼肠孤病毒检测阳性；若在196 bp、297 bp和532 bp中的2个或3个位置上出现特异性条带，判定为草鱼呼肠孤病毒3个型中的2个或3个亚型混合感染阳性。

③ 阴性判定：如果在196 bp、297 bp和532 bp的位置上均未出现特异性条带，初步判定为草鱼呼肠孤病毒检测阴性。

用无菌镊子和剪刀采集肝、脾和肾等，转入一次性塑料管或其他灭菌容器中。组织样品可先作暂时的冷藏或冷冻处理，然后在保温箱内加冰袋冷藏运输，运输全程样品应在特定温度（2～6℃）下，应以最快最直接的途径送往实验室。将所采集的组织样品置于洁净、灭菌并烘干的研磨器中，充分匀浆后按质量体积比（1∶10）加入Trizol溶液用Trizol法提取RNA或用RNA提取试剂盒提取。提取的RNA应该在2 h内进行反转录或RT-PCR扩增。

合成浓度为25 pmoL/μL的3对引物。Ⅰ型特异性引物：P01-F：5′-AAAGCGCTCTTCGACATCA-3′和P01-R：5′-CTTCAGAGGTGGCGGCATT-3′；Ⅱ型特异性引物：P02-F：5′-GCTGATGCTGCAGACGGCTAAAC-3′和P02-R：5′-AATTGCCTGCTGCGCTGACT-3′；Ⅲ型特异性引物：P03-F：5′-TGAATCCAGGGGTACTCAA-3′和P03-R：5′-CGCCATCTTCGACAGGGTT-3′。对应扩增产物大小分别为：532 bp、195 bp和306 bp。每个PCR反应体系体积优化为50 μL：DEPC水14 μL；反转录缓冲液（10×）5 μL；PCR缓冲液（10×）5 μL；AMV反转录酶（5 U/μL）1 μL；dNTP（10 mmol/L）4 μL；核酸酶抑制剂RNasin（40 U/μL）0.5 μL；Taq DNA聚合酶（5 U/μL）0.5 μL；MgCl$_2$（50 mmol/L）4 μL；Random 9 mer 1 μL；引物P01-F 1 μL；引物P01-R 1 μL；引物P02-F 0.65 μL；引物P02-R 0.65 μL；引物P03-F 0.85 μL；引物P03-R 0.85 μL和10 μL样品RNA溶液。设置以下反应和循环条件：42℃ 30 min进行反转录；95℃ 5 min预变性；94℃ 30 s，54.6℃ 40 s，72℃ 40 s，30个循环；72℃延伸10 min；4℃保存。

三重RT-PCR扩增产物的电泳检测：配制2%的琼脂糖凝胶，放入加有电泳缓冲液的电泳槽中。如前所述，取5 μL PCR扩增产物分别和适量加样缓冲液混合后，分别加样到凝胶孔。110 V恒压下电泳30～45 min。将电泳好的凝胶放到紫外投射仪或凝胶成像系统上观察结果，进行判定并做好记录。

# 第二节 白斑综合征

## 一、病原概况

白斑综合征是由对虾白斑综合征病毒（white spot syndrome virus，WSSV）感染引发的病症，斑节对虾、日本对虾、中国对虾、南美白对虾、克氏螯虾等都能因感染WSSV而发病，甚至死亡。WSSV属线极病毒科（Nimaviridae），是一种具有囊膜的杆状dsDNA病毒，一端有鞭毛状突出物，环状基因组大小约300 kb。25℃时WSSV在成年对虾体内的复制周期是20 h。WSSV在30℃海水中可以存活30天，在池塘中可以存活4天。60℃处理1 min可以让病毒失活。世界各地分离的白斑综合征病毒同源性很高，都划入白斑病毒属（Whispovirus）。死亡或濒死的受染动物是本病传播的重要源头；但是，在没有明显病症的情况下，病毒在貌似健康的动物群体间也会传播。WSSV既可通过卵或精巢在动物群体中垂直传播，也可经水环境或通过健康动物吞食患病组织进行水平传播。在养殖群体内本病的患病率为1%～100%，变化非常大；WSSV感染后从出现症状到死亡只有3～5天的时间，此病的感染率较高，7天左右可使池中70%～100%的对虾发病甚至死亡。

本病最常见的典型临床症状表现为病虾头胸甲上有白色斑点，严重者白色斑点扩大甚至连成片状。由于高盐等其他环境因素或细菌感染也会引起白斑出现，白斑本身并不能成为诊断白斑综合征的一个诊断标准。在良好的养殖环境中携带WSSV的虾可以长期生存；但若病虾行动迟钝、摄食量剧减、漫游于池边水面，数小时或几天内死亡率会迅速提高，病虾体色往往轻度变红色或红棕色。WSSV主要感染来源于外胚层和中胚层来源的组织,病虾头胸甲很容易剥离,肝胰脏糜烂发红,血淋巴中有高浓度的病毒粒子,血凝时间变长。

## 二、诊断标准

我国采用的国家标准《白斑综合征(WSD)诊断规程》(GB/T 28630.1—2012、28630.2—2012、28630.3—2012、28630.4—2012、28630.5—2012)与OIE《白斑综合征White spot disease诊断规程》基本一致,包括新鲜组织的T-E染色法、组织病理学诊断法、套式PCR检测法、核酸探针斑点杂交检测法和原位杂交检测法。公认的诊断WSSV病原的"金标准"为将100~200 mg病虾头部匀浆液或100 μL血淋巴液用CTAB法抽提100 μL DNA,以1 μL DNA做模板进行套式PCR(又称巢式PCR),扩增片段用测序技术进行病原确定。通常套式PCR的第一步PCR反应若显阳性,表明受试对虾存在严重WSSV感染;若只在第二步显示阳性,表明受试对虾存在潜伏感染或是病毒携带者。

1)根据现有标准,满足以下任何一条,可判断为疑似白斑综合征。

① 虾苗或成虾出现典型临床症状。病虾行动迟钝,摄食量剧减,漫游于池边水面;病虾头胸甲上有白色斑点,严重者白色斑点扩大甚至连成片状;病虾头胸甲很容易剥离,肝胰脏糜烂发红,病虾体色往往轻度变红色或红棕色。

② 任何生长阶段的虾或蟹经新鲜组织T-E染色或组织病理学观察呈现典型组织病变。配制T-E染色液:台盼蓝0.6 g,伊红Y 0.2 g,苯酚0.5 g,氯化钠0.5 g,甘油20 mL,水80 mL。该染色液能一次性地使新鲜组织的细胞核染上蓝色,又能将细胞质染上红色。虾仔及体长小于3 cm的幼虾,取其头胸部,在载玻片上用解剖刀切碎;体长大于3 cm的幼虾及成虾,揭开头胸甲,以尖头镊子取出对虾胃,置于载玻片上,用解剖刀轻轻刮下其上皮等组织。在组织浆上滴加2滴T-E染色液,混匀,常温放置染色3~5 min。盖上盖玻片,覆上数层吸水纸,轻压以洗去多余染液,除去吸水纸,普通光学显微镜下观察。正常的对虾组织染色后可观察到细胞质为红色,细胞核质为淡蓝色,染色质为深蓝色,核仁为深蓝色或蓝紫色。患白斑综合征的对虾由于细胞核内出现病毒包涵体,细胞核可观察到"空泡化"形态:细胞核周圈染色发蓝而核内蓝色消退,并不同程度地偏红,看上去呈一个蓝色的环。"空泡化"的细胞核所占比例与对虾发病严重程度有关。在多个视野观察到大量典型的受感染细胞核可作为确诊依据。

取样后用注射针尖或解剖刀划破甲壳,将采集的个体直接浸入10倍体积的固定液中,固定12~24 h,然后转移到70%乙醇长期保存。标准的石蜡组织切片制备按照第四章所述方案操作。小于3 cm的幼虾:用单面刀片或解剖刀沿对虾的中线右侧将标本纵剖两半,取包含中线的左侧进行脱水,包埋时纵切面向下包埋;大于3 cm的标本则用单面刀片或解剖刀从对虾的头胸和腹节连接处切断,再将头胸沿中线右侧纵剖两半,取包含中线的左侧,切去步足80%的长度,剔净胃内容物,包埋时将中线左侧头胸部的纵切面向下,鳃区的纵切面向上,前后对错地放入同一个包埋模具中包埋。制备好的切片经按前文所述方法进行苏木精-伊红(HE)染色,然后用中性树胶封片,置于明视野显微镜下观察。正常样品的组织切片经HE染色后,核质反差明显,细胞质染成红色,细胞核染成蓝紫色。受感染的细胞,其细胞核的核仁消失,早期感染在核内出现嗜酸性着色(显红色),晚期感染的细胞核肿大,染色质边移,核内呈不同程度地较均匀的嗜碱性着色(显紫色)。核内嗜酸性着色(显红色),较深且均一。白斑综合征的病灶主要出现在对虾的甲壳下上皮(包括体表和附肢的甲壳下表皮、胃上皮和后肠上皮)、造血组织、结缔组织、鳃、血细胞、淋巴器官等,最方便观察的组织是覆盖有甲壳质的胃上皮。组织病理学观察设阳性对照和阴性对照；阳性对照为WSSV感染且显示明显病理变化的对虾组织切片（HE染色）；阴性对照为未受WSSV感染的正常对虾组织切片（HE染色）。

③ 任何生长阶段的虾出现异常高的死亡现象。

2）根据我国现有标准，疑似白斑综合征样品满足以下任何一条可确诊为白斑综合征。

① 新鲜组织T-E染色或组织病理学观察呈现典型组织病理学特征，且套式PCR检测阳性。

套式PCR的样品采集：仔或幼虾取去掉虾眼的个体样品，成虾取鳃、胃、游泳足或步足样品。组织充分匀浆后用商品化组织DNA提取试剂盒提取样本DNA或用前文所述苯酚-氯仿-异戊醇法提取组织DNA，提取的DNA溶解于100 μL TE缓冲液中，保存于-20℃。套式PCR的阳性对照为已知受WSSV感染且PCR结果显示明显阳性的WSSV DNA模板；阴性对照为已知未受WSSV感染且PCR结果显示阴性结果的对虾组织DNA模板；空白对照以无菌双蒸水为模板。人工合成浓度为10 μmol/L的外部PCR引物对F1（5′-ACTACTAACTTCAGCCTATCTAG-3′）和R1（5′-TAATGCGGGTGTAATGTTCTTACGA-3′）及内部PCR引物对F2（5′-GTAACTGCCCCTTCCATCTCCA-3′）和R2（5′-TACGGCAGCTGCTGCACCTTGT-3′）。第一步PCR反应时，在每个PCR反应管中加入2.5 μL 10×Taq酶缓冲液1.5 μL、25 mmol/L的MgCl₂、0.5 μL 10 mmol/L dNTP、10 μmol/L引物F1和R1各2.5 μL、5 U Taq酶、加水至总体积24 L。每管加入提取的样本DNA 1 μL。将反应管置于PCR扩增仪。94℃预变性4 min，再按以下程序进行扩增反应：94℃ 1 min，55℃ 1 min，72℃ 2 min，39个循环；72℃延伸5 min，4℃保温。第二步PCR反应时，在每个PCR反应管中加入2.5 μL 10×Taq酶缓冲液、1.5 μL 25 mmol/L的MgCl₂、0.5 μL 10 mmol/L dNTP、10 μmol/L引物F2和R2各2.5 μL、5 U Taq酶、加水至总体积22.5 μL。每管加入样本DNA第一步PCR扩增的产物2.5 μL。将反应管置于PCR仪。94℃预变性4 min，再按以下程序进行扩增反应：94℃ 1 min，55℃ 1 min，72℃ 2 min，39个循环；72℃延伸5 min，4℃保温。1.5%的琼脂糖凝胶电泳分析参照前面所述标准方法操作。

套式PCR反应有效的条件为：第一步PCR，阳性对照在1 447 bp处有条带，阴性对照和无菌水为模板设立的空白对照无任何条带；第二步PCR，阳性对照在941 bp处有条带，阴性对照和空白对照无任何条带。在套式PCR反应成立的条件下，检测样品第一步PCR后在1 447 bp处有条带或第二步PCR后在941 bp处有条带均可判为阳性；检测样品第一步PCR后在1 447 bp处无条带且第二步PCR后在941 bp处无条带可判为阴性。

② 套式PCR检测阳性，扩增的DNA片段测序结果与标准参考序列一致。

利用DNA凝胶提取试剂盒从琼脂糖凝胶中回收PCR扩增产物，并送公司测序，将测序结果利用NCBI的BLAST程序与GenBank中WSSV相应标准序列进行同源性比对，若序列一致，可判断为白斑综合征阳性。

③ 套式PCR检测阳性，且原位杂交法、核酸探针斑点杂交法2种方法中任何1种检测结果阳性。

核酸探针斑点杂交检测法。以非放射性标记物——地高辛标记的白斑综合征病毒（WSSV）DNA片段，即核酸探针，与点到硝酸纤维素膜上的样品中的病毒DNA进行特异性的核酸分子杂交，通过抗原-抗体反应和酶-底物的化学显示反应显示样品中的病毒存在。对小于3 cm的对虾个体（包括幼虾、仔虾）取整虾，对大于3 cm的对虾取胃和鳃丝，0.1～0.2 g样本组织充分匀浆研磨后，取其上清液（包括阳性对照和阴性对照）在100℃水浴中煮沸

10 min,再迅速置于冰水浴中2 min以上瞬时离心,在经过前处理的硝酸纤维素测试膜及对照膜上设置点样方格,点上1 μL样品上清液。同时用商品化组织DNA提取试剂盒提取的DNA或用前文所述苯酚-氯仿-异戊醇法提取阳性组织DNA,提取的DNA溶解于100 μL TE缓冲液中,保存于-20℃。利用商品化PCR地高辛标记试剂盒标记探针,为此需合成PCR引物对5′-CTGTAATTGGACGAGGAG-3′和5′-CTGCCAACCTTAGAGTTC-3′。以WSSV阳性组织提取的DNA为模板,按照核酸探针标记试剂盒的说明书利用PCR法扩增得到546 bp大小的标记探针。PCR扩增程序为:94℃预变性10 min,再按以下程序进行扩增反应:92℃ 30 s,52℃ 30 s,72℃ 1 min,35个循环;72℃延伸5 min,4℃保温。核酸探针斑点杂交及DIG显色均按照第四章所述方法操作。

核酸探针斑点杂交检测有效的条件为:测试膜上阳性对照样品的显色为淡蓝褐色,阴性对照样品无色,对照膜上两个样品菌无色。膜上的黄色、红色等颜色都不属于病毒导致的显色。在核酸探针斑点杂交检测有效地前提下,测试膜上样品斑点显蓝褐色而对照膜对应斑点不显色或颜色比测试膜上浅得多时,该样品判断为阳性;测试膜斑点不显色,该样品判断为阴性。

原位杂交检测方法:是以非放射性标记物——地高辛标记的白斑综合征核酸探针与存在于切片中的WSSV DNA进行核酸分子杂交,并通过抗原抗体反应和酶-底物的化学显色在组织切片上显示出WSSV的存在位点。相较于核酸探针斑点杂交检测法,原位杂交可完整保持组织与细胞形态,能在复杂组织中对单一细胞进行病毒检测,准确反映组织细胞中病毒的分布。样本采集及石蜡切片同组织病理学诊断法一样,但无需HE染色。原位杂交按照第四章所述方法操作,其中所用探针与核酸探针斑点杂交检测法一样。阳性对照为未脱蜡的受WSSV感染且组织病理学上有明显WSSV病灶的对虾组织切片;阴性对照为未受WSSV感染,且经原位杂交证明为阴性的对虾组织切片(未脱蜡)。在明视野显微镜下寻找蓝黑色到黑色的细胞内沉淀并拍照。结果判定:阳性对照在显微镜下多视野发现细胞内蓝黑色沉淀,阴性对照无沉淀或仅出现很浅的非特异着色;在此条件下,样品细胞内有较深的蓝黑色颗粒沉淀,则判断为阳性反应;若无此特征性反应,则判断为阴性反应。

# 第三节　鲤春病毒血症

## 一、病原概括

鲤春病毒血症(spring viraemia of carp,SVC)是一种在鲤科鱼中发生的急性、传染性出血症,常在春季暴发,并引起幼鱼和成鱼的大量死亡。鲤春病毒血症俗称鲤溃疡综合征、鲤腹水症、鲤鳔炎症。SVC是由鲤春病毒血症病毒(spring viraemia of carp virus,SVCV)感染鱼类引起。SVCV属于弹状病毒科,暂定于水泡性病毒属。该病毒基因不分节段,是反义单股RNA病毒。基因组含有11 019个核苷酸,编码的5种蛋白质分别为:核蛋白(N)、磷蛋白(P)、基质蛋白(M)、糖蛋白(G)和依赖RNA的RNA多聚酶(L)。SVCV主要侵染宿主(鱼)肝、肾、鳃、脾和脑。SVCV在宿主体外可存活时间分别为:10℃水体中存活超过4周,4℃泥浆中存活超过6周。SVC病具较高的传染性、致死率。病鱼以全身出血及腹水为特征。该病通常于春季低水温期暴发并引起幼鱼和成鱼死亡。为此被视为寒冷地区的一种地方性疾病(endemic in cool region)。鲤春病毒血症最早流行于欧洲、中东和俄罗斯,近年来传播到美洲和亚洲。世界动物卫生组织(OIE)将其列为必报的疫病种类;SVC为我国动物一类疫病。

所有年龄段的鱼都会被感染，但1龄以下的幼鱼最易感。根据易感性排序，鲤为SVCV最易感宿主，其次是其他的鲤科鱼类（包括杂交鲤）。水温在17℃以上1龄或更大一点的鱼感染后无明显的症状，不易被察觉。鱼苗在22～23℃时也能够被感染。典型临床症状为：感染鱼昏睡、离群、聚集于进水口和池塘边及大部分鱼失去平衡的现象。病鱼体色变黑。近距离观察个体病鱼，典型的临床症状有：眼球突出，鳃灰白色，体表、鳍基部和泄殖腔出血，腹部膨大水肿，泄殖腔突出，拖曳粪便的现象。组织病理学特征为：腹腔中有过量的含有血液的腹水，鳃丝变性和肠炎，黏液充满了肠道。脏器组织通常会发现有水肿和出血。肌肉、脂肪和鳔上能看到出血点。在所有的主要器官上能够发现组织病变。在肝、血管中能观察到进行性的水肿坏死。

病毒粒子可通过患病鱼排出的黏液样粪便经水体传播，也可经吸血昆虫传播。病毒经鱼鳃或其他途径进入鱼体，可在鱼的上皮细胞中复制。SVCV也能以垂直途径传播。利用细胞培养可对鲤春病毒血症病毒进行分离，肥头鲤细胞系FHM、鲤鱼上皮瘤细胞系EPC和鲤鱼卵巢原代细胞系COC均对SVCV敏感。

## 二、诊断标准

根据国家标准《鱼类检疫方法 第5部分：鲤春病毒血症病毒（SVCV）》（GB/T 15805.5—2008）及规划中的新版本《鲤春病毒血症诊断方法》，参考OIE鲤春病毒血症（Spring viraemia of carp）诊断规程，疑似SVC病例是指在易感鱼中出现典型的临床症状；或者在易感鱼组织中出现典型的病理学特征；或者利用组织匀浆上清接种敏感细胞的分离培养实验出现典型的细胞病变。

体长＜4 cm的鱼去头和尾后取整条鱼；体长为4～6 cm的鱼，取内脏（包括肾）；体长＞6 cm的鱼则取脑、肝、肾和脾，各器官、组织大致等量收集。SVCV的分离：每5尾鱼为1个样品，先用组织研磨器将样品匀浆成糊状，用含有1 000 IU/mL青霉素和1 000 μg/mL链霉素的培养液1∶10稀释，混匀悬浮。于15℃下孵育2～4 h或4℃下孵育6～24 h。12 000 g，4℃离心15 min，收集上清液。将1∶10的组织匀浆上清液再连续两次10倍稀释，将1∶10、1∶100和1∶1 000三个稀释度的上清液接种到24 h内长满单层EPC或者CO或者FHM的96孔细胞板中，每稀释度接种2孔，每孔的接种100 L。接种后的细胞板置于20℃±2℃培养7天。接种的细胞板需设2孔阳性对照（接种SVCV参考株的细胞）和2孔空白对照（未接种病毒的细胞）。阳性对照和待测样品都接种细胞后，7天内每天用40×、100×倒置显微镜检查。空白对照细胞应正常，阳性对照细胞应出现CPE。如接种被检匀浆上清稀释液的细胞培养中出现致细胞病变效应（CPE），立即进行SVCV的鉴定。无CPE出现时，在培养7天后应进行盲传。传代时，将接种了组织匀浆上清稀释液的单层细胞培养物冻融1次，以12 000 g，4℃离心15 min，收集上清液，将上清液接种于24 h之内培养的单层细胞中，再培养7天。每天用40×、100×倒置显微镜检查。在空白对照细胞正常，阳性对照细胞出现CPE的情况下，样品接种细胞并盲传后均无CPE出现，判为阴性；如有CPE出现，需要RT-PCR反应或者实时定量PCR或者ELISA或者IFAT方法进行SVCV确诊鉴定。

鲤春病毒血症的确诊需满足如下任一项条件。

1）组织匀浆上清经细胞培养产生典型的细胞病变效应，并将细胞培养上清用RT-PCR法或套式RT-PCR法检测结果阳性。

用商品化的RNA抽屉试剂盒或前文所述CTAB法从出现CPE的细胞悬液中提取RNA。提取的RNA尽快进行RT-PCR扩增；若长期保存需放置于−80℃冰箱。在PCR管中，加入

10 μL模板、2.5 μL 40 pmoL/μL反向引物R2（5′–AGATGGTAT GGACCCCAATACATHACNCAY–3′）、2.5 μL水，使总体积为15 μL。70 ℃反应5 min。立即冰浴，低速离心约5 s，使液体集中在底部。再向上述反应管中加入5 μL反转录酶缓冲液（5倍浓缩液）、2 μL dNTP（10 mmoL/L）、0.5 μL RNA酶抑制剂（20 U）、1 μL AMV反转录酶（10 U/μL）和1.5 μL水，总体积25 μL。42 ℃反应60 min以合成模板的cDNA。同时设立阳性对照、阴性对照及DEPC处理的水为模板的空白对照。在上述反应管中再继续加入9 μL Taq酶缓冲液（10倍浓缩液）、9 μL 25 mmol/L的氯化镁溶液、2 μL dNTP（10 mmoL/L）、2 μL 40 pmoL/μL的正向引物F1（5′–TCTTGGAGCCAAATAGCTCARRTC–3′）、2 μL 40 pmoL/μL的反向引物R2、1 μL Taq酶（10 U/μL），加水到总体积为100 L。再将反应管置于PCR扩增仪。95 ℃ 1 min→55 ℃ 1 min→72 ℃ 1 min，35个循环；72 ℃延伸10 min，最后4 ℃保温。1.5%琼脂糖凝胶电泳检测PCR扩增片段按照前文所述进行操作。在阴性对照和空白对照无扩增出DNA片段、阳性对照扩增出现714 bp DNA片段的条件下，待测样品RT–PCR扩增出714 bp DNA片段可判断为检测阳性；若待测样品无扩增此特异性条带，则继续进行套式RT–PCR检测：在50 μL反应体系中，添加以下反应成分至相应浓度：1×PCR缓冲液（50 mmol/L KCl，10 mmol/L Tris–HCl，pH 9.0和0.1% Triton X–100）、2.5 mmol/L MgCl₂、200 μmol/L dNTP、50 pmol/L SVCV R4（5′–CTGGGGTTTCCNCCTCAAAGYTGY–3′）和SVCV F1引物、1.25 U Taq酶、2.5 μL第一次PCR的扩增产物。95 ℃ 1 min→55 ℃ 1 min→72 ℃ 1 min 35个循环；72 ℃延伸10 min，最后4 ℃保温。在阴性对照和空白对照第二次RT–PCR中均无扩增出DNA片段、阳性对照嵌套式PCR扩增出现606 bp DNA片段情况下，待测样品嵌套PCR扩增出606 bp DNA片段，并按照前文所述方法经测序验证与标准病毒基因组序列一致，结果判定为阳性；若套式RT–PCR无扩增片段则判为PCR阴性。

2）组织匀浆上清经细胞培养产生典型的细胞病变效应，并将细胞悬液用荧光RT–PCR法检测结果阳性。

荧光RT–PCR反应体系按25 μL反应体系设置：5×RT–PCR buffer 5 μL，MgCl₂（25 mmol/L）2.2 μL，dNTP混合物（10 mmol/L）0.5 μL，10 μmol/L的上游引物（5′–ATCATTCAAAGGATTGCATCAG–3′）0.5 μL，10 μmol/L下游引物（5′–CATATGGCTCTAAATGAACAGAA–3′）0.5 μL，10 μmol/L的SVC探针［5′–（FAM）TCCCCCTCAAAGTTGCGGATGG（TAMRA）–3′］0.25 μL，模板RNA 10 μL，MLV（200 U/μL）0.5 μL，RNA酶抑制剂（400 U/μL）0.25 μL，Taq酶（5 U/μL）0.25 μL，补DEPC水至25 μL。每个反应体系设置平行反应，并设立阳性对照、阴性对照和空白对照。记录样本摆放顺序后置于荧光PCR检测仪内。循环条件设置为：第一阶段：反转录42 ℃ 30 min；第二阶段：预变性92 ℃ 3 min；第三阶段：92 ℃ 10 s，60 ℃ 30 s，40个循环。在每个循环60 ℃的退火延伸时检测荧光。实验检测结束后，根据收集的荧光曲线和Ct值判定结果。阈值设定原则根据仪器噪声情况进行调整，以阈值线刚好超过正常阴性样品扩增曲线的最高点为准。在阴性对照Ct值≥38并且无扩增曲线、阳性对照的Ct值≤30并出现典型的扩增曲线的前提下，样本Ct值＞38或者无扩增曲线为阴性；样本Ct值≤35且出现典型的扩增曲线判断为荧光RT–PCR阳性。

3）组织匀浆上清经细胞培养产生典型的细胞病变效应，并将细胞悬液用ELISA法检测结果阳性。

用0.02 mol/L的碳酸盐缓冲液（pH 9.6）按说明书要求稀释纯化的羊抗SVCV免疫球蛋

白（100 µL/孔），包被96孔酶标板。包被后的酶标板4℃孵育过夜。用含0.05%吐温-20的0.01 mol/L PBST洗3次。用5%脱脂牛奶（用碳酸盐缓冲液配制）或其他封闭液在37℃封闭1 h（200 µL/孔）；再用PBST洗3次。每孔加入100 µL经2或4倍系列稀释的待检病毒、未感染的细胞悬液（阴性对照）和SVCV病毒悬液（阳性对照）及PBST（空白对照），于37℃下和包被的抗SVCV抗体反应1.5 h；再用PBST洗3次。每孔加100 µL用细胞培养液稀释到工作浓度的鼠抗SVCV的单克隆抗体。37℃孵育1.5 h；用PBST洗2次。每孔加100 µL 0.1%的$H_2O_2$（用双蒸水稀释）。37℃反应15 min以除掉非特异性的过氧化物酶。去除孔内液体，用PBST洗2次，每孔加入100 µL用细胞培养液稀释到工作浓度的辣根过氧化物酶标抗鼠IgG抗体（酶标二抗）。37℃反应（1.5 h）。用PBST冲洗3次。加入TMB溶液0.1 mL，37℃反应。当阳性对照出现明显蓝色，阴性对照无色时，立即每孔加入150 µL浓度为2 mol/L的$H_2SO_4$终止反应，并立即用酶标仪测量各孔在波长450 nm时的光吸收值（OD值）。结果判定：以空白对照的光吸收值调零，测量各孔的光吸收值。先计算阳性对照和阴性对照的OD值之比（即$P/N$值）。如果$P/N \geqslant 2.1$，表明对照成立。再计算待测样品孔和阴性对照孔的$P/N$值之比。当$P/N \geqslant 2.1$时判为SVCV阳性。

4）组织匀浆上清经细胞培养产生典型的细胞病变效应，并将感染的细胞用IFAT法检测结果阳性。

在2 cm²的塑料细胞培养板中或盖玻片上制备单层EPC细胞或FHM细胞或CO细胞，25℃孵育至长满80%单层细胞。当准备好用作感染的细胞单层后，在传入细胞的当天或第2天，直接将10倍稀释的待鉴定的病毒悬液接种到细胞培养孔。每个待鉴定的病毒分离物接种6孔，阳性对照2个、阴性对照2个。其中阳性对照病毒滴度要达到5 000 ~ 10 000 PFU/mL。在20℃培养24 h。孵育结束后，吸出细胞培养液，立即用0.01 mol/L pH 7.2的PBS漂洗1次，然后用冷的甲醇固定液快速漂洗3次。每2 cm²细胞单层用0.5 mL固定液固定15 min。使细胞单层在空气中干燥至少30 min自然风干，将单层细胞用含有0.05%吐温-20的PBST浸洗4次。用PBST配制5%的脱脂牛奶或1%的小牛血清白蛋白37℃下处理30 min进行封闭。用PBST浸洗4次，每次5 min。用含有0.05%吐温-80的PBST把鼠抗SVCV的单克隆抗体稀释到工作浓度。加入抗体溶液，每2 cm²孔加0.25 mL。将加入抗体的细胞单层在37℃湿盒内反应1 h；再用PBST洗4次。将异硫氰酸荧光素（fluorescein isothiocyanate, FITC）标记的抗鼠抗体按照供应商的操作说明稀释到工作浓度，每2 cm²孔加0.25 mL。在37℃下反应1 h；再用PBST缓冲液漂洗4次。立即进行荧光显微镜观察，入射紫外光490 ~ 495 nm，选用520 ~ 530 nm的绿色滤光片（使用10×目镜，20×或40×的物镜，数值孔径分别 > 0.65和 > 1.3）。在观察前首先要观察阳性对照和阴性对照。结果判定：在阳性对照出现特异的黄绿色荧光点，阴性对照无黄绿色荧光点或仅有微弱绿色背景的情况下，待检样品在细胞质上有特异的黄绿色荧光点，判定为阳性；只有微弱的绿色背景，判定为阴性。

# 第四节　传染性脾肾坏死病

## 一、病原概况

传染性脾肾坏死病毒（infectious spleen and kidney necrosis virus, ISKNV）是虹彩病毒科肿大细胞病毒属的代表种，该病毒为一种胞质型双链DNA病毒，呈二十面体对称结构。该病毒感染敏感细胞,可引起一定程度的皱缩、坏死等致细胞病变效应(CPE);感染鳜和大黄鱼、石斑鱼多种淡海水养殖鱼类,引起脾和肾肿大、坏死,鳃发白呈缺血状的淡红色、肝苍白等症状,称为传染性脾肾坏死病。根据OIE的《水生动物卫生法典》(2013年版),ISKNV是真鲷虹彩病毒病(Red sea bream iridovirus disease, RSIVD)的病原之一,由ISKNV引起的疫病列为必报类疫病。中华人民共和国农业部公告第1125号(2008年)《一、二、三类动物疫病病种名录》中,ISKNV引起的疫病列为二类动物疫病。

鳜是传染性脾肾坏死病毒的自然宿主和敏感宿主,淡水鱼中的加州鲈,海水鱼鲈形目、鲽形目、灯笼鱼目、鲱形目、鲻形目、鲀形目中的50多种鱼均可感染该病毒。传染性脾肾坏死病毒病是危害鳜及部分海水鱼非常严重的疾病,在发病池中10天内的病鱼死亡率就能达到90%以上,每年给水产业造成数十亿元甚至上百亿元的损失。由于我国传染性脾肾坏死病毒主要流行于南方淡水养殖的鳜中,危害各种大小的鳜,具有很高的死亡率,对鳜养殖业造成很大的损失,传染性脾肾坏死病在我国又称鳜暴发性出血病。死亡或濒死的受染动物是本病传播的重要源头;但是,表型健康的动物或养殖用水也会成为潜在传染源。本病在水温25～34℃发生流行,20℃以下呈隐性感染,气温升高或突变、水环境恶化是诱发该病大规模流行的主要因素。ISKNV既可通过卵或精巢在动物群体中垂直传播,也可经水环境或通过健康动物吞食患病组织进行水平传播。本病最常见的临床表现为病鱼现缺氧症状,鱼嘴张大,呼吸加快、加深,失去平衡。病鱼严重贫血,鳃呈苍白色,并伴有腹水。部分病鱼体色变黑,也常见口四周和眼部出血。病理变化表现为患病鳜头部充血,肝肿大甚至发黄,组织病理变化最明显的是脾和肾内细胞肥大,细胞质内含大量病毒颗粒,脾、肾肿大坏死。

## 二、诊断标准

诊断ISKNV的"金标准"为将100～200 mg病鱼脾肾组织匀浆抽提100 μL DNA,以1 μL DNA做模板利用ISKNV的引物进行PCR检测,扩增片段用测序技术进行病原确定。测序结果与ISKNV基因序列相同就可做出确诊。行业标准《传染性脾肾坏死病毒检测方法》(SC/T 7211—2011)正在规划修订以升级为国家标准《传染性脾肾坏死病毒检测方法》,根据重新修订后的标准,满足如下任一条件均可确诊为传染性脾肾坏死病阳性。

1)待测鱼有典型临床症状,敏感鱼组织细胞用IFAT或PCR方法检测结果阳性。

如是体长小于4 cm的鱼苗取整条鱼,体长4～6 cm的鱼苗取内脏(包括头肾和脾),体长大于6 cm的鱼则取头肾、脾、心脏等组织,成熟雌鱼还需取卵巢液。该样品可用于制作组织切片、无细胞培养的IFAT检测、进行DNA抽提用于PCR检测和制备匀浆液用于感染敏感细胞分离病毒。

① 组织印片的免疫荧光检测。用解剖刀将脾肾等组织横向切开,用镊子夹起,将组织横切面在载玻片上轻轻涂抹数下;滴加冷甲醇(-20℃)数滴以完全覆盖组织印片处,室温放置3～5 min;自来水冲洗,室温干燥10 min。IFAT检测:用PBS漂洗组织印片3次,用滤纸吸干水分,冷甲醇(-20℃)室温固定10 min,PBS洗涤3次,1 min/次。滴加经1:100稀释的抗ISKNV单克隆抗体Mab(2D8),37℃孵育30 min,PBS漂洗3次,加入FITC标记的羊抗鼠IgG(工作浓度参考产品说明),37℃孵育30 min,PBS漂洗3次,pH 9.0碳酸盐缓冲甘油封片,荧光显微镜下进行镜检。结果判定:在荧光显微镜下阳性对照有显著绿色荧光、阴性对照无显著绿色荧光的条件下,待检样品如有显著绿色荧光,则判断为阳性。

② 取待检鱼组织样品进行匀浆后用基因组DNA提取试剂盒或CTAB法从取100 mg鱼组

织样品抽提组织DNA，溶于10 μL TE缓冲液中备用。设阳性对照、阴性对照和空白对照。取含有已知ISKNV参考株的细胞和病鱼组织悬液作阳性对照（可以是阳性参考株制备的DNA模板），取正常鱼的组织或正常的敏感细胞DNA模板作阴性对照，取等体积的水代替样品为模板作空白对照。PCR反应体系为50 μL：在PCR反应管中加入10×PCR缓冲液（A.9）5 μL，dNTP混合物1 μL，20 μmoL/L的上游引物（5′–CGTGAGACCGTGCGTAGT–3′）和下游引物（5′–AGGGTGACGGTCGATATG–3′）各1 μL，25 mmoL/L的MgCl$_2$ 5 μL，Taq酶（5 U/μL）0.5 μL，模板2.5 μL，加水到总体积50 μL；PCR扩增条件：94℃预变性2 min；94℃ 30 s，61℃ 45 s，72℃ 1 min，30个循环；72℃延伸7 min；4℃保存备用。1%琼脂糖凝胶电泳分析后用凝胶成像仪或紫外观察灯下观察核酸条带并判断结果。在ISKNV阳性对照PCR扩增后出现约562 bp的DNA条带、阴性对照和空白对照无该电泳条带的前提下，如待测样品中出现562 bp的PCR扩增条带为阳性。若待测样品产生的DNA条带大小与562 bp有差异，需重新进行PCR扩增，并对扩增片段进行基因测序，根据与已知ISKNV DNA片段的序列吻合度对结果进行判定。

2）待测鱼无临床症状，敏感鱼组织匀浆上清接种细胞出现CPE，细胞培养物经IFAT或PCR方法检测结果为阳性。

将上述取样组织的组织匀浆液以1:10、1:100、1:1 000三个稀释度接种于24孔或6孔板长满80%的敏感细胞单层中，24孔接种500 μL，6孔板每孔加1 mL；27℃吸附1 h后，去除上清液，再加入新鲜的细胞培养液，置于27℃培养。阳性对照和待测样品分别接种细胞后，每天用倒置显微镜检查，连续观察7天。空白对照细胞应当正常。待检上清稀释液的培养出现致细胞病变效应（CPE），应立即进行鉴定。如阳性对照细胞出现CPE，被检样品未出现CPE，需盲传两代，观察细胞病变。如果阳性对照未出现CPE，则实验无效，应采用敏感细胞和新的组织样品重新按上述方法进行病毒学检查。载玻片或微孔培养板上CPE刚开始出现细胞按照上述组织印片IFAT的办法进行免疫学检测，或抽提细胞悬液DNA进行PCR检测。

3）无临床症状，细胞培养未出现CPE，细胞培养物经IFAT和PCR方法检测结果均为阳性。

病毒的细胞分离实验中组织上清接种细胞未出现CPE，则将载玻片或微孔培养板上的细胞盲传两代后按照上述组织印片IFA的办法进行免疫学检测，或抽提细胞悬液DNA进行PCR检测。

## 第五节　锦鲤疱疹病毒

### 一、病原概况

锦鲤疱疹病毒（koi herpesvirus，KHV），又称鲤科鱼类Ⅲ型疱疹病毒（cyprinid herpesvirus 3，CyHV–3），是一种能引起普通鲤鱼、锦鲤等鲤科鱼类死亡的致死性疾病病原，该病毒广泛分布于欧洲、北美洲、亚洲的多数国家和地区。锦鲤疱疹病是由锦鲤疱疹病毒感染引起的一种疾病，流行于世界各地，该病多发于春、秋季，潜伏期14天，初次死亡后2～4天死亡率可迅速达80%～100%。锦鲤疱疹病毒病具有发病时间短、死亡率高、暴发范围广、传播速度快等特点，严重威胁鲤鱼和锦鲤养殖业的安全，给水产养殖业带来了巨大的经济损失，现已公认为引起鲤科鱼类死亡的主要传染病。因其巨大的危害性，KHVD已被世界动物卫生组织（OIE）列为必须申报的疾病，我国也将其列为二类疫病。KHV属疱疹病毒科（Herpesviridae）鲤疱疹病毒属（Cyprinid herpesvirus）成员，其成熟病毒粒子为直径约200 nm的有囊膜的二十面体，基因组为277 kb的线性双链DNA。病毒编码可读框中已经鉴定的蛋白多肽有21种,其中10种多肽与斑点叉尾鮰病毒相似。KHV对理化因子敏感,紫外线、50℃加热1 min、200 mg/L有机碘消毒20 min、200 mg/L漂白粉消毒30 s都可有效杀死病毒。KHV感染发病的最适温度是23 ~ 28℃,水温低于18℃或高于30℃不会引起死亡。KHV在23 ~ 25℃的水环境中的生存时间大于4 h,小于21 h。鳍和身体表面的皮肤是KHV入侵宿主的主要途径。

KHV暴发后幸存的鲤和锦鲤是本病传播的主要传染源。该病主要通过水平传播,感染了病毒的鱼可将病毒传染给其他鱼群。对于已经感染KHV的鱼,水温18 ~ 27℃时间越长,发生疾病暴发可能性越大。锦鲤疱疹病毒病的临床表现是反应迟钝,呼吸困难,食欲不振,共济失调;皮肤有灰白色斑点,黏液分泌增多,鳃出血坏死,眼睛凹陷。典型的病理组织变化特征为:KHV可引起鲤和锦鲤的病毒血症,组织病理变化较明显的是肾炎,也常见病鱼鳃组织坏死。确定KHV病原不能仅仅通过临床表现进行诊断,确诊还需要加上实验室诊断。目前对于锦鲤疱疹病毒的诊断方法有细胞培养分离技术、间接荧光抗体技术、PCR、ELISA、原位杂交技术及LAMP方法等。KHV对敏感细胞的嗜性特殊,国外使用锦鲤鳍条细胞系KF-1和普通鲤鱼脑细胞系CCB分离培养KHV,目前这两株细胞也是国际公认的敏感细胞系。

## 二、诊断标准

根据已经颁布的行业标准《鲤疱疹病毒检测方法 第1部分:锦鲤疱疹病毒》(SC/T 7212.1—2011)和规划中的国家标准《锦鲤疱疹病毒病(KHVD)检疫方法》,由于KHV潜伏感染和健康携带情况比较普遍,对KHVD的检疫结果分为:无临床症状的锦鲤疱疹病毒携带者和有临床症状的锦鲤疱疹病毒病。

1) 若未出现与锦鲤疱疹病毒病一致的死亡症状或者典型临床症状,出现下列至少一种检测结果为阳性就可以确诊为KHV携带者。

① 用PCR方法可以检测到KHV的*TK*基因和*Sph*基因片段,且其测序结果与锦鲤疱疹病毒基因序列一致。

对普通鲤鱼直接取鳃、肾、脾、脑等组织作为样品。用于检疫比较贵重的鱼,如比较名贵的锦鲤种鱼、锦鲤进出境展览检疫等,处理方法:用棉签从鳃部或体表刮取黏液获得检疫样品(适用于PCR检测);将待检鱼与经检查没有感染KHV的鲤鱼放在检疫隔离场于23 ~ 28℃下共同饲养2 ~ 4周,取指示鱼的鳃、肾、脾、脑等组织作为样品检疫样品。将待检病料约1 g进行研磨匀浆处理;将匀浆处理好的约0.1 g待检病料样品放入1.5 mL的离心管,用商品化组织DNA提取试剂盒或前面所述的传统的CTAB+苯酚:氯仿:异戊醇法抽提DNA,最后洗脱的DNA加30 μL TE溶解,即为样品DNA,−20℃保存。KHV胸腺嘧啶脱氧核苷激酶(*TK*)基因PCR扩增引物对(上游引物:5′-GGGTTACCTGTACGAG-3′和下游引物:5′-CACCCAGTAGATTATGC-3′)的目标扩增产物大小为409 bp;KHV *Sph*基因PCR扩增引物对(上游引物:5′-GACACCACATCTGCAAGGAG-3′和下游引物:5′-GACACATGTTACAATGGTCGC-3′)的目标扩增产物大小为292 bp。PCR反应设置50 μL反应体系:10倍PCR缓冲液5 μL、氯化镁(25 mmol/L)5 μL、dNTP混合物(2.5 mmol/L)5 μL、引物(20 pmol/L)各1 μL,*Taq*酶2.5 U,模板5 μL,加水到50 μL。KHV胸腺嘧啶脱氧核苷激酶(*TK*)基因的PCR扩增:94℃预变性5 min;然后95℃ 60 s、55℃ 60 s、72℃ 60 s,40个循环;最后72℃延伸10 min,4℃保存。KHV *Sph*基因的PCR扩增:94℃预变性5 min;然后94℃ 30 s,63℃ 30 s,72℃ 30 s,40个循环;最后72℃延伸7 min,4℃保存。使用2%琼脂糖凝胶进行电泳,溴化乙啶浓度为0.5～1 mg/mL,100 V电泳约25 min。采用凝胶成像分析仪进行扩增产物的分析。在阳性对照的KHV胸腺嘧啶脱氧核苷激酶(*TK*)基因的PCR扩增产物为409 bp、*Sph*基因的PCR扩增产物为292 bp、阴性对照扩增无产物的条件下,若样品扩增片段大小与阳性对照一致即为阳性,若样品扩增无产物或者产物片段大小不一致即为阴性。阳性扩增片段需按照前面所述方案进行测序并与参考序列进行比对。

② IFAT检测、PCR检测、原位杂交这3种判断方法中任意选取2种检测方法的实验结果都为阳性结果。

使被检鱼彻底放血后取肾组织在干净玻片上或者塑料细胞培养皿的底部压印成片;将组织印片置于空气中干燥20 min后利用抗KHV特异性抗体按照前文所述组织印片免疫荧光法进行检测。紫外光下利用荧光显微镜观察压片,在阳性对照和阴性对照都应出现预期的结果的前提下,若样本观察到显著荧光信号则判断为结果阳性。

原位杂交监测方法用到两对KHV特异性探针。KHV用于原位杂交的第一对探针序列为:上游探针:5′–CTCGCCGAGCAGAGGAAGCGC–3′和下游探针:5′–TCATGCTCTCCGAGGCCAGCGG–3′;KHV用于原位杂交的第二对探针序列为:上游探针:5′–GGATCCAGACGGTGACGGTCACCC–3′和下游探针:5′–GCCCAGAGTCACTTCC AGCTTCG–3′。如前文所述,利用商品化DIG探针标记试剂盒将探针进行PCR标记,PCR反应按照试剂盒说明书操作,使用KHV感染阳性的样本DNA作为反应模板,两对引物均可产生长度为14～100 bp的标记探针。将组织样品连续切片,片厚为5 μm。用高温处理过的蒸馏水展片。切片垂直置于60℃干烤过夜,然后室温保存备用。原位杂交按照前文所述方法进行操作。杂交后用BCIP/NBT显色试剂盒进行显色;PBS冲洗,核固红复染,清水冲洗,脱水二甲苯透化处理,中性树胶封片。用普通光学显微镜观察实验结果。在阳性样本的细胞核内出现蓝黑色颗粒状物质、阴性对照不出现蓝黑色颗粒状物质的条件下,若样本多视野均观察到细胞核内出现蓝黑色颗粒则判定为结果阳性。

2)若出现与锦鲤疱疹病毒病一致的死亡症状、典型临床症状和组织病理学变化,且用下列至少一种方法可以检测到KHV,就可以确诊为KHV感染。

① 用PCR方法可以检测到KHV的*TK*基因和*Sph*基因,且其测序结果与锦鲤疱疹病毒基因序列一致。

② 用基于特异性抗体的IFAT方法检测患病鱼组织实验结果阳性。

③ 至少有一条从发病现场取回的鱼可以使敏感细胞产生典型CPE。组织病理学观察:取新鲜鳃、肾、脾、肝的组织块,组织块的大小不超过0.5 cm³为宜,用10%甲醛溶液固定24 h;按照前文所述方法制备石蜡切片和用HE常规染色,封片后普通光学显微镜下观察组织细胞病理变化。典型KHV感染可观察到鳃组织增生、次级鳃丝肥大融合、鳃上皮细胞的细胞核肿大并出现弥散性嗜酸性核内包涵体,肾、脾、肝实质细胞坏死。

病毒分离:取病鱼的鳃和肾组织,按1:10(质量体积比)加入无菌PBS,按1:1 000加入双抗(1 000 IU/mL青霉素和1 000 μg/mL链霉素),冰浴匀浆,匀浆后收于灭菌15 mL离心管中,3 000 r/min、6 000 r/min、9 000 r/min依次离心10 min,收集上清液。细胞接种前用胰酶将组织匀浆上清液再依次10倍稀释,按1:10、1:100和1:1 000三个稀释度将收集的上清液稀释,都吸取1 mL分别接种到单层细胞上,室温吸附1 h,以1 mL/5 cm²的量加入细胞培养液,置于22℃生化培养箱中培养。实验应设置阳性对照(接种KHV标准株)和空白对照(未接种病毒的细胞)。待病料接种细胞后,每天用40～100倍置显微镜检查。

空白对照细胞应当正常。如果接种了被检匀浆上清液稀释液的细胞培养中出现致细胞病变效应（CPE），应立即进行鉴定。如果除阳性对照细胞外，没有CPE出现，则在培养7天后再用敏感细胞继续进行盲传。每天用40～100倍倒置显微镜检查。直至盲传的细胞出现典型的CPE，然后吸取1 mL细胞上清液孵育正常的敏感细胞，7天又可出现典型的CPE。若阳性对照未出现CPE，则应换一种细胞和一批新的组织样品重新进行病毒学检查。

# 第六节　鱼类病毒性神经坏死病

## 一、病原概况

病毒性神经坏死病是病毒性神经坏死病病毒（viral nervous necrosis virus，VNNV）感染引起的一种严重危害海水鱼苗的疾病，流行于美洲和非洲以外的世界主要养殖地区，严重者一周死亡率可达100%。VNNV属野田村病毒科（Nodaviridae）乙型野田村病毒属（*Betanodavirus*）成员，其成熟病毒粒子为直径25～30 nm的无囊膜的二十面体，基因组包括两条正义的RNA单链，其中3.1 kb的基因组片段编码RNA聚合酶，另一条1.3 kb基因组片段编码病毒衣壳蛋白。该病毒对干燥和直射光有很强的抵抗力，在海水中可存活60天以上。目前已经从不同鱼类中分离到40余种VNNV，根据衣壳蛋白基因序列，分为SJNNV、RGNNV、TPNNV和BFNNV四个基因型，不同基因型的致病性、增殖温度、宿主敏感谱和血清型均不同。鱼龄与病毒敏感型有关，可发生于鱼苗及幼鱼中，但幼鱼期间发病的死亡率较仔鱼期低。

携带VNNV的健康成鱼或幸存种鱼是本病传播的主要传染源。主要通过水平传播，感染了病毒的鱼可将病毒经水、污染用具、鱼苗运输等途径传染给其他鱼群。病毒也可经精、卵垂直传播。主要感染尖吻鲈、赤点石斑鱼、棕点石斑鱼、巨石斑鱼、红鳍多纪鲀、条斑星鲽、牙鲆和大菱鲆等11个科20余种海水鱼苗。最近也有感染孔雀鱼、七带石斑鱼等淡水鱼的报道。本病最常见的临床表现为病鱼神经性症状明显，出现螺旋状或旋转状游动，鱼苗会出现鳔膨胀、厌食、消瘦等。用手碰触病鱼时，病鱼会立即游动。组织病理学特征表现为病鱼视网膜中心层中枢神经组织空泡化，损伤视网膜；多数种类的鱼都会出现脑部神经性坏死；在病变的脑组织及视网膜细胞内会观察到非常多的病毒颗粒。

## 二、诊断标准

根据我国行业标准《鱼类病毒性神经坏死病（VNN）诊断技术规程》（SC/T 7216—2012）和国家标准《病毒性脑病和视网膜病病原逆转录-聚合酶链式反应（RT-PCR）检测方法》（GB/T 27531—2011），对鱼类病毒性神经坏死病的检疫分为有临床症状或典型病理组织学特征与无临床症状两种情形。

1）有临床症状或病理变化的鱼，直接利用病变组织样品采用免疫荧光、免疫组织化学、RT-PCR和荧光RT-PCR四种方法中任何一种方法进行检测，若检测结果阳性可判定为病毒性神经坏死病。

2）无临床症状的鱼，细胞分离病毒实验结果阳性，且对出现CPE的细胞培养物样品采用免疫荧光、免疫组织化学、RT-PCR和荧光RT-PCR四种方法中的任何一种方法检测结果阳性，可判定为病毒性神经坏死病病毒携带者。

病理检查取样时只取鱼类的眼和脑，迅速将组织切成厚度不超过3 mm的组织块。石蜡切片、HE染色均按前文所述方法操作。中性树脂封片后用普通显微镜观察,如果视网膜、脑和脊索等神经组织出现明显的空泡化和坏死病变,判定为VNN可疑病例。

病毒的细胞分离实验取成鱼的脑和眼,鱼苗及较小的仔鱼用整条鱼。组织匀浆及上清接种处理按照前文所述方法操作。上清液接种到生长24 h的SSN-1或E-11细胞,设2个阳性对照(VNN病毒参考株)和2个空白对照(未接种病毒的细胞)。15 ~ 20℃吸附1 h后,加入含5%胎牛血清的细胞培养液,细胞培养物置于20℃或25℃生化培养箱中培养。每天用显微镜观察细胞变化,连续观察10天。阳性对照出现明显的CPE、空白对照细胞生长正常时实验结果有效。当待检样品细胞培养物出现CPE时,立即进行病毒鉴定。如果10天后仍未出现CPE,盲传一次。盲传后未出现CPE的样品可判定为阴性。

免疫荧光法可以利用临床组织样本的石蜡切片或细胞培养物样品,均按前文所述方法操作。一抗选用合适稀释度的兔抗VNN病毒血清;二抗选用FITC标记的羊抗兔IgG。在荧光显微镜下观察实验结果,受VNN感染的细胞或脑、脊索和视网膜组织可以观察到特异性的荧光,无特异性荧光的样品为VNN阴性。

免疫组化利用载玻片上的病毒感染细胞培养物或新鲜病理组织切片样品进行实验。具体操作按照前文所述进行。一抗为含2.5% BSA的兔抗-VNN病毒血清稀释液;二抗用HRP标记的羊抗兔IgG抗体。DAB显色后用蒸馏水洗涤5 min,Harris氏苏木素复染30 s,自来水冲洗,用甘油明胶封片。普通显微镜下观察,若VNN感染的组织被染成棕色,可判断为阳性。

RT-PCR方法可以用出现CPE的细胞培养物样品或病例组织样品。取450 μL出现CPE的细胞培养物于1.5 mL离心管;组织样品则将5 ~ 10尾鱼的脑、眼组织匀浆后,取50 ~ 100 mg于1.5 mL离心管中,实验设立阳性对照、阴性对照和空白对照。用VNN病毒核酸作为阳性对照,用未感染VNN的鱼正常组织作为阴性对照,用等体积的DEPC处理水代替模板作为空白对照。用CTAB法或组织样本RNA抽提试剂盒法提取RNA,溶于11 μL DEPC水,提取的RNA需在2 h内进行RT-PCR扩增。在50 μL反应体系中,在PCR管中依次加入DEPC处理水19.5 μL,5× 反转录缓冲液10 μL,40 μmol/L的引物VNN-R3(5′-CGAGTCAACACGGGTGAAGA-3′)和VNN-F2(5′-CGTGTCAGTCATGTGTCGCT-3′)各1 μL,25 mmol/L的$MgCl_2$ 5 μL,10 mmol/L的dNTP 1 μL,反转录酶1 μL,RNase抑制剂0.5 μL,DNA聚合酶(5 U/μL)1 μL,模板RNA 10 μL。将加好样的PCR反应管放入PCR仪,反应参数设置为42℃ 30 min、95℃ 40 s、55℃ 40 s、72℃ 40 s,35个循环,最后72℃延伸5 min,4℃保存。1.5%的琼脂糖凝胶电泳分析按照前文所述方法操作。RT-PCR实验结果成立的条件是:阳性对照在421 ~ 430 bp位置出现一条单一的核酸条带,阴性对照和空白对照无该核酸带。在此条件下,待测样品于421 ~ 430 bp位置出现核酸条带者为阳性;无带或带的大小不是421 ~ 430 bp的样品为阴性。荧光RT-PCR的样品制备同RT-PCR法。采用50 μL反应体系,在荧光PCR管中依次加入DEPC处理水18.5 μL,5× 反转录酶缓冲液10 μL,正向引物VERYF(5′-GGACCTCGTCGGGAAAGGAG-3′)、反向引物(5′-GACACAGCACTGACACGTTGA-3′)、TaqMan探针(5′-FAM-CGTCACC TGGTCGGCT GATACTCCTGT-3′-TAMRA)各1 μL,$MgCl_2$ 25 μL,dNTP 1 μL,反转录酶1 μL,RNase抑制剂0.5 μL,DNA聚合酶(5 U/μL)1 μL,模板RNA 10 μL。将PCR管置于荧光定量PCR仪,反应参数设置为42℃ 45 min、95℃ 10 min,1个循环;95℃ 10 s、58℃ 40 s,40个循环。收集FAM荧光,观察结果。检测样品无Ct值并且无扩增曲线时,即判定VNN阴性;检测样品的Ct值小于或等于30时,且出现典型的扩增曲线,判定为VNN阳性。样品的Ct值大于30时,应该重新检测,检测结果阳性判为VNN阳性。

# 第七节　斑点叉尾鮰病毒

## 一、病原概况

斑点叉尾鮰病毒病（channel catfish virus disease，CCVD）曾是OIE水生动物疫病名录的必报类疫病。该病病原为斑点叉尾鮰病毒（channel catfish virus，CCV），主要感染斑点叉尾鮰（*Ictalurus punctatus*）的鱼苗和鱼种，死亡率可高达100%，因此也被我国农业部列为二类疫病。该病20世纪60年代在美国最先发现其流行，洪都拉斯和俄罗斯也有报道。目前主要在北美地区流行。由于我国和北美洲有水产贸易往来，因此该病严重威胁我国的鮰养殖业和进出口贸易。

CCV属疱疹病毒，只有一个血清型。病毒为二十面体双链DNA病毒，有囊膜。病毒粒子直径175～200 nm。CCV仅能在BB、GIB、CCO、KIK细胞株上复制生长，最适温度为25～30℃。斑点叉尾鮰成鱼带有的CCV是传染源，感染途径尚不清楚。水平传播主要来自罹病的濒死鱼（moribund diseased fish）排出的病毒。该病在夏季水温25℃以上时会发病，流行适温为28～30℃，会出现斑点叉尾鮰鱼苗大量死亡。水温低，则症状出现较慢；低于15℃时，不会暴发疾病。临床症状表现为：病鱼表现为摄食活动减弱，痉挛式旋转游动，头上尾下悬挂于养殖池边缘，最后沉入水底衰竭而亡。病鱼皮肤及鳍条基部出血，腹部膨大，腹水增多，呈现淡黄色；鳃丝苍白或出血，眼球突出。内脏病变包括：肾苍白肿大，肌肉、肝、肾、脾出血，肝、肾、脾肿大，胃内充满黏液样分泌物，腹膜水肿，腹腔内充满黄色渗出物。典型组织病理学变化主要表现为：肾间造血组织及肾单位弥散性坏死，同时伴有出血和水肿；有些肠壁的黏膜、黏膜下层发生坏死、脱落；神经细胞核出现空泡，周围神经纤维肿大；肝瘀血、出血，肝细胞变性与灶性坏死。

## 二、诊断标准

根据国家标准《鱼类检疫方法 第4部分：斑点叉尾鮰病毒（CCV）》（GB/T 15805.4—2008）和正在修订的新标准《斑点叉尾鮰病毒（CCV）病诊断规程》，CCVD的判定标准如下。

1）有临床症状的鱼，细胞分离病毒实验中接种后的细胞产生了CPE，并且用中和实验、ELISA、PCR三种方法的任何一项检测结果为阳性时，可确诊为患有斑点叉尾鮰病毒病。

2）若受检鱼无临床症状，细胞分离病毒实验中接种后的细胞产生了CPE，并且用中和实验、ELISA、PCR三种方法的任何一项检测结果为阳性时，则判定为CCV携带者。

3）不管有无临床症状，当细胞分离病毒实验为阴性时，判定为CCVD阴性；当细胞分离病毒实验为阳性，继续用中和实验、ELISA、PCR三种方法中任何一种检测结果为阴性时，判定为CCVD阴性。

对有临床症状的鱼，体长≤4 cm的鱼苗，取整条鱼，若是带卵黄囊的鱼应去掉卵黄囊；体长4～6 cm的鱼苗取内脏（包括肾）；体长大于6 cm的鱼则取肝、肾和脾。对无症状的鱼取肝、肾和脾；成熟雌鱼还需取卵巢液；鱼卵则取卵膜。CCV的分离，无临床症状的成鱼，5～15尾为一个样品，有临床症状的成鱼每尾为1个样品。细胞分离病毒实验：CCV推荐用CCO细胞系来分离病毒。组织匀浆及病毒接种实验均按照前面所述方法操作。实验中要有2孔阳性对照（接种CCV参考株）和阴性对照（未接种病毒的细胞）。阳性对照和待测样品都接种细胞后，用无菌封板膜（pressure sensitive film）封盖96孔板。10天内每天用40～100倍倒置显微镜检查。如果待检样品没有CPE出现，则还要盲传一次，然后进行鉴定。盲传时，将接种了组织匀浆上清稀释液的细胞单层培养物冻融一次，以8 000 g，4℃离心20 min，收集上清液。将上清液接种到新鲜细胞单层，继续置于25～30℃培养7天。每天用40～100倍倒置显微镜检查。在阴性对照细胞始终正常，阳性对照细胞出现了CPE的情况下，当接种了被检上清稀释液的细胞出现CPE时，应立即进行病毒鉴定。如果样品经过接种细胞和盲传后均没有CPE出现，则结果判断为阴性。

中和实验：收集出现CPE的待检样品病毒液，反复冻融2次后，在4℃下2 000 g离心15 min去除细胞碎片。将含病毒的上清液系列稀释到$10^{-4}$。每稀释度的病毒液与等体积的抗CCV抗体溶液混合，同时另取这些病毒稀释液与等体积的细胞培养液混合（中和抗体溶液的效价按50%蚀斑减少单位计算不少于2 000）。同时，取参考毒株作为阳性对照，取其他病毒株作为阴性对照，各混合物在25℃下孵育1 h。将上述混合物分别接种到生长约24 h的CCO单层细胞上（培养于96孔板中），每稀释度接2孔，每孔50 μL，于25℃下吸附0.5～1 h。吸附后每孔加入含有10%胎牛血清的pH 7.3～7.6的细胞培养液50 μL，于25～30℃下培养。检查CPE发生情况，计算并比较非中和对照组和中和实验组的$TCID_{50}$值。若病毒悬液被抗CCV特异性抗体处理后，CPE被抑制或被显著推迟，而未被处理的细胞培养液中CPE明显，导致二者病毒滴度相差2个以上，则待测的病毒样品为CCV中和实验阳性。

ELISA检测：用pH 9.6的包埋液适量稀释纯化的羊抗CCV IgG，4℃孵育过夜包被ELISA板，每孔100 μL。ELISA检测按照前文所述标准方法操作。检测中的待测样品为病毒的细胞分离实验中的细胞单层培养物冻融上清。实验设阳性对照（CCV参考毒株）、阴性对照（未接种CCV的CCO悬液）和空白对照（PBS），每组设2个平行对照孔。一抗为鼠抗CCV单克隆抗体；酶标二抗为标记辣根过氧化物酶的抗鼠IgG。底物为用底物缓冲液配制的TMB和过氧化氢。加入底物后当阳性对照出现明显蓝色、阴性对照无色时加入中止液，在450 nm波长下读取结果。以空白对照的光密度值（即OD值）为零，测量各孔的光吸收值。先计算阳性对照和阴性对照的OD值之比（即P/N值）。如果$P/N \geqslant 2.1$，表明对照成立。再计算待测样品孔和阴性对照孔的P/N值之比。当$P/N \geqslant 2.1$时判为CCV ELISA阳性。

PCR检测：样本模板DNA从细胞分离病毒实验中的细胞悬液中制备，采用前文所述的CTAB法或商品化组织DNA提取试剂盒。需合成浓度为50 pmol/L的CCV特异性引物：F：5′–TCATCCGAATCCGACAACTGA–3′和R：5′–CCAAGATCGCGGAGAAAC–3′。该引物对扩增CCV蛋白激酶（GenBank：AAA88175.1）基因序列中136 bp片段。推荐使用内控DNA，是一段长186 bp的人工合成DNA片段，其两端序列和CCV的引物序列互补，建议由检测实验室自己合成。样品处理过程中，设立阳性对照（含有已知CCV参考株的细胞悬液）、阴性对照（未接毒的细胞悬液）和空白对照（等体积的水代替模板）。推荐使用100 μL反应体系：10×buffer 10 μL、25 mmol/L的$MgSO_4$ 10 μL、dNTP（2.5 mmol/L）4 μL、每条引物（50 pmol/L）各0.8 μL、Taq酶（5 U/μL）0.6 μL，内控DNA 0.6 μL，模板6 μL，加水到总体积为100 μL。将反应管置于PCR仪。反应条件：先93℃ 4 min，再93℃ 30 s→60℃ 30 s→72℃ 30 s，30个循环，然后72℃ 10 min，最后4℃保温。配制3%的琼脂糖，凝胶电泳分析按照前文所述方法操作。内控DNA会扩增出186 bp的DNA片段，CCV病毒DNA会扩增出136 bp的DNA片段。PCR后，阴性对照和空白对照会出现186 bp的DNA片段，阳性对照会出现186 bp和136 bp 2条DNA片段。待测样品PCR扩增后，能在相应186 bp和136 bp DNA位置上有2条带,可判为PCR阳性。如果待测样品产生的DNA带大小异常或无法准确判断大小,需要将片段进行基因测序,并与已知标准基因序列比较。

# 第八节　传染性造血器官坏死病毒

## 一、病原概况

传染性造血器官坏死病是传染性造血器官坏死病毒(infectious haematopoietic necrosis virus,IHNV)感染绝大多数大马哈属和鲑科鱼类所产生的一种病毒性疾病。无论海水养殖还是淡水养殖的鲑鱼对IHNV均易感,包括虹鳟(*Oncorhynchus mykiss*)、大鳞大马哈鱼(*O. tshawytscha*)、红大马哈鱼(*O. nerka*)、细鳞大马哈鱼(*O. gorbuscha*)、银大马哈鱼(*O. kisutch*)、大西洋鲑鱼(*Salmo salar*)七彩鲑(*S. trutta*)、湖红点鲑(*Salvelinus namaycush*)、日本淡水鲑(*Plecoglossus altivelis*)。一些非鲑科鱼类对IHNV也易感,包括鲱鱼(*Clupea pallasi*)、大西洋鳕(*Gadus morhua*)、美洲白鲟(*Acipenser transmontanus*)、白斑狗鱼(*Esox lucius*)、海鲈(*Cymatogaster aggregata*)。幼鱼对IHNV的敏感性高于成鱼。本病全年均可发生,以早春到初夏多见,水温8～12℃时常见流行高峰。IHNV常引起鱼苗急性、致死的全身性感染,感染率和死亡率因宿主和水温不同变化很大。IHNV属弹状病毒科(Rhabdoviridae)粒外弹状病毒属(Novirhabdovirus)。IHNV为有囊膜的子弹状病毒,平面观察为直径约80 nm,长约170 nm。基因组为约11 kb的线状、反义、单链RNA,编码核蛋白、磷蛋白、基质蛋白、糖蛋白、非结构蛋白和聚合酶蛋白这6种蛋白质。IHNV存在至少3个血清型,血清型上与其他鱼类弹状病毒没有相关性。IHNV在淡水环境中能存活1个月以上,具热、酸和醚不稳定性。通过普通消毒剂或干燥处理就能灭活病毒。野生幼鱼被感染后都会发病;成鱼一般不发病,但可携带并扩散病毒。感染IHNV的病鱼、健康携带者及病毒污染水体是本病传播的主要传染源。主要通过稚鱼和幼鱼之间水平传播,病毒可通过病鱼或带毒鱼的粪便、尿液在水体中扩散传播。病毒也可通过野生或养殖场的带毒亲鱼垂直传播。发病水体是本病主要的非生物传播媒介,其他传播媒介包括浮游动物。垂直传播是其主要传播途径。

IHNV感染的临床表现为水肿和出血。感病鱼眼球突出且变黑,鳍基部和头部之后侧线上方显示出血症状。感病鱼通常出现昏睡症状,但也有病例出现狂奔和打转等反常现象。大量受感成鱼没有任何临床症状。主要组织病理学特征:IHNV通过鳃和鳍基部感染宿主鱼,脾、肾造血组织和其他内脏组织是病毒大量繁殖的部位,各感染组织坏死是病鱼死亡的直接原因;解剖病鱼可见肝和脾苍白,腹腔有血样液体。诊断IHNV感染的"金标准"是用脾、肾、心脏等病鱼组织匀浆液接种敏感细胞系,待细胞出现病变后用免疫学或RT-PCR等分子生物学方法检测细胞培养物中的病毒。

## 二、诊断标准

根据国家标准《鱼类检疫方法 第2部分:传染性造血器官坏死病毒(IHNV)》(GB/T 15805.2—2008)和规划中的行业标准《传染性造血器官坏死病环节到等温扩增(LAMP)检测方法》,传染性造血器官坏死病毒的综合判定分为有临床症状和无临床症状两种情况。

1)有临床症状的情况下,组织样本的RNA经套式RT-PCR反应检测结果阳性或LAMP检测结果阳性,可判断为传染性造血器官坏死病阳性。

　　取样样品包括活的、发病的、濒死的鱼和鱼卵：体长小于4 cm的鱼苗取整条鱼；4～6 cm的鱼苗取肾在内的所有内脏；体长大于6 cm的鱼取脑、脾和肾，成熟雌鱼还需取其卵巢液；鱼卵仅取卵膜。由于肝和胃肠中的酶易将IHNV降解，尽量避免采集。最多以5尾鱼为一个小样，每个小样至少取0.5 g组织。对组织称重后，用无菌手术剪刀将其剪碎并研磨成糊状。每步实验均需要设立阳性对照、阴性对照和空白对照。用IHNV的阳性组织作为阳性对照，用正常组织作为阴性对照，以DEPC水代替样品作为空白对照。取200 mg研磨后的组织至无RNA酶的1.5 mL离心管，加入600 μL Trizol溶液，用Trizol法进行RNA抽提，也可利用CTAB法或商品化组织RNA提取试剂盒进行抽提。

　　套式RT-PCR反应：首先进行反转录反应，在反应管中加入RNA 8 μL，40 μmol/L的引物R1（5'-CACCGTACTTTGCTGCTAC-3'）2.5 μL，加DEPC水至总体积15 μL。70℃反应5 min，解开二级结构。反应结束后，立即冰浴5 min，瞬时离心。在反应管中加入5×反转录缓冲液5 μL、dNTP（10 mmol/L）2 μL、RNA抑制剂（20 U）1 μL、AMV反转录酶1 μL，加DEPC水至总体积25 μL。瞬时离心，42℃反应60 min进行反转录，70℃灭活15 min，置-80℃冰箱备用。然后进行首次PCR扩增cDNA，在上述反应管中再继续加入10倍Taq酶用浓缩缓冲液8 μL、25 mmol/L的氯化镁8 μL、dNTP 2 μL、引物R1（5'-CACCGTACTTTGCTGCTAC-3'）和F1（5'-TCAAGGGGGGAGTCCTCGA-3'）各2 μL、Taq酶5 U，加水到总体积100 μL。将反应管置于PCR仪。反应条件：先94℃ 4 min，再94℃ 1 min→55℃ 1 min→72℃ 1 min，30个循环，然后72℃ 8 min，最后4℃保温。配制1.5%的琼脂糖，凝胶电泳分析按照前文所述方法操作。接着进行第二次PCR反应：取5 μL首次PCR产物做模板，向PCR反应管中依次加入：10倍Taq酶用浓缩缓冲液8 μL、25 mmol/L的氯化镁8 μL、dNTP 2 μL、引物R2（5'-GCGCACAGTGCCTTGGCT-3'）和F2（5'-TTCGCAGATCCCAACAACAA-3'）各2 μL、Taq酶5 U，加水到总体积100 μL。将反应管置于PCR仪。反应条件：先94℃ 4 min，再94℃ 1 min→55℃ 1 min→72℃ 1 min，30个循环，然后72℃ 8 min，最后4℃保温。配制2%的琼脂糖，凝胶电泳分析按照前文所述方法操作。套式RT-PCR反应有效的条件是：阳性对照在第一次PCR后扩增出一条786 bp条带、第二次PCR后扩增出一条323 bp条带；阴性对照和空白对照两次PCR均没有扩增出目标片段。在套式PCR有效的前提下，若待检样品在323 bp处扩增出特异性条带，则可判为阳性；若第二次PCR反应无323 bp条带扩增，则判为阴性。若待检样品扩增出的条带无法准确判定为323 bp，则需测序，根据序列信息与标准毒株的相应序列是否一致做出判断。

　　LAMP反应：反转录反应时在反应管中加入RNA 8 μL，随机引物1.5 μL，加DEPC水至总体积15 μL。70℃反应5 min，解二级结构。反应结束后，立即冰浴5 min，瞬时离心。在反应管中加入5×反转录缓冲液5 μL、dNTP（10 mmol/L）2 μL、RNA抑制剂（20 U）1 μL、AMV反转录酶1 μL，加DEPC水至总体积25 μL。瞬时离心，40℃反应60 min进行反转录反应，70℃灭活15 min，置于-80℃冰箱备用。LAMP引物：引物配成浓度25 μmol/L，-20℃保存备用。人工合成25 μmol/L的序列如下：正向外引物（F3）：5'-GCAATTCTCCTCCAGAGC-3'；反向外引物（B3）：5'-TGTCGGTCACTCTGAGG-3'；正向内引物（F1c+F2）：5'-TCTCCTGACTTGGTGAATTCCTCTTCTTCAGATAGAGTTCGTGGA-3'；正向外引物（B1c+B2）：5'-GTGTAACACCGTATGCGGACTTATGACTGCCATCAACACG-3'；正向环引物（LoopF）：5'-ATCCTCGATCTGTGAAGTACAAG-3'；反向环引物（LoopB）：5'-CCTTGCCTGGATCAAGATCA-3'。在0.2 mL PCR反应管中，配制25 μL反应体系：10×ThermoPol缓冲

液2.5 μL,硫酸镁(MgSO₄)(150 mmol/L)1 μL,甜菜碱(5 mol/L)4 μL,dNTP(10 mmol/L)4 μL,
IHNV-FIP(40 μmol/L)1 μL,IHNV-BIP(40 μmol/L)1 μL,IHNV-F3(5 μmol/L)1 μL,IHNV-
B3(5 μmol/L)1 μL,IHNV-LoopF(20 μmol/L)1 μL,IHNV-LoopB(20 μmol/L)1 μL,Bst DNA
聚合酶(8 U/μL)1 μL,DEPC水4 μL,cDNA 2.5 μL。加样按空白对照、阴性对照、待测样品、阳
性对照依次加入模板,最后加入20 μL矿物油,瞬时离心。将反应体系至于PCR仪或恒温水浴
中,66℃反应60 min。分别取阳性对照、阴性对照和待检样品LAMP扩增产物20 μL加入4 μL
SYBR GreenⅠ荧光染料溶液,混匀后用肉眼或紫外灯下观察扩增产物溶液颜色的变化情况。
空白对照和阴性对照反应管液体呈橙色,阳性对照反应管液体呈绿色说明实验成立。待检样
品反应管液体呈绿色,则判断LAMP反应阳性。

　　2)无临床症状的情况下,组织样本的RNA经LAMP法检测、接种细胞分离病毒实验、用感
染细胞的RNA经套式RT-PCR反应检测这3种方法的任何两种检测结果阳性,可判断为传染
性造血器官坏死病毒携带者。

　　按照前文所述方法将组织匀浆上清接种EPC或FHM细胞。7天内每天用40～100倍倒
置显微镜检查细胞培养中是否出现CPE;如果除阳性对照细胞外没有CPE出现,还要进行盲
传一次。若经过接种和盲传后均没有CPE出现,则判断为细胞分离实验阴性和IHNV阴性。
出现CPE的感染细胞可以用前文所述方法抽提RNA进行套式RT-PCR反应。

# 第九节　病毒性出血性败血症病毒

## 一、病原概况

　　病毒性出血性败血症是病毒性出血性败血症病毒(viral haemorrhagic septicaemia
virus,VHSV)感染所产生的一种病毒性疾病。主要侵害虹鳟、大菱鲆、日本牙鲆、太平洋
鲱鱼、大马哈鱼、鳕鱼、大西洋鳕鱼、海鳝、鲱鱼、鳎鱼等。本病目前流行于欧洲、美洲、亚洲
的日本和韩国等地区。随着研究的深入,该病毒易感宿主种类正在不断增加,已包括很多
海水和淡水养殖鱼类。易感鱼群各鱼龄阶段均可感染,鱼龄越小越易发病死亡,亲鱼较少
发病。该病传染性极强,发病渔场水体每升水最高可达1 000个病毒粒子。VHSV能在一
年四季流行,但通常发生于春季水温上升或波动时。VHSV属弹状病毒科(Rhabdoviridae)
粒外弹状病毒属(Novirhabdovirus)。VHSV为有囊膜的子弹状病毒,平面观察为直径约
70 nm,长约180 nm。基因组为约11 kb的线状、反义、单链RNA,编码核蛋白、磷蛋白、基
质蛋白、糖蛋白、非结构蛋白和聚合酶蛋白这6种蛋白质。VHSV在4℃的淡水环境中能存
活28～35天,在15℃的海水中存活的时间超过40 h。感染VHSV的病鱼、携带病毒的健
康鱼、病毒污染水体和食鱼鸟类都可能是本病传播的传染源。病毒主要通过带病水体经鱼
鳃进入鱼体,以水平传播为主。

　　急性VHSV感染的临床表现为发病迅速,有水肿和出血症状,通常是致死的,死亡率可达
70%～90%。染病鱼眼球突出且变黑,眼球周围及眼球内出血,眼和眼眶结缔组织及口腔上颚
充血。慢性VHSV感染病程较长,死亡率较低。在病程后期阶段,病鱼出现神经异常症状,表
现出行为异常(快速窜动、螺旋转动等)。VHSV能感染几乎所有硬骨鱼类,有很多鱼类感染后
没有任何临床症状。病理变化特征主要表现为:VHSV感染会导致发病鱼肌肉、内脏、性腺等
出血,肝肾会出现水肿、变性、坏死现象;病毒在毛细血管内皮细胞、白细胞、造血组织和肾细胞

内大量增殖；红细胞会在骨骼肌肌束和纤维处聚集。

VHSV包含3个血清亚型和4个不同的基因型。基因型与血清型之间没有关联。可以用RTG-2或者FHM细胞分离病毒性出血性败血症病毒（VHSV），由于BF-2细胞系对淡水欧洲株是高度敏感的，因此推荐采用包括BF-2在内的，联合RTG-2、EPC任意一种细胞来培养分离病毒。

## 二、诊断标准

根据国家标准《鱼类检疫方法 第3部分：病毒性出血性败血症病毒（VHSV）》（GB/T 15805.3—2008）和正在修订的国家标准《病毒性出血性败血症诊断规程》，病毒性出血性败血症的综合判定包括疑似病例的判定和确诊病例的判定。

1）疑似病例的判定需满足以下3种条件中的任何一条。

① 易感鱼中出现典型的临床症状。

② 易感鱼组织中出现典型的病理学特征。

③ 在病毒的细胞分离培养实验中出现典型的细胞病变。

对有临床症状的鱼，体长≤4 cm的鱼苗取整条；体长4～6 cm的鱼苗取内脏（包括肾）；体长＞6 cm的鱼则取肾、脾和脑组织；对无症状的鱼取肾、脾和脑组织。每5尾鱼为1个样品，若有症状成鱼每尾为1个样品。将所取的样品置研钵中加入石英砂研磨，随后按1∶10的比例将研磨好的组织样悬浮于含有1 000 IU/mL青霉素和1 000 μg/mL链霉素的培养液中，于25℃下悬浮2～4 h或4℃下孵育过夜。7 000 r/min离心15 min，收集上清液。卵巢液不必匀浆，稀释2倍以上。7 000 r/min离心15 min，并在以后的步骤中直接用其上清液。采用的细胞系有BF-2、RTG-2、EPC。BF-2细胞系对淡水欧洲株是高度敏感的。宜同时采用包括BF-2在内的两种细胞来培养分离病毒。实验中要有2孔阳性对照（接种VHSV参考株）和2孔空白对照（未种病毒的细胞）。15～18℃吸附1 h后，加入细胞培养液。置于15～18℃培养。逐日于显微镜下观察致细胞病变效应（CPE），连续观察7天。如果在7天内没有细胞病变出现，则还要用敏感细胞再盲传一次。传代程序如下：将接种上述组织上清液的细胞培养物冻融收集，7 000 r/min，4℃离心15 min，离心后取上清接种到同种的长满单层的新鲜细胞中，再培养观察7天。如果接种了被检匀浆上清稀释液的细胞板或者盲传后的细胞板中出现CPE，应立即取病毒悬液用下述方法进行鉴定。如果仅有阳性对照出现CPE，样品经过接种细胞和盲传后均没有CPE出现，则结果判为阴性。

2）确诊病例的判定需满足以下两个条件之任一条。

组织匀浆上清接种细胞产生典型的细胞病变效应，产生CPE的细胞悬液用中和实验、间接免疫荧光实验或ELISA中的任何一种方法检测结果为阳性。

① 中和实验。将RTG-2（或EPC，BF-2）细胞培养于96孔微量细胞培养板上。用VHSV参考毒株，培养后制成病毒悬液。抗VHSV的参考血清作为中和抗体溶液，效价按50%空斑减少单位计算不少于2 000。使用前于56℃灭活30 min。待检样品（出现了CPE的细胞培养物）冻融一次，离心除去细胞碎片。将待检样品用细胞培养液作系列稀释，使其稀释度由$10^{-1}$～$10^{-8}$，每管体积为0.5 mL。取两排试管，分别从上述各稀释度的待检样品中取出0.2 mL于两排试管中，然后第一排管加入0.2 mL抗VHSV参考血清，第二排管加入0.2 mL培养液，充分混合均匀（中和抗体溶液的效价按50%蚀斑减少单位计算不少于2 000）。25℃孵育60 min。孵育后分别将第一排管与第二排管的样品接种于已长满细胞单层的96孔微量细胞培养板，每

个稀释度4孔,每孔0.1 mL。将抗VHSV参考血清倍比稀释后[(1:8)~(1:64)]接种于上述培养板,每个稀释度2孔,每孔0.1 mL,作为参考抗血清对照。将VHSV参考病毒悬液由$10^{-1}$~$10^{-8}$稀释,并和参考血清混合反应后加入细胞板,每个稀释度2孔,每孔0.1 mL,作为参考病毒+参考血清对照,细胞板中剩余8孔中4孔作正常细胞对照,4孔接参考病毒原液做病毒对照。各孔再加入培养液0.1 mL。放入15~18℃培养箱中培养,逐日观察CPE。结果计算:检查细胞培养中CPE的发生情况。计算比较"待检样品+参考血清"与"待检样品+细胞培养液"的组织培养半数细胞病变感染剂量($TCID_{50}$),二者的滴度指数之差的反对数即为中和指数。结果判定:若正常细胞与参考血清对照为阴性,参考病毒对照为阳性,当待检样品及参考病毒悬液被抗VHSV特异抗体处理后,CPE被阻止或被显著地推迟,未被处理的细胞培养液中CPE明显,中和指数>50则判为阳性;中和指数<10则判为阴性;中和指数在10~50,判为疑似,必须用间接荧光抗体实验、ELISA或者RT-PCR检测可疑样本。

② 间接荧光抗体IFAT实验。在2 cm²的塑料细胞培养板中或盖玻片上制备细胞单层,通常在22℃孵育24 h即可达到80%长满单层细胞。当准备好用作感染的细胞单层后,在传入细胞的当天或第2天,直接将10倍稀释的待鉴定的病毒悬液接种到细胞培养孔。每个待鉴定的病毒分离物接种6孔。IFAT按照前文所述方法操作。一抗是用含0.05%吐温-80,0.01 mol/L pH 7.2的PBST稀释的抗VHSV标准抗血清,二抗是用FITC标记的相应商品化抗体。用荧光显微镜观察,在观察前首先要观察阳性对照和阴性对照。必须在阳性和阴性样品中看得到预期的结果后才能进行其他样品的观察。结果判定:在阳性对照出现特异的黄绿色荧光点,阴性对照无黄绿色荧光点或仅有微弱绿色背景的情况下,待检样品在细胞质上有特异的黄绿色荧光点,判定为阳性;只有微弱的绿色背景,判定为阴性。

③ 酶联免疫吸附实验。将纯化的抗VHSV的抗体稀释到工作浓度,每孔加0.1 mL。在4℃孵育过夜包被ELISA微量板。ELISA按照前文所述方法操作。每孔加入100 μL经2倍或4倍系列稀释的待检病毒,每个样品2孔。另将已知标准VHS病毒(阳性对照)、正常组织样品(阴性对照)和细胞培养液(空白对照)也各加2孔。于37℃下和包被好的抗VHSV IgG反应1 h。一抗是0.1 mL用细胞培养液稀释到工作浓度的抗VHSV的抗血清,检测二抗是0.1 mL用细胞培养液稀释到工作浓度的辣根过氧化物酶标记的二抗。加入0.1 mL底物OPD溶液显色。当阳性对照出现明显棕黄色、阴性对照无色时,立即每孔加入0.2 mL浓度为2 mol/L的硫酸终止反应,并立即用酶标仪测量各孔在波长490 nm时的光吸收值(OD值)。此步骤的底物也可选用TMB溶液,选用TMB反应产物检测需要测量450 nm时的光吸收值。结果判定:以空白对照的光吸收值调零,再测量各孔的光吸收值。先计算阳性对照和阴性对照的OD值之比(即 P/N值)。如果 $P/N \geqslant 2.1$,表明对照成立。再计算待测样品孔和阴性对照孔的 P/N值。当 $P/N \geqslant 2.1$ 时判为VHSV阳性。

3)组织匀浆上清接种细胞产生典型的细胞病变效应,产生CPE的细胞悬液用RT-PCR方法或荧光RT-PCR技术检测结果阳性。

① RT-PCR。将待检的出现CPE的细胞悬液450 μL加入1.5 mL的离心管中,同时,设立阳性对照、阴性对照和空白对照。取含有已知VHSV参考株的细胞悬液提取核酸为模板作阳性对照。取正常的阴性组织提取核酸为模板作阴性对照。取等体积的水代替样品为模板作空白对照。用前文所述CTAB法或商品化RNA提取试剂盒抽提RNA,溶于11 μL经DEPC处理过的水。

② cDNA合成。在PCR管中加入10 μL模板溶液和2.5 μL引物VHSVR(5′-GCGGTGAA

GTGCTGCAGTTCCC-3′），加2.5 μL水使总体积为15 μL。置于70℃反应5 min。立即冰浴，低速离心约5 s，将液体收集在底部。再向反应管中加入5 μL的5×反转录酶浓缩缓冲液（5×buffer）、2 μL dNTP、0.5 μL RNA酶抑制剂（20 U）、1 μL反转录酶AMV（10 U）和1.5 μL水，总体积为25 μL。42℃ 60 min反应以合成模板的cDNA。在上述反应管中再继续加入：10倍 *Taq* 酶用浓缩缓冲液9 μL、25 mmol/L的MgCl₂ 9 μL、dNTP 2 μL、引物VHSVR 2 μL和引物VHSVF（5′-ATGGAAGGAGGAATTCGTGAAGCG-3′）2 μL、*Taq* 酶5 U、加水到总体积为100 μL。置于PCR仪中，先94℃ 4 min，52℃ 1 min，72℃ 1 min预循环，再94℃ 1 min，52℃ 1 min，72℃ 1 min，30个循环，然后72℃ 8 min，最后4℃保温。该PCR反应扩增 *N* 基因中保守区域的505 bp片段。

③荧光RT-PC。合成荧光RT-PCR引物：F（5′-AAACTCGCAGGATGTGTGCGTCC-3′）、R（5′-TCTGCGATCTCAGTCAGGATGAA-3′）、TaqMan探针（5′-FAM-TAGAGGGCCTTGGTGATCTTCTG-BHQ1）。这些引物扩增的片段的参考序列为GenBank Z93412中532～608位的核苷酸片段。实时荧光RT-PCR反应体系包含5 μL待测样品RNA，12.5 μL 2×PCR主混合物，正向引物1.25 μL、反向引物2.25 μL，荧光探针0.625 μL，补充水至25 μL。以含VHSV的核酸作为阳性对照，以水代替模板作为空白对照。反应参数设置为：48℃ 30 min；95℃ 10 min；95℃ 15 s；60℃ 1 min；65℃ 1 min，反应40个循环。在阳性对照成立的条件下：检测样品的Ct值大于或等于40时，则判断VHSV核酸阴性。检测样品的Ct值小于或等于38时，则判断VHSV核酸阳性。检测样品的Ct值小于40而大于38时，则判为可疑，应重新进行测试，如果重新测试的Ct值大于或等于40时，则判断VHSV阴性；如果重新测试的Ct值小于40而大于38时，则判断VHSV阳性。

# 第十节 对虾桃拉综合征

## 一、病原概况

桃拉综合征的病原为桃拉综合征病毒（taura syndrome virus，TSV），为双顺反子病毒科（Dicistroviridae）蜜蜂麻痹病毒属（Aparavirus）成员。病毒粒子直径32 nm，无囊膜，呈正二十面体结构，氯化铯浮密度为1.338 g/mL。病毒基因组为正义单链RNA，大小为10 205 nt。编码3个主要结构蛋白（分子质量分别为55 kDa、40 kDa和24 kDa）。分为美国株、东南亚株、伯利兹株和委内瑞拉株4个地理株。中国福建株与美国夏威夷株全基因序列同源性高达97.9%。该病急性期有诊断意义的病灶主要存在于TSV特异性的感染组织，特别是在甲壳下上皮；慢性期，淋巴器官内的球状体是TSV持续性感染的病灶。

本病主要侵害凡纳滨对虾（Litopenaeus vannamei）和细角滨对虾（L. stylirostris），对虾科滨对虾属所有成员均对本病易感，中国对虾（Fenneropenaeus chinensis）也对本病易感；主要感染14～40日龄、体重0.05～5 g以下的仔虾，部分幼虾或成虾也容易被感染。对虾科其他属成员经直接攻毒也可感染，但一般不表现症状。细角滨对虾选择系对TSV（基因1型或A抗原型）有抵抗力。持续感染虾和终生带毒虾是传染源；某些凡纳滨对虾和细角滨对虾可终生带毒。本病主要通过同类相残或污染水源等水平传播；海鸥等海鸟、划蝽科类水生昆虫可携带病毒而机械传播本病。可能存在由携带病毒亲虾传播其后代的垂直感染途径，但目前尚无可靠证据。该病的流行范围为0～100%。该病被世界动物卫生组织（OIE）的OIE水生动物健康法典列为甲壳动物病害重要疾病之一。

急性感染期的濒死凡纳滨对虾会出现大量红色色素,全身呈红色,尾扇和游泳足呈鲜红色,该疫病首次出现在厄瓜多尔时,曾被养殖者称为"红尾病"。急性感染期的对虾,常在蜕皮阶段晚期出现壳变软、空肠等典型症状,且常在蜕皮时死亡,因此,在疫病暴发高峰期,可看到数以千计的海鸟聚集在水边捕食病虾。过渡期期间,因感染种群中,可能含有很多对虾尚处于急性期,死亡率仍很高。病理变化特征:桃拉病毒主要感染病虾的皮下上皮组织,可以通过淋巴系统引起全身性感染;急性期病灶区上皮坏死,慢性期淋巴器官会有特征性的球状体。受感染虾池少量到中等数量的对虾会出现不规则的黑色表皮病灶。可能会出现表皮变软,行为摄食保持正常。过渡期的病虾在蜕皮后转为慢性期,但无明显症状。

## 二、诊断标准

根据行业标准《对虾桃拉综合征诊断规程 第1部分:外观症状诊断法》(SC/T 7204.1—2007)、《对虾桃拉综合征诊断规程 第2部分:组织病理学诊断法》(SC/T 7204.2—2007)、《对虾桃拉综合征诊断规程 第3部分:RT-PCR检测法》(SC/T 7204.3—2007)、《对虾桃拉综合征诊断规程 第4部分:指示生物检测法》(SC/T 7204.4—2007)和规划中的国家标准《桃拉综合征诊断规程 RT-PCR法》,满足以下任何一种情形即可判断为桃拉综合征阳性。

1)外观症状诊断或组织病理学特征符合桃拉综合征典型特征,RT-PCR方法检测阳性。

① 外观症状诊断。急性期症状主要表现为:濒死虾体表红色素细胞扩张,使虾通体呈红色,尾扇和附肢的发红很明显,对虾游泳足或步足的边缘可看到上皮坏死的病灶;过渡期症状主要表现为:发病池中部分对虾体表多处随机出现因血细胞沉淀形成不规则黑化病灶。慢性期没有可供检查的外观症状,病毒在淋巴器官中保持持续感染,感染对虾终身带毒。

② 组织病理学诊断。对虾幼体、仔虾取完整个体;成虾取1～2根鳃丝、胃、食管或附肢。怀疑为慢性期感染的较大幼虾或成虾取对虾的淋巴器官或鳃。石蜡切片及HE染色参照前文所述方法操作。急性期样本中可以观察到:体表、附肢、鳃、后肠、食管和胃的角质层下上皮中有多处坏死病灶,表皮的多处病灶中感染细胞中细胞质嗜酸性增加并出现细胞核固缩或核破裂;过渡期样本中可以观察到:角质层下表皮中典型的急性期病灶的数量和严重程度都在减退,取而代之的是大量血淋巴细胞在原病灶位置浸润和聚集,大量的血淋巴细胞可能出现黑化,进而导致黑色斑点的出现,表现出过渡期的典型特征;慢性期样本中可以观察到:没有感染症状,正常淋巴器官细胞束管断裂,细胞形成球状堆积,出现明显的淋巴器官球。

③ RT-PCR法。对虾幼体、仔虾取完整个体;3 cm以下的幼虾取摘除虾眼的头胸部;较大的幼虾可取鳃区或数根鳃丝;成虾取1～2根鳃丝或自心脏或腹部血窦抽取血淋巴。怀疑为慢性期感染的较大幼虾或成虾取对虾的淋巴器官或鳃。非对虾的甲壳类动物参照对虾的方法取样。所取样品分别置于1.5 mL无菌微量离心管中,立即进行RNA提取操作或加入0.5～1 mL Trizol试剂,充分研磨后用Trizol法抽提RNA,也可用商品化组织RNA提取试剂盒提取RNA。加入20～100 μL无RNA酶的水溶解RNA沉淀,立即用于RT-PCR。反转录反应按照前文所述标准方法操作,每10 μL反应体系使用1 μL 10 mol/L引物R1(5′-TCAATGAGAGCTTGGTCC-3′)作为反转录引物。置于42℃金属浴中反应1 h,70℃ 15 min后,可获得cDNA模板。取1 μL反转录产物做25 μL PCR反应体系的模板,体系各组分为:

10×PCR缓冲液2.5 μL，MgCl₂（25 mmol/L）2.0 μL，dNTP（2.5 mmol/L）2.0 μL，10 mol/L引物F1（5′-AAGTAGACAGCCGCGCTT-3′）1.15 μL，10 mol/L引物R1 1.15 μL，灭菌双蒸水14.9 μL，Taq DNA聚合酶（5 U/L）0.3 μL。按以下程序进行扩增：94℃预变性5 min；94℃ 30 s，60℃ 30 s，72℃ 30 s，40个循环；72℃ 5 min，最后4℃保温。PCR反应扩增TSV核酸中的231 bp片段。反应中设置的阳性对照为已知受TSV感染且RT-PCR结果显示明显阳性的样品RNA模板、阴性对照为已知未受TSV感染且RT-PCR结果显示阴性的对虾组织RNA模板、空白对照为无RNA酶的水作模板。1.5%的琼脂糖凝胶分析参照前文所述方法操作。PCR反应有效的条件是阳性对照在231 bp处会有一条特定条带出现；阴性对照在231 bp处不出现条带，空白对照不出现任何条带。样品的电泳结果参照阳性对照和阴性对照进行判读，若在231 bp有条带出现，则取PCR扩增产物进行测序，同参考序列进行比较序列一致则可判断样品检测结果为阳性。

2）外观症状诊断或组织病理学特征符合桃拉综合征典型特征，指示生物检测法检测阳性。

① 以健康活泼或无特定病原的凡纳滨对虾幼虾作为病毒感染的指示生物，采用经口投喂或注射接种的办法，观察指示生物的发病和死亡情况，并借助组织病理学诊断法对指示生物进行确诊。口服法感染：适用于较小的指示虾。将10～50 g待测对虾样品切成1～5 mm大小的碎块，检测组指示虾前3天每天投喂5～10 g切碎的样品，3天后投喂正常配合饲料。按原暂养条件暂养观察到全部动物死亡或首次投喂感染的第14天为止。结果判定：若检测组指示虾首次投喂后的3～4天出现桃拉综合征的急性感染症状，且在首次投喂后的3～8天死亡率明显上升，发病虾用组织病理学诊断法诊断阳性可判为检测结果阳性。

② 注射接种法。适用于较大的指示虾。血淋巴样品可用TN缓冲液（注：1 000 mL水溶液中含Tris 3.15 g，NaCl 23.38 g，将pH调至7.4）按1∶10稀释，过滤除菌后就可用来注射指示虾。怀疑感染TSV的虾无论是否出现症状推荐使用虾头进行匀浆及抽提。取5～10 g虾头样品匀浆后按1∶3加入TN缓冲液进行匀浆，离心后取上清。用2%无菌盐水进一步将上清稀释至1∶10后过滤除菌并用来注射指示虾。如果接种液中有活性的TSV存在，在检测组接种后24～48 h，指示虾就开始出现死亡。病毒的剂量越低，感染后开始死亡的时间越长。发病虾用组织病理学诊断法检测结果阳性则可判断为桃拉综合征阳性。

# 第十一节　虾黄头病

## 一、病原概况

黄头病是黄头病毒（yellow head virus，YHV）感染对虾所产生的一种病毒性疾病。黄头病严重影响养殖期50～70天的对虾，感染后3～5天内发病率高达100%，死亡率可达80%～90%。黄头病的暴发常伴随水体溶解氧或pH的突然变化。YHV为杆套病毒科（Roniviridae）头甲病毒属（Okavirus）成员。病毒粒子呈杆状，有囊膜，表面有纤突样突起。大小约为175 nm×50 nm，核衣壳螺旋对称。病毒基因组为约2.6 kb的线状、正义、单链RNA，病毒基因组编码5个ORF，主要表达3种结构蛋白：大纤突糖蛋白、小纤突糖蛋白和核衣壳蛋白。病毒粒子在水温25～28℃的海水中可至少存活4天。普通消毒剂处理或对病毒进行60℃温育15 min就可使其失活。患黄头病虾是本病传播的传染源。摄食患黄头病虾的鸟类的粪便也是池塘间流行的重要源头。病毒主要通过带病水体或同类相残在虾群中水平传播，无可靠证据证明带毒亲虾能通过垂直传播的方式把YHV传给其后代。

斑节对虾是黄头病毒的主要自然宿主，自然状态下YHV还可感染日本囊对虾、墨吉对虾和白滨对虾。虾在幼虾晚期以后对YHV最易感，在虾苗早期至晚期阶段的死亡率最高。人工感染状态下，可引起食用对虾、凡纳滨对虾、细角滨对虾和白滨对虾较高的死亡率。YHV最典型的临床表现为虾头因肝胰腺变黄呈现黄色。病虾在发病初期摄食量增加，随后食欲减退，不规则地浮游于水面；头胸甲呈浅黄色、发白、膨大；鳃棕色或变白。病程急，2～4天内会大量死亡。组织病理变化特征表现为：濒死虾的外胚层和中胚层器官（鳃、触角腺、性腺、造血组织和淋巴器官等）有广泛坏死，淋巴器官通常肿大并广泛坏死；坏死区域有大量圆形嗜碱性细胞质包涵体，直径约2 μm或更小；有中度到大量的血细胞的核发生固缩和破裂，但没有菌血症。

### 二、诊断标准

根据我国已颁布的行业标准《虾黄头病检疫技术规范》（SN/T 1151.4—2011），虾黄头病的综合判定需满足以下条件中的任何一项。

1）出现临床症状的虾，用RT-PCR的方法扩增出目的条带，且测序结果与病毒标准株的序列一致。

成虾采样部位为虾头部的鳃丝、肝胰腺、淋巴器官或血淋巴等组织。仔虾或稚虾则取整只虾或虾头作为样品。每克采集样品加入1 mL TN缓冲液后充分匀浆，4℃ 2 000 g离心5 min，吸取100 μL上清液加入1 mL Trizol试剂，用Trizol法抽提RNA，也可用商品化组织RNA抽提试剂盒进行RNA提取。提取的RNA溶于30 μL DEPC水并尽快用于反转录合成cDNA模板。反转录反应：取15 μL提取的样本RNA，依次加入：10×反转录缓冲液2 μL、dNTP 0.5 μL、引物144R（5′-AAGGTGTTATGTCGAGGAAGT-3′）0.5 μL、RNA酶抑制剂1 μL、反转录酶1 μL。混匀后，置PCR仪上经42℃ 40 min、70℃ 10 min，即得cDNA模板。PCR检测：取5 μL反转录产物做25 μL PCR反应体系的模板，体系各组分为：10×PCR缓冲液2.5 μL，$MgCl_2$（25 mmol/L）2.0 μL，dNTP（2.5 mmol/L）2.0 μL，20 μmol/L引　物10F（5′-CCGCTAATTTCAAAAACTACG-3′）0.5 μL，20 μmol/L引物144R 0.5 μL，灭菌双蒸水16 μL，*Taq* DNA聚合酶（5 U/L）0.5 μL。按以下程序进行扩增：94℃预变性5 min；94℃ 30 s，58℃ 30 s，72℃ 30 s，40个循环；72℃ 5 min，最后4℃保温。PCR反应扩增YHV核酸中的135 bp片段。反应中设置的阳性对照为已知受YHV感染且RT-PCR结果显示明显阳性的样品RNA模板、阴性对照为已知未受YHV感染且RT-PCR结果显示阴性的对虾组织RNA模板、空白对照为无RNA酶的水作模板。1.5%的琼脂糖凝胶分析参照前文所述方法操作。PCR反应有效的条件是阳性对照在135 bp处会有一条特定条带出现；阴性对照及空白对照在135 bp处不出现条带。样品的电泳结果参照阳性对照和阴性对照进行判读，若在135 bp有条带出现，则取PCR扩增产物进行测序，同参考序列进行比较序列一致则可判断样品检测结果为阳性。

2）出现临床症状的虾，用套式RT-PCR能扩增出146 bp的条带，且测序结果与标准株序列一致。该方法能鉴别出待检样品含6种基因型黄头病毒中的哪一种。

首先，反转录制备cDNA模板：取15 μL提取的样本RNA，依次加入：10×反转录缓冲液2 μL、dNTP 0.5 μL、随机引物0.5 μL、RNA酶抑制剂1 μL、反转录酶1 μL。混匀后，置PCR仪上经42℃ 40 min、70℃ 10 min，即得cDNA模板。然后进行第一次PCR扩增反应：

向25 μL PCR反应体系中依次加入以下组分：10×PCR缓冲液2.5 μL，MgCl₂（25 mmol/L）2.0 μL，dNTP（2.5 mmol/L）2.0 μL，1 μL反转录cDNA产物，20 μmol/L引物YC-F1ab（5′-ATCGTCGTCAGCTACCGCAATACTGC-3′和5′-ATCGTCGTCAGYTAYCGTAACACCGC-3′两种引物混合）0.5 μL，20 μmol/L引物YC-R1ab（5′-TCTTCRCG TGTGAACACYTTCTTRGC-3′和5′-TCTGCGTGGGTGAACACCTTCTTGGC-3′两种引物混合物）0.5 μL，灭菌双蒸水16 μL，*Taq* DNA聚合酶（5 U/L）0.5 μL。按以下程序进行扩增：94℃预变性5 min；95℃30 s，60℃30 s，72℃40 s，35个循环；72℃5 min，最后25℃5 s。第二轮PCR反应：取第一轮PCR产物1 μL做模板进行第二轮PCR反应，设置25 μL反应体系，依次加入10×PCR缓冲液2.5 μL，MgCl₂（25 mmol/L）2.0 μL，dNTP（2.5 mmol/L）2.0 μL，1 μL第一轮PCR产物，20 μmol/L引物YC-F2ab（5′-CGCTTCCAATGTATCTGYATGCACCA-3′和5′-CGCTTYC ARTGTATCTGCATGCACCA-3′两种引物混合）0.5 μL，20 μmol/L引物YC-F2ab（5′-RTCD GTGTACATGTTTGAGAGTTTGTT-3′和5′-GTCAGTGT ACATATTGGAGAGTTTR TT-3′两种引物混合物）0.5 μL，灭菌双蒸水16 μL，*Taq* DNA聚合酶（5 U/L）0.5 μL。按以下程序进行扩增：95℃预变性1 min；95℃30 s，60℃30 s，72℃30 s，35个循环；72℃5 min，最后25℃5 s。2%琼脂糖凝胶电泳分析按照前文所述方法操作。结果判定：在阳性对照扩增出目的条带、阴性对照和空白对照无条带扩增的条件下，若第一轮扩增出358 bp的片段，通过测序比对后可以确定待检样品中含有6种基因型黄头病毒的一种或几种；若第二轮PCR扩增出146 bp片段，通过测序比对后也可以确定待检样品中含有6种基因型黄头病毒的一种或几种。

3）无论样品是否有临床症状，Real-time RT-PCR技术可用于初筛后，阳性样品均应用RT-PCR技术或套式RT-PCR技术进行确诊。

荧光RT-PCR的样品制备同RT-PCR法。采用25 μL反应体系，在荧光PCR管中依次加入DEPC处理水18 μL，正向引物YHVF（5′-AGGGGTCTATGACTTCGAGACAT-3′）、反向引物YHVR（5′-ACGGCGTTGAGAGCTTTGAT-3′）、TaqMan探针YHV-P（5′-FAM-TCGT CCCGGCAATTGTGATC-3′-TAMRA）各0.5 μL，dNTP 0.5 μL，DNA聚合酶（5 U/μL）0.5 μL，模板cDNA 2 μL。将PCR管置于荧光定量PCR仪，反应参数设置为94℃2 min，1个循环；94℃20 s、55℃20 s、72℃30 s，5个循环；94℃20 s、59℃40 s进行40个循环。收集FAM荧光，观察结果。Real time PCR检测实验在阳性对照的Ct值小于或等于35且出现典型的扩增曲线、空白对照及阴性对照的Ct值大于38的情况下，若检测样品无Ct值并且无扩增曲线时，即判定YHV阴性；检测样品的Ct值小于或等于35时，且出现典型的扩增曲线，判定为YHV阳性。样品的Ct值大于35时，应该重新检测，检测结果阳性判为YHV阳性。

# 第十二节　对虾传染性皮下及造血组织坏死病毒

## 一、病原概况

传染性皮下及造血组织坏死病是传染性皮下及造血组织坏死病毒（infectious hypodermal and haematopoietic necrosis virus，IHHNV）感染对虾所产生的一种病毒性疾病。IHHNV感染在美洲和东南亚的野生对虾群体中非常普遍，世界上的各主要对虾养殖区都能检测到不同程度的IHHNV感染。蓝对虾感染IHHNV常导致急性发病，其幼虾死亡率可达100%。南美白对虾和斑节对虾感染IHHNV后只导致慢性发病或形成隐性感染,死亡率较低,但会导致矮小残缺综合征,也会造成较大的经济损失。IHHNV为细小病毒科(Parvoviridae)浓核病毒属(Brevidensovirus)的暂定种。病毒粒子是无囊膜的二十面体,直径大小约为21 nm,是已知的最小的对虾病毒。病毒基因组为4.1 kb的线状单链DNA。病毒基因组由两末端非编码序列和3个ORF组成,3个ORF分别编码2个非结构蛋白和1个全长衣壳蛋白。病毒感染后的幸存虾有可能终身带毒。

患传染性皮下及造血组织坏死病的病虾或IHHNV携带虾是本病传播的主要传染源。带毒的亲虾卵是传播给下一代种群的重要源头。病毒主要通过带病水体或同类相残在虾群中水平传播,带毒亲虾卵能通过垂直传播的方式把IHHNV传给其后代。大部分的对虾种类都会感染IHHNV,包括主要的养殖品种:细角滨对虾、蓝对虾、凡纳滨对虾和斑节对虾。发病水体是本病主要的非生物传播媒介。野生对虾群体是潜在的生物传播媒介。

IHHNV感染的对虾生长缓慢,部分对虾品种临床表现为矮小残缺综合征,有表皮缺陷。很多对虾品种没有明显临床症状,需要借助分子手段进行病原鉴定。急性期病虾会出现行为异常,食欲降低,浮到水面翻转后会腹朝上慢慢沉到池底。组织病理变化表现为:IHHNV的靶组织主要有鳃、造血组织、前肠上皮细胞、肝胰腺、心脏、性腺等外胚层和中胚层器官;IHHNV的病理变化表现在受感染组织细胞核内存在数量不等的Cowdry A型包涵体;随着病毒的复制和增殖,包涵体体积增大及数量增多,最终导致细胞破裂。

### 二、诊断标准

根据国家标准《对虾传染性皮下及造血组织坏死病毒(IHHNV)检测PCR法》(GB/T 25878—2010),IHHNV检测阳性的综合判定标准为:PCR反应有效的条件是阳性对照在389 bp处有扩增条带,且阴性对照与空白对照无扩增条带。在此情况下,若阳性样品于389 bp处扩增出目的条带,且测序分析结果与标准株序列一致,则判断为IHHNV阳性。

取样:幼体、仔虾、体长3 cm以下的稚虾取全虾;成虾则取虾鳃、胃、游泳足或步足。5～100 mg组织样品充分匀浆后用CTAB法或商品化组织DNA抽提试剂盒提取DNA,溶于50 µL TE缓冲液中。推荐使用50 µL PCR反应体系:在每个PCR反应管中加入5 µL 10× Taq酶缓冲液、3 µL 25 mmol/L的$MgCl_2$、1 µL 10 mmol/L dNTP、10 µmol/L引物F(5′–CGGAACACAACCCGACTTTA–3′)和R(5′–GGCCAAGACCAAAATACGAA–3′)各5 µL、10 U Taq酶、加水至总体积48 µL。每管加入提取的样本DNA 2 µL。将反应管置于PCR仪。94℃预变性5 min,再按以下程序进行扩增反应:94℃ 30 s,55℃ 30 s,72℃ 1 min,35个循环;72℃延伸7 min,4℃保温。1.5%凝胶电泳分析参照前文所述方法操作。

# 第十三节　传染性肌肉坏死病

### 一、病原概况

传染性肌肉坏死病是传染性肌肉坏死病毒(infectious myonecrosis virus,IMNV)感染对虾所产生的一种病毒性疾病。该病原是凡纳滨对虾仔虾、幼虾、成虾各个生长阶段潜在的严重疾病。IMNV主要感染60～80天的幼虾,最适发病温度是30℃。疾病发生的季节较长,通常病程缓慢,死亡率不高,但严重时累计死亡率可达80%以上。其病原暂定为一种单组分病毒

Totivirus,核酸类型为双链RNA。IMNV颗粒呈正二十面体结构,直径40 nm,氯化铯浮密度为1.366 g/mL,基因组大小为7 560 bp,编码一个可能的RNA结合蛋白和衣壳蛋白。病毒主要感染对虾中胚层器官,主要复制部位包括:肌肉、结缔组织、血细胞和淋巴器官。IMNV感染后幸存的虾可能会终身带毒。IMNV感染是否发病与水温密切相关。

主要传播途径是经食物传播,即通过对虾自相残食和粪经口感染,也可能经亲虾垂直传递。网捕、喂食、水体含盐量、水温变化等应激或胁迫因素都能增强病原的致病力并加快病毒在宿主中的传播。传染性肌肉坏死病毒地理分布主要位于巴西东北部至印度尼西亚等东南亚周边,该区域养殖和野生对虾中都有分布。巴西与印度尼西亚分离的两株IMNV全基因组序列同源性极高。该病被世界动物卫生组织《OIE水生动物健康法典》列为甲壳动物病害重要疾病之一。

临床症状主要包括:IMNV感染初期病虾摄食明显减少,动作迟钝,体色发白;病虾腹节发红,尾部肌肉组织呈点状或扩散的坏死,移去腹节表皮可见白色或不透明的肌肉组织。病虾喂食后出现持续死亡,淋巴器官明显增大,为正常虾的3～4倍。急性临床症状通常在拉网、水温和盐度的突变等情况下呈现。组织病理变化主要包括:取病虾坏死肌肉压片进行显微观察可见坏死和断裂的肌纤维;淋巴器官压片可观察到大量圆形细胞,正常淋巴器官的管状结构减少;病虾肌肉坏死区域会出现血淋巴细胞聚集和浸润现象。

## 二、诊断标准

根据已颁布的行业标准《传染性肌肉坏死检疫技术规范》(SN/T 3492—2013)和规划中的新标准《传染性肌肉坏死病诊断方法》,传染性肌肉坏死病的判定包括以下几条。

1)临床症状典型,且套式RT-PCR结果呈阳性时,判定为传染性肌肉坏死病阳性。

2)组织病理学观察到疑似病变特征,且套式RT-PCR结果呈阳性时,判定为传染性肌肉坏死病阳性。

3)临床症状不明显或组织病理学无疑似病变,但套式RT-PCR结果呈阳性,判断为IMNV携带。

4)无论临床症状与组织病理学是否符合,如果套式RT-PCR结果呈阴性,均判断为传染性肌肉坏死病阴性。

组织病理学样本制备:准备好充足的固定液,一般原则是1体积的组织样品最少需要10倍体积的固定液。幼体和仔虾:用细筛绢或吸管选取标本。将采集的个体直接浸入10倍体积的固定液中,固定12～24 h,然后转移到70%乙醇中长期保存。大的仔虾和小的幼虾:按上述方法选取并采集标本。用注射针尖或解剖刀尖划破甲壳,将采集的个体直接浸入10倍体积的固定液中,固定12～24 h,然后转移到70%乙醇中长期保存。大的幼虾及成虾:用注射器将体重5%～10%的固定液注射到活虾体内。先对肝胰腺区域分2～3处进行注射,然后将固定液注射到第1、第3和第6腹节。头胸部,特别是肝胰腺区域应该多注射一些。注射使虾完全死亡,然后立即用解剖刀片划开甲壳,在头胸区的划口沿着头胸甲中线的右侧,在腹节区的划口沿着腹节右侧的中部。再将个体浸入10倍体积的固定液中,固定24 h,然后转移到70%乙醇中长期保存。从50%或70%的乙醇保存液中取出固定好的标本,置于木头或塑料垫板上,根据标本的大小进行修整,以便确保标本的胃和鳃能被有效地切片。标本的脱水、透明、浸蜡、包埋、石蜡切片、展片、HE染色和封片均按前文所述方法操作。明视野显微镜下观察标本,IMN阳性病灶主要出现在横纹肌(主要为骨骼肌,也包括心肌)、结缔组织、血细胞及淋巴实质细胞。其中,急性期的对虾出现横纹(骨骼)肌纤维特征性的凝固性坏死,在肌纤维间有明显水肿;某些对虾呈急性及陈旧病变的混合表现,这些对虾的肌纤维表现为以凝固性坏死直至液化性坏死的进程,伴之血细胞中度渗出及堆积;在大多数晚期病灶中,血细胞及发炎的肌纤维被成纤维细胞松散的基质及结缔组织纤维所取代,它们散布在血细胞及新生的肌纤维之间。在患急、慢性 IMN 的对虾中常见由于淋巴组织小球(Lymphoid Organs,LOs)的堆积导致淋巴组织明显肥大,大量外逸的 LOs 也可见于其他组织,常见于鳃的血淋巴腔、心、触角腺管附近及腹神经索。

　　套式 RT-PCR 样品制备:对虾仔虾取完整个体;幼虾取肌肉,摘除虾眼的头胸部、泳足及血淋巴;次成虾、成虾取肌肉、头胸部(鳃、心脏、淋巴器官)、游泳足、血淋巴。幼虾期至成虾期每个合并样本不超过 5 个。所取样品分别置于 1.5 mL 无 RNA 酶微量离心管中,立即进行 RNA 提取操作或加入 0.5～1 mL Trizol 试剂,充分研磨后,暂时保存于−20℃。可以采取 Trizol 法或商品化 RNA 提取试剂盒进行 RNA 抽提。加入 20～100 μL 无 RNA 酶的水溶解 RNA,立即用于 RT-PCR 或保存于−70℃待用。反转录反应:在 PCR 前区配制反转录引物预混液体系,每反应管分装为 5 μL,使每反应管含 4 μL 无 RNA 酶的水、1 μL 10 μmol/L 引物 R1(5′-ACTCGGCTGTTCGATCAAGT-3′),保存于−20℃。临用前,加入 1 μL 待测 RNA 样品。95℃预变性 3 min 后,即刻放入冰浴中冷却 2 min。同时设置以阳性对照、阴性对照和无 RNA 酶的水为模板的对照。配制反转录酶预混液,配制方法为:2 μL 5×M-MLV 反转录酶缓冲液、0.5 μL dNTP(10 mmol/L)、0.25 μL RNase 抑制剂(40 U/μL)、0.5 μL M-MLV 反转录酶(200 U/μL),加 0.75 μL 无 RNA 酶水补足至 4 μL,混匀后,加至样品管,稍离心,置于 42℃金属浴中反应 1 h,70℃ 15 min 后,可获得 cDNA 模板。

　　套式 RT-PCR:第一步 PCR 反应预混液所需试剂及组成:10×PCR 缓冲液 2.5μL、MgCl₂(25 mmol/L)2.0 μL、dNTP(2.5 mmol/L)2.0 μL、10 mol/L 引物 F1(5′-CGACGCTGCTAACCATACAA-3′)1.5 μL、10 mol/L 引物 R₁ 1.5 μL、灭菌双蒸水 14.2 μL、Taq DNA 聚合酶(5 U/L)0.3 μL 和 1 μL 反转录产物模板。按以下程序进行第一步 PCR 扩增:95℃预变性 2 min;95℃ 30 s,60℃ 30 s,72℃ 30 s,39 个循环;72℃终延伸 7 min,最后 4℃保温。第一步 PCR 反应扩增 IMNV 核酸中的 328 bp 片段。套式 PCR 的第二次 PCR 使用内侧正向引物 NF(10 mol/L)为 5′-GGCACATGCTCAGAGACA-3,内侧反向引物 NR(10 mol/L)为 5′-AGCGCTGAGTCCAGTCTTG-3′,第二次 PCR 反应模板为第一步反应产物,可从 328 bp 片段中再扩增 139 bp 片段。第二步 PCR 反应预混液所需试剂及组成:10×PCR 缓冲液 2.5 μL、MgCl₂(25 mmol/L)2.0 μL、dNTP(2.5 mmol/L)2.0 μL、10 mol/L 引物 NF1.16 μL、10 mol/L 引物 NR 1.16 μL、灭菌双蒸水 14.88 μL、Taq DNA 聚合酶(5 U/L)0.3 μL 和 1 μL 第一步 PCR 反应产物。扩增程序为:95℃预变性 2 min;95℃ 30 s,65℃ 30 s,72℃ 30 s,39 个循环;72℃终延伸 2 min,最后 4℃保温。2%琼脂糖凝胶电泳分析参照前文所述方法操作。阳性对照第一步 PCR 在 328 bp 处有条带、第二步 PCR 在 139 bp 处有条带且阴性对照和空白对照在两步 PCR 反应中均无任何条带的情况下,若检测样品第一步 PCR 后在 328 bp 处有条带或第二步 PCR 后在 139 bp 处有条带均可判为阳性;检测样品第一步 PCR 后在 328 bp 处无条带且第二步 PCR 后在 139 bp 处无条带可判为阴性。取 PCR 扩增产物测序,同参考序列进行比较,序列符合的可判断待测样品结果为 RT-PCR 阳性。阳性结果表明被检样品中存在 IMNV RNA。对活虾和敏感宿主而言,提示已受 IMNV 感染。

# 第十四节 斑节对虾杆状病毒病

## 一、病原概况

斑节对虾杆状病毒病（penaeus monodon-type baculovirosis disease）是由斑节对虾杆状病毒（monodon-type baculovirus，MBV）感染引起。国际病毒分类委员会（ICTV）将斑节对虾杆状病毒命名为PmSNPV（斑节对虾单粒包膜的核型多角体病毒），其病原的核酸类型为双链DNA。该病毒可感染对虾属、明对虾属、囊对虾属和沟对虾属等多种对虾，除卵和无节幼体阶段都可被该病毒感染。可能存在不同地理株。对虾幼体（特别是蚤状幼体和糠虾幼体）、早期仔虾中感染MBV后会发生大量死亡，在MBV流行区域，幼虾和成虾的感染情况都很严重（50% ～ 100%），但死亡率和发病率不高。严重的感染可降低养殖斑节对虾的生长率，导致成活率和养殖效益降低。MBV为杆状病毒科（Baculoviridae）核多角体病毒属（Nucleopolyhedrovirus）成员。病毒粒子呈棒状，有囊膜，大小约为74 nm×270 nm。病毒基因组为80 ～ 180 kb的环状超螺旋双链DNA。病毒基因组及编码蛋白的研究信息非常少。患杆状病毒病的病虾是本病传播的主要传染源。受带毒粪便污染的亲虾卵是传播给下一代种群的重要源头。病毒主要通过带毒水体或同类相残在虾群中水平传播，带毒亲虾卵能通过垂直传播的方式把MBV传给其后代。

MBV感染的对虾以幼体、仔虾和早期幼虾最为敏感，临床表现为浮头症状，病虾食欲降低，停滞岸边，体色呈灰黑色，病虾最终侧卧于池底死亡，鳃和体表往往伴生其他寄生虫和细菌感染。急性死亡率在48 h内会超过90%，亚急性或慢性感染的累积死亡率在4 ～ 8周内会超过50%。病理变化特征：MBV可经口感染，通过消化道侵害肝胰腺和中肠上皮；对虾杆状病毒的病理变化以肝胰腺和中肠上皮细胞核内存在数量不等的金字塔状的包涵体和细胞核肥大为特征；随着病毒的复制和增殖，包涵体体积增大及数量增多，最终导致细胞破裂，病毒包涵体释放出来通过消化道排出体外。

诊断MBV感染的常用方法是压片显微镜检查法，取濒死虾肝胰腺和中肠进行湿片压片，显微镜发现角锥形包涵体基本可诊断。结果可疑时用PCR检测法进行确诊。MBV监测常利用病虾的肝胰腺、中肠等发病组织或虾体中抽提的DNA进行聚合酶链反应，扩增反应呈阳性后就可根据其测序结果做出确诊。实验室中制备病虾中肠腺的超薄切片，用透射电镜检查，在包涵体和核质中若观察到杆状病毒颗粒，也能确诊MBV感染。

## 二、诊断标准

根据我国已经公布的行业标准《斑节对虾杆状病毒病诊断规程 第1部分：压片显微镜检查法》（SC/T 7202.1—2007）、《斑节对虾杆状病毒病诊断规程 第2部分：PCR检测法》（SC/T 7202.2—2007）、《斑节对虾杆状病毒病诊断规程 第3部分：组织病理学诊断法》（SC/T 7202.3—2007）和规划中的国家标准《斑节对虾杆状病毒病诊断规程 PCR法》，斑节对虾杆状病毒病的判定可分为下列几种情况：

1）组织印片法诊断符合斑节对虾杆状病毒病的特征，利用PCR法检测结果阳性且序列测序结果与标准株一致，判定为斑节对虾杆状病毒病阳性。

组织印片法采样：幼体取整体，仔虾取头胸部，幼虾和成虾取小块肝胰腺或小截中肠组织。

直接压片法：将组织样品置于载玻片上，用解剖刀将样品切碎，盖上盖玻片，用明视野显微镜调小光圈观察，或用相差显微镜观察。阳性样品可观察到受MBV感染的对虾肝胰腺或中肠的上皮细胞核肿大，核内有单个或多个折射率高的球形包涵体，单个包涵体直径为0.1～20 μm。

压片孔雀绿染色法：将组织样品置于载玻片上，用解剖刀将样品切碎，滴加1～2滴0.05%孔雀绿溶液，混匀，染色2～4 min，盖上盖玻片，用吸水纸吸取多余的液体，将制备好的压片置于明视野显微镜下观察。压片孔雀绿法可观察到包涵体着色发绿，与正常的细胞核、核仁、分泌颗粒或吞噬溶酶体和脂肪滴等其他球形相比，包涵体着色更深。

PCR法采样。对虾仔虾取完整个体；幼虾和成虾取肝胰腺、肠道；亲虾的非致死性取样，可以采集粪便。可以合并样本，幼虾期至成虾期每个合并样本不超过5个。充分匀浆后用CTAB法或商品化组织DNA提取试剂盒提取DNA，并用100 μL灭菌双蒸水溶解DNA。PCR反应设置25 μL反应体系：10×PCR缓冲液2.5 μL、MgCl$_2$（25 mmol/L）1.5 μL、dNTP（2.5 mmol/L）2.0 μL、10 μmol/L引物F1（5′-AATCCTAGGCGATCTTACCA-3′）0.75 μL、10 μmol/L引物R$_1$（5′-CGTTCGTTGATGAACATCTC-3′）0.75 μL、灭菌双蒸水16.2 μL、Taq DNA聚合酶（5 U/μL）0.30 μL和1 μL模板DNA。按以下程序进行扩增：94℃预变性5 min；94℃ 30 s，60℃ 30 s，72℃ 30 s，35个循环；72℃终延伸7 min，最后4℃保温。PCR产物的凝胶电泳分析按照前文所述方法操作。PCR实验有效的条件是阳性对照在261 bp处会有一条特定条带出现，阴性对照、空白对照在261 bp处应无条带出现。待检样品的电泳结果参照阳性对照和阴性对照组进行判读。在261 bp有条带出现，取PCR扩增产物测序，同标准毒株的参考序列进行比较，序列符合的可判断待测样品结果为PCR阳性，表示样品检测结果为阳性。

2）组织病理学方法诊断符合斑节对虾杆状病毒病的特征，利用PCR法检测结果阳性且序列测序结果与标准株一致，判定为斑节对虾杆状病毒病阳性。

组织病理学方法采样同组织印片法。组织切片和HE染色均按前文所述方法操作。做石蜡切片时要保证对虾的肝胰腺或中肠能被切片和染色。在明视野下观察结果：感染有MBV的对虾肝胰腺细胞的细胞核明显肥大，内有单个或多个近球形的核型多角体型包涵体，使染色质减少并向边缘迁移，包涵体呈亮红色。在中肠上皮细胞中也能见到类似现象。

3）待检对虾无临床症状或组织病理学变化，利用PCR法检测结果阳性且序列测序结果与标准株一致，判定为斑节对虾杆状病毒携带者。

# 第十五节　传染性胰脏坏死病毒

## 一、病原概况

鲑鱼传染性胰脏坏死病（infectious pancreatic necrosis，IPN）是鲑科鱼类的一种高度传染性的急性病毒性疾病。鲑鱼传染性胰脏坏死病病毒（infectious pancreatic necrosis virus，IPNV）为双片段RNA病毒科（Birnaviridae）的水生双RNA病毒属（Aquabirnavirus）的病毒。病毒颗粒呈二十面体，有单层衣壳，无囊膜，直径为55～65 nm。有4种结构蛋白（VP1、VP2、VP3、VP4），含有两个片段的双链RNA。自然感染的范围不只限于鲑鳟鱼类，许多非鲑科鱼类及其他水生动物，至少有20个科的成员感染IPNV，其中包括从低等的圆口动物七鳃鳗直到高等的硬骨鱼。此外还有贝类、甲壳及鱼类的寄生吸虫。但它们的发病率远远低于鲑科鱼，大多数为无症状的带毒者。IPNV主要危害河鳟、虹鳟、褐鳟、银鲑及大西洋鲑等幼鱼。3～4月龄的幼鱼影响最大,死亡率在90%以上。6个月以上的鱼不发病。在不同的条件下发病率有较大差异。主要取决于宿主的种类、品系、年龄、病毒株的毒力差异及水温。水温对鱼病来说至关重要,10～14℃为发病高峰。

感染初期生长发育良好,外表正常的鱼苗死亡率骤然升高,并出现突然离群狂游、翻滚、旋转等异常游泳姿势,随后停于水底,间歇片刻后重复上述游动。病的末期鱼体变黑,眼球突出,腹部明显肿大,并在腹鳍的基部可见到充血、出血,肛门常拖一条灰白色粪便。IPN的病理组织学特征性变化为胰脏组织坏死。有时波及附近的脂肪组织,在变性的胰腺腺泡组织内可见圆形或卵形的细胞质内包涵体。带毒鱼的肾脏受损,肾小球出血或充血,上皮细胞水肿、破坏或脱落。肠黏膜受损,呈现带有管状渗出物的急性肠炎,肝脏亦可见坏死。电镜检查超薄切片在肝、胰及肾组织内可发现病毒,尤其是在坏死区的附近病毒粒子清晰可见。被感染了的成鱼则没有病理解剖学上的变化,受过IPN病毒感染的鱼在疾病流行过后其临诊症状消失,但仍处于带毒状态,并不断地通过尿或鳃散布病毒。

## 二、诊断标准

根据国家标准《鱼类检疫方法 第1部分:传染性胰脏坏死病毒(IPNV)》(GB/T 15805.1—2008),传染性胰脏坏死病的综合判定分为如下几种情况。

① 出现临床症状的样品,若细胞培养出现CPE,并经中和实验或ELISA检测结果阳性,判定为传染性胰脏坏死病阳性。

② 无临床症状的样品,若细胞培养出现CPE,并经中和实验或ELISA检测结果阳性,判定为传染性胰脏坏死病毒携带者。

取样时主要取待检鱼的肝、脾、肾组织;体长小于4 cm的鱼苗取整条。组织匀浆及接种细胞均按前文所述方法操作。使用的细胞系包括RTG-2、CHSE或PG细胞。阳性对照组和待检样品都接种细胞后,7天内每天用40～100倍倒置显微镜检查,接种了被检物匀浆上清稀释液的细胞培养中是否出现CPE;如果除阳性对照外没有CPE出现,还需盲传一次。如果样品经接种细胞和盲传后均没有CPE出现,则结果判为阴性。如有CPE出现,则继续用中和实验或ELISA检测进行确诊。

3)中和实验

中和实验按照前文所述方法进行操作。选用RTG-2或CHSE或PG细胞,抗血清为抗IPNV的参考血清,待检样品为出现了CPE的细胞培养物。按Reed-Meuench法分别计算出"待检样品＋参考血清"及"待检样品＋细胞培养液"的细胞半数感染剂量$TCID_{50}$,二者滴度指数之差的反对数即为中和指数。中和指数＞50判定为样品阳性。

4)ELISA检测

ELISA检测参照前文所述方法操作。采用羊抗兔IPNV的IgG包被酶标板,待检样品为出现CPE的细胞培养物。检测一抗为兔抗IPNV参考血清,酶标二抗为酶标羊抗兔IgG。使用OPD溶液做底物。当阳性对照出现明显棕黄色,阴性对照无色时,立即每孔加入0.2 mL浓度为2 mol/L硫酸终止反应。10 min内用酶标仪测量各孔在490 nm波长时的吸光度值。ELISA检测成立的条件是阳性对照孔的光吸收值与阴性对照孔之比大于2.1;当样品孔的$A_{490}$值与阴性对照孔的$A_{490}$值之比大于或等于2.1时,判定样品为IPNV阳性。

# 第十六节　真鲷虹彩病毒病

## 一、病原概况

真鲷虹彩病毒（red sea bream iridovirus，RSIV）是在人工养殖的海水鱼中经常发生并且危害较大的病毒。RSIV不仅感染真鲷，也感染其他的养殖海水鱼，如鲈鱼、石斑鱼等。真鲷虹彩病毒病于1990年首次在日本养殖的真鲷中暴发流行，此后就在各种海水养殖鱼类中流行并造成很大的损失。在我国的海水养殖鱼（石鲽、大菱鲆、鲈鱼）中有感染的报道。鉴于RSIV造成的危害性，该病被世界动物卫生组织（OIE）列入必检疫病名录，我国农业部在新公布的《一、二、三类动物疫病病种名录》（2008年版）（中华人民共和国农业部公告第1125号）中将其列为二类疫病，应该受到严格的检测和监控。

真鲷虹彩病毒病（red sea bream iridovirus disease，RSIVD）的病原，隶属于虹彩病毒科、肿大病毒属。RSIV病毒粒子呈六边形、正二十面体，直径为140～160 nm。基因组为双链DNA。肿大病毒属的其他成员都能够引起相似的疾病，即病灶细胞肿大，如ISKNV。它们引起的病理特征相同。在进化关系上RSIV和ISKNV关系很近，引起真鲷虹彩病毒病的病原称为真鲷虹彩病毒（Red sea bream iridovirus，RSIV）；引起鳜暴发性出血病病原称为传染性脾肾坏死病毒（infectious spleen and kidney necrosis virus，ISKNV）。经分析比较，两个病毒的基因全序列同源性在99%以上。

## 二、诊断标准

1）真鲷虹彩病毒病（RSIVD）发病的适宜水温20～25℃或者较高温度，易感宿主是卵形鲳鲹（*Palometa simillina*）、牙鲆、美国红鱼、真鲷等。该病主要临床症状为鱼体色变黑，无力地游在水面，外表症状不明显，个别眼球突出、出血，体表呈出血性擦痕。鱼鳃褪色，有的鳃上发现黑褐色或黑色颗粒。典型组织病理学特征是内脏诸器官褪色、脾肿大等；脾压片染色后，可见到肿大、球形化的细胞。

2）根据我国已颁布的行业标准《真鲷虹彩病毒病检疫技术规范》（SN/T 1675—2014）和即将颁布的新国家标准《真鲷虹彩病毒病检疫技术规范》，真鲷虹彩病毒病的综合判定包括以下几种情况。

① 如果病理诊断阳性，易感鱼的组织直接PCR结果阳性，经病毒分离培养出现CPE，则判断样品为患RSIVD。

② 如果病理诊断阳性，易感鱼的组织直接IFAT检测结果阳性，经病毒分离培养出现CPE，则判断样品为患RSIVD。

③ 如果病理诊断阳性，病毒分离培养中出现CPE，出现CPE的细胞培养物经PCR或IFA检测结果阳性，判断待检样品为RSIVD。

④ 如果病理诊断阴性，病毒分离培养中出现CPE，出现CPE的细胞培养物经PCR或IFA检测结果阳性，判断待检样品为RSIV携带者。

病理诊断包括临床诊断或组织病理观察。感染鱼体色变黑、活动能力差、贫血、鳃丝有出血点和脾肿大，表明具有临床症状典型特点。对有临床症状的鱼，体长≤4 cm的鱼苗取整条，体长4～6 cm的鱼取内脏；体长＞6 cm的鱼则取脾、肾、心脏、肠和鳃；对无症状的鱼取脾、肾、心脏和肠。石蜡切片及HE染色参照前文所述方法操作。典型RSIVD的组织病理学特征为：制备脾、心脏或肠的组织切片，经过HE染色可见异常肿大的细胞。组织病理学观察也可通过制备脾脏的组织切片，吉姆萨染色取代HE染色，如见异常肿大的细胞，也表明疑似RSIVD。吉姆萨贮备液：吉姆萨粉1 g、纯甘油66 mL、甲醇66 mL。吉姆萨工作液：临用时将贮备液与pH 6.8的磷酸缓冲液按1∶20混合。

病毒的分离培养实验按照前文所述方法操作。每5尾鱼为1个样品，若有症状成鱼每尾为1个样品。采集的组织样品（最少不低于5 g）立刻研磨匀浆，用L-15培养基（含10% FBS、1 000 IU/mL青霉素和800 μg/mL链霉素）将研磨后的组织用细胞培养液稀释10倍（1∶10），置于27℃培养箱中孵育24 h，将培养的组织样品离心15 min（13 000 g），收集组织匀浆上清液。把10倍稀释的组织匀浆上清液做10倍（1∶100）和100倍（1∶1 000）稀释，在无菌条件下，将1∶10、1∶100、1∶1 000组织液分别接种到96孔板MFF-1细胞单层上，每孔中组织上清液与细胞维持液的比例为1∶10。同时设立2孔阳性对照（接种RSIV参考株）和2孔阴性对照（未接种病毒的细胞），置于25～27℃培养。倒置显微镜下观察细胞变化，持续观察7天。如果在细胞培养中出现CPE，立即进行IFA实验和（或）PCR鉴定。如果接种7天后没有观察到CPE（阳性对照已出现CPE），需盲传一次。传代程序如下：将接种细胞反复冻融，细胞培养物用0.45 μm滤器过滤，并作1∶10和1∶100稀释，分别接种到新鲜单层细胞中，继续培养7天和观察。CPE阳性的确证：以感染RSIV参考株的细胞培养物为阳性对照，以未感染RSIV的细胞为阴性对照。如果阳性对照出现CPE，阴性对照无CPE，则实验成立。细胞培养出现CPE，则初步判定为病毒分离结果为阳性。如果仅有阳性对照出现CPE，被检样品首次接种细胞和盲传后均没有CPE，则判为病毒分离结果为阴性。

PCR检测可采集病毒的靶组织样品（脾、肾、心脏、肠和鳃）作为被检对象，或者以出现CPE的细胞培养物为被检对象。以已知感染RSIV的鱼，用相同方法采集的组织样品作为阳性对照，以已知未感染RSIV或ISKNV的健康鱼，用相同方法采集的组织样品作为阴性对照。DNA提取用经典的CTAB法或商品化组织DNA提取试剂盒进行抽提。450 μL组织悬液提取的DNA溶于11 μL无菌水中用于PCR反应的模板。引物4-F（5'-CGGGGGGCAATGACGACTACA-3'）和4-R（5'-CCGCCTGTGCCTTTTCTGGA-3'）特异性扩增出RSIV的部分基因（不适用于ISKNV检疫），产物大小为568 bp。PCR反应体系（50 μL体系）包含：抽提的模板DNA 4 μL、10×DNA聚合酶缓冲液（含20 mmol/L Mg$^{2+}$）5 μL、dNTP（各2.5 mmol/L）4 μL、4-F引物（20 μmol/L）1 μL、4-R引物（20 μmol/L）1 μL、DNA聚合酶（5 U/μL）1 μL、双蒸水34 μL。PCR反应条件为：95℃预变性2 min；94℃ 30 s，58℃ 60 s，72℃ 60 s，30个循环；72℃终延伸5 min。PCR扩增产物进行1.5%琼脂糖凝胶电泳后，用紫外灯或用凝胶成像仪观察结果。如果观察到结果阳性，对PCR扩增产物进行基因测序，并将测序结果在GenBank进行BLAST比对分析，若与标准株序列一致，可判断为PCR检测结果阳性。

间接荧光抗体IFA实验。取出现CPE的细胞为待检样品时用未接种任何病毒的单层细胞作为阴性对照，感染RSIV参考株的单层细胞作为阳性对照；取脾组织为待检样品时，阳性对照所用的鱼脾组织风干和固定的印片可以从OIE参考实验室获得，健康鱼的脾组织制备的印片作为阴性对照。病料组织玻片的制备：放尽鱼血，取脾组织压抹于载玻片上，制备成玻片；将玻片在空气中干燥20 min，预冷丙酮固定10 min。细胞培养物材料飞片制备：细胞培养孔中置入飞片并加入新鲜细胞，25～27℃培养24 h，无菌条件下，将10倍稀释的待检病毒悬液接种到细胞培养孔；同时设立阳性对照和阴性对照；27℃培养24～72 h；吸出细胞培养液，用PBS

漂洗3次,然后用预冷固定液漂洗3次,空气中干燥,用预冷丙酮固定10 min。IFA按照前文所述方法操作。一抗为用0.01 mol/L、pH 7.2的PBST(含0.05%吐温−80)稀释的抗RSIV单克隆抗体,二抗为FITC标记的抗小鼠的荧光抗体。用PBST清洗玻片3次后用pH 8.5的甘油封片。用荧光显微镜观察,在观察前首先要观察阳性对照和阴性对照。阳性对照显示黄绿色荧光,阴性对照无荧光或显示微弱绿色背景荧光,则阳性对照和阴性对照成立。当细胞层上有特异的黄绿色荧光,整个细胞质充满弥散性的荧光,判定IFAT结果为阳性。当细胞层只有微弱的绿色背景,判定IFAT结果为阴性。

# 第十七节　鱼淋巴囊肿病

## 一、病原概况

　　鱼淋巴囊肿病早在1874年就有文字记载,该病的病原是鱼淋巴囊肿病毒(lymphocystis disease virus,LCDV)。现已知该病毒至少可感染分布在全球各地的120多种淡、海水鱼类。鱼类淋巴囊肿病毒是基因组为双链DNA,形态为二十面体对称,直径大小为150 ~ 300 nm的球形病毒,属于虹彩病毒属家族成员。LCDV感染能导致鱼外周血管系统分布的浅表皮肤产生肿瘤;鱼发病严重时,大小肿瘤弥补全身,同时在鱼的鳃、咽喉及内脏也会出现病变。鱼淋巴囊肿病对我国牙鲆、鲑鱼、石斑鱼等海水养殖鱼类的影响较大,死亡率有可能高达20%以上,且患病鱼的商品和食用价值显著降低。

## 二、诊断标准

　　1)临床症状主要表现为:病鱼体表皮肤、鳍和口部出现多个大小不等的囊肿,以背鳍、腹鳍基部最为严重,似单体或成群珍珠样;病变部位呈灰白色或灰黄色,有时带有出血而呈淡红色;体表、鳃、颌部及肛门等多处有出血点。组织病理学特征典型,表现为:LCDV的靶器官主要是鱼的表皮下结缔组织,在牙鲆表皮下结缔组织中,大量成纤维细胞变圆、膨大至直径大于20 μm的典型淋巴囊肿细胞,大的直径可达100 ~ 500 μm,为正常细胞的数万倍,且细胞外出现囊壁;囊肿细胞排列紧密,细胞质内有大量大小不一的网状包涵体,包涵体集中在细胞的边缘部分。由于该病有特异性的临床症状,发现体表出现囊肿即可判为可疑;然后通过组织切片观察巨大细胞来进行确诊。通常不需要其他的检测手段,很容易与其他体表疾病区别开来。

　　2)根据我国已公布的行业标准《鱼淋巴囊肿病检疫技术规范》(SN/T 2706—2010),淋巴囊肿病的确诊需满足:敏感鱼的临床及组织病理学诊断均符合淋巴囊肿病的典型特征。

　　通常取体表囊肿组织,用Davidson's固定液进行固定,固定好的组织用前文所述石蜡切片及HE染色方法进行处理,然后用光学显微镜观察。就会发现原先肉眼可见的囊肿内的许多小颗粒在显微镜下为具有很厚细胞膜的巨大细胞,直径可达100 ~ 500 μm;细胞核偏离中心位置,细胞边缘分布大量大小不一的网状包涵体。

# 第十八节　传染性鲑鱼贫血病

## 一、病原概况

　　传染性鲑鱼贫血病(infectious salmon anaemia,ISA)是由正粘病毒传染性鲑鱼贫血病病毒（Infectious salmon anaemia virus，ISAV）引起的大西洋鲑传染性疾病，是世界动物卫生组织（OIE）水生动物疫病名录中的重要疫病之一。大西洋鲑是该病的唯一易感种，但从智利的大马哈鱼和爱尔兰的虹鳟中曾经有分离到ISAV的报道。人工感染实验表明，ISA病毒也能在海鳟、斑鳟、虹鳟和大西洋鲱中存活和增殖，这种鱼类是ISAV的无症状带毒者。发病初期出现致死性全身临床症状：贫血、腹水、肝脾肿大变黑、腹膜上出现瘀斑，有时可见到眼睛出血。疾病暴发时常见的组织病理学特征为肝细胞变性、坏死及肾小管坏死出血。ISA传染速度很慢，因而虽然该病在有些地方引起很高的死亡率，但仍认为是低毒力的病毒。我国目前尚未有ISA发病的报道。但随着我国鲑鳟鱼类养殖业的发展，大量的水生动物苗种进口，水生动物及其产品进口贸易也急剧增加，特别是冰鲜大西洋鲑大量的进口到国内市场，ISA随时会传入我国。

传染性鲑鱼贫血病病毒是一种正粘病毒，其形态、生化和遗传特性均与正粘病毒一致，是正粘病毒科（Orthomyxoviridae）新的传染性鲑贫血病毒属（Isavirus）的代表种，也是唯一一种。病毒具有囊膜，直径100～130 nm，浮密度为1.18 g/mL，病毒基因组大小为14.3 kb，由8个片段组成，每个片段大小为1.0～2.4 kb，是线性、单链、负义链RNA。ISAV有8条基因片段，编码10种蛋白质，其中9种是结构蛋白，1种是非结构蛋白。对160多株ISAV各种基因片段测序分析发现，特定地理区内和区间病毒分离株间存在差异。目前该病可以通过观察临床症状、组织病理学方法、电子显微镜观察细胞病变及血液病理学方面的变化，用培养病毒的方法、分子生物学方法或间接免疫荧光抗体实验判断那些症状不典型的病例。首先用于分离ISAV的细胞系是SHK-1，是目前用于分离ISAV的最好的细胞系，被广泛地用于分离ISAV。可是该细胞系生长缓慢，要求的培养基成分复杂，多次传代后对ISAV的敏感性也会下降，CPE的出现也变得缓慢。CHSE-214细胞成功地用于复壮分离到的ISAV，CHSE-214的优点是生长较快，培养基成分简单，但一些ISAV分离株在CHSE-214上没有CPE出现，限制了这种细胞系在ISAV分离中的使用。最新使用的两种细胞系是TO和ASK-2，它们需要的培养基成分简单，可以在2～4天短时间内出现明显的CPE。

### 二、诊断标准

根据我国已发布的行业标准《传染性鲑鱼贫血病检疫技术规范》（SN/T 2734—2010）和即将发布的国家标准《传染性鲑鱼贫血症检疫技术规范》，传染性鲑鱼贫血症的综合判定分为下列几种情况。

① 无论敏感鱼有无临床症状，细胞分离病毒实验出现CPE，并用RT-PCR、实时荧光定量RT-PCR、间接荧光抗体实验3种方法的任何一种对组织或细胞分离培养物检测结果为阳性，可判断为传染性鲑鱼贫血病阳性。

② 无论敏感鱼有无临床症状，病毒的细胞分离实验未出现CPE，但通过RT-PCR、实时荧光定量RT-PCR、间接荧光抗体实验3种方法中的任何两种对组织或细胞分离培养物检测结果为阳性，也可判断为传染性鲑鱼贫血病阳性。

取样时优先取有临床症状的鱼的肾作为病毒分离的材料；若无临床症状，则无菌操作采集待检鱼的脾、心、肝或肾。组织匀浆及细胞分离病毒实验均按照前文所述方法操作。接种生长1～3天以内的ASK单层细胞，或SHK-1、TO或CHSE-214细胞单层。14天内每天用倒置显微镜观察CPE出现情况。典型的CPE为细胞空泡、变圆、脱落。若出现CPE，则收集细胞液进行病毒鉴定；若培养14天以上仍未出现CPE，则一方面可收集上清液，反复冻融后，用同样方法接种到新鲜的细胞单层盲传一次。在培养结束或CPE出现后，收集上清液用于病毒鉴定。

如果没有CPE出现，仍要将细胞培养物用RT-PCR、实时荧光定量RT-PCR或IFA方法进行鉴定。

间接荧光抗体实验：可以制备组织印片，取小块中肾，用吸水纸吸去多余的液体，然后在载玻片上做几张触片。空气干燥后，用预冷的100%丙酮室温固定10 min，可在4℃保存几天或者-80℃长期保存；也可从濒死的鱼收集肾、肝和心的组织块样本，在异戊烷中冻结，再放入液氮变硬，保存于-80℃。在低温下切片，摊放在载玻片上，用预冷的100%丙酮固定10 min，-80℃长期保存；对细胞培养物样品使用培养单层细胞的组织培养板（96孔板或者24孔板）、载玻片或塑料盖玻片封片，将病毒悬液作10倍倍比稀释，每个稀释度设两个平行样，细胞接种样品稀释液后置15℃培养箱中培养7天，每天观察，若出现CPE，则移去细胞培养液，先用80%丙酮冲洗一次，然后再加入80%丙酮，室温固定20 min，移去固定液，空气干燥1 h，如没有产生CPE，培养7天后，按上述方法进行固定。固定好的触片、切片、细胞板、玻片或飞片按照前文所述方法进行IFA实验，使用按1:100稀释的抗ISAV的单克隆抗体（也可用兔抗ISAV抗体）作为一抗，二抗用FITC标记的羊抗鼠IgG，并加入100 μg/mL碘化丙锭溶液，室温避光染色1～2 min，将细胞核染成红色。立即用荧光显微镜检查，若阴性对照均未观察到荧光，而阳性对照观察到荧光，则实验有效。待检样品中观察到荧光，则判断为IFA阳性；样品中没有观察到荧光，则判断为IFA阴性。

RT-PCR检测：称取匀浆成糊状后的组织样品25～100 mg（如脾、心、肝、肾；也可用病料的细胞分离培养物），放在1.5 mL的Eppendorf管中，按照前文所述CTAB法或商品化RNA提取试剂盒提取样本RNA。提取的RNA溶于10 μL 55℃无RNA酶水，用作RT-PCR模板。反转录制备cDNA：20 μL反应体系中，5×反转录酶浓缩缓冲液4 μL，10 mmol/L dNTP 1 μL，20 μmol/L下游引物（5'-GATGGTGGAATTCTACCTCTAGACTTGTA-3'）1 μL，40 U/μL RNasin 0.5 μL，200 U/μL M-MLV 1 μL，提取的核酸模板4 μL，加水8.5 μL，混匀后置42℃反应1 h。同时设阳性对照、阴性对照和空白对照。取ISAV标准株的细胞悬液和ASK细胞，用同样方法提取核酸，作为阳性对照和阴性对照的模板；同时取等体积的水作为空白对照的模板。在50 μL PCR反应体系中依次加入：10×Taq酶用浓缩缓冲液5 μL，25 mmol/L MgCl₂ 3 μL，10 mmol/L dNTP 1 μL，20 μmol/L上游引物（5'-GACCAGACAAGCTTAGGTAACACAGA-3'）和下游引物各0.5 μL，反转录产物5 μL，5 U/μL Taq酶0.25 μL，加水34.75 μL。将此混合物混匀后低速离心，再将反应管置于PCR仪。先94℃预变性5 min，再经94℃ 30 s，55℃ 15 s，72℃ 30 s，35个循环，然后72℃终延伸7 min，最后4℃保温。按照前文所述方法进行1.5%琼脂糖凝胶电泳分析：阳性对照出现一条304 bp的DNA片段条带、阴性对照和空白对照没有该核酸带时，若待测样品电泳后在304 bp的位置出现核酸条带的判为PCR阳性，而无核酸条带或核酸条带的大小不是304 bp的判为PCR阴性。

实时荧光定量RT-PCR反应的样品同RT-PCR方法：在25 μL反应体系中加入：2×第一步RT-PCR缓冲液12.5 μL、10 μmol/L上游引物（5'-CAGGGTTGTATCCATGGTTGAAATG-3'）和下游引物（5'-GTCCAGCCCTAAGCTCAACTC-3'）、探针（5'-6FAM-CTCTCTCATTGTGATCCC-MGBNFQ-3'）各0.25 μL，ROX Ⅱ 0.5 μL，RT Enzyme Mix Ⅱ 0.5 μL，TaKaRa Ex Taq HS 0.5 μL，提取的核酸模板2.5 μL，加水25 μL。将此混合物混匀后低速离心，再将反应管置于实时荧光定量RT-PCR仪。同时设阳性对照、阴性对照和空白对照。取ISAV标准株的细胞悬液和ASK细胞，参照国标方法提取核酸，作为阳性对照和阴性对照的模板；同时取等体积的水作为空白对照的模板。反应程序为：100℃ 5 min；

50℃ 30 min，95℃ 3 min；95℃ 15 s，59℃ 45 s进行40次循环。结果判定：待检样品的Ct值≥38时，则判断实时荧光定量RT-PCR反应阴性；待检样品的Ct值≤35时且有标准扩增曲线时，则判断实时荧光定量RT-PCR反应阳性；待检样品的Ct值介于35和38之间的，应重新检测，若有标准扩增曲线和Ct值小于38，可以判断为阳性。

# 第十九节　牙鲆弹状病毒病

## 一、病原概况

牙鲆弹状病毒（hirame rhabdovirus，HRV）为单股负义链RNA病毒，是弹状病毒科粒外弹状病毒属新成员，流行病学上表现为低温（≤15℃）发病，主要感染牙鲆、香鱼；人工感染对黑鲷、无备平鲉和虹鳟等海水鱼类或降河洄游鱼类具有强烈致病性，给全球海水养殖业造成了严重的经济损失。HRV病毒粒子呈弹状，为弹状病毒典型的形态学特征，病毒粒子长160～180 nm，宽60～80 nm。基因组长度约为11 000 bp。该病毒能够在EPC（鲤鱼上皮瘤细胞系）、FHM（肥头鲤细胞系）、CHSE-214（大鳞大马哈鱼胚胎细胞系）、CO（草鱼卵巢细胞系）、CIK（草鱼肾细胞系）、BF-2（蓝鳃鱼幼鱼细胞系）、R1（虹鳟肝细胞系）、SSN-1（纹鳢细胞系）等鱼类细胞上增殖，并出现致细胞病变效应（CPE），其中FHM、EPC、BF-2、CHSE-214最为敏感。

牙鲆弹状病毒病的临床症状表现为：体表和鳍部充血，腹部膨大且内有腹水；肌肉、鳍基部可见点状出血、生殖腺瘀血、脑出血。幼苗期和仔苗期的鱼（体重100～300 g的鱼）易患此病。

## 二、诊断标准

根据我国已颁布的行业标准《牙鲆弹状病毒病检疫技术规范》（SN/T 2982—2011），牙鲆弹状病毒病的确诊必须满足如下任意一条。

① 待检鱼呈现典型临床症状，PCR或ELISA直接检测病鱼组织，检测结果阳性，则判断为牙鲆弹状病毒病阳性。

② 待检鱼呈现典型临床症状，细胞培养分离病毒时呈现CPE，细胞培养物用PCR或ELISA方法检测结果阳性，则判断为牙鲆弹状病毒病阳性。

③ 待检鱼无临床症状，PCR和ELISA直接检测病鱼组织，检测结果阳性，则判断为牙鲆弹状病毒病阳性。

④ 待检鱼无临床症状，细胞培养分离病毒时呈现CPE，细胞培养物用PCR和ELISA方法检测结果阳性，则判断为牙鲆弹状病毒病阳性。

无论有无临床症状，均采集样品鱼的脑、肾和脾组织。体长小于3 cm的鱼取整尾鱼后，去头和尾。组织匀浆及接种敏感细胞系BF-2（或EPC、FHM、CHSE-214）均按照前文所述方法操作。CPE表现为局部区域细胞开始裂解，周围细胞收缩变圆，逐渐发展，细胞最终全部脱落。如果盲传一代后没有CPE出现，则结果判为阴性。

RT-PCR检测：取200 μL组织匀浆液或出现CPE的细胞悬液，用CTAB法或商品化RNA提取试剂盒抽提样本RNA，提取的RNA溶解于11 μL无菌水中。反转录制备cDNA：20 μL反应体系中，5×反转录酶浓缩缓冲液4 μL，10 mmol/L dNTP 1 μL，20 μmol/L引物GF（5′-GTGCCAATGGTACACGGACAA-3′）和GR（5′-TGATCTCCGCATGTGCCTCTA-3′）各1 μL，

40 U/μL RNasin 0.5 μL，200 U/μL M-MLV 1 μL，提取的核酸模板4 μL，加水7.5 μL，混匀后置42℃反应1 h。同时设阳性对照、阴性对照和空白对照。在上述反应管中再继续加入10倍 *Taq* 酶用浓缩缓冲液3 μL、25 mmol/L氯化镁4 μL、dNTP 1 μL、引物GF和GR各1 μL、*Taq*酶2.5 U，加水到总体积50 μL。将反应管置于PCR仪。反应条件：先94℃预变性4 min，再94℃ 1 min，60℃ 1 min，72℃ 1 min，35个循环，然后72℃终延伸10 min，最后4℃保温。配制1.5%的琼脂糖，凝胶电泳分析按照前文所述方法操作。PCR反应扩增HRV糖蛋白G基因中515 bp的片段。在阳性对照出现515 bp的DNA片段、阴性对照和空白对照没有该扩增片段时，若样品能在515 bp大小扩增出目的条带，且测序结果与标准毒株的序列一致，判断为RT-PCR检测阳性。

ELISA检测：ELISA检测参照前文所述方法操作。采用兔抗HRV抗体包被酶标板，待检样品为出现CPE的细胞培养物或组织匀浆上清。检测一抗为鼠抗HRV参考血清，酶标二抗为辣根过氧化酶标记的羊抗鼠IgG。使用OPD溶液做底物。当阳性对照出现明显棕黄色，阴性对照无色时，立即每孔加入0.2 mL浓度为2 mol/L硫酸终止反应。10 min内用酶标仪测量各孔在490 nm波长时的吸光度值。ELISA检测成立的条件是阳性对照孔的光吸收值与阴性对照孔之比大于2.1；当样品孔的 $A_{490}$ 值与阴性对照孔的 $A_{490}$ 值之比大于或等于2.1时，判定样品为IPNV阳性。

# 第二十节 对虾肝胰腺细小病毒病

## 一、病原概况

对虾肝胰腺细小病毒病的病原为肝胰腺细小病毒（hepatopancreatic parvovirus，HPV），属细小病毒科（Parvoviriadae）细小病毒亚科（Parvoririmae）细小病毒属（*Parvovirus*），其核酸类型为单链DNA，病毒粒子大小为22～24 nm，无囊膜，二十面体对称，长约6 kb，由3个ORF分别编码非结构蛋白1（NS1）、非结构蛋白2（NS2）和结构蛋白（CP）。是对虾幼体、仔虾和幼虾早期阶段潜在的严重病原，感染群体在四周内累积死亡率可达50%～100%。此病呈全球性分布，主要对虾养殖品种中国对虾（*Fenneropenaeus chinensis*）、斑节对虾（*Penaeus monodon*）、日本囊对虾（*Marsupenaeus japonicus*）、墨吉明对虾（*F. merguiensis*）、凡纳滨对虾（*Litopenaeus vannamei*）等都是HPV的自然宿主，在我国养殖的中国对虾中尤为常见。

轻微感染无明显外观症状，重度感染时可见病虾肝胰腺颜色发白、萎缩、生长速度缓慢、厌食、自净活动减少、体表易挂脏等，个别个体腹部肌肉不透明，但这些症状并不是HPV感染所特有的。HPV主要感染对虾的肝胰腺盲管近末端的F型和E型上皮细胞，细胞感染的早期在细胞核中央靠近核仁处形成小的嗜酸性包涵体，随着感染进程包涵体明显增大，呈嗜碱性的致密卵球形态。HPV主要在对虾幼体、仔虾和早期幼虾中形成较严重的感染，成虾期的感染依然存在，但通常细胞受感染率极低。我国将该病列为水生动物二类疫病。

目前，已有包括印度、泰国、澳大利亚、韩国和中国在内5个不同地理株全基因序列的测定，基因序列比对显示分离自中国对虾的HPV中国株与韩国株具有较高的相似性。

## 二、诊断标准

根据我国已颁布的行业标准《对虾肝胰腺细小病毒病诊断规程 第1部分：PCR检测法》（SC/T 7203.1—2007）、《对虾肝胰腺细小病毒病诊断规程 第2部分：组织病理学诊断法》（SC/T

7203.2—2007)、《对虾肝胰腺细小病毒病诊断规程 第3部分：新鲜组织的T–E染色法》(SC/T 7203.3—2007)，对虾肝胰腺细小病毒病的确诊条件如下。

① 组织病理学诊断阳性且PCR检测阳性，可判断为对虾肝胰腺细小病毒病阳性。

② 新鲜组织的T–E染色法诊断阳性且PCR检测阳性，可判断为对虾肝胰腺细小病毒病阳性。

诊断方式：对虾仔虾取完整个体；幼虾和成虾取肝胰腺。石蜡切片及HE染色按照前文所述方法操作。在组织休整时，要保证肝胰腺能被切片和染色。组织病理学诊断主要是观察受HPV感染的肝胰腺盲管近末端上皮细胞核内的单个球形或卵球形包涵体的存在。感染程度与受感染肝胰腺细胞的数量相关，幼体、仔虾或早期幼虾的肝胰腺细胞感染率常见在10%以上，成虾的肝胰腺细胞的感染率通常在1%以下。

新鲜组织的T–E染色法诊断：对虾幼体在载玻片上用解剖刀整体切碎；仔虾及体长小于3 cm的幼虾取其头胸部，在载玻片上用解剖刀切碎；对虾体长大于3 cm时，解剖其头胸甲，用尖头镊子取出一小块肝胰腺组织，在载玻片上撕碎涂抹。稍晾干后，在组织浆上滴加两滴T–E染色液，混匀，常温放置染色3～5 min。盖上盖玻片，再覆上数层吸水纸，轻压以吸去多余染液，除去吸水纸，在高倍镜下观察。感染HPV的对虾肝胰腺细胞核内，包涵体多呈圆形或卵圆形，数目多为1个，包涵体着色较深，边沿界限清晰，与核膜或边沿化的染色质间有一空白区，内部呈致密的蓝紫色到紫红色。

PCR检测：对虾仔虾取完整个体；幼虾和成虾取肝胰腺或粪便。可以合并样本，幼虾期至成虾期每个合并样本不超过5个。用前文所述CTAB法或商品化DNA提取试剂盒抽提样本DNA，100 mg组织提的DNA溶入100 μL灭菌双蒸水溶解，作为PCR反应模板。设置25 μL PCR反应体系，依次加入：$10 \times$ PCR缓冲液（无$Mg^{2+}$）2.5 μL、$MgCl_2$（25 mmol/L）4.0 μL、dNTP（2.5 mmol/L）2.0 μL、引物F（10 μmol/L，5′–GGTGATGTGGAGGAGAGA–3′）2.5 μL、引物R（10 μmol/L，5′–GTAACTATCGCCGCCAAC–3′）2.5 μL、灭菌双蒸水10.2 μL、Taq DNA聚合酶（5 U/μL）0.3 μL和1 μL模板DNA。该引物对特异性扩增HPV核酸中的628 bp片段。按以下程序进行扩增：94℃预变性5 min；94℃ 1 min，60℃ 1 min，72℃ 1 min，40个循环；72℃终延伸7 min，最后4℃保温。按照前文所述方法进行产物的1.5%琼脂糖凝胶电泳分析。阳性对照为已知HPV阳性的组织或粪便样品的DNA模板；阴性对照为已知HPV阴性的组织或粪便样品的DNA模板；空白对照以无菌双蒸水为模板。

结果判定：阳性对照在628 bp处会有一条特定条带出现，阴性对照在628 bp处应无条带出现，空白对照不出现任何条带；样品的电泳结果参照阳性对照和阴性对照组进行判读，在628 bp有条带出现，取PCR扩增产物测序，同参考序列进行比较，序列符合的可判断待测样品结果为PCR阳性。

# 第二十一节　鲑胰腺病毒病

## 一、病原概况

鲑胰腺病毒病是由鲑鱼甲病毒（salmonid alphavirus，SAV）感染大西洋鲑和虹鳟引起胰腺坏死、心肌炎症和昏睡等症状。鲑胰腺病毒病是危害欧洲各国鲑鳟养殖业的一种主要疫病。目前广泛流行于苏格兰、挪威、爱尔兰、法国、意大利、西班牙等欧洲国家，据统计，1995～2007

年发病率逐年增加高达90%，死亡率高达42%，每年由此疫病造成巨大经济损失。虽然此病在我国还没有发病的报道，但是由于一方面我国大西洋鲑进口量逐年增加和虹鳟养殖规模的逐渐扩大，此病存在传入我国的高风险性；另一方面由于国内养殖人员对此病缺乏了解，存在此病在我国主要冷水性鱼类地区迅速传播的风险。

SAV属于被膜病毒Togaviridae科甲病毒Alphavirus属成员，病毒粒子具有囊膜，大小为65 nm。能够通过敏感细胞系大鳞大马哈鱼（Oncorhynchus tshawytscha）胚胎细胞（CHSE-214）进行分离和繁殖。SAV是单股正义链RNA病毒，基因组长11～12 kb，含有两个可读框。其中3′端可读框编码26 S子基因的mRNA，最终产生5个结构蛋白，依次是衣壳蛋白及糖蛋白E3、E2、6K和E1，已被证实衣壳蛋白、糖蛋白E1和E2在病毒复制时被表达，其中衣壳蛋白构成病毒的衣壳，糖蛋白E3、E2、6K和E1共同构成了病毒的包膜糖蛋白。糖蛋白E2和E1为跨膜蛋白暴露于病毒粒子表面，E1和E2形成异源二聚体，E2位于远端并且最有可能同细胞的受体互作。糖蛋白E2上有绝大部分的中和抗原决定簇，它的作用是识别并同细胞表面的受体结合；而糖蛋白E1中含有较多保守和交叉反应性的抗原决定簇，各亚型之间糖蛋白E1具有很强的保守性，其中436～1 137 bp这段基因在各亚型之间100%保守。自从1995年Nelson等在爱尔兰成功分离出该病毒，至此已发现6个基因型（SAV 1、SAV 2、SAV 3、SAV 4、SAV 5、SAV 6）。SAV 2、SAV 3可感染虹鳟引起睡病（sleeping disease，SD）；SAV 1、SAV 2、SAV 4、SAV 5、SAV 6基因型可感染大西洋鲑引起胰腺病（pancreas disease，PD）。主要危害大西洋鲑、虹鳟和褐鳟等鲑科鱼类幼鱼，发病高峰期为7月末到9月初。

临床症状：患病鱼在水面缓慢游动，管形粪便数量增加，食欲突然下降，死亡率增加；还有一些鱼体形变长而纤细，游动无力行为异常，常常下沉于池底或网箱底部呈"睡眠"状态；外观临床症状出现的时间顺序是病鱼突然食欲不振，嗜睡和管形粪便数量的增加，死亡率上升和体形细长；病鱼游动失去平衡，体表和鳍基部出血溃烂。重要组织病理学特征为：解剖病鱼可见其肠道内容物为黄色黏液，有少量腹水，各脏器出现循环障碍，点状出血，幽门盲囊之间的胰腺区域发红，有些病鱼可能会出现心脏苍白或心脏破裂；病鱼胰腺外分泌组织严重消失，心肌发生炎症和坏死，骨骼肌变性或炎性损伤；随着病情的发展，这些变化的发展不是同时在所有器官，发病早期阶段，只有病灶部位外分泌胰腺组织坏死，此后不久心脏肌肉细胞变性坏死，心脏的炎症反应变得更加明显，胰腺外分泌组织的严重损伤，同时出现心肌炎症，稍晚骨骼肌变性、炎症和纤维化。

## 二、诊断标准

根据修订中的行业标准《鲑胰脏病毒病诊断方法》及国家标准《鲑鱼甲病毒病检疫技术规范》（SN/T 4914—2017），鲑胰脏病毒病的综合判定如下。

① 敏感鱼有临床症状，组织样品直接RT-PCR检测或荧光PCR检测结果为阳性的，确诊鲑胰腺病毒病阳性。

② 敏感鱼无临床症状，经病毒分离培养出现CPE的样品，RT-PCR检测或荧光PCR检测结果为阳性的，确诊鲑胰腺病毒病阳性。

病毒分离实验：优先选取在池底不动、呈现"昏睡"状的鲑与虹鳟，异常瘦的鱼也应该取。最合适的组织是心脏与肾。在病毒血症初期，也可以取鱼血清。组织匀浆及接种CHSE-214细胞均按前文所述方法操作。阳性对照和待测样品都接种细胞后，14天内每天用倒置显微镜检查。如果接种了被检匀浆上清稀释液的细胞培养中出现致细胞病变效应（CPE），应立即进行鉴定。SAV引起的CPE典型现象为出现固缩、有空泡细胞的斑块。如果除阳性对照细胞外，没有CPE出现，则在培养14天后用敏感细胞进行盲传。

RT-PCR检测：将出现CPE或培养14天的细胞单层培养物冻融3次，用Trizol法或商品化DNA提取试剂盒抽提DNA。也可用出现典型临床症状的待检鱼的组织匀浆提取RNA。每100 μL悬液提取的RNA溶于30 μL DEPC无菌水，用于cDNA合成模板。cDNA模板制备：取18.5 μL RNA溶液，加10×反转录酶浓缩缓冲液2.5 μL、dNTP 1 μL、RNA酶抑制剂1 μL、反转录酶1 μL、下游引物E2R（5′-CCTCATAGGTGATCGACGGCAG-3′）1 μL。混匀后，置PCR仪上50℃反应30 min，95℃反应10 min，−20℃保存。反应体系配制：在0.2 mL PCR薄壁管或八联管中，按每个样品10倍Taq酶浓缩缓冲液2.5 μL、dNTP 0.5 μL、Taq酶0.5 μL、上游引物E2F（5′-CCGTTGCGGCCACACTGGATG-3′）和下游引物E2R各0.5 μL、双蒸水18.5 μL、cDNA模板2.5 μL，配制反应体系。同时设置不含cDNA模板的空白对照、阴性对照和阳性对照，检测体系配制方法相同。反应条件：95℃变性5 min，随后40个循环：95℃变性15 s，57℃退火20 s，72℃延伸50 s，最后72℃终延伸10 min。1.5%琼脂糖凝胶电泳分析按照前文所述方法操作。经RT-PCR后阳性对照会在516 bp处有一条特定的条带出现，阴性对照和空白对照没有该条带；若待检样品扩增出516 bp条带，且取PCR扩增产物测序，序列与标准株病毒序列一致，可判定为RT-PCR检测阳性。

实时荧光定量RT-PCR反应的样品同RT-PCR方法：在25 μL反应体系中加入：2×第一步RT-PCR缓冲液12.5 μL、10 μmol/L上游引物QnsP1F（5′-CCGGCCCTGAACCAGTT-3′）和下游引物QnsP1R（5′-GTAGCCAAGTGGGAGAAAGCT-3′）、TaqMan探针（QnsP1 probe：5′-FAM-CTGGCCACCACTTCGA-MGB-3′）各0.25 μL，ROX Ⅱ 0.5 μL，RT Enzyme Mix Ⅱ 0.5 μL，TaKaRa Ex TaqHS 0.5 μL，提取的核酸模板2.5 μL，加水25 μL。将此混合物混匀后低速离心，再将反应管置于实时荧光定量RT-PCR仪。同时设阳性对照、阴性对照和空白对照。反应程序为：95℃ 2 min；95℃ 15 s，60℃ min进行40个循环。结果判定：待检样品的Ct值≥38时，则判断实时荧光定量RT-PCR反应阴性；待检样品的Ct值≤35时且有标准扩增曲线时，则判断实时荧光定量RT-PCR反应阳性；待检样品的Ct值介于35和38之间的，应重新检测，若有标准扩增曲线和Ct值小于38，可以判断为阳性。

# 参 考 文 献

世界动物卫生组织.2001.水生动物疾病诊断手册（中英文本）[M].北京：中国农业出版社.

Barse E L, Jonsson E. 2010. Detection of infectious haematopoietic necrosis virus and infectious salmon anaemia virus by molecular padlock amplification[J]. Journal of Fish Diseases, 29(4): 201−213.

Godoy M G, Aedo A, Kibenge M J, et al. 2008. First detection, isolation and molecular characterization of infectious salmon anaemia virus associated with clinical disease in farmed Atlantic salmon (*Salmo salar*) in Chile[J]. BMC Veterinary Research, 4 (1): 28.

Cano I, Alonso M C, Garcia-Rosado E, et al. 2006. Detection of lymphocystis disease virus (LCDV) in asymptomatic cultured gilt-head seabream (*Sparus aurata* L.) using an immunoblot technique[J]. Veterinary Microbiology, 113(1): 137−141.

Cano I, Ferro P, Alonso M C, et al. 2009. Application of in situ, detection techniques to determine the systemic condition of lymphocystis disease virus infection in cultured gilt-head seabream, *Sparus aurata* L.［J］. Journal of Fish Diseases, 32(2): 143−150.

Cano I, Ferro P, Alonso M C, et al. 2007. Development of molecular techniques for detection of lymphocystis disease virus in different marine fish species［J］. Journal of Applied Microbiology, 102 (1): 32−40.

Deng M, He J, Zuo T, et al. 2000. Infectious spleen and kidney necrosis virus (ISKNV) from *Siniperca chuatsi*: development of a PCR detection method and the new evidence of iridovirus［J］. Chinese Journal of Virology, 2000: 365−369.

Ding W C, Chen J, Shi Y H, et al. 2010. Rapid and sensitive detection of infectious spleen and kidney necrosis virus by loop-mediated isothermal amplification combined with a lateral flow dipstick［J］. Archives of Virology, 155 (3): 385.

Garver K A, Dwilow A G, Richard J, et al. 2007. First detection and confirmation of spring viraemia of carp virus in common carp, *Cyprinus carpio* L. from Hamilton Harbour, Lake Ontario, Canada［J］. Journal of Fish Diseases, 30 (11): 665.

Gilad O, Yun S, Andree K B, et al. 2002. Initial characteristics of koi herpesvirus and development of a polymerase chain reaction assay to detect the virus in koi, *Cyprinus carpio* koi［J］. Diseases of Aquatic Organisms, 48(2): 101.

Gray W L, Mullis L, Lapatra S E, et al. 2002. Detection of koi herpesvirus DNA in tissues of infected fish［J］. Journal of Fish Diseases, 25 (3): 171−178.

Gray W L, Williams R J, Jordan R L, et al. 1999. Detection of channel catfish virus DNA in latently infected catfish［J］. Journal of General Virology, 80 (Pt 7) (7): 1817−1822.

Gunimaladevi I, Kono T, Venugopal M N, et al. 2004. Detection of koi herpesvirus in common carp, *Cyprinus carpio* L. by loop-mediated isothermal amplification［J］. Journal of Fish Diseases, 27(10): 583−589.

Hjortaas M J, Skjelstad H R, Taksdal T, et al. 2013. The first detections of subtype 2−related salmonid alphavirus (SAV2) in Atlantic salmon, *Salmo salar* L. in Norway［J］. Journal of Fish Diseases, 36(1): 71.

Hsu H C, Lo C F, Lin S C, et al. 1999. Studies on effective PCR screening strategies for white spot syndrome virus (WSSV) detection in *Penaeus monodon* brooders［J］. Diseases of Aquatic Organisms, 39(1): 13−19.

Jewhurst V A, Todd D, Rowley H M, et al. 2004. Detection and antigenic characterization of salmonid alphavirus isolates from sera obtained from farmed Atlantic salmon, *Salmo salar* L. and farmed rainbow trout, *Oncorhynchus mykiss* (Walbaum)［J］. Journal of Fish Diseases, 27(3): 143−149.

Kiatpathomchai W, Jaroenram W, Arunrut N, et al. 2008. Shrimp Taura syndrome virus detection by reverse transcription loop-mediated isothermal amplification combined with a lateral flow dipstick［J］. Journal of Virological Methods, 153(2): 214−217.

Lao H H, Ye X, Zou W M, et al. 2009. Detection of infectious spleen and kidney necrosis virus (ISKNV) of mandarin fish (*Siniperca chuatsi*) by nested PCR［J］. South China Fisheries Science, 2009: 69−72.

Lee W L, Kim S R, Yun H M, et al. 2007. Detection of Red Sea Bream Iridovirus (RSIV) from marine fish in the Southern Coastal Area and East China Sea［J］. Journal of Fish Pathology, 20 (3): 211−220.

López-Vázquez C, Dopazo C P, Olveira J G, et al. 2006. Development of a rapid, sensitive and non-lethal diagnostic assay for the detection of viral haemorrhagic septicaemia virus［J］. Journal of Virological Methods, 133(2): 167−174.

Mazelet L, Dietrich J, Rolland J L. 2011. New RT-qPCR assay for viral nervous necrosis virus detection in sea bass, *Dicentrarchus labrax* (L.): application and limits for hatcheries sanitary control［J］. Fish & Shellfish Immunology, 30(1): 27−32.

Mekata T, Kono T, Savan R, et al. 2006. Detection of yellow head virus in shrimp by loop-mediated isothermal amplification (LAMP)［J］. Journal of Virological Methods, 135 (2): 151−156.

Mekata T, Sudhakaran R, Kono T, et al. 2009. Real-time reverse transcription loop-mediated isothermal amplification for rapid detection of yellow head virus in shrimp [ J ]. Journal of Virological Methods, 162 (1−2): 81−87.

Mikalsen A B, Teig A, Helleman A L, et al. 2001. Detection of infectious salmon anaemia virus (ISAV) by RT−PCR after cohabitant exposure in Atlantic salmon *Salmo salar* [ J ]. Diseases of Aquatic Organisms, 47 (3): 175−181.

Milne S A, Gallacher S, Cash P, et al. 2006. A reliable RT−PCR−ELISA method for the detection of infectious pancreatic necrosis virus (IPNV) in farmed rainbow trout [ J ]. Journal of Virological Methods, 132(1): 92−96.

Mouillesseaux K P, Klimpel K R, Dhar A K. 2003. Improvement in the specificity and sensitivity of detection for the Taura syndrome virus and yellow head virus of penaeid shrimp by increasing the amplicon size in SYBR Green real-time RT−PCR [ J ]. Journal of Virological Methods, 111(2): 121−127.

Mushiake K, Arimoto M, Furusawa T, et al. 1992. Detection of Antibodies against Striped Jack Nervous Necrosis Virus (SJNNV) from Brood Stocks of Striped Jack [ J ]. Nsugaf, 58 (12): 2351−2356.

Nimitphak T, Kiatpathomchai W, Flegel T W. 2008. Shrimp hepatopancreatic parvovirus detection by combining loop-mediated isothermal amplification with a lateral flow dipstick [ J ]. Journal of Virological Methods, 154(2): 56−60.

Nunan L M, Poulos B T, Lightner D V. 1998. Reverse transcription polymerase chain reaction (RT−PCR) used for the detection of Taura syndrome virus (TSV) in experimentally infected shrimp [ J ]. Diseases of Aquatic Organisms, 34(2): 87−91.

Olesen N J, Jørgensen P E V. 2010. Rapid detection of viral haemorrhagic septicaemia virus in fish by ELISA [ J ]. Journal of Applied Ichthyology, 7(3): 183−186.

Otta S K, Karunasagar I, Karunasagar I. 2003. Detection of monodon baculovirus and white spot syndrome virus in apparently healthy *Penaeus monodon*, postlarvae from India by polymerase chain reaction [ J ]. Aquaculture, 220(1): 59−67.

Pantoja C R, Lightner D V. 2000. A non-destructive method based on the polymerase chain reaction for detection of hepatopancreatic parvovirus (HPV) of penaeid shrimp [ J ]. Diseases of Aquatic Organisms, 39(3): 177−182.

Parin C, Siwaporn L, Sombat R, et al. 2010. Enhanced white spot syndrome virus (WSSV) detection sensitivity using monoclonal antibody specific to heterologously expressed VP19 envelope protein [ J ]. Aquaculture, 299 (1−4): 15−20.

Phromjai J, Boonsaeng V, Withyachumnarnkul B, et al. 2002. Detection of hepatopancreatic parvovirus in Thai shrimp *Penaeus monodon* by in situ hybridization, dot blot hybridization and PCR amplification [ J ]. Diseases of Aquatic Organisms, 51 (3): 227−232.

Poulos B T, Lightner D V. 2006. Detection of infectious myonecrosis virus (IMNV) of penaeid shrimp by reverse-transcriptase polymerase chain reaction (RT−PCR) [ J ]. Diseases of Aquatic Organisms, 73(1): 69−72.

Reschova S, Pokorova D, Nevorankova Z, et al. 2007. Detection of spring viraemia of carp virus (SVCV) with monoclonal antibodies [ J ]. Veterinární Medicína, 52(7): 308−316.

Ryutaro U, Kjersti K, Leigh O. 2008. Polymerase chain reaction detection of Taura Syndrome Virus and infectious hypodermal and haematopoietic necrosis virus in frozen commodity tails of *Penaeus vannamei* Boone [ J ]. Aquaculture Research, 39(15): 1606−1611.

Seryun K, Nishizawa T, Takami I, et al. 2010. Antibody detection against red sea bream iridovirus (RSIV) in yellowtail *Seriola quinqueradiata* using ELISA [ J ]. Fish Pathology, 45(2): 73−76.

Shivappa R B, Savan R, Kono T, et al. 2008. Detection of spring viraemia of carp virus (SVCV) by loop-mediated isothermal amplification (LAMP) in koi carp, *Cyprinus carpio* L. [ J ]. Journal of Fish Diseases, 31(4): 249.

Snow M, McKay P, McBeath A J, et al. 2006. Development, application and validation of a TaqMan real-time RT−PCR assay for the detection of infectious salmon anaemia virus (ISAV) in Atlantic salmon (*Salmo salar*) [ J ]. Developments in biologicals, 126(126): 133.

Sun Y J, Yue Z Q, Liu H, et al. 2010. Development and evaluation of a sensitive and quantitative assay for hirame rhabdovirus based on quantitative RT−PCR［J］. Journal of Virological Methods, 169(2): 391−396.

Surachetpong W, Poulos B T, Tang K F J, et al. 2005. Improvement of PCR method for the detection of monodon baculovirus (MBV) in penaeid shrimp［J］. Aquaculture, 249(1−4): 69−75.

Takano T, Iwahori A, Hirono I, et al. 2004. Development of a DNA vaccine against hirame rhabdovirus and analysis of the expression of immune-related genes after vaccination［J］. Fish & Shellfish Immunology, 17(4): 367−374.

Vanvimon S, Orapim P, Chadanat N, et al. 2010. Detection of infectious hypodermal and haematopoietic necrosis virus (IHHNV) in farmed Australian *Penaeus monodon* by PCR analysis and DNA sequencing［J］. Aquaculture, 298(3): 190−193.

Wangman P, Longyant S, Utari H B, et al. 2016. Sensitivity improvement of immunochromatographic strip test for infectious myonecrosis virus detection［J］. Aquaculture, 453: 163−168.

Kiatpathomchai W, Jareonram W, Jitrapakdee S, et al. 2007. Rapid and sensitive detection of Taura syndrome virus by reverse transcription loop-mediated isothermal amplification［J］. Journal of Virological Methods, 146(1−2): 125−128.

Wise J A, Boyle J A. 2010. Detection of channel catfish virus in channel catfish, *Ictalurus punctatus* (Rafinesque): use of a nucleic acid probe［J］. Journal of Fish Diseases, 8 (5): 417−424.

Yu K K, Macdonald R D, Moore A R. 2010. Replication of infectious pancreatic necrosis virus in trout leucocytes and detection of the carrier state［J］. Journal of Fish Diseases, 5 (5): 401−410.

Zhang L, Luo Q, Fang Q, et al. 2010. An improved RT−PCR assay for rapid and sensitive detection of grass carp reovirus ［J］. Journal of Virological Methods, 169 (1): 28−33.

Zhang Q L, Yan Y, Shen J Y, et al. 2013. Development of a reverse transcription loop-mediated isothermal amplification assay for rapid detection of grass carp reovirus［J］. Journal of Virological Methods, 187 (2): 384−389.

# 第六章 水产动物寄生虫病检疫标准

寄生虫病的检疫标准近年来也不断增多,迄今,已经颁布的国家标准或行业标准有:《刺激隐核虫病诊断规程》(SC/T 7217—2014)、《三代虫病诊断规程 第1部分:大西洋鲑三代虫病》(SC/T 7219.1—2015)、《三代虫病诊断规程 第2部分:皖三代虫病》(SC/T 7219.2—2015)、《三代虫病诊断规程 第3部分:鲢三代虫病》(SC/T 7219.3—2015)、《三代虫病诊断规程 第4部分:中型三代虫病》(SC/T 7219.4—2015)、《三代虫病诊断规程 第5部分:细锚三代虫病》(SC/T 7219.5—2015)、《三代虫病诊断规程 第4部分:小林三代虫病》(SC/T 7219.6—2015)、《指环虫病诊断规程 第1部分:小鞘指环虫病》(SC/T 7218.1—2015)、《指环虫病诊断规程 第2部分:页形指环虫病》(SC/T 7218.2—2015)、《指环虫病诊断规程 第3部分:鳙指环虫病》(SC/T 7218.3—2015)、《指环虫病诊断规程 第4部分:坏鳃指环虫病》(SC/T 7218.4—2015)、《牡蛎包纳米虫病诊断规程》(SC/T 7205.1—2007、SC/T 7205.2—2007、SC/T 7205.3—2007)、《牡蛎马尔太虫病诊断规程》(SC/T 7207.1—2007、SC/T 7207.2—2007、SC/T 7207.3—2007)、《牡蛎派琴虫病诊断规程》(SC/T 7208.1—2007、SC/T 7208.2—2007)、《牡蛎单孢子虫病诊断规程》(SC/T 7206.1—2007、SC/T 7206.2—2007、SC/T 7206.3—2007)、《牡蛎小胞虫病诊断规程》(SC/T 7209.1—2007、SC/T 7209.2—2007、SC/T 7209.3—2007)、《鱼类检疫方法 第7部分:脑粘体虫》(GB/T 15805.7—2008)、《鱼华支睾吸虫囊蚴鉴定方法》(SN/T 2975—2011)、《鱼类简单异尖线虫幼虫检测方法》(SC/T 7210—2011)、《闭合孢子虫病检疫技术规范》(SN/T 2853—2011)。

规划中的标准还有:《洪湖碘泡虫病诊断规程》、《吴李碘泡虫诊断规程》、《武汉单极虫病诊断规程》和《吉陶单极虫病诊断规程》。《水生动物疾病诊断手册》(OIE)公布的寄生虫病有牡蛎包纳米虫感染(infection with *Bonamia ostreae*)、杀蛎包纳米虫感染(infection with *Bonamia exitiosa*)、折光马尔太虫感染(infection with *Marteilia refringens*)、海水派琴虫感染(infection with *Perkinsus marinus*)和奥尔森派琴虫感染(infection with *Perkinsus olseni*)。

## 第一节 刺激隐核虫病

### 一、病原概况

刺激隐核虫病(cryptocaryoniasis)是由刺激隐核虫(*Cryptocaryon irritans*)感染并寄生在海水硬骨鱼类皮肤和鳃等并引起鱼类发病或死亡的一种疾病。刺激隐核虫的宿主范围很广,可以感染几乎所有海水硬骨鱼类。刺激隐核虫幼体主要侵害海水硬骨鱼类的皮肤、鳃和眼等与外界接触的表面部位,因此检疫时主要检查鱼的体表、鳃和眼部。病鱼的皮肤和鳃受虫体刺激而分泌大量的黏液,形成白色混浊状薄膜。体表和鳃上呈现许多大头针针头大小的小白点(俗称"白点病"),此即为寄生期的滋养体(疑似虫体),寄生于鳃时鳃丝苍白,皮肤因虫体寄生、擦伤而呈出血、溃疡和糜烂，造成鳍条缺损、开叉，甚至出现烂鳍、烂尾等症状。幼体寄生在眼角膜时可引起眼角膜浑浊发白、瞎眼。

刺激隐核虫病主要发病季节为5月下旬至7月中旬和10月中旬至11月下旬，水温22～30℃，该病流行高峰的水温是25～28℃。

刺激隐核虫的生活史分为4个阶段，即滋养体（trophont）、胞囊前体（protomont）、胞囊（tomont）和幼虫（theront）阶段。寄生在鱼体上的虫体阶段称为滋养体，呈圆形或梨形，能在上皮浅表层内的带虫腔穴中做旋转运动，以宿主的体液、组织细胞为食，成熟后脱离宿主进入水体，即成为自由活动的胞囊前期虫体，此期虫体可在水体中自由游动一短暂时期（2～8 h），然后附着在固着物上，形成胞囊。胞囊在适合的环境条件下，其内部的原生质细胞经历一系列不均等分裂形成幼体。幼体成熟后逸出胞囊进入水中，即为具有感染能力的幼虫。

## 二、诊断标准

根据我国已经颁布的行业标准《刺激隐核虫病诊断规程》（SC/T 7217—2014），刺激隐核虫病检疫结果综合判定如下：

如果在体表或鳃上肉眼观察到疑似虫体，或在显微镜下观察到疑似虫体，则判断为可疑。对疑似虫体用PCR方法扩增出540 bp的目标片段，经测序鉴定和刺激隐核虫的参考序列相似性达到95%以上，则可确诊为刺激隐核虫。若受检鱼具有典型症状，则确诊为刺激隐核虫病。

1）显微镜检查

病鱼的皮肤和鳃受虫体刺激而分泌大量的黏液，形成白色混浊状薄膜。体表和鳃上呈现许多大头针针头大小的小白点，此即为寄生期的滋养体（疑似虫体）。取鳃丝压片，显微镜下可见鳃丝上皮浅层下具有向外凸出的胞囊，内含黑色圆形或椭圆形滋养体，滋养体周身被纤毛，活体可持续旋转运动。用载玻片将鱼体表或鳍条上黏液轻轻刮下压片，显微镜下可见黏液中有黑色圆形或椭圆形虫体，虫体周身被纤毛，活体可运动，大小为0.2～0.5 mm。

2）虫体DNA的提取

用载玻片将鱼鳃或体表上虫体轻轻刮下，用吸管吸取1个或几个虫体于干净平皿中，用灭菌水反复洗涤3次，再转移到洁净的离心管中，用研磨棒磨碎，使其充分破裂，然后加入蛋白酶K（终浓度为200 μg/mL）消化，按微量样品基因组DNA抽提试剂盒说明书的方法或经典的CTAB法提取DNA，将提取的DNA用双蒸水稀释至总体积40 μL，4℃保存待用。

3）套式PCR扩增

反应中设立阳性对照、阴性对照和空白对照。阳性对照物由农业部指定单位提供，取健康鱼肌肉组织抽提DNA作为阴性对照，取等体积的水代替模板作为空白对照。第一轮PCR扩增在50 μL反应体系中进行：10×PCR缓冲液（无Mg$^{2+}$）5 μL、MgCl$_2$（25 mmol/L）4 μL、dNTP（2.5 mmol/L）2 μL、引物1（100 pmol/μL，5′-GTTCCCCTTGAACGAGGAATTC-3′）2 μL、引物2（100 pmol/μL，5′-TTAGTTTCTTTTCCTCCGCT-3′）2 μL、模板DNA 4 μL、Taq酶（5U/μL）0.5 μL、加ddH$_2$O至总体积为50 μL。将反应管置于PCR仪。94℃预变性5 min，再按以下程序进行扩增反应：94℃ 30 s，55℃ 30 s，72℃ 30 s，39个循环；72℃终延伸10 min，4℃保温。1.5%的琼脂糖凝胶电泳分析参照前面所述标准方法操作。如果第一轮PCR扩增后的产物电泳时看不到DNA条带，则取第一轮PCR产物4 μL作为模板；如果能看到DNA条带，则将第一轮PCR产物稀释100倍后，取4 μL作为模板。第二步PCR反应时，在每个PCR反应管中加入：10×PCR缓冲液（无Mg²⁺）5 μL、MgCl₂（25 mmol/L）4 μL、dNTP（2.5 mmol/L）2 μL、引物1（100 pmol/μL，5′–GTTCCCCTTGAACGAGGAATTC–3′）2 μL、引物3（100 pmol/μL，5′–TGAGAGAATTAATCATAATTTATA–3′）2 μL、模板DNA 4 μL、Taq酶（5 U/μL）0.5 μL、加ddH₂O至总体积为50 μL。将反应管置于PCR仪。94℃预变性4 min，再按以下程序进行扩增反应：94℃ 1 min，55℃ 40 s，72℃ 2 min，39个循环；72℃终延伸5 min，4℃保温。1.5%的琼脂糖凝胶电泳分析参照前面所述标准方法操作。取凝胶于凝胶成像仪中观察，第一轮PCR扩增条带为约750 bp，也可能没有条带。阴性对照和空白对照没有扩增条带，第二轮PCR产生一条540 bp的扩增条带者判定为阳性反应。

4）PCR扩增产物的序列测定和比对

按PCR产物回收试剂盒说明进行扩增产物的回收与纯化，将纯化的PCR产物转移到0.5 mL离心管中，−20℃保存。将PCR纯化产物送测序公司进行序列测定，测序结果与刺激隐核虫ITS rDNA序列进行比对，序列相似性在95%以上者，判断待测样品为刺激隐核虫。

5）临床症状

患病鱼初期食欲衰退，反应迟钝，散漫游于水面，时常翻转身体，摩擦池底或网衣等，开口呼吸，频率加快；严重时病鱼食欲减退，张口上浮，呼吸困难，最终窒息死亡。患病鱼的皮肤和鳃因受虫体刺激而黏液增多，严重者体表形成一层浑浊的白膜。皮肤因刺激而擦伤，有充血、出血和炎症，严重者皮肤溃烂。鳃上皮组织增生，黏液增多而致呼吸困难。如虫体寄生在眼角膜上即可引起鱼眼角膜浑浊、发白，乃至瞎眼。

# 第二节　大西洋鲑三代虫病

## 一、病原概况

三代虫病（Gyrodactyliasis）是由三代虫（Gyrodactylus sp.）感染并引起鱼类发病或死亡的一种寄生虫病。目前在国际上，危害最严重的三代虫病是大西洋鲑三代虫病，曾给国外的鲑鳟鱼类养殖造成重大的经济损失。三代虫隶属于单殖吸虫亚纲三代虫科，有强大的后吸器，由1对中央大钩和若干对边缘小钩组成，无眼点。胎生，生活过程中不需更换中间宿主，繁殖和传播非常迅速。通常寄生于鱼的体表（主要是鳍条）和鳃，它既可以危害苗种，也可以危害成鱼。三代虫寄生的数量很少时，不引起任何临床症状，只有当大量感染时，才导致三代虫病，病鱼会表现出明显的症状，而且一旦暴发三代虫病，在短时间内很难控制病情。

大西洋鲑三代虫能感染野生和养殖大西洋鲑、褐鳟、虹鳟、北极红点鲑、溪红点鲑、湖红点鲑等。

## 二、诊断标准

根据《三代虫病诊断规程 第1部分：大西洋鲑三代虫病》（SC/T 7219.1—2015），大西洋鲑三代虫病检疫结果综合判定如下：

显微镜下观察到鲑鳟鱼类的鳍条或体表虫体符合大西洋鲑三代虫的形态特征，则判断为疑似大西洋鲑三代虫；对虫体用PCR方法进行检测，并对PCR扩增产物进行序列测定，若与大西洋鲑三代虫的标准序列相似性在90%以上，则判定虫体为大西洋鲑三代虫。若敏感鱼的临床症状符合大西洋鲑三代虫病的典型特征,则判定为大西洋鲑三代虫病。

1)形态学鉴定

显微镜下虫体呈长叶形,体长0.5～1.0 mm,体前有两个头器,无黑色眼点;虫体后端具几丁质的伞状后吸器,其上有1对锚钩、16个边缘小钩和1根腹连接片;腹连接片上端中部凹陷明显,突起间长度稍短于腹连接片长。

2)分子检测

将95%乙醇固定的三代虫充分干燥去除乙醇后,用CTAB法或商品化DNA提取试剂盒抽提虫体DNA,1个虫体作为1个样品。ITS rDNA的PCR扩增:用引物(5′−TTTCCGTAGGTGAACCT−3′ 和5′−TCCTCCGCTTAGTGATA−3′)扩增三代虫细胞核核糖体DNA内转录间隔区(ITS),包括ITS1、5.8 S和ITS2序列。PCR反应体系(25 µL)包括20 µmol/L的上下游引物各1 µL,dNTP(各2.5 mmol/L)2 µL,MgCl$_2$ 2.5 µL,$Taq$酶缓冲液2.5 µL,0.5 U $Taq$酶及模板基因组DNA 1 µL,最后用无菌去离子水定容到25 µL。PCR反应条件为:94℃预变性4 min;94℃变性30 s,50℃退火30 s,72℃延伸1 min,35个循环;72℃终延伸10 min,PCR反应同时设置阴性对照和阳性对照。取5 µL PCR产物加入1 µL上样缓冲液,混匀,用1.0%琼脂糖(含0.5 µg/mL EB)于TAE缓冲溶液(工作浓度为1×TAE缓冲液)中电泳分离,紫外透射仪下检查是否存在大约1 300 bp的目的条带。如存在目的条带,则取PCR扩增产物测序。

3)临床症状检查

鱼感染一条或十几条三代虫时一般不会有临床症状。在感染早期,鱼类会用鳍条刮擦池壁,鱼体表黏液增多。在中度到偏重度感染时,病鱼会出现跳跃行为,在池壁上摩擦鳍条。重度感染的病鱼变得反应迟钝,经常在流速较缓慢的地方出现,体表会因为黏液的增多而变得灰白,背鳍、尾鳍和胸鳍的边缘出现糜烂。

# 第三节　皖三代虫病

## 一、病原概况

皖三代虫能感染草鱼和青鱼。三代虫寄生的数量很少时,不引起任何临床症状,只有当大量感染时,才导致皖三代虫病,病鱼会表现出明显的症状:虫体主要寄生于体表,病鱼常出现蹭擦池壁、跃出水面的行为;有些病鱼反应迟钝,常在水流缓慢的地方出现,体表因黏液增多变成淡灰色,背鳍、尾鳍和胸鳍的边缘出现腐烂。

## 二、诊断标准

根据我国已经颁布的行业标准《三代虫病诊断规程 第2部分:皖三代虫病》(SC/T 7219.2—2015),如果草鱼的鳍条或鳃丝在显微镜下观察到虫体,虫体形态特征符合皖三代虫的典型特征,则判断为皖三代虫,若敏感鱼出现典型的临床症状,则判断为皖三代虫病。

1)样品采集

剪取鳍条、鳃丝或刮取部分体表黏液,置于载玻片上,滴加数滴清水,置于显微镜下观察。用解剖针将虫体分离,放在盛有清水的培养皿中,每尾病鱼至少采集成虫10条。

2)皖三代虫形态学鉴定

显微镜下虫体呈长叶形,体长0.3～0.6 mm,体前有两个头器,无黑色眼点;虫体后端具几丁质的伞状后吸器,其上有1对锚钩、16个边缘小钩和1根腹连接片。

# 第四节　鲢三代虫病

## 一、病原概况

鲢三代虫能感染鲢和鳙等。寄生于鲢、鳙的鲢三代虫曾引起我国北方地区的鲢、鳙死亡,但是近几年很少有报道鲢和鳙因三代虫病而发生死亡的病例。三代虫寄生的数量很少时,不引起任何临床症状,只有当大量感染时,才导致三代虫病,病鱼会表现出明显的症状:虫体主要寄生于体表,病鱼常出现蹭擦池壁、跃出水面的行为;有些病鱼反应迟钝,常在水流缓慢的地方出现,体表因黏液增多变成淡灰色,背鳍、尾鳍和胸鳍的边缘出现腐烂。由于单殖吸虫有较强的宿主特异性,鲩三代虫只感染草鱼和青鱼,鲢三代虫只感染鲢、鳙,而且它们的形态差异显著,因此它们的鉴定仍然以形态特征为主要依据。

## 二、诊断标准

根据我国已经颁布的行业标准《三代虫病诊断规程 第3部分:鲢三代虫病》(SC/T 7219.3—2015),如果鲢的鳍条或鳃丝在显微镜下观察到虫体,虫体形态特征符合鲢三代虫的典型特征,则判断为鲢三代虫,若敏感鱼出现典型的临床症状,则判断为鲢三代虫病。

1)样品采集
同鲩三代虫。
2)鲢三代虫病形态学鉴定
显微镜下虫体呈长叶形,体长0.2～0.5 mm,体前有两个头器,无黑色眼点;虫体后端具几丁质的伞状后吸器,其上有1对锚钩、16个边缘小钩和1根腹连接片;锚钩基部较长,约为锚钩全长的1/2,腹连接片上宽下窄,突起间长大于腹连接片长。

# 第五节　金鱼三代虫病

## 一、病原概况

金鱼是我国重要的观赏鱼,被广泛饲养,与金鱼同属于一个物种的鲫(*Carassius auratus*)是我国重要的大宗淡水鱼类养殖品种,在全国各地都有广泛的养殖。随着养殖环境的变化和养殖密度的增加,寄生虫病越来越严重,造成的经济损失也在逐渐增加,而三代虫病是最严重的寄生虫病之一。三代虫(*Gyrodactylus* sp.)隶属于单殖吸虫亚纲三代虫科,有强大的后吸器,由1对中央大钩和若干对边缘小钩组成,无眼点。胎生,生活过程中不需更换中间宿主,繁殖和传播非常迅速。通常寄生于鱼的体表(包括鳍条)和鳃,它既可以危害苗种,也可以危害成鱼。三代虫寄生的数量很少时,不引起任何临床症状,只有当大量感染时,才导致三代虫病,病鱼会表现出明显症状,而且一旦暴发三代虫病,在短时间内很难控制病情。而且三代虫对杀虫剂易产生抗药性,随着药物的滥用,药物防治也越来越困难。因此,三代虫病的生态防控成为有效的防控方法,而三代虫的流行病学调查常常需要对三代虫种类进行鉴定。所有金鱼三代虫临床症状均表现为一条金鱼感染几条或十几条三代虫时一般不会有临床症状;在感染早期,鱼类会用鳍条刮擦池壁,鱼体表黏液增多;在中度到偏重度感染时,病鱼会出现跳跃行为,在池壁上摩擦鳍条;重度感染的病鱼变得反应迟钝,经常在流速较缓慢的地方出现,体表会因为黏液的增多而变得灰白,背鳍、尾鳍和胸鳍的边缘出现糜烂。

三代虫有较强的宿主特异性,寄生金鱼的所有三代虫都隶属于 *Limnonephrotus* 亚属,该亚属的三代虫的 ITS1 序列长度都在 600 bp 以上。中型三代虫(*G. medius*)指寄生在金鱼体表和鳃丝的一种三代虫;细锚三代虫(*G. sprostonae*)指寄生在金鱼体表和鳃丝的一种三代虫,也称史若兰三代虫;小林三代虫(*G. kobayashii*)指寄生在金鱼体表和鳃丝的一种三代虫。三代虫虫体均呈长叶形,体前有 2 个头器,无黑色眼点;虫体后端有几丁质的伞状后吸器,其上有 1 对中央大钩和 16 个边缘小钩;虫体运动如尺蠖。中型三代虫体长 0.3 ～ 0.5 mm,腹连接棒的两端的耳状突起短而略尖;细锚三代虫体长 0.2 ～ 0.5 mm,边缘小钩的钩尖向内弯曲;小林三代虫体长 0.3 ～ 0.7 mm,腹联结棒两端的耳状突起小而钝,边缘小钩的钩尖较平直。

## 二、诊断标准

根据我国已颁布的行业标准《三代虫病诊断规程 第4部分: 中型三代虫病》(SC/T 7219.4—2015)、《三代虫病诊断规程 第5部分: 细锚三代虫病》(SC/T 7219.5—2015)、《三代虫病诊断规程 第4部分: 小林三代虫病》(SC/T 7219.6—2015),金鱼三代虫病的综合判定如下。

病鱼的现场取样及观察。赶到发病现场,仔细观察水体中病鱼的临床症状和行为变化。捞取患病的鱼,放在解剖盘上,观察病鱼体表黏液和各鳍条的完整性。取新鲜病鱼的鳍条、鳃丝,或刮取体表黏液,放在载玻片上,滴加少许清水,置于体视显微镜下观察,用解剖针将虫体从鳍条上剥离,用吸管吸出,放在盛有清水的培养皿中。如果是80%乙醇固定的病鱼标本,剪下鳍条或鳃丝放在载玻片上,滴加自来水浸泡10 min,置于体视显微镜下观察,发现虫体后,用解剖针将虫体剥离下来,放在盛有清水的培养皿中。固定鱼所用容器底部的沉淀物也要进行镜检,看有无从鱼体掉下来的三代虫。

1) 如果金鱼的鳍条、鳃丝或体表黏液在显微镜下观察到虫体,虫体形态特征符合中型三代虫的特点,则判断为中型三代虫,病鱼符合三代虫感染的典型症状,则判断为中型三代虫病。

2) 如果虫体形态特征符合细锚三代虫的典型特征,则判断为细锚三代虫;如果在显微镜下观察到金鱼鳍条、鳃丝或体表黏液上的虫体为三代虫,并用PCR方法对虫体进行检测且扩增产物测序序列与参考序列进行比对,如果与细锚三代虫的参考序列相似性在99%以上者,可判定虫体为细锚三代虫。若病鱼符合三代虫感染的典型症状,则判断为细锚三代虫病。

3) 如果虫体形态特征符合小林三代虫的典型特征,则判断为小林三代虫;如果在显微镜下观察到金鱼鳍条、鳃丝或体表黏液上的虫体为三代虫,并用PCR方法对虫体进行检测且扩增产物测序序列与参考序列进行比对,如果与小林三代虫的参考序列相似性在99%以上者,可判定虫体为小林三代虫。若病鱼符合三代虫感染的典型症状,则判断为小林三代虫病。

虫体DNA提取及PCR检测按照前文所述方法操作。用引物(5′-TTTCCGT AGGT GAACCT-3′ 和 5′-TCCTCCGCTTAGTGATA-3′) 扩增三代虫细胞核核糖体DNA内转录间隔区1(ITS1)、5.8 S亚单位和内转录间隔区2(ITS2)序列。PCR反应体系(25 μL)包括 20 μmol/L的上下游引物各1 μL,dNTP(各2.5 mmol/L)2 μL,MgCl₂ 2.5 μL,*Taq*酶缓冲液 2.5 μL, 0.5 U *Taq*酶及模板基因组DNA 1 μL,最后用无菌去离子水定容到25 μL。PCR反应条件为: 94℃预变性4 min; 94℃变性30 s,50℃退火30 s,72℃延伸1 min,35个循环; 72℃终延伸 10 min,PCR反应同时设置阴性对照和阳性对照。紫外透射仪下检查是否存在大约1 300 bp的目的条带。如存在目的条带,则取 PCR 扩增产物测序。

# 第六节 指 环 虫 病

## 一、病原概况

指环虫广泛寄生于淡水鱼类,特别是鲤科鱼类的鳃上,虫体以其锚钩及边缘小钩损伤鳃丝,刺激分泌大量黏液,妨碍鱼的呼吸,使鱼贫血,鳃丝苍白,呼吸困难,鳃盖难以闭合。鱼体发黑,消瘦,游动缓慢,不食,终致死亡。但当环境不良、鱼体抵抗力差时,可引起成鱼大批死亡。指环虫病是我国淡水鱼类养殖中的一种常见病,危害各种淡水鱼类,一年四季均可发生,流行于春末夏初至秋季,主要靠虫卵及幼虫传播,多数种类的适宜温度为 20 ～ 25℃,主要危害鱼苗和鱼种,鱼越小受害越严重。

## 二、诊断标准

根据我国已经颁布的行业标准《指环虫病诊断规程 第 1 部分:小鞘指环虫病》(SC/T 7218.1—2015)、《指环虫病诊断规程 第 2 部分:页形指环虫病》(SC/T 7218.2—2015)、《指环虫病诊断规程 第 3 部分:鳙指环虫病》(SC/T 7218.3—2015)、《指环虫病诊断规程 第 4 部分:坏鳃指环虫病》(SC/T 7218.4—2015),根据病鱼症状和检查鱼鳃可初步判断为疑似指环虫病。对虫体进行形态学鉴定,可鉴定出种类。如果鳃丝在显微镜下观察到虫体,虫体特征符合小鞘指环虫、页形指环虫、鳙指环虫或坏鳃指环虫,病鱼符合指环虫发病的临床症状,则判断为相应的指环虫病。对于形态学疑难种类,也可用 PCR 方法扩增虫体 ITS1 序列,经测序后分别与小鞘指环虫、页形指环虫、鳙指环虫或坏鳃指环虫的参考序列进行对比,序列相似性在 99% 以上者,则判断为相应的指环虫。病鱼符合发病的临床症状,则判断为相应的指环虫病。

鳙指环虫虫体小型,大小为(0.34 ～ 0.48)mm ×(0.08 ～ 0.10)mm。内突外突均极发达,基部宽区很宽,但随即转成较长的狭窄区,钩尖较短。连接片发达,略呈倒"山"字形,中部弯向后方,两端亦向后伸出两略尖的突起。副联结片颇长,作波浪状弯折数次,呈矮"W"形。边缘小钩可明显区分出柄、柄轴及钩尖基突三部分,以第 3 对钩最长,第 7 对钩最短。交接管为弧形尖管,基部呈半圆形膨大。支持器端部似贝壳状,覆盖于交接管,基部略呈三角形。

1)鲢、鳙易患小鞘指环虫(*Dactylogyrus vaginulatus*)病。小鞘指环虫虫体大型,体长 1.45 ～ 1.95 mm,宽 0.20 ～ 0.31 mm。边缘小钩发育良好,联结片呈片状,副联结片呈三角形。交接管基部粗大,管成弧状,端部斜截。支持器片状包住交接管,端部上翘。

2)鲤、鲫、金鱼易患坏鳃指环虫(*Dactylogyrus vastator*)病。坏鳃指环虫虫体中型,大小为(0.41 ～ 0.86)mm ×(0.11 ～ 0.18)mm。中央大钩的内突外突均极发达,后吸器只有一联结片,连接片呈直线形。边缘小钩可明显区分出柄、柄轴及钩尖基突三部分。

3)草鱼易患页形指环虫(*Dactylogyrus lamellatus*)病。页形指环虫虫体扁平,大小为(0.192 ～ 0.529)mm ×(0.072 ～ 0.136)mm。中央大钩有较长的内突,内突端部各有一略作三角形的副片,钩尖有明显的纵纹,具有成对的腱带。后吸器具有两联结片,联结片长片状,两端和中部凸起,副联结片短小,高倍镜下观察呈"W"形。边缘小钩可区分出柄、柄轴及钩尖基突三部分,以第 2 及第 3 对钩较长,第 6 及第 7 对钩较短。交接器结构较复杂。交接管长度略超出支持器一半,基部膨大。支持器的基部与管的膨大部分相接,先形成一开口环,围绕交接管,然后于近交接管的末端再形成一环,管即由此环通出。

4)显微镜检查。用针刺鱼脑,将鱼杀死。完整的取下全鳃,用小剪刀将鳃片分离,取一片鳃置于培养皿中,洒水少许。显微镜下指环虫前端有2对头腺,2对黑色眼点,呈方形排列,此为判断指环虫的简易特征。微调焦距即可观察到指环虫后吸器的中央大钩、连接片和边缘小钩,指环虫靠近头部端可观察到交接器,后吸器与交接器是指环虫鉴定的重要特征。根据需要用镊子轻压盖玻片以凸显几丁质结构进行拍照。

5)虫体DNA的提取和PCR扩增。按前文所述方法操作。每次从95%乙醇固定的标本中吸取一虫,充分干燥以除去多余的乙醇,置于0.2 mL离心管中。可用商业化的试剂盒按说明书提取虫体DNA。也可用100 μL TE缓冲液(500 mmol/L Tris-HCl、200 mmol/L EDTA、10 mmol/L NaCl, pH 9.0)浸洗2～3 h,离心后倒掉上清,加入9 μL裂解液(0.45% NP-40、0.45%吐温-20、100 mmol/L EDTA和100 μg/mL蛋白酶K。蛋白酶K用pH 8.0的50 mmol/L Tris-HCl和1.5 mmol/L CaAc$_2$配置),未经乙醇固定保存的虫体则直接加裂解液。65℃水浴30 min后,95℃处理10 min,该裂解产物不需要进一步纯化就可直接作为PCR的模板。PCR扩增反应在50 μL体系中进行:10×Taq酶缓冲液5.0 μL,dNTP 2.0 μL,引物(正向引物F: 5′-TTATGTGGACCTCTGT-3′、反向引物R: 5′-AGCCGAGTGATCCACCA-3′)各2.0 μL,DNA模板2 μL,Taq酶1 μL,双蒸水34 μL。反应程序为:94℃ 5 min,94℃ 30 s,54℃ 30 s,72℃ 1 min,25个循环,72℃延伸10 min。1%琼脂糖凝胶电泳分析按前文所述方法操作。PCR阳性产物会出现一条与小鞘指环虫(1 168 bp)或坏鳃指环虫(977 bp)或页形指环虫(1 105 bp)或鳙指环虫(1 133 bp)ITS1基因扩增片段一致的目的条带,空白对照没有该目的条带,如存在目的条带,则取PCR扩增产物测序。

# 第七节　牡蛎包纳米虫病

## 一、病原概况

包纳米虫病是由牡蛎包纳米虫(*Bonamia ostreae*)、致死包纳米虫(*Bonamia exitiosus*)和鲁夫来小胞虫(*Mikrocytos roughleyi*)所引起的。牡蛎包纳米虫(*Bonamia ostreae*)隶属真核域(Eukaryota)有孔虫界(Rhizaria)单孢子虫门(Haplosporidia)包纳米虫属(*Bonamia*)成员,其纲、目、科分类地位不详。牡蛎包纳米虫呈球形或卵圆形,大小约2～5 μm,寄生于宿主血细胞内。虫体随血细胞迅速扩散到全身各组织器官,尤以鳃和外套膜结缔组织多见。牡蛎包纳米虫病流行于法国、爱尔兰、意大利、荷兰、葡萄牙、西班牙和英国等欧洲国家,以及加拿大的不列颠哥伦比亚和美国的加利福尼亚、缅因州和华盛顿州等地。牡蛎包纳米虫天然宿主为欧洲扁牡蛎——食用牡蛎。另外,帕尔希牡蛎(*O. puelchana*)、安加西牡蛎和智利鹑螺(*Tiostrea chilensis*)也可自然感染。各年龄阶段的牡蛎均易感,尤其2龄以上的牡蛎最易感。本病可能通过宿主之间直接传播,但感染方式和途径尚不清楚。本病一年四季均可发生,但秋季和冬末是其流行高峰。

包纳米虫主要寄生在宿主的血细胞细胞质内,也可在消化道的上皮细胞或间质细胞间游离存在,尤其在坏死的结缔组织中更易发现,有时在鳃和外套膜出现黄的色变和广泛的灰白色小溃疡病灶,但多数受感染的牡蛎外观正常。病灶先在鳃、外套膜和消化腺的结缔组织中出现,血细胞内的包纳米虫随着其数量剧增而很快扩散全身,出现浓密的血细胞浸润,最终导致牡蛎死亡。包纳米虫感染的病理学特征与受感染的宿主种类和数量有关。

## 二、诊断标准

根据《牡蛎包纳米虫病诊断规程》(SC/T 7205.1—2007、SC/T 7205.2—2007、SC/T 7205.3—2007):取活体牡蛎的卵巢或心脏组织在载玻片上印迹,制成涂片,涂片自然晾干后在甲醇中固定5～7 min,空气干燥,将干燥的涂片移入吉姆萨染液中染色15～50 min,染色后用缓慢的自来水流小心冲洗,让玻片在室温空气中晾干,中性树胶封片。在油镜下放大1 000倍,搜索不同的视野进行检查。光镜下包纳米虫大小2～5 μm,在受感染的牡蛎血细胞内外均可见到。虫体细胞质呈碱性,细胞核呈嗜酸性。组织印片法观察到的虫体比用普通组织学染色后观察到的个体要大。诊断结果可疑时,补充组织病理学或透射电镜诊断法进行结果确认。

1)组织病理学诊断法

取活体牡蛎,打开贝壳,用5号针头分3～4个部位在软组织中注射0.5 mL Davidson's AFA固定液,从背到腹将软组织切下一小片,确保组织块中包含有心脏、鳃和消化腺等组织,立即放入Davidson's AFA固定液中,如果个体较小,则将贝的整个软组织从壳中取出,放入固定液中固定24 h,随后换为70%乙醇保存。石蜡组织切片及HE染色。经HE染色后的病原寄生虫清晰可见,此寄生虫大小2～5 μm,存在于血细胞内或游离在结缔组织、鳃、内脏或外套膜上皮间。必须要在血细胞内看到病原寄生虫才能确定是阳性结果。

2)透射电镜诊断法

把样品切成大小3～4 mm的小块,以使固定液迅速渗透样品中,用3%戊二醛固定样品1 h,固定时间过长会导致膜状变形,再用经0.22 μm滤膜过滤的海水冲洗3次,1%的锇酸固定1 h,再用过滤的海水冲洗2次。按下列程序进行脱水处理:70%乙醇15 min,1次;95%乙醇15 min,2次;无水乙醇10 min,3次;无水乙醇:环氧丙烷(1:1),1次;环氧丙烷,2次。按下列程序进行浸透处理:先置于氧化丙烷:环氧树脂(50:50)中浸泡,然后放入环氧树脂中,时间越长越好,通常1天。包埋程序:将样品放在盛满环氧树脂的模板上进行包埋,在60℃下作用48 h。切片和复染:先用刀片把树脂块切成适当大小,然后用超薄切片机切片,先切一些0.5～1 μm的半薄切片放在载玻片上,将这些半薄切片于90～100℃下用1%(碱性)甲苯胺蓝染液染色,染色后滴加一滴合成树脂用盖玻片封片,在光镜下观察。在超薄切片机上切取80～100 nm厚的超薄切片,捞取到铜网上,用乙酸铀和柠檬酸铅复染超薄切片。牡蛎包纳米虫和致死包纳米虫的区别是包纳米虫具有较少的单孢子体、线粒体和密集类脂体,且核质比较小。包纳米虫的原生质形态大小为4～4.5 μm,其细胞和细胞核的轮廓不规则。

# 第八节　牡蛎马尔太虫病

## 一、病原概况

马尔太虫病是折光马尔太虫和悉尼马尔太虫所引起的。折光马尔太虫主要侵害欧洲牡蛎,流行于部分欧洲国家。悉尼马尔太虫则主要感染成体囊形牡蛎,流行于澳大利亚。马尔太虫可以感染中国鹑螺、牡蛎、鸟蛤、贻贝和巨蛤。折光马尔太虫主要感染消化道上皮细胞。患病的牡蛎消瘦,消化腺变色,停止生长并死亡。早期感染出现在触须、胃、消化道和鳃的上皮。感染悉尼马尔太虫后能导致寄主消化道上皮细胞的破坏,生殖腺萎缩并被完全吸收,牡蛎健康状况差,感染后在60天内死亡。

牡蛎一年四季均可感染马尔太虫,全年都有可能出现死亡并可找到孢子,但水温高于17℃的春季到夏季是折光马尔太虫在食用牡蛎的感染期。取消化腺做切片或印片,染色后观察。各期成虫都可以在消化腺的上皮细胞内找到,在肠腔内还可以观察到游离的孢子囊。细胞质嗜碱性,而细胞核则是嗜伊红的。

### 二、诊断标准

根据《牡蛎马尔太虫病诊断规程》(SC/T 7207.1—2007、SC/T 7207.2—2007、SC/T 7207.3—2007):通过光镜观察经吉姆萨染液染色后的组织印片中马尔太虫的形态结构及数量,从而初步诊断被检样品是否感染马尔太虫。早期寄生虫大小5～8 μm,在孢子形成期可达到40 μm,其细胞质嗜碱性,而细胞核则嗜酸性,次生细胞或孢子母细胞周边有明亮的光环。诊断结果可疑时,补充组织病理学或透射电镜诊断法进行结果确认。

1)印片法

取活体牡蛎,在通过消化道的部位切开一个切口,用吸水纸吸去切口上多余的液体,将切口面在载玻片上进行印迹,印片自然干燥后,在甲醇中固定2～3 min,空气干燥。将干燥的涂片移入吉姆萨染液中染色15～50 min,染色后用缓慢的自来水流小心冲洗,让玻片在室温空气中晾干,中性树胶封片。在油镜下放大1 000倍,搜索不同的视野进行检查。

2)组织病理学诊断

取活体牡蛎,切取包含消化腺的组织块(10 mm×10 mm×5 mm),立即放到Davidson's AFA固定液固定24 h,固定液的体积应该超出样品体积10倍以上,随后换为70%乙醇保存。石蜡切片及HE染色。马尔太虫的幼虫期寄生于胃、肠和消化道的上皮细胞,在此之后的各发育期可在消化道的上皮细胞中观察到,在肠腔内还可以观察到游离的孢子囊。马尔太虫在孢子形成期能在宿主细胞内分裂产生多个细胞的特性可以把它和所有其他原虫区别开来。

3)透射电镜诊断法

通过透射电镜观察被检组织超微结构,分辨马尔太虫的精细形态,特别是其较成熟的多核原虫中是否具有带条纹折光包涵体,从而确诊被检样品中是否感染马尔太虫。悉尼马尔太虫的多核质体中没有带条纹的包涵体,其每个多核质体内会形成8～16个孢子囊原基,每个孢子囊产生2～3个孢子,并且成熟的悉尼马尔太虫孢子被一层很厚的同心膜包围。折光马尔太虫多核质体具有带条纹的包涵体,其多核质体内的孢子囊原基是8个,每个孢子囊产生的孢子多于4个。

# 第九节　牡蛎派琴虫病

### 一、病原概况

派琴虫病(perkinsosis)是由顶复体门(Apicomplexa)派琴虫属(*Perkinsus*)的海水派琴虫和奥尔森派琴虫感染所致的海洋软体动物疾病。牡蛎派琴虫病是牡蛎最严重的疾病之一,主要受侵害的是较大的牡蛎,死亡率也随着年龄的增长而增加。派琴虫的增殖与水温相关,水温高于20℃易于发病。其感染期是双鞭毛游动孢子,进入宿主组织后就发育成营养体,营养体在宿主中不断通过二分裂方式繁殖。因牡蛎派琴虫的传播是靠放出的游动孢子,随着水流直接传播给邻近的牡蛎,所以传播的范围一般是在病牡蛎周围15 m以内。疾病的严重程度与高密度养殖有密切关系。

牡蛎派琴虫生活史中最容易看到的是孢子。孢子近于球形,直径3～10 μm,多数孢子为5～7 μm,分别属于未成熟期、印环期和玫瑰形期的各期虫体。病牡蛎全身所有软体部的组织都可被寄生并受到破坏,但主要伤害结缔组织、闭壳肌、消化系统上皮组织和血管。在感染早期,虫体寄生处的组织发生炎症,随之纤维变性,最后发生广泛的组织溶解,形成组织脓肿或水肿。慢性感染的牡蛎,身体逐渐消瘦,生长停止,生殖腺的发育也受到阻碍。感染严重的牡蛎壳口张开而死,腹足和外套膜上有时可见到直径达8 mm的脓疱。

## 二、诊断标准

根据《牡蛎派琴虫病诊断规程》(SC/T 7208.1—2007、SC/T 7208.2—2007):通过光镜观察巯基乙酸盐培养基培养后经鲁氏碘液(100 mL水溶液中含2 g碘和4 g碘化钾)染色的派琴虫虫体及休眠孢子的形态,从而初步诊断被检样品是否感染派琴虫。具体操作:取活体样品,剪取大小为5 mm×10 mm的组织块(牡蛎选取直肠),立即放入加有混合抗生素(每10 mL水溶液中含0.5 mg氯霉素和500 000单位制霉菌素)的液体巯基乙酸盐培养基(巯基乙酸盐30 g,氯化钠20 g,水1 L;高压灭菌后使用,使用前每10 mL加50 μL混合抗生素)中,22～25℃下避光培养4～7天。培养后收集组织碎片,置于5倍稀释的鲁氏碘液中10 min。将组织碎片置于载玻片上,盖上盖玻片,镜检。结果判定:培养后寄生虫虫体的大小从3～10 μm增大到70～250 μm。派琴虫的休眠孢子呈球形,其细胞壁被鲁氏碘液染成蓝色或蓝黑色。诊断结果可疑时,补充组织病理学诊断法进行结果确认。

组织病理学诊断法:取活贝,沿着内脏团的纵向面切取一块组织(10 mm×10 mm×5 mm),立即放到Davidson's AFA固定液中固定24 h,随后换为70%乙醇保存。石蜡组织切片及HE染色。光学显微镜下观察可以发现,成熟的营养体主要特点是内有液泡并迫使细胞核靠向边缘,经HE染色,营养体的细胞质被染成粉红色,而细胞核则呈蓝色。派琴虫因种类不同,其营养体的大小也不一样,海水派琴虫大小为5～7 μm,奥尔森派琴虫大小为13～16 μm。

# 第十节　牡蛎单孢子虫病

## 一、病原概况

牡蛎单孢子虫病由单孢子虫的两个种引起:尼氏单孢子虫(*Haplosporidium nelson*)和沿岸单孢子虫(*Haplosporidium costale*)。单孢子虫感染牡蛎血细胞、结缔组织和消化腺上皮,镜检组织切片可见寄生虫的多核原虫。严重感染的牡蛎组织细胞萎缩,组织坏死,含有大量的孢子。通常在外套膜和鳃上皮还伴随有褐红色变。病牡蛎肌肉消瘦,生长停止,在环境条件较差时则引起死亡。单孢子虫的孢子是呈卵形,长度为6～10 μm,一端具盖,盖的边缘延伸到孢子壁之外。在病牡蛎的各种内部组织中,都有尼氏单孢子虫的多核质体。多核质体的大小很不一致,一般为4～25 μm,最大的可达50 μm,有数个至许多核。核内有1个偏心的核内体。

发生流行病的季节为5月中旬到9月。在非流行季节中,此病的潜伏期很长,一般为几个月。感染率有的地方可达30%～60%。死亡率在低盐度区一般为50%～70%,在高盐度区则为90%～95%。尼氏单孢子虫的孢子发生于消化道上皮细胞中,引起消化道上皮的渐进性溃疡,在结缔组织中无孢子形成;沿岸单孢子虫的孢子发生于结缔组织中。

### 二、诊断标准

根据《牡蛎单孢子虫病诊断规程》(SC/T 7206.1—2007、SC/T 7206.2—2007、SC/T 7206.3—2007),可通过光学显微镜观察经吉姆萨染液染色后的组织印片中单孢子虫各期的形态,从而初步诊断被检样品是否感染单孢子虫。检查部位:沿岸单孢子虫主要感染鳃、触手和结缔组织,尼氏单孢子虫感染消化腺上皮细胞。光学显微镜下,单孢子虫为多核原虫,核嗜酸性,细胞质为嗜碱性,尼氏单孢子虫原虫为4～30 μm,沿岸单孢子虫大小为2～15 μm。当诊断结果可疑时,补充组织病理学或原位杂交诊断法进行确诊。

沿着牡蛎纵向剖面切取消化腺和鳃作为样本,用吸水纸吸去多余的液体,并将消化腺、鳃和外套膜的切口面在载玻片上进行印迹,印片自然干燥后在甲醇中固定2～3 min,空气干燥。印片及染色程序参照前文所述方案操作。

1)组织病理学诊断法

阳性对照为受单孢子虫感染且显示明显病理变化的牡蛎组织切片(HE染色);阴性对照为未受单孢子虫感染的正常的牡蛎组织切片(HE染色)。取牡蛎活体,沿纵向剖面切取内脏团组织块10 mm×10 mm×5 mm,立即放到Davidson's AFA固定液中固定24 h,随后换为70%乙醇保存。石蜡组织切片及HE染色均按前文所述方法操作。被感染牡蛎在鳃部、触手、结缔组织和消化腺上皮中均能观察到不同时期的单孢子虫。镜检组织切片可见寄生虫的多核原虫、有嗜酸性孢子质的无核孢子或有囊盖的孢子。尼氏单孢子虫多核原虫的直径为4～30 μm,可在整个结缔组织出现,从5月中旬到10月都能检测到。沿岸单孢子虫的孢子可在消化道、外套膜和性腺等的结缔组织中观察到,但不会出现在消化道上皮组织中。诊断结果可疑时,补充原位杂交法进行结果确认。

2)原位杂交诊断法

合成寡聚核苷酸探针MSX1347(5′-ATGTGTTGGTGACGCTAACCG-3′),合成时用地高辛标记的脱氧核糖核苷尿嘧啶残基(DIG-dU)代替脱氧核糖核苷胸腺嘧啶残基(dT)。石蜡组织切片及原位杂交程序均按前文所述方法操作。DIG显色反应及终止显色后滴加2滴中性树胶封片。在明视野显微镜下寻找蓝黑色到黑色细胞沉淀物并拍照。在阳性对照出现蓝黑色细胞内颗粒而阴性对照中无此颗粒的情况下,受感染的牡蛎组织显示阳性反应,即尼氏单孢子虫胞内有较深的蓝黑色颗粒沉淀,而未受感染的牡蛎组织则无此沉淀呈阴性结果。寄生虫感染程度越重,则着色越明显。

# 第十一节　牡蛎小胞虫病

### 一、病原概况

牡蛎小胞虫病是由两个分类关系尚不明确的小胞虫种(马可尼小胞虫和鲁夫来小胞虫)所引起的。马可尼小胞虫主要感染囊样结缔组织细胞,导致血细胞浸润和组织坏死,因此该病主要引起外套膜产生水痘、脓肿和溃疡,同时在贝壳上留下棕褐色斑痕,但并不一定都存在有肉眼可见的病灶。脓肿由颗粒细胞和透明细胞组成,并包含有 1 ~ 3 μm 的小胞虫体。患病严重的个体仅存在于两年以上的牡蛎。感染鲁夫来小胞虫的牡蛎外观健康,无肉眼可见症状,但它可导致全身性的血细胞感染(不含结缔组织细胞),出现鳃、结缔组织、生殖腺和消化道的脓肿病变。

## 二、诊断标准

根据我国已经颁布的行业标准《牡蛎小胞虫病诊断规程》(SC/T 7209.1—2007、SC/T 7209.2—2007、SC/T 7209.3—2007),可以通过光学显微镜观察经吉姆萨染液染色后的组织印片中小胞虫的形态,从而初步诊断被检样品是否感染小胞虫。小胞虫的直径为 2 ~ 3 μm,游离于宿主细胞间,偶尔出现在血细胞中。寄生虫的细胞质嗜碱性,有一个小而红色的嗜酸性细胞核。诊断结果可疑时,补充组织病理学诊断或透射电镜诊断法进行结果确认。

1)组织印片的细胞诊断法

取活体牡蛎,在马可尼小胞虫和鲁夫来小胞虫容易或疑似感染的特征部位切一块组织作为样本制备印片,用吸水纸吸去多余的液体,将感染组织的切口面在载玻片上进行印迹,印片自然干燥后在甲醇中固定 2 ~ 3 min,染色按照前文所述方法操作。

2)组织病理学诊断法

取活体牡蛎,切取包括外套膜、鳃、消化道等的组织块(1 cm × 1 cm × 0.5 cm),如果牡蛎上有水疱、脓肿和溃疡等,切取的组织上应包括这些病灶,立即放到Davidson's固定液中固定24 h。切片及HE染色均参照前文所述方法操作。马可尼小胞虫通常存在于紧邻脓肿样病灶的囊样结缔组织细胞内,直径 2 ~ 3 μm,寄生虫也可在肌肉细胞,偶尔在血细胞内观察到,或游离于病灶区。鲁夫来小胞虫存在于脓肿灶中的细胞内,直径 1 ~ 2 μm,有直径可大于1 μm的球状核,含有双极或偏心的核仁结构。若细胞质出现空泡,该空泡可能将空泡挤到细胞的外围。寄生虫的细胞质嗜碱性,有一个小而红色的嗜酸性细胞核。该结果可疑时,补充透射电镜诊断法进行结果确认。

3)透射电镜诊断法

通过透射电镜观察被检组织超微结构中小胞虫超微结构形态,从而确诊被检样品是否感染小胞虫。超薄切片及染色按前文所述方法操作。电子显微镜下马可尼小胞虫的超微形态结构和包纳米虫是不同的:马可尼小胞虫的核仁位于细胞核的中部,而牡蛎包纳米虫的核仁在偏心位置,并且马可尼小胞虫明显缺乏线粒体。

# 第十二节　脑粘体虫

## 一、病原概况

脑粘体虫(*Myxobolus cerebralis*)是一种寄生于鲑亚目(包括鲑、鳟及其同类)的黏孢子虫,可以导致养殖及野生的鲑和鳟发生旋转病。脑粘体虫有一个双宿主的生命周期,包括鲑和颤蚓科环节动物。这一寄生虫利用刺丝囊胞的极丝刺入宿主细胞进行感染。旋转病主要在幼鱼发病,并导致骨骼变形及损伤神经。发病的鱼以别扭的螺旋状向前"旋转"而不是正常地游动,同时也不容易找到饲料并容易被捕食。此病在幼鱼发病的致死率很高,感染的群体死亡率可高达90%,而存活的鱼也会因为残留在软骨及骨骼里的寄生虫而发生变形。它们作为寄生虫的储藏室存在,并不断向水中释放寄生虫而导致其他鱼死亡。

　　鱼的大小、年龄、三角孢子虫的密度及水温都会影响鱼的感染率,而鱼品种的影响目前还不大确定。由于5月龄以下的鱼骨骼还未完全成骨,这一阶段的鱼受到该疾病的影响也最大。这会导致幼鱼更可能感染并变形,并提供更多软骨来饲喂脑粘体虫。典型的临床症状为鱼的尾巴会变黑,幼鱼的骨骼变形,2～8月龄的病鱼尾部露出水面做旋转狂游运动,旋转角度达180°～360°。但除了软骨的病变外,通常内脏器官看起来都较健康。"旋转病"行为是由于脊髓和低位脑干受损导致。

### 二、诊断标准

　　根据我国已颁布的行业标准《鱼类检疫方法 第7部分:脑粘体虫》(GB/T 15805.7—2008),无论是否出现上述临床症状,只要检查到脑粘体虫的孢子或营养体,都可判定为脑粘体虫病。

　　通常选取有临床症状的鱼做检查。将头部纵切开,观察耳区软骨组织中有无孢囊(乳白色,直径为1～2 mm),若有孢囊,取一小块孢囊放在载玻片上,压碎,用450～600倍显微镜检查,可见到大量脑粘体虫孢子。脑粘体虫的孢子大小为$(6.5～7)\mu m \times (7.5～8)\mu m$,壳面观呈椭圆形至圆形,有两个梨形极囊,孢质中有两个圆形的胚核,无嗜碘泡,感染后3个月左右形成孢囊。如果没有发现孢囊,则从耳石区将软骨组织切开,刮取内含物作涂片镜检。左右耳石区都需镜检。孵化3天后的鲑、鳟鱼类就可能感染旋转病,对于未形成孢囊的病鱼,通过头部软骨组织的病理切片和HE染色能观察到脑粘体虫的营养体。

## 第十三节　鱼华支睾吸虫囊蚴

### 一、病原概况

　　华支睾吸虫[ *Clonorchis sinensis* (Cobbold, 1875) Looss, 1907 ],又称肝吸虫(liver fluke)、华肝蛭。成虫寄生于人体的肝胆管内,可引起华支睾吸虫病(Clonorchiasis),又称肝吸虫病。中国超过1 200万人感染肝吸虫,其中大多数分布在东南、东北省份,这些地区群众喜欢吃生鱼片,淡水鱼很容易感染肝吸虫的幼虫,称为囊蚴。当人食入含有囊蚴的"鱼生",囊蚴便进入人体,并在肝胆管内发育为瓜子仁状成虫。虫体大小一般为$(10～25)mm \times (3～5)mm$;虫卵形似芝麻,淡黄褐色,一端较窄且有盖,卵盖周围的卵壳增厚形成肩峰,另一端有小瘤。卵甚小,大小为$(27～35)\mu m \times (12～20)\mu m$。成虫寄生于人或哺乳动物的胆管内。虫卵随胆汁进入消化道混于粪便排出,在水中被第一中间宿主淡水螺吞食后,在螺体消化道孵出毛蚴,穿过肠壁在螺体内发育,经历胞蚴、雷蚴和尾蚴3个阶段。成熟的尾蚴从螺体逸出,遇到第二中间宿主淡水鱼类,则侵入鱼体内肌肉等组织发育为囊蚴(metacercaria)。终宿主因食入含有囊蚴的鱼而被感染。华支睾吸虫对第二中间宿主的选择性不强,国内已证实的淡水鱼宿主有12科39属68种。但从流行病学角度看,养殖的淡水鲤科鱼类,如草鱼(白鲩、鲩)、青鱼(黑鲩)、鲢、鳙(大头鱼)、鲮、鲤、鳊和鲫等特别重要。野生小型鱼类如麦穗鱼、克氏鲦感染率很高,与儿童华支睾吸虫病有关。

## 二、诊断标准

根据已公布的国家行业标准《鱼华支睾吸虫囊蚴鉴定方法》(SN/T 2975—2011),鱼体组织用压片和蛋白酶消化法检出囊蚴,再用PCR法鉴定为阳性,可确认为华支睾吸虫囊蚴;PCR结果为阴性的囊蚴可判定为非华支睾吸虫囊蚴。阳性样品可进行测序进一步确证。

### 1)压片检查法

淡水鱼类为华支睾吸虫的第二中间宿主,囊蚴可寄生于鱼体的肌肉、皮、头、鳃、鳍及鳞等各部位,尤其在鱼体中部的背部和尾部肌肉较多。在鱼体背部及肛区至尾鳍的基部各取约2 g肌肉,放在两张载玻片之间,用力压薄,用棉线扎紧玻片两端。将玻片放在低倍显微镜下观察,检查各种囊蚴。新鲜鱼肉中华支睾吸虫囊蚴一般为椭圆形,大小为(90～110)μm×(100～140)μm。其外有一层鱼组织反应所产生的纤维层,囊壁分两层,外壁较厚,内壁较薄,囊内可见一卷曲的活动的虫体,可见口吸盘和腹吸盘,腹吸盘下方为一椭圆形充满黑色颗粒的排泄囊,在鱼肉中检查到具备上述特征的囊蚴,可初步判定为华支睾吸虫囊蚴。

### 2)蛋白酶消化法

取鱼体背、腹两侧及尾部肌肉,用剪刀剪碎。取5 g鱼肉,置于烧杯中,用50 mL胃蛋白酶消化液充分混匀后置37℃温箱消化过夜。消化后的悬液用40目铜筛过滤,滤液用生理盐水洗涤沉淀3～5次,全部沉淀分次吸入玻璃平皿,用解剖镜检查沉淀中的囊蚴。

### 3)PCR方法

在解剖镜下挑取可疑囊蚴或取25～100 mg含囊蚴组织样品置于1.5 mL灭菌离心管中,用CTAB法或商品化组织DNA提取试剂盒提取DNA用作PCR模板。50 μL PCR反应体系为:31 μL灭菌水、10×PCR缓冲液5 μL、20 μmol/L正向引物及反向引物(5′–CGAGGGTCGGCTTATAAAC–3′和5′–GGAAAGTTAAGCACCGACC–3′)各1 μL、25 mmol/L MgCl₂ 5 μL、10 mmol/L dNTP 1 μL、Taq酶1 μL、DNA模板5 μL。PCR反应程序为:94℃ 3 min,然后94℃ 40 s,62℃ 30 s,72℃ 30 s,40个循环,72℃终延伸10 min。2%琼脂糖凝胶电泳分析按照前文所述方法操作。当阳性对照在315 bp位置出现一条单一的核酸条带,阴性对照没有该核酸条带,实验结果成立;待测样品在315 bp位置出现条带者为阳性;无条带或带大小不是315 bp的样品为阴性。

# 第十四节　鱼类简单异尖线虫幼虫

## 一、病原概况

简单异尖线虫成虫形似蛔虫,雄虫长为31～90 mm;雌虫为63～100 mm。成虫寄生在鲸、海豚、海豹、海狮等海生哺乳动物的胃。虫卵大小为50.7 μm×53 μm,随宿主粪便排入海水中,受精卵细胞经发育后形成胚胎并成为含第一期幼虫的成熟期。在海水温度适宜(约10℃)时,卵内幼虫脱壳而出,发育为第二期幼虫,长约230 μm在海水中能自由游动,可存活2～3个月。当第二期幼虫被海水中甲壳类动物(第一中间宿主)如磷虾等吞食后,即钻入体腔,并在其血腔内发育成第三期幼虫。当海鱼和软体动物(第二中间宿主)吞食含幼虫的甲壳类后,幼虫钻入消化道及其内脏与肌肉组织内寄生。含第三期幼虫的海鱼被海生哺乳动物(终宿主)吞食后,幼虫钻入其胃黏膜内成群生长,发育为雌、雄成虫,交配产卵,完成其生活史。人不是异尖线虫的适宜宿主,第三期幼虫可寄生于人体消化道各部位亦可引起内脏幼虫移行症。但此幼虫在人体内不能发育为成虫,一般在2～3周内死亡。

异尖线虫属第三期幼虫,在鱼体内常由肠道移行至各种组织内寄生以腹腔为多。当鱼死亡后,幼虫移行至体壁肌肉内。在鱼体内的第三期幼虫形态细长,大小约30 mm×1 mm,有侧索,在横切面呈"Y"形。我国东海、黄海和北部湾的近海内鱼体所见简单异尖线虫第三期幼虫,大小约为18.73 mm×0.14 mm食管长度平均为2.29 mm,尾长为0.09 mm。

### 二、诊断标准

根据我国已颁布的行业标准《鱼类简单异尖线虫幼虫检测方法》(SC/T 7210—2011),光学显微镜下虫体形态特征符合简单异尖线虫典型特征,判断为简单异尖线虫幼虫;PCR扩增产物测序,序列与参考序列比较,序列相似性在98%以上者,也可判断虫体为简单异尖线虫幼虫。

1)形态鉴定

从鱼腹腔、胃、肠系膜、肝、生殖腺、肌肉等组织中分离虫体。将虫体置于有生理盐水的培养皿中,然后将部分虫体置于巴氏液(3%甲醛,97%生理盐水)中固定用于形态学观察;部分虫体置于80%的乙醇溶液中用于后续分子生物学检测。幼虫活体呈乳白色、半透明,在生理盐水中时而卷曲呈盘状,时而如蚯蚓样蠕动。虫体长圆筒形,两端略细,体长10～30 mm。前端钝圆,头部顶端有一钻孔齿,平均高10.5 μm。

2)分子生物学检测法

取80%乙醇溶液保存的异尖线虫样品放入1.5 mL的离心管中,用CTAB法或商品化组织DNA提取试剂盒提取DNA用作PCR模板。引物391(5′-AGCGGAGGAAAAG AAACTAA-3′)和390(5′-ATCCGTGTTTCAAGACGGG-3′)扩增约800 bp 28 S rDNA序列(AY821754);引物538(5′-AGCATATCATTTAGCGGAGG-3′)和501(5′-TCGGAAGGAAC CAGCTACTA-3′)扩增约1 100 bp的28 S rDNA条带(AY821755);引物93(5′-TTGAA CCGG GTAAAAGTCG-3′)和94(5′-TTAGTTTCTTTTCCTCCGCT-3′)扩增约1 000 bp ITS rDNA(AY821739)。50 μL PCR反应体系为:34 μL灭菌水、10×PCR缓冲液5 μL、20 μmol/L正向引物及反向引物各1 μL、25 mmol/L MgCl$_2$ 5 μL、10 mmol/L dNTP 1 μL、Taq酶1 μL、DNA模板2 μL。PCR反应程序为:94℃预变性3 min;94℃变性30 s,55℃复性30 s,72℃延伸1 min,35个循环;72℃终延伸8 min。1%琼脂糖凝胶电泳分析按照前文所述方法操作。当阳性对照在800 bp或1 100 bp或1 000 bp位置出现一条单一的核酸条带,阴性对照没有该核酸条带,实验结果成立;待测样品在相应位置出现条带者为阳性;无条带或带大小不是相应条带大小的样品为阴性。

# 第十五节　闭合孢子虫病

### 一、病原概况

闭合孢子虫病,也称为丹名岛病、太平洋牡蛎细胞性疾病等,是由牡蛎闭合孢子虫(*Mikrocytos mackini*)等在宿主微细胞内寄生或者游离在结缔组织、鳃、内脏或套膜上皮中而引起的水生动物死亡的一种严重的寄生虫病,是严重危害世界贝类养殖业的主要疾病,为OIE规定的贝类必报类传染病之一。

闭合孢子虫病主要引起空泡性结缔组织细胞内（而不是血细胞）的感染，其核仁处在细胞的偏心位置，在表观上缺少线粒体，并引起血细胞渗透和组织坏死。因此该病主要引起牡蛎套膜产生脓疱、脓肿和溃疡，同时表现在壳上有褐色的伤痕。但并不是总有肉眼可见的损伤。脓肿是由颗粒状血细胞和含有 1 ～ 3 μm 小细胞的透明变形体组成。严重感染似乎只限于成年牡蛎（超过2年），处于潮间带浅水区的成年牡蛎的死亡率为40%左右。本病在北半球的流行季节为4月和5月的春季，经过3 ～ 4个月10℃以下的低温潮后，该寄生虫在高盐的情况下能大量繁殖。

## 二、诊断标准

根据已颁布的行业标准《闭合孢子虫病检疫技术规范》（SN/T 2853—2011），经脓疱组织印片、组织切片、原位杂交或透射电子显微镜法诊断结果为阳性，且针对核糖体小亚基SSU（ribosomal small subunie）区域的PCR及测序法诊断阳性，即可判断为闭合孢子虫病。

1）组织印迹法

采集带脓疱的感染晚期的活牡蛎。用手术刀将脓疱组织切成两半，将切面溢出的液体用吸水纸吸干，然后在干净的载玻片表面轻压做触片，在载玻片上形成薄层膜，自然干燥，丙酮固定印迹5 ～ 10 min，用吉姆萨染液染色，染色5 ～ 10 min，流水冲洗，晾干，用1 000倍油镜观察。在宿主细胞外经常能够观察到微细胞，由于扭曲变形，其直径大约为4 μm，而存在其中的闭合孢子虫直径为2 ～ 3 μm，通常有蓝色嗜碱性的细胞质和一个小的红色的细胞核。

2）组织切片法

采集濒死或刚死不久的牡蛎，将新鲜的脓疱或内收肌组织等切成1 ～ 3 mm的小块。石蜡组织切片及HE染色按前文所述方法操作。之后用1 000倍油镜观察。在空泡性结缔组织细胞和肌细胞的细胞质内，通常是在与红细胞渗透较为严重的宿主细胞内，若找到直径2 ～ 3 μm的球形微细胞，则判为阳性，若为非易感宿主，则进一步通过SSU rDNA的基因序列测定，与该虫大小为1 457 bp片段的序列（AF477623）进行比对，就能诊断是否为阳性。

3）透射电镜法

按要求采集活的或刚死不久的牡蛎组织并尽快固定。组织块的固定、脱水、包埋、超薄切片均按前文所述方法操作。将制作好的80 ～ 100 nm厚的超薄切片放到铜网格上，滴加乙酸铀染色30 min，用蒸馏水清洗3次，然后滤纸吸干后滴加柠檬酸铅染色30 min，用蒸馏水清洗3次，然后滤纸吸干，自然干燥即可电镜观察。阳性结果可以在空泡性结缔组织细胞、肌细胞和红细胞里看到寄生虫存在，有3种形态。$G_0/G_1$细胞有一个围绕卵圆形核的中心环，还有不到7个不活跃的核膜包围的高尔基体池、少量小泡和溶酶体样物体。这些均发生在空泡性结缔组织细胞、红细胞、内收肌和心肌细胞及细胞外的环境中。闭合孢子虫没有线粒体及其装备，也很少细胞质的细胞器，只是在核子中心有核仁。

4）核酸原位杂交技术

此方法按照前述组织切片的方法制备脓疱和内收肌等组织的石蜡切片，然后用标记的闭合孢子虫特异性寡核苷酸探针进行杂交。16 bp探针序列为：5′-AGCCCACAGCCTTCAC-3′-地高辛，该序列对应闭合孢子虫SSU rDNA基因序列的1 287 ～ 1 302 bp处。石蜡切片的脱蜡、蛋白酶K消化、预杂交、杂交、酶标抗体孵育、底物显色等均按前文所述方法操作。用自来水简单漂洗终止颜色反应。组织切片中闭合孢子虫体的反应颜色为蓝紫色，其他宿主组织细胞呈黄色。

5）PCR检测及测序分析法

要求采集活的或刚死不久的牡蛎。采集的样品保存在95%乙醇溶液中,直到进行DNA提取。主要取其软组织（如外壳、内收肌、唇状触须或套膜表）等利用CTAB法进行DNA提取,也可用商品化的组织DNA抽提试剂盒进行DNA提取。25 mg组织提取的DNA溶于200 μL TE缓冲液。上游引物（5′-AGATGGTTAATGAGCCTCC-3′）和下游引物（5′-GCGAGGTGCCACAAGGC-3′）扩增约546 bp SSU rDNA（AY477623）片段。50 μL PCR反应体系为：34 μL灭菌水、10 × PCR缓冲液5 μL、20 μmol/L正向引物及反向引物各1 μL、25 mmol/L MgCl$_2$ 5 μL、10 mmol/L dNTP 1 μL、$Taq$酶1 μL、DNA模板2 μL。PCR反应程序为：94℃预变性8 min；94℃变性1 min,60.5℃复性1 min,72℃延伸1 min,40个循环；72℃终延伸10 min。1.5%琼脂糖凝胶电泳分析按照前文所述方法操作。当阳性对照在546 bp位置出现一条单一的核酸条带,阴性对照没有该核酸条带,实验结果成立；待测样品在相应位置出现条带者为阳性；无条带或带大小不是相应条带大小的样品为阴性。

# 第十六节 黏孢子虫病

## 一、病原概况

黏孢子虫是鱼类特有的一类寄生虫,种类繁多,虽然能引起疾病的种类并不多,黏孢子虫给渔业生产带来的危害十分严重。在当前的黏孢子虫病中,流行范围广且危害严重的黏孢子虫主要有：寄生于鲫的洪湖碘泡虫（$Myxobolus\ honghuensis$）、吴李碘泡虫（$Myxobolus\ wulii$）和武汉单极虫（$Thelohanellus\ wuhanensis$）,以及寄生于鲤的吉陶单极虫（$Thelohanellus\ kitauei$）。

洪湖碘泡虫一般寄生于鲫的咽喉部,病鱼咽部充血肿大,充满白色包囊,感染后期的病鱼因无法咽食食物而消瘦死亡,症状表现为咽腔上颚炎症、肿胀呈瘤状,堵塞咽腔和压迫鳃弓,甚至包囊会撑破咽腔上壁,还会引起细菌病的继发性感染而死亡。因该孢子虫寄生于咽喉部而被称为"喉孢子虫",由该孢子虫引起的疾病称为"喉孢子虫病"。

吴李碘泡虫一般寄生于鲫的鳃和肝胰脏,寄生于肝胰脏部位的危害较大,破坏肝胰脏,从而导致鲫死亡,患病的鲫腹部膨大,引起的疾病也称"腹孢子虫病"。

武汉单极虫一般寄生于鲫的鳃部和体表,病鱼的鳞片被拱起,形成椭圆形凸起,其引起的疾病称为"肤孢子虫病",常引起异育银鲫苗种的大量死亡。

吉陶单极虫一般寄生于鲤的肠道,引起的病症表现为腹部稍隆起,肠道呈结节型膨大,形成瘤状,瘤状物直径可达3 ～ 4 cm,肠壁变薄,时有腹水常引起肠道堵塞,该病是鲤最常见的孢子虫病,常导致鲤的大量死亡。

吉陶单极虫感染鲤（$Cyprinus\ carpio$）的临床症状表现为：病鱼在池边独游,行动迟缓,不摄食,鱼体发黑消瘦；腹部稍隆起,肠道呈结节型膨大,形成瘤状；肠壁变薄,有腹水。

武汉单极虫感染鲫（$Carassius\ auratus$）的临床症状表现为：武汉单极虫一般寄生于鲫的体表鳞片下和鳍条,寄生于鳞片下的危害较大,可导致鱼苗的死亡；病鱼鳞片被包囊顶起,形成椭圆形凸起。

吴李碘泡虫主要感染鲫（$Carassius\ auratus$）,还可感染鲢（$Hypophthalmichthys\ molitrix$）、布氏黄颡鱼（$Pelteobagrus\ brashnikowi$）和马口鱼（$Opsariichthys\ bidens$）。

其典型临床症状表现为：吴李碘泡虫一般寄生于鲫的鳃和肝胰脏，寄生于肝胰脏的危害较大；患病的鱼厌食、昏睡、身体消瘦、游动缓慢，直至慢慢死亡；病鱼腹部膨大，剪开腹部，肝胰脏显著增大，乳白色，肝胰脏组织严重破坏，鱼死亡后，肝胰脏溶解。洪湖碘泡虫主要感染鲫（*Carassius auratus*），其主要临床症状表现为：洪湖碘泡虫主要寄生于鲫的咽部和鳃，引起病害的通常是寄生咽部的；病鱼通常瘦弱，头偏大，眼外突，体色暗病；咽腔上颚充血、肿胀呈瘤状，堵塞咽腔和压迫鳃弓；甚至包囊会撑破咽腔上壁。

## 二、诊断标准

根据规划中的行业标准《黏孢子虫病诊断规程》，黏孢子虫病的检疫分别遵循如下标准：如果在显微镜下观察到黏孢子虫符合典型的洪湖碘泡虫、吴李碘泡虫、武汉单极虫或吉陶单极虫形态特征和测量数据，则判断为疑似病例。进一步利用PCR扩增和产物测序分析法将扩增序列与标准序列进行比对分析，序列相似性在99.5%以上者，判定虫体为洪湖碘泡虫、吴李碘泡虫、武汉单极虫或吉陶单极虫。病鱼临床症状符合典型黏孢子虫临床表现特征的，则判定为洪湖碘泡虫病、吴李碘泡虫病、武汉单极虫病或吉陶单极虫病。

### 1. 洪湖碘泡虫病

剪掉敏感鱼鳃盖，剪开咽部，用吸管吸取白色包囊或脓状物，置于培养皿中。利用新鲜的或用10%中性甲醛溶液[10 mL甲醛液，加90 mL PBS（0.01 mol/L，pH 7.4）]固定的黏孢子虫包囊团或孢子进行形态学鉴定，而用于分子鉴定的虫体样品可用100%乙醇溶液保存。将黏孢子虫样品置于载玻片上，加一滴水，盖上盖玻片，可直接在显微镜下观察。或者在载玻片的标本中滴加少许吉姆萨染液[将1.0 g吉姆萨粉溶于66 mL甘油，放56℃温箱中2 h后，加入66 mL甲醇，棕色瓶密封保存。使用时与等体积的PBS缓冲液（pH 6.4）混合]，盖上盖玻片，在显微镜下观察虫体的极囊、极丝等细微结构。洪湖碘泡虫孢子的成熟孢子壳面观为梨形，前端略尖，后端钝圆，无薄膜鞘；孢子长15.0～18.0 μm，宽9.5～11.5 μm，厚7.8～9.2 μm；孢子缝面观呈厚梭形，缝脊明显，近直线形。囊间突明显，极囊2个，呈梨形，几乎等大，呈"八"字形分开，极囊约占孢子长度的1/2，极囊长7.0～9.2 μm，宽3.0～4.2 μm；极丝盘成7～8圈。上游引物（5′-CTGCGGACGGCTCAGTAAATCAGT-3′）和下游引物（5′-CCAGGACATCTTAGGGCATCACAGA-3′）可扩增黏孢子虫18 S rDNA序列。将80%乙醇固定的孢子（有包囊的去除表面组织）约25 mg充分干燥去除乙醇，置入1.5 mL的离心管中，用酚：氯仿：异戊醇抽提法或商品化组织DNA提取试剂盒进行DNA抽提，并溶于40 μL TE缓冲液[1 mL Tris-HCl（1 mol/L，pH 8.0）和0.2 mL EDTA（0.5 mol/L，pH 8.0）混合，加无菌去离子水定容至100 mL，高压灭菌后4℃保存]。酚：氯仿：异戊醇抽提基本流程如下：向离心管中加入0.5 mL裂解缓冲液[900 μL TE缓冲液、80 μL蛋白酶K（5 mg/mL）和20 μL 10% SDS的混合溶液]，55℃下过夜。冷却至室温后，加入500 μL DNA抽提缓冲液（用Tris-HCl溶液饱和过的重蒸酚：氯仿：异戊醇以25：24：1的比例混合，密闭避光4℃保存），摇匀，5 200 g离心10 min，收集上清液。然后加入0.1倍体积的乙酸钠缓冲液（40.8 g CH₃COONa·3H₂O溶于50 mL去离子水，冰醋酸调pH至5.2，去离子水定容100 mL）和2倍上清液体积的-20℃预冷无水乙醇，4℃下10 000 g离心10 min弃上清，70%乙醇洗涤沉淀2次，弃上清，空气干燥。设置50 μL的PCR反应体系，其中包含模板基因组DNA 10～50 ng，1.5 U *Taq*酶，1.5 mmol/L的MgCl₂，0.2 mmol/L的dNTP，上游引物和下游引物各2 μmol/L，*Taq*酶缓冲液5 μL。将PCR反应管置于PCR仪中，95℃预变性5 min；95℃ 50 s，56℃ 50 s，72℃ 1 min，35个循环；72℃终延伸10 min。PCR

扩增时应设置阴性对照和阳性对照。1%琼脂糖凝胶电泳分析及PCR产物的回收及测序分析均按前文所述方法操作。紫外透射仪下检查是否存在大约1 600 bp的目的条带。当阳性对照在1 600 bp位置出现一条单一的核酸条带,阴性对照没有该核酸条带,实验结果成立;如存在目的条带,则取PCR扩增产物测序,与洪湖碘泡虫标准序列比序列相似度在99.5%以上者,判定虫体为洪湖碘泡虫。

洪湖碘泡虫18 S rDNA扩增产物(部分序列)的参考序列如下。

gattatctgt ttgattgtct tgcccattgg ataaccgtgg gaaatctaga gctaatacat gcagtttatt ggcgtagttg aaagactatg tcaaagcatt

tattagactt aaccaactac tatacgcaag tatggtaagg cgaatctaga taactttgct gatcgtatgg ccctgtgccg acgacgtttc aattgagttt

ctgccctatc aatttgttgg taaggtattg gcttaccaag gttgcaacgg gtaacgggga atcagggttc gattccggag agggagcctg agaaacggct

accacatcca aggaaggcag caggcgcgca aattacccaa tctagacagt aggaggtggt gaagagaagt acttagtggt ggccttaatg

gtcccaacta ggaatgaacg taatttaagc aattcgatga gtaactactg gagggcaagt cctggtgcca gcagccgcgg taattccagc tccagtggcg

tgatttaaag ttgctgcgtt taaaacgctc gtagttggat catgcaataa catgtagtaa cactggttgg taaatttgac gattctcttc ttgattattg

gataattatc gaccagtgtg ttcatgctac atgttattat ttgcacacaa gtatgatatt tgggcttaag tgattcgagt atcatgtctt gtggagtgtg

ccttgaataa aacagagtgc tcaaagcagg cgaacgcttg aatgttgtag catggaacga acaaacgtgt atttgtgtat atttgaacgg tcggtggcaa

cactgactgt ttgggtatat gcagcacccg ccgaaatgcg aatgttggt tttcgtataag gtgatgatta aaagaagcgg ttggggggcat tggtatttgg

ccgcgagagg tgaaattctt ggaccggcca aggactaaca gatgcgaagg cgtttgtcta gaccgtttc attaatcaag aacgaaagtg ggaggttcga

agacgatcag ataccgtcct agttcccact ataaactatg ccgacctggg atcagtttag tgattaacaa gctctaggt ggtcccctg ggaaacctca

agtttttcgg ttacggggag agtatggtcg caagtctgaa acttaaagga attgacggaa gggcaccacc aggggtggaa cctgcggctt aatttgactc

aacacgggga aacttacctg gtccggacat cgaaaggata gacagactga tagatctttc ttgatgcggt gagtggtggt gcatggccgt tcttagttcg

tggagtgatc tgtcaggtta attccggtaa cgaacgagac cacaatcttc atttgagaaa tagtagtagg gagttggctc agtggtgttt cggcagctct

gggttggctt tcgtaggtag aattattgaa tttcataaaa gtagcattct gggctcgctc agggtgtaat gtttatgaaa ggatatggtt ttccctactg

ttatgcagtg ttaggcaaaa cctttacgct gcctcatgga gagacaacag gtttataaaa gcctg

2. 吴李碘泡虫病

剪开病鱼腹部,在肝胰脏中取出包囊团,或用吸管吸取脓状物,置于培养皿中。利用新鲜的或用10%中性甲醛溶液固定的黏孢子虫包囊团或孢子进行形态学鉴定,而用于分子鉴定的虫体样品可用无水乙醇保存。将黏孢子虫样品置于载玻片上,加一滴水,盖上盖玻片,可直接在显微镜下观察。或者在载玻片的标本中滴加少许吉姆萨染液,盖上盖玻片,在显微镜下观察虫体的极囊、极丝等细微结构。吴李碘泡虫成熟孢子壳面观为梨形,缝面观呈厚梭形,前端略尖,后端钝圆,无薄膜鞘,壳瓣底部有1～3个"V"形褶皱;孢子长16.5～18.9 μm,宽9.1～10.8 μm,厚7.2～9.0 μm。极囊2个,呈梨形,几乎等大,极囊长8.1～9.9 μm,宽3.4～4.0 μm,约占孢子长度的1/2;极丝盘成7～9圈。PCR扩增及测序比较法与洪湖碘泡虫完全一致。当阳性对照在1 600 bp位置出现一条单一的核酸条带,阴性对照没有该核酸条带,实验结果成立;如存在目的条带,则取PCR扩增产物测序,与吴李碘泡虫标准序列比序列相似度在99.5%以上者,判定虫体为吴李碘泡虫。

吴李碘泡虫18 S rDNA扩增产物(部分序列)的参考序列如下。

gattatctgt ttgattgtct tacccattgg ataaccgtgg gaaatctaga gctaatacat gcagtttatt ggcgtagtcg caagattgcg

tcaaagcatt tattagactt aaccatctac tgtacgcaag tatagtaagg cgaatctaga taactttgct gatcgtatgg ccctgtgccg acgacgtttc

aattgagttt ctgccctatc aatttgttgg taaggtattg gcttaccaag gttgcaacgg gtaacgggga atcagggttc gattccggag agggagcctg

agaaacggct accacatcca aggaaggcag caggcgcgca aattacccaa tctagacagt aggaggtggt gaagagaagt acttagtggt

ggcctaatgg tcccaactag gaatgaacgt aatttaagca attcgatgag taactactgg agggcaagtc ctggtgccag cagccgcggt aattccagct ccagtggcgt gatttaaagt tgctgcgttt aaaacgctcg tagttggatc acgcagtagc atacagttac acagattggt ttatttgacg attttctttc

aaagattatt gaattttggc tggtctgtgt gttaacgctg tatgctgcta tttgcacaca agtatggtat ttggcctttta gtgagtcgag tatcatgtct

tgtggggtgt gccttgaata aaacagagtg ctcaaagcag gcgaacgctt gaatgttata gcatggaacg aacaaacgtg tatttgcgta tatttgataa

ggtcgagggc aactttgacc tgttggatat atgcagcacc cgccaaaata cggatgttgg ttttcgtata aggtgatgat taacaggagc ggttgggggc

attggtattt ggccgcgaga ggtgaaattc ttggaccggc caaggactaa cagatgcgaa ggcgtttgtc tagaccgttt ccattaatca agaacgaaag

tgggaggttc gaagacgatc agataccgtc ctagttccca ctataaacta tgccgacctg ggatcagttt agtgattaac aagcactagg ttggtccccc

tgggaaacct aaagtttttc ggttacgggg agagtatggt cgcaagtctg aaacttaaag gaattgacgg aagggcacca ccaggggtgg

agcctgcggc ttaatttgac tcaacacggg gaaacttacc tggtccggac atcgaaagga tagacagact gatagatctt tcttgaagcg gtgagtggtg

gtgcatggcc gttcttagtt cgtggagtga tctgtcaggt ttattccggt aacgaacgag accactttct ccatttaaga aacggtagca gggagttggc

ttgaaattgt ttcggcagtt tcgggttgat tttcgcagat agaattgtta aattccatgg aagggtgctg aggggcaacc tgaggtattt gactgtggaa

ggagatgatt tttcctatcg ttatgcagtg taaggcaaaa ccttcacgcgt gtcttatgga gagacaacag gtttataaaa gcctgaggaa gtgtggctat

aacagg

### 3. 武汉单极虫病

在鳞片隆起处,用镊子取下鳞片,然后将包囊移出,置于培养皿中。利用新鲜的或用10%中性甲醛溶液固定的黏孢子虫包囊团或孢子进行形态学鉴定,而用于分子鉴定的虫体样品可用无水乙醇保存。将黏孢子虫样品置于载玻片上,加一滴水,盖上盖玻片,可直接在显微镜下观察。或者在载玻片的标本中滴加少许吉姆萨染液,盖上盖玻片,在显微镜下观察虫体的极囊、极丝等细微结构。包囊近球形,乳白色,表面有黑色斑点。武汉单极虫孢子成熟孢子壳面观为梨形,缝面观呈厚梭形,前端略尖,后端钝圆,薄膜鞘仅包围孢子后部,壳瓣底部有1～4个“V”形褶皱;孢子长21.0～25.0 μm,宽12.0～15.0 μm,厚10.0～12.5 μm;极囊1个,近球形,极囊长9.0～12.3 μm,宽7.0～9.7 μm;极丝盘成8～10圈。PCR扩增及测序比较法与洪湖碘泡虫完全一致。当阳性对照在1 600 bp位置出现一条单一的核酸条带,阴性对照没有该核酸条带,实验结果成立;如存在目的条带,则取PCR扩增产物测序,与武汉单极虫标准序列比序列相似度在99.5%以上者,判定虫体为武汉单极虫。

武汉单极虫18 S rDNA扩增产物(部分序列)的参考序列如下。

accgtgggaa tctagagcta atacgtgcag ttcattggct catcttcggg tgggtcaaag catttattag actaaaccat ctactatgct

tgcatagtaa ggggaatctg gataacttg ctgatcgtat ggcctcgtgc cggcgacgtt tcaattgagt ttctgcccta tcaacttgtt ggtaaggtat

tggcttacca aggttgcaac gggtaacggg gaatcagggt tcgattccgg agagggagcc tgagaaacgg ctaccacatc caaggaaggc

aacaggcgcg caaattaccc aatctagaca gtaggaggtg gtgaagagaa ttactaggtg gtgactcaat gagttaccag tttggaatga acgtaactta

agaaattcga tgagaaacaa ctggagggca agtcctggtg ccagcagccg cggtaattcc agctccagta gtttgcttta aagttgttgc gtttaaaacg

ctcgtagttg gatcacgcag cagtgctcag taatctgctg cctgacttcg accaatgaaa cccacttctg tggcctttcg gtagctgtcg gcagtagatg

ccaacgctga gcactgttag ttgcacgtga gatgaattgt tggcctttat tgagccggta ttctcgtctt gcggagtgtg ccttgaataa aacagagtgc

ttaaagcagg tcattgcctg aatgttatag catggaacga acaatcgtgt atatgtatgc atccttgaat ggtgatgagc cttaggtttg ttgttactca

ggatgcatac ggcacccacc aaaatatggc tgttggttcc atatacggtg atgattaaaa ggagcggttg ggggcatcgg tatttggccg cgagaggtga

aattcttaga ccggccaagg actaacaaat gcaaaggcac ttgtctagac cgtttccatt aatcaagaac gaaagtggga ggttcgaaga cgatcagata

ccgtcctagt tcccactgta aactatgccg acctgggatc agtttagaga tgttacaagc tctagattgg tcccctggg aaacctgaag tttttcggtt

acggggagag tatggtcgca aggctgaaac ttaaaggaat tgacgaagg gcaccaccag gggtggagcc tgcggcttaa tttgactcaa

cacggggaaa cttacctggt ccggacatcg ataggattaa cagatcgata gctcttttat gatgcgatga gtggtggtgc atggccgttc ttagttcgtg

gagtgatctg tcggcctaat gccggtaacg aacgagacca tagtctccat ttaagaaata gaagcagacg aagggccggc tggaatcgca agattctact

cgtccggcgt tgtaggtcgg attatgcgtt gcattgtcag agtcttgggg tcaaacctga ggttttgatg gtgcgatgta ttttctccct tctattaagc agcaattggt ttcgactgat tgttgcctta tggagagaca acgaggtata aacaa

### 4. 吉陶单极虫病

剖开敏感鱼腹部,剪开肠道的膨大处,用镊子取出包囊,置于培养皿中。利用新鲜的或用10%中性甲醛溶液固定的黏孢子虫包囊团或孢子进行形态学鉴定,而用于分子鉴定的虫体样品可用无水乙醇保存。将黏孢子虫样品置于载玻片上,加一滴水,盖上盖玻片,可直接在显微镜下观察。或者在载玻片的标本中滴加少许吉姆萨染液,盖上盖玻片,在显微镜下观察虫体的极囊、极丝等细微结构。吉陶单极虫孢子成熟孢子壳面观为长梨形,前端尖窄,近似圆锥体,后端钝圆,孢子外部具透明薄膜鞘;孢子长 23.0 ～ 28.0 μm,宽 7.9 ～ 11.0 μm,厚 8.3 ～ 10.6 μm;极囊 1 个,形状与孢子相似,长度约为孢子长的 3/5,极囊长 13.0 ～ 18.0 μm,宽 6.0 ～ 8.5 μm;薄膜鞘长 30.0 ～ 38.0 μm,宽 12.0 ～ 17.0 μm;极丝盘成 8 ～ 10 圈。PCR 扩增及测序比较法与洪湖碘泡虫完全一致。当阳性对照在 1 600 bp 位置出现一条单一的核酸条带,阴性对照没有该核酸条带,实验结果成立;如存在目的条带,则取 PCR 扩增产物测序,与吉陶单极虫标准序列比序列相似度在 99.5% 以上者,判定虫体为吉陶单极虫。

吉陶单极虫 18 S rDNA 扩增产物(部分序列)的参考序列如下。

gactcgagct aatacgtgca gttcattggc tcgtcttcgg acgagtcaaa gcatttatta gactaaacca tctactatgc tcgcatagta aggggaatct agataacttt gctgatcgta tggcctagtg ccggcgacgt ttcaattgag tttctgccct atcaacttgt tggtaaggta ttggcttacc aaggttgcaa cgggtaacgg ggaatcaggg ttcgattccg gagagggagc ctgagaaacg gctaccacat ccaaggaagg caacaggcgc gcaaattacc caatctagac agtaggaggt ggtgaagaga attactaggt ggtgactcaa tgagttacca gtttggaatg aacgtaactt aagaaattcg atgagaaaca actggagggc aagtcctggt gccagcagcc gcggtaattc cagctccagt agtttgcttt aaagttgttg cgtttaaaac gctcgtagtt ggatcacgca gcagtgccca gtaatctact attcgacgta tcactgaaaa ccacttgtgt ggcctttcat gagctgtcat tagcagatac caacgctgag cactgttagt tgcacgtgag atgaattgtt ggcctttatt gagccggtat tctcgtcttg cggagtgtgc cttgaataaa acagagtgct taaagcaggt cgttgcctga atgttatagc atggaacgaa caatcgtgta tatgtgtgta tcctagattg gtgacgagcc ttaggcttgt tgttgatctg gatgcatacg gcacccacct aaatatggct gttggttcca tatacggtga tgattaaaag gagcggttgg gggcatcggt atttggccgc gagaggtgaa attcttagac cggccaagga ctaacaaatg caaaggcact tgtctagacc gtttccatta atcaagaacg aaagtgggag gttcgaagac gatcagatac cgtcctagtt cccaccgtaa actatgccga cctgggatca gtttagagat gttacaagct ctagattggt ccccctggga aacctcaagt ttttcggtta cggggagagt atggtcgcaa ggctgaaact taaaggaatt gacggaaggg caccaccagg ggtggagcct gcggcttaat ttgactcaac acggggaaac ttacctggtc cggacatcga taggattaac agatcaatag ctcttttatg atgcgatgag tggtggtgca tggccgttct tagttcgtgg agtgatctgt cggcctaatc gcggtaacga acgagaccat aatctccatt taagagatag aagcagacgt ctgtgcgagt ggagtcgcaa gatttcaccc gtcgggtgtt gcaggttgca ttgtgcgtcg cattgtcaaa gtgtaggggc aacctgaaac tttggtggtg tggtgtgctt tgttcccttc tattgagcag caatcggtct cgactggttg ttgccttatg gagagacaac gaggtatata caagctcgag gaagagtggc tataacaggt cagtgatgcc cttcgatgctc

## 参 考 文 献

Arsan E L, Atkinson S D, Hallett S L, et al. 2010. Expanded geographical distribution of *Myxobolus cerebralis*: first detections from Alaska[J]. Journal of Fish Diseases, 30 (8): 483−491.

Bakke T A, Jansen P A, Hansen L P. 2010. Differences in the host resistance of Atlantic salmon, *Salmo salar* L. stocks to the monogenean *Gyrodactylus salaris* Malmberg, 1957[J]. Journal of Fish Biology, 37(4): 577−587.

Bakke T A, Jansen P A, Kennedy C R. 2010. The host specificity of *Gyrodactylus salaris* Malmberg (Platyhelminthes,

Monogenea): susceptibility of *Oncovhynchus mykiss* (Walbaum) under experimental conditions[J]. Journal of Fish Biology, 39(1): 45–57.

Kerans B L, Stevens R I, Lemmon J C. 2005. Water Temperature Affects a Host-Parasite Interaction: *Tubifex tubifex* and *Myxobolus cerebralis*[J]. Journal of Aquatic Animal Health, 17 (3): 216–221.

Burgess P J, Matthews R A. 2010. Fish host range of seven isolates of *Cryptocaryon irritans* (Ciliophora)[J]. Journal of Fish Biology, 46(4): 727–729.

Burreson E M, Ford S E. 2004. A review of recent information on the Haplosporidia, with special reference to *Haplosporidium nelsoni* (MSX disease)[J]. Aquatic Living Resources, 17 (4): 499–517.

Burreson E M, Reece K S. 2006. Spore ornamentation of *Haplosporidium nelsoni* and *Haplosporidium costale* (Haplosporidia), and incongruence of molecular phylogeny and spore ornamentation in the Haplosporidia[J]. Journal of Parasitology, 2006, 92(6): 1295–1301.

Burreson E M, Stokes N A, Friedman C S. 2000. Increased Virulence in an Introduced Pathogen: *Haplosporidium nelsoni* (MSX) in the Eastern Oyster Crassostrea virginica[J]. Journal of Aquatic Animal Health, 12(1): 1–8.

Cai X Q, Xu M J, Wang Y H, et al. 2010. Sensitive and rapid detection of *Clonorchis sinensis*, infection in fish by loop-mediated isothermal amplification (LAMP)[J]. Parasitology Research, 106(6): 1379–1383.

Crafford D, Luus-Powell W, Avenant-Oldewage A. 2014. Monogenean parasites from fishes of the Vaal Dam, Gauteng Province, South Africa II. New locality records[J]. Acta Parasitologica, 59(3): 485–492.

Culloty S C, Cronin M A, Mulcahy M F. 2004. Potential resistance of a number of populations of the oyster *Ostrea edulis* to the parasite *Bonamia ostreae*[J]. Aquaculture, 237(1): 41–58.

Dan X M, Li A X, Lin X T, et al. 2006. A standardized method to propagate *Cryptocaryon irritans* on a susceptible host pompano *Trachinotus ovatus*[J]. Aquaculture, 258(1): 127–133.

Dang C, De M X, Binias C, et al. 2013. Correlation between perkinsosis and growth in clams *Ruditapes* spp.[J]. Diseases of Aquatic Organisms, 106(3): 255–265.

Diggles B K, Cochenneclaureau N, Hine P M. 2003. Comparison of diagnostic techniques for *Bonamia exitiosus* from flat oysters *Ostrea chilensis* in New Zealand[J]. Aquaculture, 220 (1): 145–156.

Elmatbouli M, Soliman H. 2010. Development of a rapid assay for the diagnosis of *Myxobolus cerebralis* in fish and oligochaetes using loop-mediated isothermal amplification[J]. Journal of Fish Diseases, 28(9): 549–557.

Elvira A, Andrea R, Sandram C, et al. 2008. First detection of the protozoan parasite *Bonamia exitiosa* (Haplosporidia) infecting flat oyster *Ostrea edulis* grown in European waters[J]. Aquaculture, 274(2–4): 201–207.

Ford S E, Allam B X Z. 2009. Using bivalves as particle collectors with PCR detection to investigate the environmental distribution of *Haplosporidium nelsoni*[J]. Diseases of Aquatic Organisms, 83(2): 159–168.

Hine P M, Cochenneclaureau N, Berthe F C J. 2001. *Bonamia exitiosus* n. sp. (Haplosporidia) infecting flat oysters *Ostrea chilensis* in New Zealand[J]. Diseases of Aquatic Organisms, 47(1): 63–72.

Hine P M, Diggles B K, Parsons M J D, et al. 2010. The effects of stressors on the dynamics of *Bonamia exitiosus* Hine, Cochennec-Laureau & Berthe, infections in flat oysters *Ostrea chilensis* (Philippi)[J]. Journal of Fish Diseases, 25(9): 545–554.

Hirazawa N, Goto T, Shirasu K. 2003. Killing effect of various treatments on the monogenean *Heterobothrium okamotoi* eggs and oncomiracidia and the ciliate *Cryptocaryon irritans* cysts and theronts[J]. Aquaculture, 223(1): 1–13.

Jia L, Li D, Gu Z, et al. 2016. Development of monoclonal antibodies against polar filaments and spore valves of *Myxobolus honghuensis* (Myxosporea: Bivalvulida)[J]. Diseases of Aquatic Organisms, 117(3): 197.

Kelley G O, Zagmuttvergara F J, Leutenegger C M, et al. 2004. Evaluation of five diagnostic methods for the detection and quantification of *Myxobolus cerebralis*［J］. Journal of Veterinary Diagnostic Investigation Official Publication of the American Association of Veterinary Laboratory Diagnosticians Inc, 16(3): 202−211.

Lallias, Delphine, Arzul, et al. 2008. *Bonamia ostreae*-induced mortalities in one-year old European flat oysters, *Ostrea edulis*: experimental infection by cohabitation challenge［J］. Aquatic Living Resources, 21(4): 423−439.

Liu Y, Whipps C M, Gu Z M, et al. 2012. *Myxobolus honghuensis* n. sp. (Myxosporea: Bivalvulida) parasitizing the pharynx of allogynogenetic gibel carp *Carassius auratus gibelio* (Bloch) from Honghu Lake, China［J］. Parasitology Research, 110 (4): 1331−1336.

Liu Y, Whipps C M, Liu W S, et al. 2011. Supplemental diagnosis of a myxozoan parasite from common carp *Cyprinus carpio*: synonymy of *Thelohanellus xinyangensis* with *Thelohanellus kitauei*［J］. Veterinary Parasitology, 178(3): 355−359.

Liu Y, Yuan J, Jia L, et al. 2014. Supplemental description of *Thelohanellus wuhanensis* Xiao & Chen, 1993 (Myxozoa: Myxosporea) infecting the skin of *Carassius auratus gibelio* (Bloch): ultrastructural and histological data［J］. Parasitology International, 63 (3): 489−491.

Lowe G, Meyer G, Abbott M G, et al. 2012. Development of a q-pcr assay to detect *Mikrocytos mackini* and assessment of optimum tissue for diagnostic testing［J］. Journal of Shellfish Research, 31 (1): 315.

Marshman B C, Moore J D, Snider J P. 2015. Range extension of *Mikrocytos mackini*, agent of denman island disease, to tomales bay, California, USA［J］. Journal of Shellfish Research, 34 (2): 658.

Marty G D, Bower S M, Clarke K R, et al. 2006. Histopathology and a real-time PCR assay for detection of *Bonamia ostreae* in *Ostrea edulis* cultured in western Canada［J］. Aquaculture, 261 (1): 33−42.

Montes J. 1991. Lag time for the infestation of flat oyster (*Ostrea edulis* L.) by *Bonamia ostreae*, in estuaries of Galicia (N.W. Spain)［J］. Aquaculture, 93(3): 235−239.

Müller B, Schmidt J, Mehlhorn H. 2007. Sensitive and species-specific detection of *Clonorchis sinensis* by PCR in infected snails and fishes［J］. Parasitology Research, 100(4): 911−914.

Penna M S, Khan M, French R A. 2001. Development of a multiplex PCR for the detection of *Haplosporidium nelsoni*, *Haplosporidium costale* and *Perkinsus marinus* in the eastern oyster (*Crassostrea virginica*, Gmelin, 1971)［J］. Molecular & Cellular Probes, 15(6): 385−390.

Polinski M P, Meyer G R, Lowe G J, et al. 2017. Seawater detection and biological assessments regarding transmission of the oyster parasite *Mikrocytos mackini* using qPCR［J］. Diseases of Aquatic Organisms, 2017: 143−153.

Rahman S M M, Bae Y M, Hong S T, et al. 2011. Early detection and estimation of infection burden by real-time PCR in rats experimentally infected with *Clonorchis sinensis*［J］. Parasitology Research, 109(2): 297−303.

Sanpool O, Intapan P M, Thanchomnang T, et al. 2012. Rapid detection and differentiation of *Clonorchis sinensis* and *Opisthorchis viverrini* eggs in human fecal samples using a duplex real-time fluorescence resonance energy transfer PCR and melting curve analysis［J］. Parasitology Research, 111 (1): 89−96.

Scott M E, Robinson M A. 2010. Challenge infections of *Gyrodactylus bullatarudis* (Monogenea) on guppies, *Poecilia reticulata* (Peters) following treatment［J］. Journal of Fish Biology, 8 (6): 495−503.

Sobecka E, Pileckarapacz M. 2003. *Pseudodactylogyrus anguillae*［Yin et Sproston, 1948］Gussev, 1965 and *P. bini*［Kikuchi, 1929］Gussev, 1965［Monogenea: Pseudodactylogyridae］on gills of European eel, *Anguilla anguilla*［Linnaeus, 1758］ascending rivers of the Pomeranian Coast, Poland［J］. Acta Ichthyologica Et Piscatoria, 2003: 33.

Soo S J, Ji J E, Sang K M, et al. 2012. Molecular Identification and Real-time Quantitative PCR (qPCR) for Rapid Detection of *Thelohanellus kitauei*, a Myxozoan Parasite Causing Intestinal Giant Cystic Disease in the Israel Carp[J]. Korean Journal of Parasitology, 50(2): 103−111.

Stokes N A, Burreson E M. 2010. A Sensitive and Specific DNA Probe for the Oyster Pathogen *Haplosporidium nelsoni*[J]. Journal of Eukaryotic Microbiology, 42(4): 350−357.

Stokes N A, Burreson E M. 2001. Differential diagnosis of mixed *Haplosporidium costale* and *Haplosporidium nelsoni* infections in the eastern oyster, *Crassostrea virginica*, using DNA probes[J]. Journal of Shellfish Research, 20(1): 207−213.

Sunila I, Stokes N A, Smolowitz R, et al. 2002. *Haplosporidium costale* (Seaside Organism), a parasite of the eastern oyster, is present in Long Island Sound[J]. Journal of Shellfish Research, 21(1): 113−118.

Villalba A, Casas S M, López C, et al. 2005. Study of perkinsosis in the carpet shell clam *Tapes decussatus* in Galicia (NW Spain). II. Temporal pattern of disease dynamics and association with clam mortality[J]. Diseases of Aquatic Organisms, 65 (3): 257−267.

Wang G T, Yao W J, Wang J G, et al. 2010. Occurrence of thelohanellosis caused by *Thelohanellus wuhanensis* (Myxosporea) in juvenile allogynogenetic silver crucian carp, *Carassius auratus gibelio* (Bloch), with an observation on the efficacy of fumagillin as a therapeutant[J]. Journal of Fish Diseases, 24 (1): 57−60.

Wood J L, Andrews J D. 1962. *Haplosporidium costale* (Sporozoa) Associated with a Disease of Virginia Oysters[J]. Science, 136(3517): 710−711.

Yambot A V, Song Y L. 2006. Immunization of grouper, *Epinephelus coioides*, confers protection against a protozoan parasite, *Cryptocaryon irritans*[J]. Aquaculture, 260(1): 1−9.

Yao W, Nie P. 2004. Population distribution and seasonal alternation of two species of monogeneans on the gills of *Hypophthalmichthys molitrix* and *Ctenopharyngodon idellus*[J]. Acta Hydrobiologica Sinica, 28(6): 664−667.

Yao W. 2002. Studies on the characteristics of oviposition of *Dactylogyrus vaginulatus*[J]. Journal of Huazhong Agricultural, 21(1): 77−79.

Zhang C, Zhao Y K, Ling F, et al. 2011. Establishment of a screening method for drugs against monogenean[J]. Journal of Northwest A & F University, 39(10): 28−34.

Zhang D, Zou H, Wu S G, et al. 2017. Sequencing, characterization and phylogenomics of the complete mitochondrial genome of *Dactylogyrus lamellatus* (Monogenea: Dactylogyridae)[J]. Journal of Helminthology, 2017: 1.

刘 建，吴 绍 强，林 祥 梅，等. 2012. Real-time fluorescence PCR primer for perkinsosis detection and probe: CN, CN 101724689 B[P].

# 第七章 水产动物真菌病检疫标准

相较于其他病原的检疫,我国真菌病相关的检疫标准较少。目前已经颁布的标准有行业标准《鱼鳃霉病检疫技术规范》(SN/T 2439—2010)、《流行性溃疡综合征检疫技术规范》(SN/T 2120—2014)、《箭毒蛙壶菌感染检疫技术规范》(SN/T 3993—2014)和《螯虾瘟检疫技术规范》(SN/T 4348—2015)。近年来随着国际水产贸易不断增多,我国也沿用OIE发布的其他真菌病的检疫标准——OIE加州念珠菌感染Infection with *Xenohaliotis californiensis* 诊断规程等。在我国影响淡水养殖鱼类生产的最严重疾病——水霉病的诊断规程尚未颁布,上海海洋大学国家水生动物病原库的专家团队正在拟定该规程,因此我们在这里也列入其主要内容。

## 第一节 鱼鳃霉病

### 一、病原概况

鱼鳃霉病(branchiomycosis of fish)在全世界分布较广,我国南北各地、美国、印度尼西亚、日本、以色列和欧洲等都有发生,每年5～10月的夏秋季节多暴发流行。鱼鳃霉病的病原是鳃霉(*Branchiomyces* spp.),其生物学分类为:真菌门卵菌纲水霉目水霉科鳃霉菌属。菌丝无隔,寄生在鱼鳃鳃弓和鳃小片的血管内的鳃霉菌,其菌丝沿血管生长,不分枝;寄生在鳃小片组织中的鳃霉菌菌丝分枝,菌丝充满鳃丝。鳃霉菌的菌丝产生的孢子释放到水中或沉淀于底部腐质上,与鱼体接触后附着在鳃部发育成菌丝。

鳃霉病的典型临床症状为:病鱼游动缓慢,鱼不摄食,鳃盖张开,呼吸困难。鳃上黏液增多,鳃上有出血、瘀血或缺血斑点,呈现花鳃的症状。病情严重时鱼高度贫血,整个鱼体呈青灰色。病理学进程:鳃霉的菌丝产生大量孢子散落于水中,孢子与鱼鳃接触后就附着在鳃丝上,发育成菌丝,并向内不断延伸,不断分枝,分枝沿着鳃丝血管穿入软骨生长,破坏组织,堵塞血管,使鳃瓣失去正常的鲜红色,呈粉红色或苍白色,常出现点状充血或出血现象,使呼吸机能受到很大影响,病情迅速恶化而死亡。草鱼鳃霉病易和烂鳃病混淆,可通过发病温度进行区分,鳃霉病在20℃以下的水温易发生,而烂鳃病主要在高温季节暴发。

### 二、诊断标准

根据我国已颁布的行业标准《鱼鳃霉病检疫技术规范》(SN/T 2439—2010),临床症状典型,且显微镜检查或鳃霉菌分离实验结果阳性,可确诊为鳃霉病。

1)显微镜检查

取小块疑似鳃霉病的鱼鳃组织,在灭菌蒸馏水中漂洗以除去淤泥和黏液。在载玻片上滴一滴蒸馏水,取少量鳃丝制作压片,镜检。若发现霉菌菌丝,且解剖检查发现鱼鳃黏液多、出血并呈现花斑鳃或鱼鳃坏死、腐烂脱落并呈现鳃缺损,可确诊为鳃霉病。

2）鳃霉菌分离

取鳃组织用沙保氏葡萄糖琼脂培养基（1 000 mL中含40 g葡萄糖、10 g蛋白胨、20 g琼脂粉；灭菌后分装并加入氯霉素至终浓度为50 μg/mL）进行鳃霉菌分离培养。用灭菌镊子取少许鳃丝，经50 μg/mL氯霉素溶液漂洗后在培养皿中剪碎，均匀涂布于培养基上，27℃培养5～7天，如生出霉菌，结合显微镜观察进行确诊。鳃霉菌在沙保氏葡萄糖琼脂培养基上生长良好，发育很快，培养2天时菌落呈白色绒毛状或棉花丝样，3～4天后菌落中心为黄色，菌落背面呈黄褐色。在干净的载玻片上中央滴一滴乳酸苯酚溶液，用接种环或针挑取少许霉菌置于液滴中，将菌丝摊开，轻轻盖上盖玻片进行显微镜观察。鳃霉菌丝无隔，不分枝或分枝很少。

# 第二节　水　霉　病

## 一、病原概况

水霉病也称肤霉病或白毛病。目前已发现的致病性水霉菌种已有十多种，但是对养殖鱼类危害较大的常见种类不多，主要有多子水霉（*Saprolegnia ferax*）、同丝水霉（*Saprolegnia monoica*）、异枝水霉（*Saprolegnia diclina*）、寄生水霉（*Saprolegnia parasitica*）、澳大利亚水霉（*Saprolegnia australis*）和绵霉（*Achlya* sp.）等。水霉菌可以感染几乎所有的淡水养殖鱼类，常感染鱼体表受伤组织及死卵，形成灰白色如棉絮状的覆盖物。水霉病发生主要由于水霉孢子大量存在、鱼体表受伤或免疫力下降和温度骤变等因素共同造成。水霉菌一般广泛存在于自然界中，能够以游动孢子形式迅速扩散。对水产动物的种类没有选择性，一般受伤的鱼或死卵容易被感染，而一些免疫力低下没有明显伤口的鱼也有可能感染，且在尸体上水霉菌繁殖特别快，所以一般出现水霉病，要及时清除病死鱼。由于水霉菌适应力强，水霉病常年发生，尤其在冬春两季，水温频繁骤变、鱼体免疫力低下、水霉孢子大量增殖造成水霉病暴发频繁，水霉病在我国主要在12月至次年4月暴发频繁。

水霉的菌丝为透明管状无横隔的多核体，宽度一般为3～10 μm。内菌丝像根一样附着在水生动物的损伤处，分枝多而细，可深入至损伤、坏死的皮肤及肌肉里，具有附着和吸收营养的功能；外菌丝长在鱼体表面，菌丝较粗，分枝较少，可长达3 cm，分枝的外菌丝互相交织形成菌丝体，即肉眼能见的灰白色棉絮状物。

水霉繁殖能力很强，包括无性繁殖和有性繁殖，其中无性繁殖最为常见。无性繁殖产生动孢子囊，动孢子囊中稠密的原生质含有许多核，经过一段时期的发育，每个核吸集一部分原生质而分裂成很多的单核孢子原细胞，不久形成游动孢子。游动孢子逸出方式因不同属而异。水霉的动孢子在发育过程中，相继发生两种不同形态的动孢子，称为两游现象。第一动孢子（呈梨形，具有两条顶生鞭毛）从动孢子囊中逸出后，经过短期游动分泌一层细胞壁将其包被，而后进入静止期，原生质再以出芽的方式从细胞壁钻出，形成第二动孢子（呈肾形，具有两条侧生鞭毛）。第二动孢子再经过短时间游动后静止，然后萌发成芽管，芽管发育成新的菌丝。第二动孢子是水霉属最具传染性的孢子。当环境条件不良时，外菌丝的尖端膨大成棍棒状，原生质收缩聚积，并分泌厚壁，两端形成全封闭的隔膜与其余部分隔开，形成抵抗恶劣环境的厚垣孢子。有时会形成一串念珠状的芽孢，一旦条件适宜，就可萌发成菌丝或形成动孢子囊。新孢子囊的再生方式有两种，从空孢子囊中或基部长出一个新孢子囊。水霉在有性繁殖时期产生藏卵器和雄器。藏卵器呈球形或梨形,多数顶生,少数侧生。在藏卵器产生的同时,由同菌丝或异菌丝甚至异枝的菌丝短侧枝上长出雄器,逐渐卷曲缠绕于藏卵器上,并伸出受精管与藏卵器相通,最后也生出横壁与母体隔开。雄器中核的分裂与藏卵器中核的分裂同时发生。减数分裂则在配子囊内发生,雄器通过受精管穿过藏卵器壁到达卵球,进行质配和核配。受精后形成卵孢子,卵孢子由藏卵器壁的分解而释出,并分泌双层外壁严密包围,形成休眠孢子。休眠孢子经3～4个月的休眠而后萌发成有短柄的动孢子囊或菌丝。

水霉菌的动孢子侵入鱼体的受伤处,吸取皮肤里的养料,迅速萌发,并向内、外长出菌丝,当受伤较深时,霉菌可向内深入肌肉。菌丝与伤口的细胞组织缠绕黏附,同时能分泌蛋白质分解酶分解鱼的组织,从而造成组织坏死,刺激鱼体分泌大量黏液,病鱼开始焦躁不安,与其他固体物发生摩擦;霉菌寄生部位周围皮肤溃烂,水霉菌丝可穿入肌肉,靠近结缔组织,以后由于菌丝体黏附藻类或污泥使鱼体负担过重,游动迟缓,食欲减退,最后瘦弱而死;水霉感染幼鱼的头部时,菌丝会侵入幼鱼的脑、心脏、血管、肝及其他主要器官,造成极大的危害。在鱼卵孵化过程中,此病也经常发生。未受精卵或死卵极易感染水霉,内菌丝侵入卵膜内,卵膜外丛生大量外菌丝,故称"卵丝病",被寄生的鱼卵外菌丝呈放射状,故又称"太阳籽"。并且水霉菌有从死卵向活卵扩散的特性,当菌丝长得多时,附近发育正常的卵也因菌丝体的覆盖窒息而死,极大降低孵化率。

### 二、诊断标准

根据规划中的《水霉病诊断规程》,敏感鱼体表或鱼卵表面出现水霉病典型临床特征,水霉菌分离实验结果阳性,且分离菌丝的PCR检测及测序分析法结果阳性,可判断为水霉病。在确诊实验中,也可以用荧光定量PCR检测法替代PCR检测及测序分析法。

1)水霉菌分离实验

按常规组织块分离法从病鱼体表长出菌丝处进行分离。剪切患病鱼体表皮肤,用已经在酒精灯上灼烧消毒的剪刀剪取病患处表皮组织(5 mm×5 mm),先用70%乙醇漂洗20 s,用无菌水冲洗两次,每次30 s,将清洗干净的菌丝接种于马铃薯葡萄糖琼脂培养基(PDA)平板上,置于20℃的恒温培养箱中培养,12 h后组织周围长出白色丝状菌丝,在生长边缘处挑取菌丝转至新PDA平板上继续培养。连续纯化2次后,至菌落形态典型后,将分离得到的水霉菌纯培养菌丝接种到装有5～10粒高压灭菌油菜籽的PDA(马铃薯葡萄糖琼脂糖培养基)平板上,在20℃培养2天左右,直到菌丝长满整个平板,然后取出长有菌丝的油菜籽,转移至2 mL的离心管中,往离心管中加入1.5 mL无菌蒸馏水,置于4℃冰箱保存。

2)PCR检测及测序分析

用高压灭菌的镊子取一定量菌丝于灭菌Eppendorf管中,依次用无菌生理盐水、20 mmol/L EDTA及无菌水漂洗菌丝,然后用无菌吸水纸将菌丝吸干。采用CTAB法或商品化组织DNA提取试剂盒提取菌丝DNA。CTAB法具体步骤如下:将0.1 g上述菌丝在液氮中研磨成粉末,转入1 mL DNA提取液(65℃预热),颠倒混匀。65℃水浴45 min,中间颠倒混匀3次;加入等体积苯酚∶氯仿∶异戊醇(25∶24∶1)振荡混匀,10 000 r/min离心10 min;取上清,加入等体积的氯仿∶异戊醇(24∶1)振荡混匀,10 000 r/min离心10 min;取上清,加入2/3体积的异丙醇轻轻混匀,−20℃沉淀30 min,12 000 r/min离心15 min;弃上清,将沉淀用70%乙醇洗涤两遍;操作台上风干乙醇,用50 μL无菌去离子水充分溶解沉淀,−20℃保存。PCR反应的引物采用真菌ITS通用引物ITS1和ITS4,引物序列为ITS1: 5′-TCCGTAGGTGAACCTGCGG-3′和ITS4:

5′-TCCTCCGCTTATTGATAT-3′。PCR反应体系设置为50 μL，在PCR反应管中加入10×PCR缓冲液5 μL，dNTP 1μL，20 μmoL/L的上游引物和下游引物各1.0 μL，25 mmoL/L的MgCl₂ 5 μL，Taq酶（5 U/μL）0.5 μL，模板2.5 μL，加水到总体积50 μL。反应条件设定为：95℃预变性1 min；95℃ 30 s，68℃ 45 s，72℃ 2 min，40个循环，72℃终延伸10 min。1%琼脂糖凝胶电泳分析后用凝胶成像仪或紫外观察灯下观察核酸条带并判断结果。在水霉菌阳性对照PCR扩增后出现约750 bp的DNA条带、阴性对照和空白对照无该电泳条带的前提下，如待测样品中出现750 bp的PCR扩增条带为阳性。按前文所述方法对扩增片段进行基因测序，根据与已知水霉菌ITS片段的序列吻合度对结果进行判定。也可将经过纯化后的PCR产物递交生工生物工程（上海）股份有限公司测序，测序序列结果用BLAST N进行同源性比较。

3）荧光定量PCR法

正向引物和反向引物分别为5′-TTAGTTCAGCGGGTAGTC-3′和5′-GTAAGGAGAGTTGGTATGC-3′。扩增片段大小为103 bp。按照前述PCR法提取的孢子DNA作为模板，每个浓度做3个重复，并设立阳性对照、阴性对照和无菌水空白对照。在Bio-Rad CFX-96 Real-time PCR仪上进行反应，反应体系25 μL，即DNA模板1 μL，SYBR Green Supermix 12.5 μL，引物（10 μmol/L）各1.5 μL，无菌去离子水加至25 μL。反应条件为：95℃ 3 s，95℃ 5 s，56.3℃ 15 s，反应进行40个循环，延伸时采集荧光信号。在阳性样品Ct值小于或等于30且出现典型的扩增曲线、阴性对照及空白对照无Ct值并且无扩增曲线的条件下，若检测样品无Ct值并且无扩增曲线，即判定水霉菌检测阴性；若检测样品的Ct值小于或等于30时，且出现典型的扩增曲线，判定为水霉菌检测阳性；样品的Ct值大于30时，应该重新检测，检测结果阳性判为水霉菌检测阳性。

# 第三节　丝囊霉感染

## 一、病原概况

丝囊霉菌感染引起流行性溃疡综合征（epizootic ulcerative syndrome，EUS）又称红点病（red spot disease，RSD）、霉菌性肉芽肿（mycotic granulomatosis，MG）或溃疡性霉菌病（ulcerative mycosis，UM），主要表现为体表溃疡，骨骼肌中形成典型霉菌性肉芽肿，是对野生及养殖的淡水与半咸水鱼类危害性极大的季节性流行病，长期流行于澳大利亚、南亚、东南亚和西亚等地区。病原是丝囊霉菌（条件致病菌），往往在低水温（18～23℃）时和大降雨（加水）之后产生感染，典型症状表现为患病鱼不吃食，鱼体发黑；在体表、头、鳃盖和尾部可见红斑；在后期会出现浅部溃疡，并常伴有棕色的坏死，大多数鱼在这个阶段就会死亡。乌鳢等敏感鱼类虽然可带着溃疡存活很长时间，但损伤却在逐步扩展到身体较深部位，可观察到直径10～12 μm的病原性无孢子囊真菌，这些真菌向内扩展穿透肌肉后可到肾、肝等内脏器官，甚至出现头盖骨软组织和硬组织坏死，脑部和内脏裸露。已报道的EUS感染鱼类包括100多种淡水鱼和部分海水鱼，确诊的EUS感染鱼类有50多种，乌鳢和自巴科鱼特别易感，但罗非鱼、遮目鱼、鲤等重要养殖品种对这种病有较强的抗性。

EUS的组织病理变化包括坏死性肉芽肿、皮炎和肌炎、头盖骨软组织和硬组织坏死。其与水霉病的区别在于是否存在霉菌性肉芽肿、真菌无孢子囊菌丝是否侵入组织和PCR检测测序结果的差异。取有损伤的活鱼或濒死的鱼，把病灶四周感染部位的肌肉压片，可以看到无孢子囊的丝囊霉菌的菌丝。用HE染色和一般的霉菌染色,可以看到典型的肉芽肿和入侵的菌丝。

## 二、诊断标准

根据《OIE丝囊霉感染诊断规程》和我国已颁布的行业标准《流行性溃疡综合征检疫技术规范》(SN/T 2120—2014),敏感鱼的组织病理学诊断、卵菌分离实验、PCR检测这3种方法中的任何一种方法检测结果阳性,可判定为丝囊霉感染疑似病例。来源于丝囊霉疫区的敏感鱼,若在组织病理学观察中发现霉菌性肉芽肿,可确诊为丝囊霉感染阳性;来源于非丝囊霉疫区的敏感鱼,需要在组织病理学观察中发现霉菌性肉芽肿,且PCR检测结果阳性,方可判断为丝囊霉感染阳性。

1)组织印片法检测

通常在低温和暴雨后丝囊霉菌感染容易造成敏感鱼发病或死亡。表皮呈轻微溃疡性病变或红色充血斑点的敏感鱼是最佳检测材料。分离卵菌的最佳组织是溃疡部位附近肌肉组织或溃疡下部的肌肉组织。用手术刀片清除溃疡部位的表皮,在溃疡部位的边缘切取小块肌肉,置于砧板上用手术刀切成薄片,将薄片组织夹在两块载玻片之间并用手指用力挤压,去掉一片盖玻片,盖上盖玻片,在显微镜下观察直径为12 ~ 25 μm的无隔菌丝结构。

组织病理学观察。只取活的或濒死的有临床症状的敏感鱼进行检测。用手术刀片切取1 cm³的皮肤/肌肉组织块,确保包含溃疡部位的前沿部分及其周围组织。组织块固定后按照前文所述方法进行石蜡组织切片及HE染色。HE染色后将组织切片进行真菌特异性的格罗科特染色(Grocott's六次甲基四胺银改良染色法,GMS)。GMS基本步骤:2%铬酸微波炉高功率45 s,保留5 min;自来水洗,蒸馏水漂洗;1%焦亚硫酸钠室温1 min;自来水冲洗,蒸馏水漂洗3次;六次甲基四胺(Methenamine)银工作液中微波炉高功率70 s,组织应呈棕黄色,切片在热液体中搅动几次;蒸馏水漂洗2次;0.5%氯化金1 min或直到变为灰色;蒸馏水洗;5%硫代硫酸钠3 min;自来水冲洗,蒸馏水漂洗;亮绿工作液1 min;蒸馏水漂洗。染色后在显微镜下观察,可以观察到丝囊霉特异性的肉芽肿和入侵菌丝。

2)丝囊霉菌分离实验

最适合分离丝囊霉菌的组织为中度病变、灰白色、突起的真皮层溃疡组织。用手术刀清除掉溃疡区周边鱼鳞,用无菌手术刀及镊子从表皮致密层下切取表皮溃疡下的肌肉组织。确保未触及受污染的表层组织。在无菌条件下进一步切成2 mm³组织块,将其置于葡萄糖蛋白胨琼脂平板(添加青霉素的浓度为100单位/mL,链霉素的浓度为100 μg/mL)上于25℃培养,逐日观察菌丝生长情况。在生长边缘处挑取菌丝转至新葡萄糖蛋白胨琼脂平板上继续培养,连续纯化2次确保无其他微生物污染存在。丝囊霉无性繁殖的诱导:从长满菌丝的平皿中切取一小块(直径3 ~ 4 mm)琼脂菌丝块,用灭菌后的池塘水依次漂洗该组织块5次,最后一次置于20℃过夜静置,然后置于载玻片上用光学显微镜进行观察,可以发现原位菌丝生长形成的菌丝聚集体及释放的游动孢子。收集游动孢子,用聚丙烯酰胺凝胶电泳及Western blot法验证其是否与丝囊霉特异性抗体相互作用。

3)PCR诊断

将GY琼脂平板上的丝囊霉菌丝转移到1.5 mL离心管,利用CTAB法或商品化组织DNA提取试剂盒抽提菌丝DNA用作PCR反应模板。也可直接取鱼体体表溃疡组织25 mg左右提取DNA用于PCR反应模板。合成两条引物Ainvad-2F(5'-TCATTGTGAGTGAAACGGTG-

3′) 和 Ainvad–ITSR1（5′–GGCTAAGGTTTCAGTATGTAG–3′）用于扩增 SSU–ITS1 区 234 bp DNA 序列。PCR 反应体系设置为 50 μL，在 PCR 反应管中加入 10×PCR 缓冲液 5 μL，dNTP 1 μL，20 μmoL/L 的上游引物和下游引物各 1.0 μL，25 mmol/L 的 MgCl$_2$ 5 μL，Taq 酶（5 U/μL）0.5 μL，模板 2.5 μL，加水到总体积 50 μL。反应条件设定为：95℃ 1 min；95℃ 30 s；56℃ 45 s；72℃ 2.5 min，35 个循环；72℃终延伸 5 min。2% 琼脂糖凝胶电泳分析后用凝胶成像仪或紫外观察灯下观察核酸条带并判断结果。按前文所述方法对扩增片段进行基因测序，根据与已知丝囊霉菌 ITS 片段的序列吻合度对结果进行判定。也可将经过纯化后的 PCR 产物递交生工生物工程（上海）股份有限公司测序，测序序列结果用 BLAST N 进行同源性比较。PCR 检测也可利用引物对 ITS11（5′–GCCGAAGTTTCGCAAGAAAC–3′）和 ITS23（5′–CGTATAGACACAAGCACACCA–3′）扩增 ITS1–ITS2 区约 550 bp DNA 序列，或利用引物对 BO73（5′–CTTGTGCTGAGCTCACACTC–3′）与 BO639（5′–ACACCAGATTACACTATCTC–3′）扩增 ITS1–ITS2 区 564 bp 序列。

# 第四节　箭毒蛙壶菌感染

## 一、病原概况

壶菌（chytrid）是真菌的一种。在这个世界上大约有 1 000 种不同的壶菌，都生活在水中或者潮湿的地方，他们可以说是在这世界上最古老的生物之一。大部分壶菌都是腐生生物，以死亡腐败的生物体为食，剩下的一些壶菌是寄生生物，它们寄生在植物和无脊椎动物身上。蛙壶菌是一种独特的壶菌门真菌，可以引起两栖类的壶菌病。箭毒蛙壶菌感染（infection with *Batrachochytrium dendrobatidis*）又称壶菌病（Chytridiomycosis）是由壶菌纲（Chytridiomycetes）根生壶菌目（Rhizophydiales）的蛙壶菌（*Batrachochytrium dendrobatidis*，*Bd*）引起的一种新发现的感染两栖动物的急性传染病，具有高致病性、高致死性和高传播性等特点，它主要感染两栖动物角质化的表皮，导致新变态个体和成体的大量死亡，是导致两栖动物灭绝、濒危和种群快速下降的主因之一。*Bd* 分布极为广泛，生活在水和潮湿土壤里，能分解、利用环境中的角蛋白、壳质、植物碎屑等，在外界环境中能短期存活和进行无性繁殖；*Bd* 还能寄生在维管植物、藻类、轮虫、线虫、昆虫等无脊椎动物体内，在脊椎动物中只感染两栖。箭毒蛙壶菌感染两栖类的角蛋白皮肤。它们在表皮上的叶状体有假根网络及孢子囊。每个孢子囊都有 1 条管放出孢子。2010 年，我国科学家利用定量 PCR 和组织学技术，研究了云南省 5 个地点（昆明市两个地点，呈贡、曲靖和泸沽湖各一个地点）北美牛蛙（*Lithobates catesbeianus*、*Rana catesbeiana*）入侵区两栖动物感染壶菌病的情况，在我国两栖动物身上首次检测到箭毒蛙壶菌病。目前，我国其他地区没有箭毒蛙壶菌病的报道，美国牛蛙感染壶菌不发病。

蛙壶菌有两个主要的生命阶段：无柄及繁殖的游动孢子囊和活动及有鞭毛的游离孢子。蛙壶菌的游离孢子一般大 3～5 μm，呈长卵形，后端有一条 19～20 μm 长的鞭毛，并藏有核糖体的铰链区。一般会有一层球状的膜包裹核糖体。游离孢子只会在短时间内很活跃，能够移动一段短距离。不过，游离孢子具有化学趋向性，会向两栖类表面的分子（如糖、蛋白质及氨基酸）前往。它们也含有多种蛋白水解酶及酯水解酵素，帮助消化两栖类细胞，以两栖类的皮肤作为养分供应来源。当游离孢子到达其寄主时，它们会在皮肤下层形成一个孢囊，进入繁殖阶段，发展为游动孢子囊。游动孢子囊会生产更多的游离孢子，不断感染寄主的皮肤，或释放到周边的水生环境。一些两栖类特别容易感染蛙壶菌,包括林蛙、黄腿山蛙、南方双带河溪螈、杰斐逊钝口螈、三锯拟蝗蛙、蟋蟀雨蛙、霍氏锄足蛙、南方豹蛙、里奥格兰德豹蛙及撒丁山螈。

## 二、诊断标准

根据《OIE箭毒蛙壶菌感染诊断规程》和我国已颁布的行业标准《箭毒蛙壶菌感染检疫技术规范》(SN/T 3993—2014),若外表健康或濒死的两栖动物行为异常,局部皮肤脱落坏死,且皮肤最外角质层包含能与蛙壶菌特异抗血清结合的游动孢子及相应的孢子囊结构,可判定为箭毒蛙壶菌感染疑似病例。确诊箭毒蛙壶菌感染,需要满足两个条件:① 健康或患病动物皮肤最外角质层能观察到游动孢子及相应的孢子囊结构;② 用TaqMan荧光PCR技术对其检测结果阳性。

1)显微镜观察

用一个尖的灭菌镊子取敏感动物足部或腹部易感部位的松散皮肤,将其置于载玻片上的一滴清水中,盖上盖玻片,显微镜下观察表皮细胞内的有壁的纺锤形或卵圆形孢子囊。

2)蛙壶菌分离

制备添加双抗的mTGh琼脂平板,将显微镜下可见真菌感染的皮肤样本移入平板中,用无菌剪刀及镊子剪成小于1 mm×1 mm大小的小片,并将其反复与琼脂平板摩擦以除去皮肤上的污染微生物。然后将处理后的皮肤组织置于新的mTGh琼脂平板,在20℃培养3天,倒置培养皿于显微镜下观察皮肤组织边缘是否出现直径3～4 μm的游动孢子。等皮肤周边出现可见菌丝体后,用无菌手术刀切取小块含菌丝体的琼脂块,置于显微镜下观察孢子囊及游动孢子。

3)TaqMan荧光PCR检测法

用样品镊子擦取相关敏感部位(足部、腹部或嘴巴上皮组织)用于组织样本DNA的提取。也可取蛙壶菌纯培养菌丝进行DNA提取。优先使用商品化真菌DNA提取试剂盒抽提DNA用于TaqMan荧光检测。合成29 bp扩增引物Primer 1(Forward Primer):ITS1−3 *Bd*: 5′−CCTTGATATAATACAGTGTGCCATATGTC−3′和22 bases Primer 2(Reverse Primer):5.8 S *Bd*: 5′−AGCCAAGAGATCCGTTGTCAAA−3′;TaqMan探针为Chytr MGB2 15 nucleotides−FAM Labelled 5′−6FAM−CGAGTCGAACAAAT−MGBNFQ−3′。采用25 μL反应体系,在荧光PCR管中依次加入DEPC处理水2.5 μL,10 μmol/L正向引物2.5 μL、10 μmol/L反向引物2.5 μL、TaqMan探针0.5 μL,模板DNA 5 μL,PCR反应预混试剂(2×)12.5 μL。将PCR管置于荧光定量PCR仪,反应参数设置为50℃ 2 min;95℃ 10 min,1个循环;94℃ 15 s;60℃ 1 min,进行45个循环。收集FAM荧光,观察结果。Real time PCR检测实验在阳性对照的Ct值小于或等于39且出现典型的扩增曲线、空白对照及阴性对照的Ct值大于41的情况下,若检测样品无Ct值并且无扩增曲线时,即判定*Bd*阴性;检测样品的Ct值小于或等于39时,且出现典型的扩增曲线,判定为*Bd*阳性。样品的Ct值大于39时,应该重新检测,检测结果阳性判为*Bd*阳性。

# 第五节　螯虾瘟

## 一、病原概况

螯虾瘟(crayfish plague, *Aphanomyces astaci*)的病原为变形藻丝囊霉(*Aphanomyces astaci*），又称龙虾瘟疫真菌，属于卵菌纲硅藻属褐藻类。螯虾瘟（Crayfish plague）是危害小龙虾的高度传染病，实验条件下可感染中华绒螯蟹。患螯虾瘟的病虾主要表现为失去正常的厌光性，如白天在开阔水域可见到病虾，有些运动完全失调，背朝下且不易纠正其姿态。临床表现，患病螯虾在薄表皮透明区域下面的局部肌肉组织，特别是前腹部和足关节处初期会变白，并经常伴随局部的褐色黑化，在病灶表皮上可见棕色菌丝向外延伸，这是最常见的症状。在染病后期，表现为行动范围窄小，主要表现为失去正常的厌光性（白天在开阔水域可见到病虾），随后伴随发生肢足运动共济失调，产生一种被称为"踩高跷"的效果。最后临死前病虾失去平衡，然后背朝下而死。螯虾瘟分布广泛、宿主范围广，对螯虾养殖业危害巨大。但北美螯虾感染 *A. astaci* 后不发病，也没有临床症状，是值得关注的传染源。

在高于7℃时，*A. astaci* 均可在分离培养基表面生长成单个无色菌落，菌丝的大小和表型与其在螯虾组织中的形态相似，为无隔膜、大小为5～10 μm的植物样菌丝。处于发育阶段的菌丝内含有大量粗糙的颗粒状细胞质且折光率较强。发育至中后期的菌丝，其细胞质边缘含有较大的空泡。显微镜下可见游动孢子，可作为鉴定该病的一个方面。

## 二、诊断标准

根据我国已颁布的行业标准《螯虾瘟检疫技术规范》（SN/T 4348—2015），被检样品有典型临床症状或显微镜检可见菌丝或分离到病原并观察到其游动孢子均可判为疑似螯虾瘟。确诊螯虾瘟阳性，需满足下列条件之一：① 普通PCR方法扩增出大小为569 bp条带且测序结果与参考序列相符；② 实时荧光PCR方法检测结果阳性。

1）湿涂片显微镜检

宜取活的、濒死或死亡不超过24 h的螯虾。无菌条件下，用手术刀切取易感部位的透明软表皮或肌肉组织，剪碎后涂于载玻片上，自然干燥后于倒置显微镜下观察菌丝和孢子的形态发生。螯虾的易感部位包括胸腹部和尾部的软表皮、肛门周围表皮、尾部甲壳表皮、胸足关节处，特别是邻近鳃和胸足的关节处。可见7～9 μm宽、无隔膜的菌丝；宿主血细胞和黑化组织包裹着菌丝；部分病例在宿主表皮的表面可见由初级孢子组成的大小为8～15 μm、具有硬壳的孢子囊，则判定为疑似螯虾瘟病例。

2）病原的分离培养

无菌条件下，用蘸有灭菌水的棉签或滤纸小心擦拭螯虾的腹部软组织或其他可能被污染的部位。用无菌手术刀将易感部位或病灶组织的肌肉或角质层横切下来，置于含有双蒸水的培养皿中轻轻漂洗后，切成3～5 mm²的组织小块，置于IM培养基表面，用封口膜密封后置于20℃培养并逐日观察。菌丝可见后，无菌条件下用刀片切下一小块含菌丝的琼脂块，放置于含有灭菌池塘水的培养皿中，池塘水体积约为菌丝的100倍。20℃培养过夜，显微镜下观察，若观察到孢子囊、初级游动孢子或次级游动孢子，判定为疑似螯虾瘟病例。

3）普通PCR方法

螯虾的易感组织或经培养的菌丝均可用于抽提DNA用作PCR模板。若直接从螯虾组织提取DNA，先用蘸有无菌蒸馏水的棉签清洗螯虾体表，无菌条件下切取易感部位或有临床症状部位的软组织30～50 mg，加入液氮中研磨成粉末状。若从菌丝中抽提DNA，无菌条件下用手术刀从琼脂培养基表面刮取菌丝30～50 mg，加入液氮中研磨。经研磨的样本用CTAB法或商品化真菌DNA抽提试剂盒抽提DNA，溶于50 μL的TE缓冲液中。PCR反应体系设置为50 μL，在PCR反应管中加入10×PCR缓冲液5 μL，dNTP 1 μL，

20 μmol/L的上游引物BO 42（5′–GCTTGTGCTGAGGATGTTCF–3′）和下游引物BO 640（5′–CTATCCGACTCCGCATTCTG–3′）各1.0 μL，25 mmol/L的MgCl₂ 5 μL，*Taq*酶（5 U/μL）0.5 μL，模板2.5 μL，加水到总体积50 μL。反应条件设定为：94℃ 2 min；94℃ 1 min，59℃ 1 min，72℃ 1 min，40个循环；72℃终延伸5 min。该反应扩增ITS区569 bp靶序列。1.5%琼脂糖凝胶电泳分析后用凝胶成像仪或紫外观察灯下观察核酸条带并判断结果。阳性对照扩增出大小为569 bp的特异条带，阴性对照和空白对照未扩增出569 bp条带，则PCR反应有效；若被检样品扩增出大小为569 bp条带，按前文所述方法对扩增片段进行基因测序，根据与已知丝囊霉菌ITS片段的序列吻合度对结果进行判定。也可将经过纯化后的PCR产物递交公司测序，测序序列结果用BLAST N进行同源性比较。若测序结果与标准序列一致，判定为螯虾瘟阳性。

4）实时荧光PCR方法

合成上游引物AphAst ITS–39F：5′–AAGGCTTGTGCTGGGATGTT–3′和下游引物AphAst ITS–97R：5′–CTTCTTGCGAAACCTTCTGCTA–3′及探针AphAstITS–60T：5′–6–FAM–TTCGGGACGACCCMGBNFQ–3′。该引物扩增*A. astaci* ITS1区大小为59 bp的片段。样品模板DNA提取同上述普通PCR方法。采用25 μL反应体系，在荧光PCR管中依次加入DEPC处理水2.5 μL，10 μmol/L正向引物2.5 μL、10 μmol/L反向引物2.5 μL、TaqMan探针0.5 μL，模板DNA 5 μL，PCR预混试剂（2×）12.5 μL。将PCR管置于荧光定量PCR仪，反应参数设置为50℃ 5 min；95℃ 10 min，1个循环；95℃ 15 s，58℃ 1 min进行50个循环。收集FAM荧光，观察结果。Real time PCR检测实验在阳性对照的Ct值小于或等于30且出现典型的扩增曲线、空白对照及阴性对照无扩增曲线或Ct值大于40的情况下，若检测样品无Ct值并且无扩增曲线时，即判定螯虾瘟阴性；检测样品的Ct值小于或等于30时，且出现典型的扩增曲线，判定为螯虾瘟阳性；样品的Ct值大于30小于40时，应该重新检测；检测结果小于40时判为螯虾瘟阳性。

## 参 考 文 献

曾朝辉，白世卓，朱蕴绮，等.2011.蟾蜍壶菌病病原遗传分化研究［J］.经济动物学报，15（3）：160–163.

曾朝辉，白世卓，朱蕴绮，等.2012.馆藏泽蛙标本壶菌病病原实时PCR检测与系统发育分析［J］.经济动物学报，16（3）：168–171.

车晓曦，李校堃.2010.解淀粉芽孢杆菌（*Bacillus amyloliquefaciens*）的研究进展［J］.北京农业，（3）：7–10.

杜迎春，刘宁，李博，等.2015.多鳞铲颌鱼水霉病的药物筛选与防治［J］.北京农业，（8）：79–80.

黄琪琰.2005.淡水鱼病［M］.北京：中国农业出版社.

可小丽，汪建国，顾泽茂，等.2010.水霉菌的形态及ITS区分子鉴定［J］.水生生物学报，34（2）：293–301.

李善仁，陈济琛，蔡海松，等.2010.三株芽孢杆菌作为益生菌的生物特性［J］.营养学报，32（1）：75–78.

欧仁建，曹海鹏，郑卫东，等.2012.黄颡鱼卵致病性绵霉的分离鉴定与药敏特性［J］.微生物学通报，39（9）：1280–1289.

孙琪，胡鲲，杨先乐.2014.壳聚糖对草鱼人工感染水霉的影响［J］.水生生物学报，38（1）：180–183.

夏春.2005.水生动物疾病学［M］.北京：中国农业大学出版社.

夏文伟，曹海鹏，王浩，等.2011.彭泽鲫卵源致病性水霉的鉴定及其生物学特性［J］.微生物学通报，38（1）：57–62.

张楠，王浩，丁庆忠，等.2014.我国淡水养殖动物主要致病性水霉菌病原的分析［J］.上海海洋大学学报，23（1）：80–89.

周志明，朱俊杰.2009.水霉病研究概况［J］.现代渔业信息，24（5）：9–12.

Bai C, Garner T W, Li Y. 2010. First evidence of *Batrachochytrium dendrobatidis* in China: discovery of chytridiomycosis in introduced American bullfrogs and native amphibians in the Yunnan Province, China[J]. Eco-Health, 7 (1): 127–134.

Bai C, Liu X, Fisher M C, et al. 2012. Global and endemic Asian lineages of the emerging pathogenic fungus *Batrachochytrium dendrobatidis* widely infect amphibians in China[J]. Diversity and Distributions, 18(3): 307–318.

Bastide P Y, Leung W L, Hintz W E. 2015. Species composition of the genus *Saprolegnia* in fin fish aquaculture environments, as determined by nucleotide sequence analysis of the nuclear rDNA ITS regions[J]. Fungal Biol, 119 (1): 27–43.

Bataille A, Fong J J, Cha M, et al. 2013. Genetic evidence for a high diversity and wide distribution of endemic strains of the pathogenic chytrid fungus *Batrachochytrium dendrobatidis* in wild Asian amphibians[J]. Molecular Ecology, 22: 4196–4209.

Beakes G W, Glockling S L, Sekimoto S. 2011. The evolutionary phylogeny of the oomycete "fungi"[J]. Protoplasma, 249 (1): 3–19.

Berg A H, Mclaggan D, Dieguez-Uribeondo J, et al. 2013. The impact of the water moulds *Saprolegnia diclina* and *Saprolegnia parasitica* on natural ecosystems and the aquaculture industry[J]. Fungal Biol Rev, 27 (2): 33–42.

Callinan R B, Paclibare J O, Bondad-Reantaso M G, et al. 1995. Aphanomyces species associated with epizootic ulcerative syndrome (EUS) in the Philippines and red spot disease (RSD) in Australia: preliminary comparative studies[J]. Diseases of Aquatic Organisms, 21 (3): 233–238.

Cao H, Zheng W, Xu J, et al. 2012. Identification of an isolate of *Saprolegnia ferax* as the causal agent of saprolegniosis of Yellow catfish (*Pelteobagrus fulvidraco*) eggs[J]. Veterinary Research Communications, 36 (4): 239–244.

Edgell P, Lawseth D, Mclean W E, Britton E W. 1993. The use of salt solutions to control fungus (*Saprolegnia*) in festations on salmon eggs[J]. Prog. Fish-Cult., 55: 48–55.

Gieseker C M, Serfling S G, Reimschuessel R. 2006. Formalintreat to reduce mortality associated with *Saprolegnia parasitica* in rainbow trout, *Oncorhynchus mykiss*[J]. Aquaculture, 253: 120–129.

Grouffaud S, Whisson S C, Birch P R, et al. 2010. Towards an understanding on how RxLR-effector proteins are translocated from oomycetes into host cells[J]. Fungal Biol Rev, 24 (1): 27–36.

Guerriero G, Fugelstad J, Bulone V. 2010. What do we really know about cellulose biosynthesis in higher plants[J]. J Integr Plant Biol, 52 (2): 161–175.

Ilondu E M, Arimoro F O, Sodje A P. 2009. The use of aqueous extracts of *Vernonia amygdalina* in the control of saprolegniasis in *Clarias gariepinus*, a freshwater fish[J]. African Journal of Biotechnology, 8 (24): 7130–7132.

Kanit C, Kishio H. 2004. Freshwater fungi isolated from eggs of the common carp (*Cyprinus carpio*) in Thailand[J]. Mycoscience, (45): 42–48.

Ke X L, Wang J G, Gu Z M, et al. 2009. Morphological and molecular phylogenetic analysis of two *Saprolegnia* sp. (Oomycetes) isolated from silver crucian carp and zebra fish[J]. Mycol Res, 113 (2): 637–644.

Khoo L. 2000. Fungal disease in fish[J]. Seminarsin Avianand Exotic Pet Medicine, 9 (2): 102–111.

Khulbe R D, Bisht G S, Chandra J. 1995. An ecological study on waermolds of some rivers of Kumaun Himalaya[J]. J Ind Bot Soc, (74): 61–64.

Krajaejun T, Khositnithikul R, Lerksuthirat T, et al. 2011. Expressed sequence tags reveal genetic diversity and putative virulence factors of the pathogenic oomycete *Pythium insidiosum*[J]. Fungal Biol, 115(7): 683–696.

Lilley J H, Callinan R B, Chinabut S, et al. 1998. Epizootic Ulcerative Syndrome (EUS). Technical Handbook[J]. The Aquatic Animal Health Research Institute, Bangkok, 1998: 88.

Mari L S, Jagruthi C, Anbazahan S M, et al. 2014. Protective effect of chitin and chitosan enriched diets on immunity and disease resistance in *Cirrhina mrigala* against *Aphanomyces invadans*［J］. Fish Shellfish Immunol, 39 (2): 378−385.

Marking L L, Rach J J, Schreier T M. 1994. Evaluation of antifungalagents for fish culture［J］. Prog. Fish-Cult., 56 (4): 225−231.

Melida H, Sandovalsierra J V, Dieguezuribeondo J, et al. 2012. Analyses of extracellular carbohydrates in oomycetes unveil theexistence of three different cell wall types［J］. Eukaryot Cell, 12 (2): 194−203.

Minork L, Anderson V L, Davis K S, et al. 2014. A putative serine protease, SpSsp1, from *Saprolegnia parasitica* is recognised by sera of rainbow trout *Oncorhynchus mykiss*［J］. Fungal Biol, 118 (7): 630−639.

Paperna I, Cave D D. 2010. Branchiomycosis in an amazonian fish, *Baryancistrus* sp. (Loricariidae)［J］. Journal of Fish Diseases, 24 (7): 417−420.

Piper R G, McElwain I B, Orme L E, et al. 1982. Fish Hatchery Management［R］. Washington. DC: U. S. Fish Wildlife: 517.

Reverter M, Bontemps N, Lecchini D, et al. 2014. Use of plant extracts in fish aquaculture as an alternative to chemotherapy: Current status and future perspectives［J］. Aquaculture, 433 (5): 50−61.

Rico A, Phu T M, Satapornvanit K, et al. 2013. Use of veterinary medicines, feed additives and probiotics in four major internationally traded aquaculture species farmed in Asia［J］. Aquaculture, (412/413): 231−243.

Rogers W A. 1979. Diseases of catfish eggs. *In*: Plumb J A. Principal Diseases of Farm Raised Catfish. Southern Cooperative Series No. 225［M］. Alabama Agricultural Experiment Station. Auburn: Auburn University, Auburn, AL: 92.

Sandoval-Sierra J V, Martin M P, Dieguez-Uribeondo J. 2014. Species identification in the genus *Saprolegnia* (Oomycetes): Defining DNA-based molecular operational taxonomic units［J］. Fungal Biol, 118 (7): 559−578.

Sarowar M N, Berg A H, Mclaggan D, et al. 2013. *Saprolegnia* strains isolated from river insects and amphipods are broad spectrum pathogens［J］. Fungal Biol, 117 (11/12): 752−763.

Thoen E, Evensen Ø, Skaar I. 2011. Pathogenicity of *Saprolegnia* spp. to Atlantic salmon, *Salmo salar* L., eggs［J］. Journal of fish diseases, 34 (8): 601−608.

Van den Berg A H, McLaggan D, Dieguez-Uribeondo J, et al. 2013. The impact of the water moulds *Saprolegnia diclina* and *Saprolegnia parasitica* on natural ecosystems and the aquaculture industry［J］. Fungal Biology Reviews, 27 (2): 33−42.

Willoughby L G, Roberts R J, Chinabut S. 1995. *Aphanomyces invaderis* sp. nov., the fungal pathogen of freshwater tropical fishes affected by epizootic ulcerative syndrome (EUS)［J］. Journal of Fish Diseases, (18): 273−275.

Zhu X D, Yu Y N. 1992. Twenty-three species of aquatic hyphomecetes new records to China［J］. Acta Mycological Sinica, 11 (1): 32−42.

# 第八章　水生动物防疫通用技术标准

　　水生动物防疫通用技术标准包括实验室及场所建设标准、生物安全标准和管理类标准。其中,实验室及场所建设标准主要包括《进境鱼类临时隔离场建设规范》(SN/T 2523—2010)和《出境淡水鱼养殖场建设要求》(SN/T 2699—2010);生物安全标准主要包括《病害动物和病害动物产品生物安全处理规程》(GB 16548—2006)、《染疫水生动物无害化处理规程》(SC/T 7015—2011)、《微生物菌种常规保藏技术规程》(SN/T 2632—2006)、《水生动物病原微生物实验室保存规范》(SC/T 7019—2015)、《实验室生物安全通用要求》(GB 19486—2008)和《水生动物产地检疫采样技术规范》(SC/T 7103—2008)。管理类标准主要包括:《进出境动物重大疫病检疫处理规程》(SN/T 2858—2011)、《水生动物疫病风险评估通则》(SC/T 7017—2012)、《水生动物疫病流行病学调查规范》(SC/T 7018—2012)、试行中的水产动物产地检疫规程(《鱼类产地检疫规程》、《甲壳类产地检疫规程》和《贝类产地检疫规程》),以及我国各省市参照农业农村部《水生动物疫病应急预案》制定的本地突发重大水生动物疫情应急管理预案。

## 一、进境鱼类临时隔离场建设规范

　　选址要求为:① 临时隔离场所在地周边没有世界动物卫生组织(OIE)规定应当通报和农业农村部规定应当上报的水生动物疾病发生和流行。② 临时隔离场周围1 km范围内无水产养殖场(包括苗种场)、动物饲养场、屠宰场、水产品加工厂、兽医院、农贸市场和医院。③ 临时隔离场周围环境条件符合动物防疫要求,具有独立水源,水质符合养殖用水要求,场内应有必要的供水、电设施。

　　临时隔离场内布局应合理,分设生活办公区、隔离区,生活办公区与隔离区应建有隔离墙。隔离区内应包括隔离养殖池、病鱼观察池、工器具存放室、饲料存放室、药物储藏室、兽医工作室等。临时隔离场与外界应建有围墙及消毒通道。临时隔离场进出通道等处应设有"动物隔离场,请勿靠近"等醒目警示标志。临时隔离场应建立如下规章制度:水生动物疫病监控体系和疫情报告制度;养殖管理、药物和饲料的使用及管理、防疫消毒制度;废弃物、废水无害化处理制度;对隔离场工作人员体检、培训、管理制度;人员、交通工具、物品等进出登记及管理制度;防火、防盗等安全保障制度和措施;应急处置制度。

## 二、出境淡水鱼养殖场建设要求

　　总体要求是:出境淡水鱼养殖场应布局合理、分区科学,标识明确并符合养殖对象生态要求,且不会对其造成应激或污染。出境淡水鱼养殖场内布局应合理,分设生活办公区、养殖区,生活办公区与养殖区应分开管理,养殖区内应包括养殖池、隔离观察池、工器具存放室、饲料存放室、药物储藏室、水产技术工作室等,且设置明显的标识。养殖场选址及环境要求为:处境淡水鱼养殖场应选择生态环境良好、交通便利的水域,无工业"三废"及农业、城镇生活、畜禽养殖、医院废弃物等污染,且周边1 km内无水产加工厂。场区位于水生动物疫病非疫区,过去两年内没有发生OIE规定应当通报和农业部规定应上报的水生动物疾病。网箱养殖区应符合淡水水域功能区划要求,并远离工业区、人口密集区或港口,周边无污染源,且避开洪水等自然灾害频发的区域。出境淡水鱼养殖场应水源充足,具有独立水源,水质符合要求,无工业废弃物和生活垃圾、无异色和异臭,有毒有害物质限量符合有关规定。出境淡水鱼养殖场养殖水域面积应具备一定规模,水泥池养殖面积一般不少于20亩[1],土池养殖面积不少于100亩,开放式水域养殖面积不少于500亩,网箱养殖的网箱数不少于20个。网箱应位于水深适度的区域,网箱距离水底距离符合要求。

### 三、病害动物和动物产品生物安全处理

生物安全处理(biosafety disposal)指通过用焚毁、化制、掩埋或其他物理、化学、生物学等方法将病害动物尸体和病害动物产品或附属物进行处理,以彻底消灭其所带的病原体,达到消除病害因素,保障人畜健康安全的目的。焚毁、掩埋和无害化处理是3种主要的生物安全处理方式。掩埋前需对将掩埋的病害动物尸体和病害动物产品实施焚烧处理。掩埋坑底铺2 cm厚生石灰;上层应距地表1.5 m以上;地表使用有效消毒药喷洒。掩埋地应远离生活生产区及饮用水源地和河流等。水生动物及其制品常用到的无害化处理包括:① 化制。将废弃物放入化制机内受干热或湿热与压力的作用而达到将病原体完全杀灭而化制成可利用无毒废渣的目的。利用干化及湿化机,将原料分类,分别投入化制机。对象包括染疫动物及病变严重的动物尸体或内脏器官。② 消毒。可以用多种方法进行消毒,包括高温处理法、盐酸食盐溶液消毒法、过氧乙酸消毒法、碱盐液浸泡消毒法和煮沸消毒法。主要适用于非食用目的水产动物制品的消毒。

### 四、微生物菌种常规保藏技术

微生物菌种指可培养的具有保藏价值的微生物纯培养株。菌种保藏的目的是用各种适宜的方法妥善保藏,避免死亡、污染,保持其原有性状基本稳定,以便于研究、交换和使用的目的。① 定期移植保藏法,亦称传代培养保藏法,包括斜面培养、穿刺培养、液体培养等,是指将菌种接种于适宜的培养基中在最适条件下培养,待菌种生长完全后,通常置于4~6℃进行保存并间隔一定时间进行移植培养的菌种保藏方法。本方法广泛适用于细菌、放线菌、酵母、真菌等的短期保藏。② 液体石蜡保藏法,亦称矿物油保藏法,是定期移植保藏法的改良方法,是指将菌种接种在适宜的斜面培养基或半固体培养基上,最适条件下培养至对数生长期后注入灭菌的液体石蜡,使其覆盖整个斜面或半固体,再通常直立放置于4~10℃进行保存的一种菌种保藏方法。本方法适用于不能分解液体石蜡的酵母菌、某些细菌(如芽孢杆菌、乙酸杆菌等)和某些丝状真菌(如青霉、曲霉等),而一些细菌(如固氮菌、乳酸杆菌、明串珠菌、分枝杆菌、红螺菌、沙门氏菌等)和真菌(如卷霉菌、毛霉、根霉等)不宜用此法保存。③ 沙土管保藏法,属于载体保藏法的一种,是指将培养好的菌种用无菌水制成悬浮液,注入灭菌的沙土管中混合均匀,或直接将菌苔或孢子刮下接种于灭菌的沙土管中,使其吸附在载体上,将管中水分抽干后熔封或石蜡封口,置于干燥器中于4~10℃进行保藏的一种菌种保藏方法。本方法适用于产孢子类放线菌、芽孢杆菌、曲霉、青霉及少数酵母,不适用于病原性真菌的保藏,特别是不适用于以菌丝发育为主的真菌的保藏。④ 低温冷冻保存法,将菌种保藏在−60~−80℃的低温冰箱中以缓解其生理活动的一种菌种保藏方法。本方法适用于大多数需要长期保藏的细菌、真菌、放线

---

1 1亩≈666.7 m²

菌、病毒等。⑤ 冷冻干燥保藏法,亦称冻干法,是在无菌条件下将欲保藏的菌种制成悬浮液后冻结,在真空条件下使冰升华直至干燥,从而使微生物的生理活动趋于停止而长期维持存活状态的一种菌种保藏方法。本方法适用于保藏大多数细菌、放线菌、病毒、噬菌体、立克次氏体、霉菌和酵母等,但不适用于保藏不产孢子的丝状真菌等。

培养物信息通常包含:① 保存编号,由前缀和水生动物病原微生物编号两部分组成,前缀为保存机构名称的英文缩写,前缀和水生动物病原微生物编号之间留半角空格。② 名称,包括水生动物病原微生物的中文名称和拉丁文名;若无中文译名时,可填暂无;拉丁文名以属名+种名+词表示,斜体。③ 来源,包括水生动物病原微生物的分类、采集地点、提供单位或提供人。④ 宿主,包括宿主的中文或拉丁文名称、引起宿主的疾病名称、侵染宿主的靶组织。⑤ 培养条件,主要包括培养基及培养温度信息。

## 五、实验室生物安全通用要求

根据对所操作生物因子采取的防护措施,将实验室生物安全防护水平分为一级、二级、三级和四级,一级防护水平最低,四级防护水平最高。依据国家相关规定:① 生物安全防护水平为一级的实验室适用于操作在通常情况下不会引起人类或者动物疾病的微生物。② 生物安全防护水平为二级的实验室适用于操作能够引起人类或者动物疾病,但一般情况下对人、动物或者环境不构成严重危害,传播风险有限,实验室感染后很少引起严重疾病,并且具备有效治疗和预防措施的微生物。③ 生物安全防护水平为三级的实验室适用于操作能够引起人类或者动物严重疾病,比较容易直接或者间接在人与人、动物与人、动物与动物间传播的微生物。④ 生物安全防护水平为四级的实验室适用于操作能够引起人类或者动物非常严重疾病的微生物,以及我国尚未发现或者已经宣布消灭的微生物。

应依据国家相关主管部门发布的病原微生物分类名录,在风险评估的基础上,确定实验室的生物安全防护水平。以BSL-1、BSL-2、BSL-3、BSL-4表示仅从事体外操作的实验室的相应生物安全防护水平。以ABSL-1、ABSL-2、ABSL-3、ABSL-4表示包括从事动物活体操作的实验室的相应生物安全防护水平。根据实验活动的差异、采用的个体防护装备和基础隔离设施的不同,实验室分以下情况:操作通常认为非经空气传播致病性生物因子的实验室;可有效利用安全隔离装置(如生物安全柜)操作常规量经空气传播致病性生物因子的实验室;不能有效利用安全隔离装置操作常规量经空气传播致病性生物因子的实验室;利用具有生命保障系统的正压服操作常规量经空气传播致病性生物因子的实验室。

水生动物疾病研究通常要达到BSL-2实验室的生物安全水平。其基本要求为:实验室的门应有可视窗并可锁闭,门锁及门的开启方向应不妨碍室内人员逃生;应设洗手池,宜设置在靠近实验室的出口处;在实验室门口处应设存衣或挂衣装置,可将个人服装与实验室工作服分开放置;实验室的墙壁、天花板和地面应易清洁、不渗水、耐化学品和消毒灭菌剂的腐蚀,地面应平整、防滑,不应铺设地毯;实验室台柜和座椅等应稳固,边角应圆滑;实验室台柜等和其摆放应便于清洁,实验台面应防水、耐腐蚀、耐热和坚固;实验室应有足够的空间和台柜等摆放实验室设备和物品;应根据工作性质和流程合理摆放实验室设备、台柜、物品等,避免相互干扰、交叉污染,并应不妨碍逃生和急救;实验室可以利用自然通风。如果采用机械通风,应避免交叉污染;如果有可开启的窗户,应安装可防蚊虫的纱窗;实验室内应避免不必要的反光和强光;若操作刺激或腐蚀性物质,应在30 m内设洗眼装置,必要时应设紧急喷淋装置;若操作有毒、刺激性、放射性挥发物质,应在风险评估的基础上,配备适当的负压排风柜;若使用高毒性、放射性等物质,应配备相应的安全设施、设备和个体防护装备,应符合国家、地方的相关规定和要求;若使用高压气体和可燃气体,应有安全措施,应符合国家、地方的相关规定和要求;应设应急照明装置,应有足够的电力供应;应有足够的固定电源插座,避免多台设备使用共同的电源插座,应有可靠的接地系统,应在关键节点安装漏电保护装置或监测报警装置;供水和排水管道系统应不渗漏,下水应有防回流设计;应配备适用的应急器材,如消防器材、意外事故处理器材、急救器材等;应配备适用的通信设备;必要时,应配备适当的消毒灭菌设备;实验室主入口的门、放置生物安全柜实验间的门应可自动关闭;实验室主入口的门应有进入控制措施;实验室工作区域外应有存放备用物品的条件;应在实验室工作区配备洗眼装置;应在实验室或其所在的建筑内配备高压蒸汽灭菌器或其他适当的消毒灭菌设备,所配备的消毒灭菌设备应以风险评估为依据;应在操作病原微生物样本的实验间内配备生物安全柜;应按产品的设计要求安装和使用生物安全柜。如果生物安全柜的排风在室内循环,室内应具备通风换气的条件;如果使用需要管道排风的生物安全柜,应通过独立于建筑物其他公共通风系统的管道排出;应有可靠的电力供应,必要时,重要设备如培养箱、生物安全柜、冰箱等应配置备用电源。

### 六、水生动物产地检疫采样技术规范

采样应严格按照规定的程序和方法执行,确保采样工作的公正性和样品的代表性、真实性。采样地点为水生动物产地;对已发病的水生动物优先尽快进行采样。通常根据水产养殖的池塘及水域的分布情况,合理布设采样点,从每个批次中随机抽取样品。对有临床症状的水生动物,必须挑取临床症状明显的活体或濒临死亡的水生动物,每一采样批次,一般根据水生动物样品的大小取10～20尾即可;对外表健康无临床症状的水生动物,通常按2%感染率时采样数要求取样,原则上每个采样批次采150尾。采样人员和被检单位负责人共同确认样品的真实性、代表性和有效性。封样包装材料应清洁、干燥,不会对样品造成污染和伤害;包装容器应完整、结实,有一定抗压、抗震性。现场采样一般为活体,符合水生动物检疫的相关要求;水生动物组织需在4℃以下封存。每份样品应分别加贴采样标签,注明被采样单位、采样编号、采样人和采样日期。

### 七、进出境动物重大疫病检疫处理规程

重大动物疫情的确认依据:① 境外发生或疑似发生重大动物疫情以国际组织或区域性组织、各国或地区政府发布或通报的疫情信息为确认依据。② 境内发生或疑似发生重大动物疫情以我国农业农村部发布或通报的疫情信息为确认依据。③ 检验检疫工作中发现或疑似发生重大动物疫情以质检总局指定实验室的诊断结果为确认依据。进境动物重大疫病检疫处理原则包括退回(拟进境动物不准进境,可退回的退回处理,无法退回的就地实施检疫处理)、确定控制场所和控制区域(指进境动物隔离场及其为中心的一定区域范围)、封锁控制场所、消毒、扑杀、销毁和控制(限制人员、车辆进出)。出境动物重大疫病检疫处理原则:不准检出重大动物疫病的动物出境;向地方人民政府和国家质量监督检验检疫总局报告,并提出检疫处理建议,包括是否启动重大动物疫情应急预案、对动物的检疫处理措施等;确定控制场所和控制区域,封锁控制场所,采取消毒、扑杀、销毁或控制等处理措施;在国家质量监督检验检疫总局和地方人民政府的指挥下开展相关检疫处理工作。

### 八、水生动物疫病风险评估通则

风险评估指对确认为危害的疫病发生的可能性和后果的严重性进行综合评估,测算风险

值的过程,包括释放评估、暴露评估、后果评估、风险估计四个步骤。释放评估是指对水生动物及其产品的引入过程中疫病病原释放(或引入)的概率及其影响因素等进行定性说明或定量计算的过程。暴露评估是指对水生动物及其产品引入过程中疫病病原与易感群体接触概率进行评估的过程。后果评估指对水生动物及其产品引入过程中潜在危害发生的可能性和后果严重性进行综合评估的过程。风险估计是指对释放评估、暴露评估、后果评估的结果进行综合分析,估算风险值的过程。

评估者应首先确立风险评估的目标,为评估过程提供导向。目标描述是对风险评估范围的界定。目标描述要素依次为:产品引入地、产品输出地、时间、引入方式、产品种类、拟评估的疾病、拟评估的危害形式。评估者应确立风险的安全水平,即判定风险可否接受。当存在多种疫病风险时,评估者应判定不同疫病风险的优先次序或等级,比较不同疫病风险的相对值,对于风险级别高的疫病应优先配置资源进行防控。

## 九、水生动物疫病流行病学调查规范

疫点(epidemic spot)指发生或疑似发生疫情的较小范围或单个疫源地,如某个养殖场。疫区(epidemic region)由若干个疫源地连接成一个的较大范围相对隔离区域或者指根据防控要求划定,从疫点至某一自然或人工屏障、相对隔离、具有阻断疫病传播功能的一定水域。疫点所在的水生动物疫病预防控制机构在接到养殖场、养殖户怀疑发生特定疫情报告后,派相关技术人员对所报告的养鱼场/户进行的实地考察及对其发病情况的初步核实。最初调查判定为疑似疫情后,由地(市)级或以上水生动物疫病预防控制机构的专家对疫点的场区状况、水质、饲料情况、传染来源、发病草鱼(包括青鱼)日龄、发病时间与病程与病死率及养殖场地分布等所做的现场全面调查,以确定疫情。经现地调查确定为特定疫情后,由省级以上水生动物疾病预防控制机构组织专家对疫区的病死鱼及其产品、病原的可能来源和传染途径、传播媒介的扩散趋势、自然宿主发病和带毒情况的全面跟踪调查。成因分析与成因调查是流行病学调查的重要一环,主要涵盖:① 流行特征调查。空间分布调查:分析疫情分布的范围,统计发病率和死亡率;时间分布调查:分析具体发病日期、发病高峰、流行尖峰、疫情波动等;水生动物分布调查:分析发病鱼及易感鱼的养殖面积、养殖密度等。② 暴发原因分析。分析对象包括水源、养殖水体、饲料源、发病鱼及产品流动、人员流动等。③ 成因。得出疫病流行的初步原因,并根据本次暴发的原因,提出有针对性的具体防制措施和建议。调查结束后撰写调查报告。调查报告应至少包括:① 任务来源;② 调查方式和方法;③ 调查过程(时间、地点、对象);④ 调查资料分析、调查结论;⑤ 问题与建议;⑥ 附件内容(调查表格、调查证据等)。

## 十、水产动物产地检疫规程

农业农村部规定了鱼类、贝类、甲壳类水产动物产地检疫的检疫对象、检疫范围(规定的动物疫病)、检疫合格标准、检疫程序、检疫结果处理和检疫记录。检疫合格标准:该养殖场近期未发生相关水生动物疫情;临床健康检查合格;需要经水生动物疫病诊断实验室检验的规定动物疫病,检验结果合格。检疫程序包括:① 申报点设置。县级渔业主管部门(或其所属的水生动物卫生监督机构,下同)应当根据水生动物产地检疫工作需要,合理设置水生动物检疫申报点,并向社会公布。② 申报受理。申报检疫采取申报点填报、传真、电话等方式申报;采用电话申报的,需在现场补填检疫申报单。县级渔业主管部门在接到检疫申报后,根据当地相关水生动物疫情情况,决定是否予以受理。受理的,应当及时派出官方兽医到现场或到指定地点实施检疫;不予受理的,应说明理由。县级渔业主管部门可以根据检疫工作需要,指定水生动物疾病防控专业人员协助官方兽医实施水生动物检疫。检疫结果处理:经检疫合格的,出具《动物检疫合格证明》;经检疫不合格的,出具《检疫处理通知单》,并按照有关规定处理;可以治疗的,诊疗康复后可以重新申报检疫;发现不明原因死亡或怀疑为水生动物疫情的,应按照《动物防疫法》《重大动物疫情应急条例》和相关规定处理;病死水生动物应在渔业主管部门监督下,由货主按照农业农村部相关规定进行无害化处理;水生动物启运前,渔业主管部门应监督货主或承运人对运载工具进行有效消毒;跨省、自治区、直辖市引进水产苗种到达目的地后,货主或承运人应当在24小时内向所在地县级渔业主管部门报告,并接受监督检查。

为贯彻落实《农业部关于同意江苏省开展水产苗种产地检疫试点工作的批复》(农渔发〔2017〕8号)精神,切实抓好水产苗种产地检疫试点工作,江苏省的经验是:一是建立健全水产苗种产地检疫工作体系,着重打造"两支队伍"。尽快建立全国首支渔业官方兽医队伍,实施专项培训,提高岗位适应能力;打造水生动物疫病防控和病害防治专家队伍,提升疫控业务综合素质。二是探索建立水产苗种产地检疫工作机制。重点建立"四项制度",即告知制度、备案制度、检疫申报制度、协同检疫制度。三是规范实施水产苗种产地检疫。要实质性启动检疫工作,做到"三个必检"和强化"三个规范":水产苗种生产单位主动申报必检,省级以上水产原良种场生产的水产苗种销往外省必检,近年来发生过水生动物疫病或者疫病监测到阳性的水产苗种生产单位苗种出场必检;要规范检疫程序、规范检疫行为、规范疫病处置。四是加强水生动物卫生监督执法。加强检疫行为的督察,对违规实施检疫,或者检疫中出现违规行为的,要追究相关人员的责任。五是强化水生动物防疫检疫的组织保障。

### 十一、突发重大水生动物疫情应急管理

提高快速反应和应急处理能力,有效控制水生动物疫病突发事件的危害,防止疫病扩散,可以最大限度减少疫病造成的影响和损失,保障水产品质量与公共卫生安全,促进渔业健康持续发展。目前我国水生动物检疫的总体水平不高。进出口检疫水平在国家的投入和重视下已经能和国际接轨。但是我国内地缺乏预警、测报系统,无法做到在疫病发生前早发现、早预防。发病时无法及时反馈,划分出"无病区""监测区(可疑地区)"和"疫区(即被感染区)",也无法采取保护无病区,监测可疑区,严格控制感染区等防止病原扩散的措施。所以制定突发疫病应急预案有重要的现实意义。通常各地根据《中华人民共和国动物防疫法》《中华人民共和国渔业法》《中华人民共和国进出境动植物检疫法》,并参照农业农村部《水生动物疫病应急预案》制定本地突发重大水生动物疫情应急管理预案。工作原则体现:① 预防为主、分类监测的原则。县级以上人民政府渔业行政主管部门及其水生动物防疫检疫机构要加强监测、检测、预警工作,发现疫情及时逐级上报。省级水产主管部门负责将疫情上报农业部和省级人民政府。② 属地负责、依法管理的原则。县级以上人民政府渔业行政主管部门对辖区内的水生动物疫病防治工作负主要责任,经所在地人民政府授权,指挥、调度水生动物疫病控制物质储备资源,组织开展相关工作;严格依照国家有关法律法规,对疫病预防、疫情报告和控制等工作实施监管。③ 分级控制、快速反应的原则。根据水生动物疫情等级,启动相应急预案;建立监测预警、控制、扑灭、防疫等快速反应机制,按照"早发现、早报告、早隔离、早控制"要求,快速、准确反应。

1. 疫情分级

以出现首例疫病临床诊断为标志,根据水生动物发病、死亡的情况划分疫情等级,水生动物疫情分为:特别重大(Ⅰ级)、重大(Ⅱ级)、较大(Ⅲ级)三个等级。其中,Ⅰ级疫情标准:国家规定的一类水生动物疫病(以下简称一类疫病)在两个或两个以上市发生,并在10日内造成至少两个市(指地级市,下同)各10%以上的养殖面积或野生种类生活水域面积发病死亡;或国家规定的二、三类水生动物疫病(以下简称二、三类疫病)在两个或两个以上市呈暴发性流行,并在10日内造成至少两个市各30%以上的养殖面积或野生种类生活水域面积发病死亡,且疫情可能进一步扩大。Ⅱ级疫情标准:国家规定的一、二、三类疫病在一个市两个或两个以上县(区)发生,10日内,一类疫病造成至少两个县(区)各10%以上,二、三类疫病造成至少两个县(区)各30%以上的养殖面积或野生种类生活水域面积发病死亡。Ⅲ级疫情标准:国家规定的一、二、三类疫病在一个市一个县(区)两个或两个以上乡镇发生,10日内,一类疫病造成至少两个乡镇各10%以上,二、三类疫病造成至少两个乡镇各30%以上的养殖面积或野生种类生活水域面积发病死亡。

2. 相应的预案等级

(1)一级预案

确认为Ⅰ级疫情时启动本级预案。省级水生动物疫病应急执行机构立即组织专家确定疫情严重程度,分析疫情发展趋势,并会同疫发地市级渔业行政主管部门,按照"水生动物疫病控制技术路线图"提出Ⅰ级疫情控制工作方案;水生动物疫病应急指挥部立即召开指挥部会议,研究和批准Ⅰ级疫情控制工作方案,部署疫情应急处理工作;应急执行机构按照指挥部的部署,统一指挥和监督Ⅰ级疫情控制工作方案的落实。向农业部报告疫情。责任单位为自治区水生动物疫病应急指挥部和疫发地市级水生动物疫病应急指挥部。

(2)二级预案

确认为Ⅱ级疫情时,疫发地市级渔业行政主管部门立即报告市级人民政府并得到批准后,启动市级应急预案。市级水生动物疫病应急指挥部按照"水生动物疫病控制技术路线图"提出Ⅱ级疫情控制工作方案,开展相关工作。责任单位为疫发地市级水生动物疫病应急指挥部。

(3)三级预案

确认为Ⅲ级疫情时,疫发地县级渔业行政主管部门立即报告县级人民政府并得到批准后,启动县级应急预案。县级水生动物疫病应急指挥部按照"水生动物疫病控制技术路线图"提出Ⅲ级疫情控制工作方案,开展相关工作。责任单位为疫发地县级水生动物疫病应急指挥部。

3. 响应级别

(1)一般疫情(Ⅳ级)限于区(县)级响应

区(县)级领导小组组长到位指挥突发重大水生动物疫情应急处理工作。划定疫点、疫区和受威胁区,根据分析评估结果,提出对疫区实施隔离、封锁的建议,提请所在地人民政府发布通告,并采取封锁、隔离等相应的处置措施:在疫区设置警示标志、出入疫区的路口、码头等地设置临时检疫消毒站,禁止未经扑灭病原的污染水生动物及其产品运出疫区,疫区内养殖废水经严格消毒后方可排出,进出疫区车辆、船舶、用具、相关人员和其他物品需严格消毒,对染疫动物采取治疗、消毒、无害化等应急处置措施,严格控制疫情扩散。及时向未发生水生动物疫情的乡(镇)通报疫情。

(2)较大疫情(Ⅲ级)响应

1)区(县)级响应。区(县)级领导小组组长到位指挥突发重大水生动物疫情应急处理工作。划定疫点、疫区和受威胁区,根据分析评估结果,提出对疫区实施隔离、封锁的建议,提请疫区所在地人民政府发布通告,并采取封锁、隔离等相应的处置措施:在疫区设置警示标志、出入疫区的路口、码头等地设置临时检疫消毒站,禁止未经扑灭病原的污染水生动物及其产品运出疫区,疫区内养殖废水经严格消毒后方可排出,进出疫区车辆、船舶、用具、相关人员和其他物品需严格消毒,必要时对染疫动物采取扑杀、消毒、无害化等应急处置措施,严格控制疫情扩散。

2)市级响应。市级应急领导小组副组长到位,组织协调和指导疫情处置工作。根据疫区所在地的请求,组织有关人员和专家赴现场,协助疫情调查和监督指导疫情的处理工作,及时向未发生水生动物疫情的区(县)通报疫情。

(3)重大疫情(Ⅱ级)应急响应

1)市级响应。市级领导小组组长到位指挥突发重大水生动物疫情应急处理工作。划定疫点、疫区和受威胁区,根据分析评估结果,提出对疫区实施隔离、封锁的建议,提请疫区所在地人民政府发布通告,并采取封锁、隔离等相应的处置措施:在疫区设置警示标志、出入疫区的路口、码头等地设置临时检疫消毒站,禁止未经扑灭病原的污染水生动物及其产品运出疫区,疫区内养殖废水经严格消毒后方可排出,进出疫区车辆、船舶、用具、相关人员和其他物品需严格消毒,必要时对染疫动物采取扑杀等应急处置措施,严格控制疫情扩散。随时掌握疫情态势,及时向农业部上报有关疫情处置的进展情况。必要时,重新划定疫区、受威胁区,以及向农业部申请调拨应急资金和储备物资。

2)区(县)级响应。疫区所在地的区(县)渔业行政主管部门按市级应急领导小组的部署和要求,落实各项疫情控制应急措施。

(4)非疫情发生地区的预警响应

应根据发生疫情地区的疫情性质、特点、发生区域和发展趋势,分析本地区受波及的可能性和程度,重点做好以下工作。

1)密切保持与疫情发生地的联系,及时获取相关信息。

2)组织做好本区域应急处理所需的人员与物资准备。

3)加强相关水生动物疫病监测和报告工作,必要时建立专门的报告制度。

4)开展对养殖、运输、加工与流通环节的水生动物疫情监测和防控工作,防止疫病的发生、传入和扩散。

5)开展水生动物防疫知识宣传,提高渔民防护能力和意识。

突发重大水生动物疫情应急处置工作完成后,由响应单位派出专家组进行综合评估,评估结果认为疫情已经得到有效控制,再次暴发风险较小时,响应单位可终止应急响应。解除封锁、撤销疫区按照规定的标准和程序评估后,由原决定机关决定并宣布。后期处置通常包括:① 监测评估:突发重大水生动物疫情应急处置后,疫情发生地渔业行政主管部门应当继续加强对原疫区的监测和调查评估工作,追溯疫情发生原因,评估影响,对应急处置工作中的经验教训进行全面总结分析,并上报同级人民政府和上级渔业行政主管部门。② 恢复生产:各级渔业行政主管部门依法提请同级人民政府依照有关水生动物防疫工作的要求,帮助疫区对养殖设施进行改造和恢复性建设,依据有关规定恢复生产。③ 疫灾补偿:对在水生动物疫病预防和控制、扑灭过程中强制扑杀的水生动物、销毁的水生动物产品和相关物品,给养殖者造成的已经核实的经济损失,提请区(县)级以上人民政府依法给予补偿。

# 参 考 文 献

陈升益,陈罕巾.2013.病死动物尸体生物安全处理方式的思考[J].中国动物检疫,(5):34-35.

李钟庆.1989.微生物菌种保藏技术[M].北京:科学出版社.

梅建凤,王普,陈虹.2004.微生物菌种保藏机构网络信息[J].微生物学通报,31(4):128-130.

蒲万霞.2011.水生动物防疫检疫技术[M].兰州:甘肃科学技术出版社.

陶秋月,袁昌明.2013.屠宰场病害动物和病害动物产品生物安全处理方法与程序探讨[J].畜禽业,(7):68-70.

王志华,龙安厚.2009.专业实验室建设及规范化管理的探索[J].实验科学与技术,7(6):128-130.

魏秋华.2015.生物安全实验室消毒与灭菌[J].中国消毒学杂志,32(1):55-58.

袁广卿,陈琼珠,曾谷城,等.2015.生物安全实验室过氧化氢熏蒸消毒灭菌效果的监测[J].热带医学杂志,15(2):207-209.

张桂玲,王成城,李思远.2015.检验检测实验室设计建设标准研究与探索[J].实验室研究与探索,34(4):232-235.

Aspect I T, Tyron A, Ie S. 2013. Exploitation of Bacterial Activities in Mineral Industry and Environmental Preservation: An Overview[J]. Journal of Mining, (6): 1-13.

Bar-Yaacov K. 2008. Addressing governance in aquatic animal disease emergency management[J]. Rev Sci Tech, 27 (1): 31-37.

Bernoth E M. 2007. Structural arrangements in Australia for managing aquatic animal disease emergencies[J]. Developments in Biologicals, 129: 55.

Bugl G, Sonnenschein B, Bisping W. 1979. Hygienic studies of the sterilization process control in animal carcass disposal establishments of conventional construction[J]. Zentralblatt Für Veterinrmedizin.reihe B. journal of Veterinary Medicine, 26 (2): 125-136.

Case H. 2011. (A322) Animals in Emergency Management: Veterinary Medical Triage and Treatment[J]. Prehospital & Disaster Medicine, 26 (S1): s90.

Rhodes C. 2007. Consequences of Failure to Apply International Standards for Laboratory Biosafety and Biosecurity: The 2007 Foot-and-Mouth Disease Outbreak in the UK[J]. Applied Biosafety, 14 (3): 144-149.

Chitnis V, Vaidya K, Chitnis D S. 2005. Biomedical waste in laboratory medicine: audit and management[J]. Indian Journal of Medical Microbiology, 23 (1): 6.

Williams C J, Moffitt C M. A critique of methods of sampling and reporting pathogens in populations of fish[J]. Journal of Aquatic Animal Health, 13 (4): 300-309.

Cornwell E R, Eckerlin G E, Getchell R G, et al. 2011. Detection of Viral Hemorrhagic Septicemia Virus by Quantitative Reverse Transcription Polymerase Chain Reaction from Two Fish Species at Two Sites in Lake Superior[J]. Journal of Aquatic Animal Health, 23 (4): 207-217.

Dai K F, Tang M L, Cheng X Y, et al. 2015. Design and Implementation of Sanitary Inspection Information Management System for Center for Disease Control and Prevention[J]. Research & Exploration in Laboratory.

Doroudi M, East I, Appleford P, et al. 2007. Enhancement of the emergency disease management capability in Victoria: Adapting Victoria's arrangements for the management of aquatic animal disease emergencies through Exercise Rainbow[J]. Australian Journal of Emergency Management, 22 (3): 10-16.

Eggett D. 2014. The Influence of Risk Perception on Biosafety Level-2 Laboratory Workers' Hand-To-Face Contact Behaviors[J]. Journal of Occupational & Environmental Hygiene, 11 (9): 625-632.

Georgiadis M, Blas I D, Jencic V, et al. 2009. An epidemiological database for aquatic animal infectious diseases[J]. Bulletin of the European Association of Fish Pathologists, 29 (2): 39−46.

Huang Q, Fu W L, You J P, et al. 2016. Laboratory diagnosis of Ebola virus disease and corresponding biosafety considerations in the China Ebola Treatment Center[J]. Critical Reviews in Clinical Laboratory Sciences, 53 (5): 326.

Humphrey J. 1997. Aquatic animal quarantine and health certification in Asia[J]. Fetal & Pediatric Pathology, 22 (5): 435−441.

Jebara M K B. 2010. The World Organization for Animal Health (OIE) and Global Early Warning System for Major Animal Diseases, including Zoonoses (GLEWS)[C]// Global Meeting of Infosan.

Landin J. 2010. Methods of sampling aquatic beetles in the transitional habitats at water margins[J]. Freshwater Biology, 6 (2): 81−87.

Lewis M A. 1991. Chronic and sublethal toxicities of surfactants to aquatic animals: A review and risk assessment[J]. Water Research, 25 (1): 101−113.

Li H, Ma M L, Xie H J, et al. 2012. Biosafety evaluation of bacteriophages for treatment of diarrhea due to intestinal pathogen *Escherichia coli*, 3−2 infection of chickens[J]. World Journal of Microbiology & Biotechnology, 28 (1): 1−6.

Mceniry J, O'Kiely P, Clipson N J W, et al. 2010. Assessing the impact of various ensilage factors on the fermentation of grass silage using conventional culture and bacterial community analysis techniques[J]. Journal of Applied Microbiology, 108 (5): 1584.

Nigam P, Perumamthadathil C S. 2011. Critical care and emergency management of wild animals[J]. Intas Polivet, 12: 153−156.

Norman S A, Norman S A. 2012. Epidemiological Tools in Aquatic Animal Practice and Research[C]// American Veterinary Medical Association Convention.

Qin W, Zhou W M, Yong Z, et al. 2016. Good laboratory practices guarantee biosafety in the Sierra Leone-China friendship biosafety laboratory[J]. Infectious Diseases of Poverty, 5 (1): 1−4.

Hansen B H, Altin D, Vang S H, et al. 2002. The oncolytic virotherapy treatment platform for cancer: Unique biological and biosafety points to consider[J]. Cancer Gene Therapy, 9 (12): 1062−1067.

Smith P, Kronvall G. 2014. How many strains are required to set an epidemiological cut-off value for MIC values determined for bacteria isolated from aquatic animals?[J]. Aquaculture International, 23 (2): 1−6.

Subasinghe R P. 2005. Epidemiological approach to aquatic animal health management: opportunities and challenges for developing countries to increase aquatic production through aquaculture[J]. Preventive Veterinary Medicine, 67 (2): 117−124.

Thrush M A, Murray A G, Brun E, et al. 2015. The application of risk and disease modelling to emerging freshwater diseases in wild aquatic animals[J]. Freshwater Biology, 56 (4): 658−675.

Videnova K, Mackay D K. 2012. Availability of vaccines against major animal diseases in the European Union[J]. Revue Scientifique Et Technique, 31 (3): 971.

Yoshida Y, Et A L. 1961. Studies on human paragonimiasis in the northern district of Kyoto Prefecture. I. An epidemiological survey of paragonimiasis in Amino Town and its neighborhood[J]. Japanese Journal of Parasitology, 1961.

Zhang K, Liu W. 2015. Insights into the National Prevention and Control Strategies of Major Animal Epidemic Diseases in China-Analysis from the Point View of Social System and Economic Management[J]. International Journal of Pharmacology, 11 (7): 786−797.

Zhu H, Xu Y, Yan B, et al. 2015. Risk assessment of heavy metals contamination in sediment and aquatic animals in downstream waters affected by historical gold extraction in Northeast China[J]. Human & Ecological Risk Assessment An International Journal, 22(3): 693−705.

# 第九章 实 验 技 术

## 实验一 水产动物致病菌的分离与纯化

### 一、目的

掌握水产动物致病菌的分离和纯化方法。

### 二、实验原理

常用的微生物分离和纯化方法同样适用于水生动物致病菌的分离和纯化。从患病水产动物病灶部位分离与纯化某一株致病菌株的过程称为水产动物致病菌的分离与纯化。常用的分离和纯化方法有：稀释涂布平板法、稀释混合平板法、平板划线分离法等。

本实验采用平板分离法，该方法操作简便，普遍用于水产动物病原菌的分离与纯化，包括以下过程。

1）根据分离致病菌对营养、酸碱度、氧气等不同的要求，选择适合的培养条件，即让病原菌生活在适宜的培养基上。

2）病原菌在固体培养基平板生长形成的单个菌落是一个细胞繁殖而形成的集合体，因此可通过挑取单菌落而获得纯培养。获得单菌落的方法可通过稀释涂布平板或平板划线等方法来完成。

3）根据科赫法则，将划线获得的单菌落进行扩增培养感染未患病的水生动物，观察是否能够引起与患病水生动物同样的患病症状。

纯培养的确定：① 结合菌落观察其形态特征，如菌落形状、表面是否光滑、颜色等特征。② 结合显微镜观察单个细菌形态特征进行确定。③ 必要时需进行革兰氏染色确定分离扩培的细菌是否具有统一的革兰氏染色特征评判。

### 三、实验材料

1. 实验动物

患败血症的鲫、健康鲫。

2. 培养基

普通营养琼脂培养基、TCBS蔗糖琼脂培养基（硫代硫酸盐柠檬酸盐胆盐蔗糖琼脂培养基）。

3. 溶液或试剂

蒸馏水、无菌0.85%氯化钠溶液。

4. 仪器或者其他用具

超净台、灭菌锅、恒温培养箱、无菌培养皿、解剖器材、接种环、无菌注射器、无菌枪头、灭菌空试管、移液器等。

## 四、操作步骤

### 1. 制备平板

参照普通营养琼脂培养基和TCBS蔗糖琼脂培养基配方配制称量培养基所需各组分,高压灭菌后在无菌超净台上混匀倒平板,并用记号标明培养基名称,样品编号和实验日期。

### 2. 患病水产动物的解剖

用75%乙醇浸过的纱布覆盖体表或用酒精棉球擦拭,进行体表消毒,用剪刀在火焰上烧灼灭菌,无菌打开病鱼的腹腔,从腹腔中取出全部内脏,将肝胰腺、脾、肾、胆囊、鳔、肠等脏器逐个分离开。

### 3. 划线

在近火焰处,左手托普通营养琼脂培养基或TCBS蔗糖琼脂培养基平板底,右手持接种环,将无菌接种环接触病灶组织,在平板上划线。

### 4. 挑菌落

观察28℃隔夜培养的分离平板菌落长势情况。无菌操作台内,继续挑取单菌落划线至新的培养平板。重复纯化3次以上,直到获得单一菌落。

### 5. 人工感染实验

用装有针头的一次性无菌注射器(或无菌吸管),吸取无菌生理盐水,滴注到长有纯化的分离菌株菌苔的普通营养琼脂培养基平板上,用灭菌接种环将菌苔轻轻刮下,倒入灭菌空试管中,用无菌生理盐水稀释调节菌浓度,与麦氏比浊管进行比色,使菌浓度达到$2.1 \times 10^9$ cfu/mL,用一次性无菌注射器抽取菌悬液,待人工感染时用。注射部位在鲫的胸鳍基部。用酒精棉球在注射部位擦拭进行体表消毒后进行肌肉注射。每尾鱼注射量为0.2 mL。对照鲫注射等量的无菌生理盐水。每天观察鱼的发病及症状等情况并做好记录。

### 6. 病原菌的确定

将人工感染与自然发病病鱼症状一致的鲫按上述步骤重新进行细菌再分离与纯化。若再纯化的菌株的表型特性与原分离株相同,则判定该菌株为病原菌。

## 五、实验报告

1. 描述并拍照病原菌的菌落形态。
2. 观察人工感染与自然发病的病鱼症状是否一致,并描述和拍照病鱼的病症。
3. 结果判定:当人工感染与自然发病的病鱼症状一致,且对照组未出现症状,判定该菌为病原菌;当人工感染与自然发病的病鱼症状不一致,且对照组未出现症状,判定该菌不是病原菌。

## 参 考 文 献

李槿年,江定丰,李琳,等.2004.28株水产动物致病菌的编码鉴定[J].水生态学杂志,24(2):62-64.
吕爱军,胡秀彩,李槿年,等.2008.水产动物致病性嗜水气单胞菌的分离鉴定[J].江苏农业科学,(2):172-174.
佟延南,熊静,郭松林,等.2010.采用16S rDNA片段鉴定鳗鲡病原菌的初步研究[J].集美大学学报(自然科学版),15(3):179-184.
Cho S J, Park J H, Park S J, et al. 2003. Purification and Characterization of Extracellular Temperature-Stable Serine Protease from *Aeromonas hydrophila*[J]. Journal of Microbiology, 41 (2): 207-211.

## 实验二　水产动物致病菌的鉴定

### 一、目的

掌握基于16 S rDNA序列扩增法鉴定水产动物致病菌的方法。

### 二、实验原理

分子遗传学鉴定方法是基于核酸水平的鉴定，对细菌染色体或质粒DNA进行分析，如G+C含量、16 S rRNA、16 ～ 23 S rRNA序列分析和基因组测序实验技术。随着分子生物学实验技术的发展，目前已经有多个国际组织或国家建立了多个基因组数据平台，收集整理了大量的基因组数据。例如，美国国家生物技术信息中心（National Center for Biotechnology Information，NCBI）创建的GenBank数据库、欧洲生物信息学研究所（European Bioinformatics Institute，EBI）创建的EMBL（The European Molecular Biology Laboratory）和日本创建的DDBJ（DNA Data Bank of Japan）。这些基因数据库的建立可以使我们方便、准确、快捷地将所获得的未知致病菌株的序列信息在数据库中进行分析比对，能够比较准确的鉴定未知菌株的分类地位。16 S rRNA为原核生物的一种核糖体RNA，目前，细菌分类学研究中最有用和最常用的分子钟是rRNA，其种类少，含量大（约占细菌RNA总量的80%），分子大小适中，适用于标记生物的进化距离和亲缘关系。

### 三、实验材料

1. 菌株

嗜水气单胞菌（*A. hydrophila*）（本实验示例菌株）。

2. 培养基与稀释液

营养肉汤琼脂培养基、无菌生理盐水、16 S rRNA通用引物（27 F、1 492 R）、2×PCR反应混合物、ddH$_2$O、电泳级琼脂糖、6×Loading buffer、电泳用SYBR Green I、DNA Ladder DL$_{1000}$（DNA分子质量标准物）、1×TAE电泳缓冲液、灭菌超纯水等。

3. 仪器和耗材

高压灭菌锅、电子天平、生化培养箱、PCR仪、超净工作台、Tannon EPS300水平电泳仪、Tannon 2500数字凝胶成像系统、DC-1015低温恒温槽、Eppendorf移液器、移液枪头（0.2 mL）。

### 四、操作步骤

1. 扩增模板

用移液器量程最小的白色枪头轻轻接触单菌落作为扩增模板。

2. 扩增样品基因组DNA

利用16 S rRNA通用引物扩增样品基因组DNA。设置实验组（模板为检测的单菌落）和阴性对照组（模板为水）。

16 S rRNA通用引物（目的条带311 bp）：

F（5′→3′）：AGAGTTTGATCCTGGCTCAG

R（5′→3′）：AAGGAGGTGATCCAGCCGCA

PCR反应体系为：

| | |
|---|---|
| Premix *Taq*™（TaKaRa *Taq*™ Version 2.0） | 25 μL |
| 模　板 | （按步骤1中方法选取菌落模板） |
| 引物F | 1 μL |
| 引物R | 1 μL |
| ddH₂O | 23 μL |
| 总体积 | 50 μL |

PCR扩增程序为：35个循环：98℃ 10 s，55℃ 10 s，72℃ 60 s；98℃ 1 min，72℃ 10 min。

**3. 电泳**

样品PCR产物进行电泳分析，操作步骤如下。

1）称取0.5 g电泳级琼脂糖粉，放入三角烧瓶，加入50 mL 1×TAE电泳缓冲液，放入微波炉煮沸。注意观察烧瓶中的电泳级琼脂糖粉，待完全溶化后关停微波炉。

2）戴上防烫手套，从微波炉中取出三角烧瓶，放在桌子上冷却至50～60℃。

3）把梳子插到凝胶灌制模具的正确位置后缓缓倒入三角烧瓶中的琼脂糖溶液，倒至与模具的矮边缘相平即可，在桌子上静置20 min直至完全凝固成胶。

4）在电泳槽中加满1×TAE电泳缓冲液。

5）待琼脂糖完全凝固成胶后，小心拔出梳子。用手指捏住模具两侧的高边缘取出模具和琼脂糖胶放入电泳槽中间的平台上，琼脂糖胶要没入1×TAE电泳缓冲液中。

6）分别取DL₂₀₀₀、样品PCR产物和嗜水气单胞菌对照标准菌株PCR产物各5 μL，然后与6×Loading buffer 1 μL，电泳用SYBR Green Ⅰ 2 μL混匀后，用10 μL移液枪头分别加入在琼脂糖胶上选择相邻的加样孔中。

7）打开电泳仪电源开关，把电泳仪的电压调至100 V，电泳时间设置为35 min。

8）电泳结束后，取出模具和琼脂糖胶，放入凝胶成像系统中拍照，检测是否PCR扩增成功。

**4. 测序**

若样品PCR扩增成功，则将样品的PCR产物进行测序，其序列通过美国国家生物技术信息中心（NCBI）网站中的BLAST N软件在线比对，并采用邻接法构建系统发育树。

## 五、实验报告

1. 记录样品序列在线比对结果，并构建系统发育树。

2. 样品16 S rRNA序列相似性应与GenBank中已有嗜水气单胞菌菌株的同源性达到99%～100%，并与嗜水气单胞菌菌株亲缘关系最近。

3. 结果判定，当实验组检测的单菌落，电泳结果在311 bp处出现阳性条带，且序列比对结果为水产动物致病菌，阴性对照组无条带，实验结果正确。

参 考 文 献

佟延南,熊静,郭松林,关瑞章.2010.采用16 S rDNA片段鉴定鳗鲡病原菌的初步研究[J].集美大学学报,15(3),179–184.

王宏萍,张继伦,吴文娟,等.2009.使用16 S rDNA序列分析鉴定副溶血性弧菌[J].中国卫生检验杂志,19(9):30–34.

杨霞,陈陆,王川庆.2008.16 S rRNA 基因序列分析技术在细菌分类中应用的研究进展[J].西北农林科技大学学报(自然科学版),36(2): 55−60.

Boye K, Hansen D S. 2003. Sequencing of 16 S rDNA of Klebsiella: taxonomic relations within the genus and to other Enterobacteriaceae[J]. International Journal of Medical Microbiology, 292 (7): 495−503.

# 实验三　水产动物致病菌的药敏筛选

## 一、目的

掌握K−B纸片扩散法筛选水产动物致病细菌敏感药物的技术。

## 二、实验原理

1993年美国临床实验室标准化委员会(National Committee for Clinical Laboratory Standards, NCCLS)法规指出,K−B纸片扩散法适用于快速生长的细菌,它们包括肠杆菌科、葡萄球菌科、假单胞菌属、不动杆菌属、产单核细胞李斯特菌和某些链球菌、流感嗜血杆菌、肺炎球菌等稍加修改也同样适用,但对苛养菌、厌氧菌、真菌、分枝杆菌等应遵照NCCLS的其他文件规定进行药敏实验。K−B纸片法具有重复性好、操作简便、实验成本相对较低、结果直观、容易判读、便于基层开展的优点,适合水产养殖过程中致病细菌的药物筛选实验。K−B扩散法筛选敏感药物的原理为:含有定量抗菌药物的纸片贴在已接种病原菌的普通营养琼脂平板上,纸片所含的药物吸取琼脂中的水分溶解后便不断向纸片周围区域扩散,形成递减的梯度浓度。在纸片周围抑菌浓度范围内的细菌生长被抑制,形成透明的抑菌圈。抑菌圈的大小反映病原菌对测定药物的敏感程度,并与该药对病原菌的最低抑菌浓度(minimum inhibitory concentration, MIC)呈负相关,即抑菌圈越大,MIC越小。

## 三、实验材料

1. 菌株

嗜水气单胞菌(A. hydrophila)。

2. 培养基与稀释液

营养肉汤琼脂培养基、无菌0.85%氯化钠溶液、药敏纸片(恩诺沙星、诺氟沙星、氟苯尼考、青霉素、链霉素、硫酸新霉素)等。

3. 仪器和耗材

高压灭菌锅、电子天平、生化培养箱、超净工作台、Eppendorf移液器、灭菌移液枪头等。

## 四、操作步骤

1. 制备菌悬液

用无菌0.85%氯化钠溶液5 mL左右加入斜面试管中,制成嗜水气单胞菌浓菌液。

2. 涂布平板

在无菌操作台中用无菌微量加样器吸取0.2 mL嗜水气单胞菌浓菌液于普通营养琼脂培养

基平板中,然后用无菌玻璃涂布棒将待检嗜水气单胞菌浓菌液均匀涂布于培养基表面。

3. 贴药敏纸片

在涂布普通营养琼脂培养基平板后,立即用无菌镊子夹取各药敏纸片贴到普通营养琼脂培养基平板表面。为了使药敏纸片与普通营养琼脂培养基平板紧密相贴,可用镊子轻按几下药敏纸片。每种药敏纸片的名称要记住。

4. 培养与观察

将普通营养琼脂培养基平板置于37℃恒温培养24 h后,观察并记录抑菌圈的直径(mm)。

5. 敏感药物的判定

敏感药物的判定以抑菌圈直径大小作为标准。即抑菌圈直径在20 mm以上,为极敏药物;抑菌圈直径在15～20 mm,为高敏药物;抑菌圈直径在10～14 mm,为中敏药物;抑菌圈直径在10 mm以下,为低敏药物;抑菌圈直径为0 mm,为不敏药物。

## 五、实验报告

详细测量实验药物对病原菌的抑菌圈直径,并确定最敏感的药物。

### 参 考 文 献

黄钧,温华成,施金谷,等.2012.黄颡鱼体表溃疡病病原菌分离鉴定及药敏实验[J].南方农业学报,43(1):107-112.

乔毅,万夕和,沈辉.2015.我国水产用抗菌药物耐药性研究进展[J].中国抗生素杂志,40(5):389-395.

王小亮,殷守仁,赵文,等.2011.鱼类病原菌耐药性研究进展[J].北京农业,(27):35-37.

王玉堂,陈昌福,吕永辉.2013.水产养殖动物致病菌耐药性检测数据实际作用[J].中国水产,(10):57-61.

Wikler M A. 2012. Methods for dilution antimicrobial susceptibility tests for bacteria that grow aerobically; approved standard[M]. Clinical & Laboratory Standards Institute.

# 实验四　水产动物DNA病毒病的诊断

## 一、目的

掌握水产动物DNA病毒病的诊断方法。

## 二、实验原理

常用的陆生动物DNA病毒病的诊断方法同样适用于水生动物DNA病毒病的诊断。本实验以由鲤疱疹病毒Ⅱ型(CyHV-2)引起的鲫"病毒性出血病"为实验示例。

2009～2010年,鲫"病毒性出血病"在江苏省射阳县鲫养殖池塘零星发生,引起发病池塘的鲫死亡;2011年8～9月在盐城地区出现较大面积的暴发,并引起大面积死亡;2012年3月开始发现少数鲫池塘发病,6月大规模暴发,在射阳县该病发生池塘高达80%,在苏北其他鲫养殖区的发病情况同样严峻。本次流行的鲫"病毒性出血病"被确定为鲫造血器官坏死症(crucian carp hematopoietic necrosis),其病原为鲤疱疹病毒Ⅱ型(cyprinid herpesvirus

II，CyHV-2）。疱疹病毒科（Herpesviridae）属于双链DNA病毒，具囊膜、球形、形状多样化，直径为120～200 nm，表面有明显的囊膜和钉状凸起。核衣壳呈二十面体对称，直径100～110 nm，表面有一层由球状物组成的覆膜，球状物不对呈的分布，数量也不同。病毒衣壳内包裹大的双链DNA。该科病毒有3个亚科，分别是α型疱疹病毒科（Alphaherpesvirinae）、β型疱疹病毒科（Betaherpesvirinae）和γ型疱疹病毒科（Gammaherpesvirinae）。在鱼类中报道的疱疹病毒科，暂被ICTV划为待分类疱疹病毒：鱼疱疹样病毒属（Ictalurid herpes-like viruses）。

病症：病鱼身体发红，侧线鳞以下及胸部尤为明显。鳃盖肿胀，在鳃盖张合的过程中（或鱼体跳跃的过程中），血水会从鳃部流出；病鱼死亡后，鳃盖有明显的出血症状，剪开鳃盖观察，鳃丝肿胀并附有大量黏液。

本检测实验参照国家标准《金鱼造血器官坏死病毒检测方法》（GB/T 36194—2018）中推荐的检测流程和技术参数进行检测。

### 三、实验材料

1. 实验动物

患病毒性出血病的鲫、健康鲫。

2. 溶液或试剂

蒸馏水、无菌0.85%氯化钠溶液。

3. 仪器或者其他用具

特异性引物、PCR *Taq*酶、ddH$_2$O、电泳级琼脂糖、6×Loading buffer、电泳用SYBR Green Ⅰ、DNA Ladder DL$_{1000}$（DNA分子质量标准物）、1×TAE电泳缓冲液、灭菌超纯水等。

### 四、操作步骤

1. 病鱼解剖

1）患病水产动物的解剖：用75%乙醇浸过的纱布覆盖体表或用酒精棉球擦拭，进行体表消毒，用剪刀在火焰上烧灼灭菌，无菌打开病鱼的腹腔，从腹腔中取出全部内脏，将肝胰腺、脾、肾、胆囊、鳔、肠等脏器逐个分离开。

2）观察记录各组织与正常鲫区别，确定病灶部位。

2. 病毒DNA的提取

1）取病灶组织0.4 mg左右加入等体积的PBS缓冲液，混合均匀，以8 000 r/min离心5 min，弃上清。

2）加入1 mL缓冲液和20 μL蛋白酶K在56℃水浴中保温3 h。

3）8 000 r/min离心5 min，取750 μL上清液中于一新离心管中。加入等体积的苯酚:氯仿:异戊醇（25:24:1），以50 r/min的速度漩涡振荡混合10 min，以8 000 r/min离心5 min。再取650 μL上清液于一新离心管中。反复做这一步（小心，不要吸入蛋白质层）。

4）取600 μL上清液于一新离心管中。加入等体积的氯仿:异戊醇（24:1）。以50 r/min漩涡振荡混合10 min，8 000 r/min离心5 min。

5）取480 μL上清液于一新离心管中。加入40 μL 3 mol/L乙酸钠和960 μL 4℃冷却乙醇。轻摇，可见白色絮状物。

6）在-20℃放置20～30 min。以12 000 r/min离心10 min，弃上清。

7）用200 μL 75%乙醇洗涤，14 000 r/min离心5 min，弃上清。重复做一次。

8）晾干10 min后用50 μL的超纯水洗涤。于−20℃保存。

3. PCR检测

1）PCR扩增引物：CyHV引物（GenBank AFJ20509）

        CyHVpol−F：5′−CCCAGCAACATGTGCGACGG−3′

        CyHVpol−R：5′−CCGTARTGAGAGAGTTGGCGCA−3′

扩增CyHV（Ⅰ型、Ⅱ型和Ⅲ型）DNA聚合酶基因中362 bp的片段。

CyHV2引物（GenBank AFJ20501）

        CyHV2Hel−F：5′−GGACTTGCGAAGAGTTTCTAC−3′

        CyHV2Hel−R：5′−CCATAGTCACCATCGTCTCATC−3′

扩增CyHV2解旋酶基因中366 bp的片段。

反应体系：

| | |
|---|---|
| 10×PCR Buffer | 2.5 μL |
| 2.5 mmol/L dNTP | 2 μL |
| 引物F | 1 μL |
| 引物R | 1 μL |
| *Taq* DNA 聚合酶（5 U/μL） | 0.5 μL |
| DNA 模板 | 1 μL |
| ddH$_2$O | 17 μL |
| 总体积 | 25 μL |

2）PCR反应条件：94℃预变性3 min；94℃变性30 s，62℃复性30 s，72℃延伸1 min，34个循环；72℃终延伸10 min。

3）琼脂糖凝胶电泳

① 配置1.0%琼脂糖凝胶（50 mL TAE缓冲液，0.5 g琼脂糖粉）摇匀，微波炉1 min左右沸腾，室温放置2 min左右倒至跑胶板中，放置好梳子（12个上样孔左右），室温至胶凝固。

② 制样，PCR样品5 μL；染料（SYBR Green Ⅰ）1 μL；Loading buffer（2×）2.5 μL，混匀放置30 s左右。

③ 上样，将样品对应加入上样孔中，记录好顺序。

4）跑胶：100 V 30 min左右。

5）观察拍照记录结果。

6）结果的判定：利用CyHV引物进行PCR扩增后，阳性对照会出现362 bp的特异性条带，阴性对照和空白对照均没有该条带。待测样品扩增出362 bp的条带，且基因序列测定结果与参考序列相似性在99%以上者，可判定待测样品为阳性；未扩增出条带或条带大小不是362 bp均判定为阴性。利用CyHV2引物扩增后，阳性结果会出现366 bp特异条带，阴性和空白对照均没有该条带。待测样品扩出366 bp条带，且序列与参考序列相似性在99%以上者，可判定待测样品PCR结果为阳性；未扩增出条带或条带大小不是366 bp均判定为PCR检测结果阴性。

## 五、实验报告

琼脂糖凝胶电泳拍照记录，并判定实验结果。

**参 考 文 献**

《金鱼造血器官坏死病毒检测方法》(GB/T 36194—2018).

# 实验五 水产动物RNA病毒病的诊断

## 一、目的

掌握水产动物RNA病毒病的诊断方法。

## 二、实验范例疾病/毒株

本实验以由草鱼呼肠孤病毒（grass carp reovirus，GCRV）引起的草鱼"病毒性出血病"为实验范例。

## 三、疾病/毒株背景

GCRV病毒隶属于呼肠孤病毒科（Reoviridae）水生呼肠孤病毒属（Aquareovirus）。GCRV在中国、越南、缅甸等国家均有报道，其流行广、危害大、死亡率高、发病季节广，每年4～9月全国各地均有报道。草鱼（Ctenopharyngodon idellus）是我国第一大淡水养殖品种，据2015年全国渔业统计情况记载，我国草鱼年产量567.62万t，占全国大宗鱼类养殖产量的18%左右，是目前全球产量和消费量最大的淡水养殖鱼类品种之一。但因病害影响，尤其是草鱼出血病的流行，对1龄和2龄幼鱼的致死率达80%以上，严重影响了养殖户对该品种的养殖积极性。该病不仅能够感染草鱼，还能感染青鱼（Mylopharyngodon piceus）、稀有鮈鲫（Gobiocypris rarus）、鲢（Hypophthalmichthys molitrix）等养殖品种，我国农业部将其列为二类传染疫病。2013年Max等利用生物信息学对水生呼肠孤病毒和哺乳动物呼肠孤病毒进行基因聚类分析和蛋白质结构功能预测。分析结果显示，我国流行的GCRV毒株主要分为3种基因型，分别为GCRV Ⅰ型（GCRV-873为代表毒株）、Ⅱ型（GCRV-HZ08为代表毒株）和Ⅲ型（GCRV-104为代表毒株）。

现行的草鱼出血病诊断规范为出入境检验检疫行业标准《草鱼出血病检疫技术规范》（SN/T 3584—2013）、《出入境动物检疫采样》（GB/T 18088）、《水产动物疾病诊断手册》（OIE）。

## 四、实验材料

1. 实验动物

患病毒性出血病的草鱼、健康草鱼。

2. 试剂

病毒基因组DNA/RNA提取试剂盒（DP315）、Prime Script™ RT reagent Kit（反转录试剂盒）、无菌0.85%氯化钠溶液、特异性引物、PCR Taq酶、ddH₂O、电泳级琼脂糖、6×Loading buffer、电泳用SYBR Green Ⅰ、DNA Ladder DL₁₀₀₀（DNA分子质量标准物）、1×TAE电泳缓冲液等。

3．仪器

高压灭菌锅、电子天平、生化培养箱、PCR仪、超净工作台、Tannon EPS300水平电泳仪、Tannon 2500数字凝胶成像系统、DC-1015低温恒温槽、Eppendorf移液器、灭菌移液枪头等。

## 五、操作步骤

1．病毒RNA的提取

1）解剖病鱼，准备病毒基因组DNA/RNA提取试剂盒（DP315）试剂盒。

2）用移液器将20 μL蛋白酶K加入一个干净的1.5 mL离心管中。

3）向离心管中加入200 μL血浆/血清（样品需平衡至室温）。

注意：如果样本体积小于200 μL，可加入0.9% NaCl溶液补充。

4）加入200 μL Carrier RNA工作液（为缓冲液GB与Carrier RNA溶液的混合液）。盖上管盖，涡旋振荡15 s混匀。

注意：为了保证裂解充分，样品和Carrier RNA工作液需要彻底混匀。

5）在56℃孵育15 min。简短离心以收集附着在管壁及管盖的液体。

6）加入250 μL无水乙醇，此时可能会出现絮状沉淀。盖上管盖并涡旋振荡15 s，彻底混匀。在室温（15 ～ 25℃）放置5 min。

注意：如果周围环境高于25℃，乙醇需要再在冰上预冷后再加入。

7）简短离心以收集附着在管壁及管盖的液体。

8）仔细将离心管中的溶液和絮状沉淀全部转移至RNase-Free吸附柱CR2（吸附柱放在收集管中），盖上管盖，8 000 r/min（约6 000 g）离心1 min，弃废液，将吸附柱放回收集管中。

注意：如果吸附柱上的液体未能全部离心至收集管中，请加大转速延长离心时间至液体完全转移到收集管中。

9）小心打开吸附柱盖子，加入500 μL溶液GD（使用前请先检查是否已加入无水乙醇），盖上管盖，8 000 r/min（约6 000 g）离心1 min，弃废液，将吸附柱放回收集管。

10）小心打开吸附柱盖子，加入600 μL溶液PW（使用前请先检查是否已加入无水乙醇），盖上管盖，静置2 min，8 000 r/min（约6 000 g）离心1 min，弃废液，将吸附柱放回收集管。

11）重复步骤9。

12）小心打开吸附柱盖子，加入500 μL无水乙醇，盖上管盖，8 000 r/min（约6 000 g）离心1 min，弃废液。

注意：乙醇的残留可能会对后续实验造成影响。

13）将吸附柱放回收集管中，12 000 r/min（约13 400 g）离心3 min，使吸附膜完全变干，弃废液。

14）将吸附柱放入一个RNase-Free离心管（1.5 mL）中，小心打开吸附柱的盖子，室温放置3 min，使吸附膜完全变干。向吸附膜的中间部位悬空滴加20 ～ 150 μL RNase-Free ddH$_2$O，盖上盖子，室温放置5 min。12 000 r/min（约13 400 g）离心1 min。

注意：确保洗脱液（无RNA酶ddH$_2$O）在室温平衡后再使用。如果加入洗脱液的体积很小（小于50 μL），为了将膜上的DNA/RNA充分洗脱下来，应注意将洗脱液加到膜的中央位置。洗脱体积可以根据后续的实验要求灵活处理。

2．反转录反应

按如下反应体系加样：

| | |
|---|---|
| 5 × PrimeScript Buffer | 2 μL |
| PrimeScript RT Enzyme MixI | 0.5 μL |
| Random 6 mers（100 μmol/L） | 0.5 μL |
| Total RNA | 5 μL |
| RNase Free dH$_2$O | 12 μL |
| 总体积 | 20 μL |

混合上述样品,37℃ 15 min（反转录反应）,85℃ 5 s（反转录酶失活反应）。

3. PCR 反应

1）引物（25 pmoL/μL）。

| 毒株类型 | 引物名称 | 引物序列（5′→3′） | 扩增产物大小/bp |
|---|---|---|---|
| Ⅰ型 | P01−F | 5′−GCCACCTTTGAGCGCGAGAC−3′ | 532 |
| | P01−R | 5′−GTTAGGGCGGAAAGCATACCAGA−3′ | |
| Ⅱ型 | P02−F | 5′−GCTGATGCTGCAGACGGCTAAAC−3′ | 196 |
| | P02−R | 5′−TAATTGCCTGCTGCGCTGACT−3′ | |
| Ⅲ型 | P03−F | 5′−GGCGGCATGAATATGTATCGACT−3′ | 297 |
| | P03−R | 5′−TATGTGATTACGCGGGTCAG−3′ | |

2）按如下体系配制PCR反应。

| 组　　分 | 每管用量/μL |
|---|---|
| PCR缓冲液（10×） | 5 |
| dNTP（10 mmol/L） | 4 |
| *Taq* DNA聚合酶（5 U/μL） | 0.5 |
| 引物P01−F | 1 |
| 引物P01−R | 1 |
| 引物P02−F | 0.65 |
| 引物P02−R | 0.65 |
| 引物P03−F | 0.85 |
| 引物P03−R | 0.85 |
| cDNA | 5 |
| 水 | 30.5 |
| 总体积 | 50 |

4. 琼脂糖凝胶电泳检测PCR产物

1）称取0.5 g电泳级琼脂糖粉,放入三角烧瓶,加入50 mL 1×TAE电泳缓冲液,放入微波炉煮沸。

注意: 观察烧瓶中的电泳级琼脂糖粉末,待完全溶化后关停微波炉。

2）戴上防烫手套,从微波炉中取出三角烧瓶,放在桌子上冷却至50～60℃。

3）把梳子插到凝胶灌制模具的正确位置后缓缓倒入三角烧瓶中的琼脂糖溶液,倒至与模具的矮边缘相平即可,在桌子上静置20 min直至完全凝固成胶。

4）在电泳槽中加满1×TAE电泳缓冲液。

5）待琼脂糖完全凝固成胶后,小心拔出梳子。用手指捏住模具两侧的高边缘取出模具和琼脂糖胶放入电泳槽中间的平台上,琼脂糖胶要没入1×TAE电泳缓冲液中。

6）分别取DL$_{2000}$、样品PCR产物和嗜水气单胞菌对照标准菌株PCR产物各5 μL,然后与6×Loading buffer 1 μL,电泳用SYBR Green Ⅰ 2 μL混匀后,用10 μL移液枪头分别加入在琼脂糖胶上选择相邻的加样孔中。

7）打开电泳仪电源开关,把电泳仪的电压调至100 V,电泳时间设置为35 min。

8）电泳结束后,取出模具和琼脂糖胶,放入凝胶成像系统中拍照,检测是否PCR扩增成功。

5. 结果判定

当待测样品出现532 bp或196 bp或297 bp中的1条或多条时分别表示待测样品中有对应的毒株,且阴性和空白对照均没有条带。

## 五、实验报告

记录样品凝胶成像结果,判断实验病鱼病毒感染情况。

<h3 style="text-align:center">参 考 文 献</h3>

周勇,曾令兵,范玉顶,等.2011.草鱼呼肠孤病毒TaqMan real-time PCR检测方法的建立[J].水产学报,35(5):774-779.

曾伟伟,王庆,王英英,等.2013.草鱼呼肠孤病毒三重PCR检测方法的建立及其应用[J].中国水产科学,39(2),419-426.

# 实验六　水产动物寄生虫病的诊断

## 一、目的

掌握水产动物寄生虫病的诊断方法。

## 二、实验范例疾病/毒株

寄生于鲫的洪湖碘泡虫(*Myxobolus honghuensis*)为实验范例。

## 三、疾病/毒株背景

黏孢子虫隶属于后生动物黏体动物门黏孢子虫纲(Phylum Myxozoa Grasse 1970),黏孢子虫是一类微观的多细胞寄生虫,种类繁多,但是能引起疾病的种类并不多。在当前的黏孢子虫病中,流行范围广且危害严重的黏孢子虫主要有:寄生于鲫的洪湖碘泡虫(*Myxobolus honghuensis*）、吴李碘泡虫（*Myxobolus wulii*）和武汉单极虫（*Thelohanellus wuhanensis*），以及寄生于鲤的吉陶单极虫（*Thelohanellus kitauei*）。洪湖碘泡虫一般寄生于鲫的咽喉部，病鱼咽部充血肿大，充满白色包囊，感染后期的病鱼因无法咽食食物而消瘦死亡，症状表现为咽腔上颚炎症、肿胀呈瘤状，堵塞咽腔和压迫鳃弓，甚至包囊会撑破咽腔上壁，还会引起细菌病的继发性感染而死亡。因该孢子虫寄生于咽喉部而被称为"喉孢子虫"，由该孢子虫引起的疾病称为"喉孢子虫病"。

现行的鱼类寄生虫诊断规范为出入境检验检疫行业标准《淡水鱼中寄生虫检疫技术规范》（SN/T 2503—2010）、《出入境动物检疫采样》（GB/T 18088）、《水生动物疾病诊断手册》（OIE）。

### 四、实验材料

1. 实验动物

患洪湖碘泡虫病的鲫、健康鲫。

2. 试剂

病毒基因组 DNA/RNA 提取试剂盒（DP315）、无菌 0.85% 氯化钠溶液、特异性引物、PCR *Taq* 酶、ddH$_2$O、电泳级琼脂糖、6×Loading buffer、电泳用 SYBR Green Ⅰ、DNA Ladder DL$_{1000}$（DNA 分子质量标准物）、1×TAE 电泳缓冲液等。

3. 仪器

高压灭菌锅、电子天平、生化培养箱、PCR 仪、超净工作台、Tannon EPS300 水平电泳仪、Tannon 2500 数字凝胶成像系统、DC-1015 低温恒温槽、Eppendorf 移液器、灭菌移液枪头等。

### 五、操作步骤

1. 样品处理和形态学观察

1）新鲜的或用 10% 中性甲醛溶液固定的黏孢子虫包囊团或孢子。

2）形态学鉴定（而用于分子鉴定的虫体样品可用无水乙醇保存）：将新鲜的或用甲醛溶液固定的黏孢子虫样品，置于载玻片上，加一滴水，盖上盖玻片，可直接在显微镜下观察。或者在载玻片的标本中滴加少许吉姆萨染液，盖上盖玻片，在显微镜下观察虫体的极囊、极丝等细微结构。显微镜观察统计黏孢子虫感染数量，形态学特征。

2. 寄生虫 DNA 的提取

1）解剖病鱼，准备病毒基因组 DNA 提取试剂盒（DP315）试剂盒。

2）用移液器将 20 μL 蛋白酶 K 加入一个干净的 1.5 mL 离心管中。

3）向离心管中加入 0.4 mg 病灶组织（需提前匀浆处理，样品需平衡至室温）。

4）加入 200 μL Carrier RNA 工作液（为缓冲液 GB 与 Carrier RNA 溶液的混合液）。盖上管盖，漩涡振荡 15 s 混匀。

注意：为了保证裂解充分，样品和 Carrier RNA 工作液需要彻底混匀。

5）在 56℃ 孵育 15 min。简短离心以收集附着在管壁及管盖的液体。

6）加入 250 μL 无水乙醇，此时可能会出现絮状沉淀。盖上管盖并涡旋振荡 15 s，彻底混匀。在室温（15～25℃）放置 5 min。

注意：如果周围环境高于 25℃，乙醇需要再在冰上预冷后再加入。

7）简短离心以收集附着在管壁及管盖的液体。

8）仔细将离心管中的溶液和絮状沉淀全部转移至 RNase-Free 吸附柱 CR2（吸附柱放在收集管中），盖管盖，8 000 r/min（约 6 000 g）离心 1 min，弃废液，将吸附柱放回收集管中。

注意:如果吸附柱上的液体未能全部离心至收集管中,请加大转速延长离心时间至液体完全转移到收集管中。

9)小心打开吸附柱盖子,加入500 μL 溶液 GD(使用前请先检查是否已加入无水乙醇),盖上管盖,8 000 r/min(约6 000 g)离心1 min,弃废液,将吸附柱放回收集管。

10)小心打开吸附柱盖子,加入600 μL 溶液 PW(使用前请先检查是否已加入无水乙醇),盖上管盖,静置2 min,8 000 r/min(约6 000 g)离心1 min,弃废液,将吸附柱放回收集管。

11)重复步骤9。

12)小心打开吸附柱盖子,加入500 μL 无水乙醇,盖上管盖,8 000 r/min(约6 000 g)离心1 min,弃废液。

注意:乙醇的残留可能会对后续实验造成影响。

13)将吸附柱放回收集管中,12 000 r/min(约13 400 g)离心3 min,使吸附膜完全变干,弃废液。

14)将吸附柱放入一个 RNase-Free 离心管(1.5 mL)中,小心打开吸附柱的盖子,室温放置3 min,使吸附膜完全变干。向吸附膜的中间部位悬空滴加20 ~ 150 μL RNase-Free ddH$_2$O,盖上盖子,室温放置5 min。12 000 r/min(约13 400 g)离心1 min。

注意:确保洗脱液(RNase-Free ddH$_2$O)在室温平衡后再使用。如果加入洗脱液的体积很小(小于50 μL),为了将膜上的 DNA/RNA 充分洗脱下来,应注意将洗脱液加到膜的中央位置。洗脱体积可以根据后续的实验要求灵活处理。

3. PCR 反应

18 S rDNA 通用引物:

上游引物: 5′–CTGCGGACGGCTCAGTAAATCAGT–3′

下游引物: 5′–CCAGGACATCTTAGGGCATCACAGA–3′

按如下体系配制 PCR 反应:

| | |
|---|---|
| Premix *Taq*™(TaKaRa *Taq*™ Version 2.0) | 25 μL |
| 模　板 | 1 μL |
| 引物 F | 1 μL |
| 引物 R | 1 μL |
| ddH$_2$O | 22 μL |
| 总体积 | 50 μL |

PCR 扩增程序为:10 s 98℃,10 s 55℃,60 s 72℃;98℃ 1 min,72℃ 10 min,35 个循环。

4. 琼脂糖凝胶电泳检测 PCR 产物

1)称取0.5 g 电泳级琼脂糖粉,放入三角烧瓶,加入50 mL 1×TAE 电泳缓冲液,放入微波炉煮沸。

注意:观察烧瓶中的电泳级琼脂糖粉末,待完全溶化后关停微波炉。

2)戴上防烫手套,从微波炉中取出三角烧瓶,放在桌子上冷却至50 ~ 60℃。

3)把梳子插到凝胶灌制模具的正确位置后缓缓倒入三角烧瓶中的琼脂糖溶液,倒至与模具的矮边缘相平即可,在桌子上静置20 min 直至完全凝固成胶。

4)在电泳槽中加满1×TAE 电泳缓冲液。

5)待琼脂糖完全凝固成胶后,小心拔出梳子。用手指捏住模具两侧的高边缘取出模具和琼脂糖胶放入电泳槽中间的平台上,琼脂糖胶要没入1×TAE 电泳缓冲液中。

6)分别取 DL$_{2000}$、样品 PCR 产物和嗜水气单胞菌对照标准菌株 PCR 产物各5 μL,然后与

6×Loading buffer 1 μL，电泳用SYBR Green Ⅰ 2 μL混匀后，用10 μL移液枪头分别加入在琼脂糖胶上选择相邻的加样孔中。

7）打开电泳仪电源开关，把电泳仪的电压调至100 V，电泳时间设置为35 min。

8）电泳结束后，取出模具和琼脂糖胶，放入凝胶成像系统中拍照，检测是否PCR扩增成功。

9）将PCR扩增成功的样品送测序公司测序。

### 六、实验报告

1. 记录形态学观察结果。

2. 记录样品序列进行在线比对结果，并构建系统发育树。样品18 S rDNA序列相似性应与GenBank中已有洪湖碘泡虫的同源性达到99%～100%，并与洪湖碘泡虫亲缘关系最近。判断检疫样品是否受黏孢子虫感染。

附录：洪湖碘泡虫孢子的形态特征

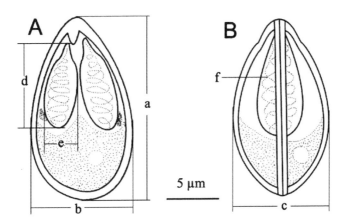

A. 壳面观；B. 缝面观；a. 孢子长（15.0～18.0 μm）；b. 孢子宽（9.5～11.5 μm）；c. 孢子厚（7.8～9.2 μm）；d. 极囊长（7.0～9.2 μm）；e. 极囊宽（3.0～4.2 μm）；f. 极丝（7～8圈）

### 参　考　文　献

王桂堂.2001.我国淡水鱼类黏孢子虫病的流行与控制［J］.鱼类病害研究（2），43-45.

陈昌福,孟长明.2006.水产养殖动物寄生虫病诊断技术（7）［J］.渔业致富指南,（17）：60-61.

# 实验七　水产动物致病真菌的分离鉴定

## 一、目的

掌握基于转录间隔区（internal transcribed spacer，ITS）序列扩增法鉴定水产动物致病真菌的方法。

## 二、实验范例疾病/毒株

本实验以由水霉菌属（*Saprolegnia*）引起的淡水鱼类"水霉病"为实验范例。

## 三、疾病/毒株背景

水霉菌主要为卵菌纲（Oomycetes）水霉目（Saprolegniales）水霉科（Saprolegniaceae）的一些种类，是引起鱼类发生水霉病的主要病原。水霉病也称肤霉病或白毛病。目前已发现的致病性水霉菌种已有十多种，但是对养殖鱼类危害较大的常见种类不多，主要有多子水霉（*Saprolegnia ferax*）、同丝水霉（*Saprolegnia monoica*）、异枝水霉（*Saprolegnia diclina*）、寄生水霉（*Saprolegnia parasitica*）、澳大利亚水霉（*Saprolegnia australis*）和绵霉（*Achlya* sp.）等。水霉菌可以感染几乎所有的淡水养殖鱼类，常感染鱼体表受伤组织及死卵，形成灰白色如棉絮状的覆盖物。

## 四、实验材料

1. 菌株

水霉菌株（*Saprolegnia ferax*）。

2. 培养基与稀释液

PDA培养基、无菌生理盐水、TaKaRa Lysis buffer、ITS通用引物、$2 \times$ PCR Master Mix、ddH$_2$O、电泳级琼脂糖、$6 \times$ Loading buffer、电泳用SYBR Green I、DNA Ladder DL$_{1000}$（DNA分子质量标准物）、$1 \times$ TAE电泳缓冲液、灭菌超纯水等。

3. 仪器和耗材

高压灭菌锅、电子天平、生化培养箱、PCR仪、超净工作台、Tannon EPS300水平电泳仪、Tannon 2500数字凝胶成像系统、DC-1015低温恒温槽、Eppendorf移液器、移液枪头（0.2 mL）。

## 五、操作步骤

1. 水霉菌的分离

1）剪切患病鱼体表皮肤，用已经在酒精灯上灼烧消毒的剪刀剪取病患处表皮组织（5 mm × 5 mm），先用70%乙醇漂洗20 s，再用无菌水冲洗两次，每次30 s。

2）将清洗干净的菌丝接种于马铃薯葡萄糖琼脂培养基（PDA）平板上，置于20℃的恒温培养箱中培养，12 h后组织周围长出白色丝状菌丝，在生长边缘处挑取菌丝转至新PDA平板上继续培养。

3）连续分离培养纯化5次，至菌落形态典型后，将分离得到的水霉菌纯培养菌丝接种到装有5～10粒高压灭菌油菜籽的PDA（马铃薯葡萄糖琼脂培养基）平板上，20℃培养2 d左右，直到菌丝长满整个平板。

2. 水霉菌的形态学分析

将水霉菌丝至于载玻片上，观察水霉菌的有性生殖和无性生殖细胞器以及孢子囊等情况。

3. 水霉菌ITS序列PCR扩增

1）取少量菌丝于50 μL Lysis buffer中80℃ 15 min裂解菌丝释放DNA。

2）利用ITS通用引物扩增样品基因组DNA。

$$F(ITS1): 5'-TCCGTAGGTGAACCTGCGG-3'$$
$$R(ITS4): 5'-TCCTCCGCTTATTGATAT\ PCR-3'$$

3）反应体系为：

| | |
|---|---|
| Premix $Taq^{TM}$（TaKaRa $Taq^{TM}$ Version 2.0） | 25 μL |
| 模板 | 1 μL |
| 引物F | 1 μL |
| 引物R | 1 μL |
| ddH$_2$O | 22 μL |
| 总体积 | 50 μL |

4）PCR扩增程序为：10 s 98℃，10 s 55℃，60 s 72℃；98℃ 1 min，72℃ 10 min，35个循环。

**4. 样品PCR产物电泳分析**

1）称取0.5 g电泳级琼脂糖粉，放入三角烧瓶，加入50 mL 1×TAE电泳缓冲液，放入微波炉煮沸。

注意：观察烧瓶中的电泳级琼脂糖粉末，待完全溶化后关停微波炉。

2）戴上防烫手套，从微波炉中取出三角烧瓶，放在桌子上冷却至50～60℃。

3）把梳子插到凝胶灌制模具的正确位置后缓缓倒入三角烧瓶中的琼脂糖溶液，倒至与模具的矮边缘相平即可，在桌子上静置20 min直至完全凝固成胶。

4）在电泳槽中加满1×TAE电泳缓冲液。

5）待琼脂糖完全凝固成胶后，小心拔出梳子。用手指捏住模具两侧的高边缘取出模具和琼脂糖胶放入电泳槽中间的平台上，琼脂糖胶要没入1×TAE电泳缓冲液中。

6）分别取DL$_{2000}$、样品PCR产物和嗜水气单胞菌对照标准菌株PCR产物各5 μL，然后与6×Loading buffer 1 μL、电泳用SYBR Green Ⅰ 2 μL混匀后，用10 μL移液枪头分别加入在琼脂糖胶上选择相邻的加样孔中。

7）打开电泳仪电源开关，把电泳仪的电压调至100 V，电泳时间设置为35 min。

8）电泳结束后，取出模具和琼脂糖胶，放入凝胶成像系统中拍照，检测是否PCR扩增成功。

9）将PCR成功的样品送至测序公司测序。

10）若样品PCR扩增成功，则将样品的PCR产物进行测序，其序列通过美国国家生物技术信息中心（NCBI）网站中的BLAST N软件在线比对，并采用邻接法构建系统发育树。

**5. 结果判定**

待测样品300 bp左右出现一条明显条带，且测序后NCBI比对90%以上同源性与数据库中水霉属菌株同源，且空白对照无条带，可判定待测样品为水霉属。

## 六、实验报告

1. 记录样品序列进行在线比对结果，并构建系统发育树。

### 参 考 文 献

倪达书.1982.鱼类水霉病的防治研究［J］.（1）: 26.

可小丽，汪建国，顾泽茂，等.2010.水霉菌的形态及ITS区分子鉴定［J］.水生生物学报，34（2）: 293–301.

陈本亮,张其中.2011.水霉水霉病防治的研究进展[J].水产科学,30(7):429-434.

夏文伟,曹海鹏,王浩,等.2011.彭泽鲫卵源致病性水霉的鉴定及其生物学特性、微生物学通报,38(1),57-62.

# 实验八　水产养殖中的弧菌检测

## 一、目的

掌握水产养殖中的弧菌检测技术。

## 二、实验范例疾病/毒株

本实验以副溶血性弧菌(*V. parahaemolyticus*)为实验范例。

## 三、疾病/毒株背景

弧菌在海洋环境中是最为常见的细菌类群之一,是一类条件致病菌,广泛地分布在近岸、河口海域和海水生物体中,水质条件、环境状况及弧菌宿主的生理状态等综合因素对其致病性的影响很大。近些年,由于外界生态环境及养殖水域的变化,加之海洋环境的污染,弧菌成为海水养殖鱼类的主要病原。致病性弧菌有很多种类和菌株,可引起养殖鱼类出现烂尾病、冷水病、败血症等疾病,致使鱼类摄食率下降或停止摄食、对外界反应迟钝等。目前,国内外研究发现能够引起鱼类弧菌病的病原性弧菌主要有鳗弧菌(*Vibrio anguillarum*)、鱼肠道弧菌(*V. ichthyoenteri*)、溶藻弧菌(*V. alginolyticus*)、哈维氏弧菌(*V. harveyi*)、灿烂弧菌(*V. splendidus*)、副溶血性弧菌(*V. parahaemolyticus*)、创伤弧菌(*V. vulnificus*)、河流弧菌(*V. fluvialis*)、杀鲑弧菌(*V. salmonicida*)等20余种。

弧菌显色培养基使用原理:蛋白胨和酵母膏粉提供氮源、维生素、氨基酸和碳源;蔗糖为可发酵的糖类;抑菌剂抑制大部分非弧菌细菌,氯化钠可维持均衡的渗透压;琼脂是培养基的凝固剂;混合色素与副溶血性弧菌、霍乱弧菌和创伤弧菌所对应的酶发生特异性反应,水解底物,释放出显色基团。

现行的鱼类寄生虫诊断规范为食品安全国家标准《食品微生物学检验 副溶血性弧菌检验》(GB 4789.7—2013)、《饲料中副溶血性弧菌的检测》(GB/T 26426—2010)、《出入境动物检疫采样》(GB/T 18088)、《水生动物疾病诊断手册》(OIE)。

## 四、实验材料

1. 实验菌株

副溶血性弧菌(*V. parahaemolyticus*)、溶藻弧菌(*V.alginolyticus*)。

2. 试剂

无菌0.85%氯化钠溶液、ddH$_2$O、科玛嘉弧菌显色培养基等。

3. 仪器

高压灭菌锅、电子天平、生化培养箱、超净工作台、Eppendorf移液器、灭菌移液枪头等。

## 五、操作步骤

1. 取瓶内干粉,溶于1 000 mL蒸馏水或纯水中,可根据需求按74.7 g/L的比例扩大、缩小。

2. 将上述干粉缓慢倒入蒸馏水中,充分搅拌溶解。

3. 加热至100℃并按常规不断搅拌。混合物也可以在微波炉中加热,用此法加热,煮沸后混合物立即移出微波炉并轻轻搅拌,而后移入微波炉再加热,直至琼脂完全溶解(大量气泡代替泡沫产生,大约需要2 min)。

4. 将培养基水浴冷却至48℃,倾注于已灭菌的培养皿中,使其凝固。

5. 成品培养基在室温条件下可保存一天,在冰箱内可保存数周(避光,2～8℃)。

6. 接种:划线接种(如果培养基刚从冰箱中取出,要恢复至室温后才能使用),37℃培养24 h。

7. 贮存:

1)干粉需保存在15～30℃干燥环境中。

2)倾注好的培养基在室温可保存一天,4℃冰箱中避光可以贮存两周。

## 六、结果判定

| 菌　落　色　彩 | 初　筛　微　生　物 |
| --- | --- |
| 紫红色 | 副溶血性弧菌 |
| 蓝绿色至土耳其蓝色 | 创伤弧菌/霍乱弧菌 |
| 无　色 | 溶藻弧菌 |

## 七、实验报告

记录各样品在弧菌显色培养基中的颜色和形态。

### 参 考 文 献

张淑红,吴清平,张菊梅,等.2008.副溶血性弧菌显色培养基检测效果初步评价[J].微生物学通报,35(1),145-148.

凌秀梅,王艳琴,陈冬梅,等.2012.两种检测水产品中副溶血性弧菌方法的比较分析[J].生物技术进展,02(1),44-47.